中等职业学校创业教育系列教材

# 电工技能与实训
## （中级）

吴关兴　主编
金国砥　汪秋萍　副主编

清华大学出版社
北京

## 内容简介

本书以中等职业学校电类专业学生所必备的电工技能为主线，结合中等职业学校电类专业中级工的技能要求而编写。

本书包括电气符号与识读、认识常用的低压电器、认识电动机控制线路、电动机控制线路安装实训、可编程序控制器基础5个项目，共分78个实训任务，还摘录了《维修电工技术等级标准——中级维修电工》，重点是指导学生进行电工基本技能的操作实训，并帮助学生掌握电工技能中的新技术和新工艺。

本书不仅可以作为中等职业学校电类专业的实训教材，也可以作为广大电类专业教师的参考用书。



**图书在版编目(CIP)数据**

电工技能与实训(中级)/吴关兴主编. --北京：清华大学出版社，2013.1
中等职业学校创业教育系列教材
ISBN 978-7-302-30603-0

Ⅰ. ①电… Ⅱ. ①吴… Ⅲ. ①电工技工－中等专业学校－教材 Ⅳ. ①TM

中国版本图书馆 CIP 数据核字(2012)第 271758 号

**责任编辑**：金燕铭 帅志清
**封面设计**：何凤霞
**责任校对**：袁 芳
**责任印制**：刘海龙

**出版发行**：清华大学出版社
网 址：http://www.tup.com.cn，http://www.wqbook.com
地 址：北京清华大学学研大厦A座 邮 编：100084
社 总 机：010-62770175 邮 购：010-62786544
投稿与读者服务：010-62776969，c-service@tup.tsinghua.edu.cn
质 量 反 馈：010-62772015，zhiliang@tup.tsinghua.edu.cn
课 件 下 载：http://www.tup.com.cn，010-62795764
**印 装 者**：北京嘉实印刷有限公司
**经 销**：全国新华书店
**开 本**：185mm×260mm **印 张**：18.75 **字 数**：454千字
**版 次**：2013年5月第1版 **印 次**：2013年5月第1次印刷
**印 数**：1～2000
**定 价**：35.00元

产品编号：048104-01

# 前言

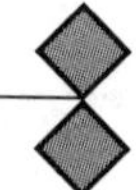

本书依据《维修电工技术等级标准——中级维修电工》及行业职业技能标准，以中等职业学校电类专业学生所必备的电工技能为主线，结合中等职业学校电类专业中级工的技能要求，按照以情蹊径、图文并茂、深入浅出、知识够用、突出技能的编写思路，编写了电气符号与识读、认识常用的低压电器、认识电动机控制线路、电动机控制线路安装实训、可编程序控制器基础 5 个项目，共包括 78 个实训任务。

每个实训任务采用任务目标、任务过程、任务检测的体例结构进行编写，重点是指导学生进行电工基本技能的操作实训，并帮助学生掌握电工技能中的新技术和新工艺，以突出职业技能培训特色，满足实际应用需要。

本书在编写上，充分体现连贯性、针对性和选择性，让学生学得进、用得上；在行文上，力求语句简练、通俗易懂、图文并茂，使学习更具直观性；在方法上，注重学生兴趣，灵活多变，融知识、技能于兴趣之中，让不同层次的学生都学有所得。

建议本课程的教学总课时为 188 学时，各项目的参考学时如下表所示。

| 课程内容 | 学时分配 | |
|---|---|---|
| | 讲授 | 实训 |
| 项目 1　电气符号与识读 | 6 | 6 |
| 项目 2　认识常用的低压电器 | 12 | 4 |
| 项目 3　认识电动机控制线路 | 27 | 30 |
| 项目 4　电动机控制线路安装实训 | 24 | 50 |
| 项目 5　可编程序控制器基础 | 9 | 20 |
| 合　计 | 78 | 110 |

本书由吴关兴担任主编，金国砥、汪秋萍担任副主编，吴楚天负责本书的校对工作，杭州师范大学美术学院金成绘制了部分插图。在本书的编写过程中，得到了杭州市闲林职业高级中学陆元庆校长、杭州市余杭区教研室冯国民老师等领导和专家的大力支持，在此一并表示感谢！

由于编者的水平所限，书中疏漏之处在所难免，恳请广大读者批评指正。

**编　者**

2012 年 9 月

# 目录

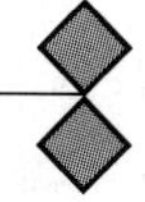

项目1

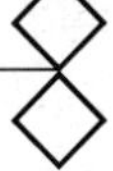

# 电气符号与识读

电力工程电路图又称电气工程电路图，简称电路图，它是电力工程的“语言”，在电力工程中是表达和交流信息的重要工具，任何电力工程都是依据电路图进行施工的。维修电工应该有意识地从简单到复杂学会识图，根据电路图来检查和维护各种电气设备，根据电路图进行配线和安装电气设备。

电气图是一种工程图，是用来描述电气控制设备结构、工作原理和技术要求的图纸。它需要用统一的工程语言来表达，这个统一的工程语言应根据国家电气制图标准，用标准的图形符号、文字符号及规定的画法绘制。

## 任务 1.1　文字符号的识读

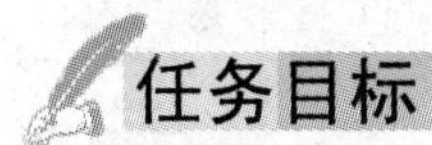

### 任务目标

(1) 了解文字符号的组成。

(2) 能正确识读文字符号。

### 任务过程

文字符号是表示电气设备、装置和元器件名称、功能、状态和特征的字母代码。可在电气设备、装置和元器件上或近旁使用，以表明电气设备、装置和元器件种类的字母代码和功能字母代码。文字符号可分为基本文字符号和辅助文字符号。

**1. 文字符号的定义及其意义**

(1) 基本文字符号

基本文字符号分单字母符号和双字母符号。

① 单字母符号。使用拉丁字母将各种电气设备、装置和元器件划分为 32 大类，每一个大类用一个字母表示。例如，“R”表示电阻器；“M”表示电动机；“C”表示电容器。

② 双字母符号。这是由一个表示种类的单字母符号与另一个字母组成,并且单字母符号在前,另一个字母在后。双字母符号在后的字母通常选用该设备、装置和元器件的英文名称的首字母。例如,"RP"表示电位器;"RT"表示热敏电阻器;"MD"表示直流电动机;"MC"表示笼型异步电动机;"KT"表示时间继电器等。电气设备的常用基本文字符号参见表 1-1。

**表 1-1 电气设备的常用基本文字符号**

| 设备、装置和元器件中文名称 | 基本文字符号 | | 设备、装置和元器件中文名称 | 基本文字符号 | |
|---|---|---|---|---|---|
| | 单字母 | 双字母 | | 单字母 | 双字母 |
| 晶体管放大器 | — | AD | 差动继电器 | K | KD |
| 电子管放大器 | — | AV | 时间继电器 | | KT |
| 磁放大器 | — | AM | 极化继电器 | | KP |
| 印制电路板 | — | AP | 接地继电器 | | KE |
| 抽屉柜 | — | AT | 逆流继电器 | | KR |
| 支架盘 | — | AR | 簧片继电器 | | KR |
| 激光器 | A | — | 交流继电器 | | KA |
| 电桥 | — | AB | 信号继电器 | | KS |
| 压力变换器 | B | BP | 热继电器 | | KH、EH |
| 位置变换器 | | BQ | 瓦斯继电器 | | KB |
| 旋转变换器 | | BR | 电压继电器 | | KV |
| 温度变换器 | | BT | 电流继电器 | | KI |
| 速度变换器 | | BV | 温度继电器 | | KT |
| 电容器 | C | — | 压力继电器 | | KPF |
| 电力电容器 | | CE | 交流接触器 | — | KM |
| 发热器件 | E | EH | 电抗器、电感器 | L | — |
| 照明灯 | | EL | 行程开关 | — | LS |
| 空气调节器 | | EV | 励磁线圈 | — | LF |
| 跌落式熔断器 | | EF | 电动机 | M | — |
| 熔断器 | F | FU | 同步电动机 | | MS |
| 快速熔断器 | | RP | 笼型电动机 | | MS |
| 避雷器 | | — | 异步电动机 | | MA |
| 限流保护器 | — | FA | 力矩电动机 | | MT |
| 限压保护器 | — | FV | 电流表 | P | PA |
| 发电机 | G | — | 电压表 | | PV |
| 异步发电机 | | GA | 电能表 | | PJ |
| 同步发电机 | | GS | (脉冲)计数器 | | PC |
| 测速发电机 | | BR | 操作时间表(时钟) | | PT |
| 蓄电池 | — | GB | 隔离开关 | Q | QS |
| 指示灯 | H | HL | 刀闸开关 | — | QS、QA |
| 光指示器 | | HL | 自动开关 | — | QA |
| 声响指示器 | | HA | 负荷开关 | — | QL |

续表

| 设备、装置和元器件中文名称 | 基本文字符号 | | 设备、装置和元器件中文名称 | 基本文字符号 | |
|---|---|---|---|---|---|
| | 单字母 | 双字母 | | 单字母 | 双字母 |
| 电动机保护开关 | — | QM | 电力变压器 | | TM |
| 断路器 | — | QF | 降压变压器 | | TD |
| 真空熔断器 | — | QY | 电压互感器 | T | TV |
| 热敏电阻器 | | RT | 电流互感器 | | TA |
| 电位器 | | RP | 控制电源变压器 | | TC |
| 电阻器 | R | — | 逆变器 | U | — |
| 变阻器 | | — | 变频器 | | — |
| 压敏电阻器 | | RV | 定子绕组 | — | WS |
| 测量分路表 | — | RS | 转子绕组 | — | WR |
| 控制开关 | | SA | 晶体管 | V | — |
| 选择开关 | S | SA | 电子管 | — | VE |
| 按钮开关 | | SB | 端子板 | | XT |
| 限位开关 | — | SQ | 插头 | | XP |
| 接近开关 | — | SP | 插座 | X | XS |
| 脚踏开关 | — | SF | 连接片 | | XB |
| 温度传感器 | | ST | 测试插孔 | | XJ |
| 转速传感器 | | SR | 电磁制动阀 | | YB |
| 接地传感器 | S | SE | 电磁离合器 | | YC |
| 位置传感器 | | SQ | 电磁铁 | | YA |
| 压力传感器 | | SP | 电动阀 | Y | YM |
| 液位标高传感器 | | SL | 电磁阀 | | YV |
| 自耦变压器 | T | TA | 电磁吸盘 | | YH |
| 整流变压器 | | TR | 气阀 | | Y |

(2) 辅助文字符号

辅助文字符号是用于表示电气设备、装置和元器件以及线路的功能、状态特征等，通常也是由英文单词的前一两个字母构成。例如，“DC”代表直流；“IN”代表输入；“S”代表信号。

辅助文字符号一般放在单字母符号后面，构成组合双字母符号。例如，“Y”表示机械操作装置的单字母符号，“B”表示制动的辅助文字符号，“YB”表示制动电磁铁的组合符号。当然也可以单独使用，如“ON”表示闭合、“N”表示中性线。电气设备常用的辅助文字符号参见表 1-2。

**表 1-2 电气设备常用的辅助文字符号**

| 文字符号 | 名 称 | 文字符号 | 名 称 |
|---|---|---|---|
| A | 电流 | ADD | 附加 |
| | 模拟 | ADJ | 可调 |
| AC | 交流 | AUX | 辅助 |
| A、AUT | 自动 | ASY | 异步 |
| ACC | 加速 | B、BRK | 制动 |

续表

| 文字符号 | 名　称 | 文字符号 | 名　称 |
|---|---|---|---|
| BK | 黑 | OFF | 断开 |
| BL | 蓝 | ON | 闭合 |
| BW | 向后 | OUT | 输出 |
| C | 控制 | P | 压力 |
| CW | 顺时针 | | 保护 |
| CCW | 逆时针 | PE | 保护接地 |
| D | 延时 | PEN | 温度 |
| | 差动 | PU | 不接地保护 |
| | 数字 | R | 记录 |
| | 降 | | 右 |
| DC | 直流 | | 反 |
| DEC | 减 | RD | 红 |
| E | 接地 | R、RST | 复位 |
| EM | 紧急 | RES | 备用 |
| F | 快速 | RUN | 运行 |
| FB | 反馈 | S | 信号 |
| FW | 正,向前 | ST | 启动 |
| GN | 绿 | S、SET | 置位、定位 |
| H | 高 | SAT | 饱和 |
| IN | 输入 | STE | 步进 |
| INC | 增 | STP | 停止 |
| IND | 感应 | SYN | 同步 |
| L | 左 | T | 温度 |
| | 限制 | T | 时间 |
| | 低 | TE | 无噪声接地 |
| LA | 闭锁 | U | 升 |
| M | 中间线 | V | 真空 |
| | 主 | | 速度 |
| | 中 | | 电压 |
| M、MAN | 手动 | WH | 白 |
| N | 中性线 | YE | 黄 |

(3) 数字符号

数字符号是用数字表示回路中系统设备的排列顺序的编号,一般写在设备名称符号的前面,也可以写在后面,如图 1-1 所示。

其中,“3”就是数字符号,KT 表示时间继电器。即第三个时间继电器。

3 K T

图 1-1　数字符号的使用

(4) 补充文字符号的原则

基本文字符号和辅助文字符号如不能将电气设备、装置和元器件名称、功能、状态和特征等完全表达清楚,可用以下原则予以补充说明。

① 在不违背《电气技术中的文字符号制订通则》(GB 7159—1987)标准编制原则的条件

下，可采用国际标准中规定的电气技术文字符号。

② 在优先采用《电气技术中的文字符号制订通则》(GB 7159—1987)标准中规定的单字母符号、双字母符号和辅助文字符号的前提下，可补充本标准列出的双字母符号和辅助字母符号。

③ 文字符号应按有关电器名词术语国家标准或专业标准中规定的英文术语缩写而成。

同一设备若有几种名称时，应选用其中一个名称。当设备名称、功能、状态和特征为一个英文单词时，一般采用该单词的第一位字母构成文字符号，需要时也可以用前两个字母或前两个音节的首位字母，或采用缩略语及约定俗成的习惯用法构成。

当设备名称、功能、状态和特征为两个或三个英文单词时，一般采用该两个或三个单词的第一个字母，或采用缩略语及约定俗成的习惯用法构成文字符号。

**注：**基本文字符号不得超过两个字母，辅助文字符号不得超过三个字母。

### 2. 外文电路图中电气设备文字符号

有关外文电路图中电气设备文字符号及其含义参见表 1-3。

**表 1-3　外文电路图中电气设备文字符号及其含义**

| 设备名称 | 文字符号 | 设备名称 | 文字符号 | 设备名称 | 文字符号 |
|---|---|---|---|---|---|
| 液压开关 | FLS | 动力配电柜 | AP | 零序电流互感器 | ZCT |
| 电源开关 | PS | 照明配电柜 | AS | 星—三角启动器 | YDS |
| 气动开关 | POS | 控制箱 | AS、CC | 磁吹断路器 | MBB |
| 压力开关 | PRS | 控制板 | BC | 真空断路器 | VS |
| 速度开关 | SPS | 控制装置 | CF | 避雷器 | LA |
| 按钮开关 | PBS、PB | 接线盒 | JB | 油断路器 | OCB |
| 选择开关 | COS | 引线盒 | PB | 变阻器 | RHEO |
| 控制开关 | CS | 瞬时接触 | MC | 电容器 | C |
| 刀闸开关 | KS | 常开触点 | NO | 移相电容器 | SC |
| 负荷开关 | ACS | 常闭触点 | NC | 熔断器 | F |
| 转换开关 | RS | 延时闭合 | TC | 压敏电阻器 | VDR |
| 自动开关 | NFB、MCB | 接触器 | MCtt | 电力电容器 | SC |
| 行程开关 | LS | 辅助继电器 | AXR | 变压器 | Tr |
| 励磁开关 | FS | 电流继电器 | OCR | 励磁线圈 | FC |
| 光敏开关 | LAS | 电压继电器 | PT | 脱扣线圈 | TC |
| 隔离开关 | DS | 热继电器 | OL | 消弧线圈 | PC |
| 倒顺开关 | TS | 极化继电器 | PR | 保持线圈 | HC |
| 温度开关 | TS | 信号继电器 | KS | 电动阀 | MY |
| 电压表转换开关 | VS | 接地继电器 | ER | 电磁阀 | SV |
| 电流表转换开关 | AS | 交流继电器 | KA | 调节阀 | CV |
| 接地限速开关 | RLS | 电压互感器 | PT | 操纵台 | C |
| 脚踏开关 | FTS | 电流互感器 | CT | 保险箱 | SL |
| 限位开关 | SL | 电压电流互感器 | MOF | 程序自动控制 | ASC |
| 注上油开关 | POS | 限时继电器 | TLR | 电流试验端子 | CT. T |
| 高压开关柜 | AH | 逆流继电器 | RR | 直流电源 | DCM |
| 低压配电柜 | AA | 差动继电器 | DR | 交流电源 | ACM |

续表

| 设备名称 | 文字符号 | 设备名称 | 文字符号 | 设备名称 | 文字符号 |
|---|---|---|---|---|---|
| 控制用电源 | CVCF | 油泵 | OP | 安装作业 | IX |
| 低压电源 | LVPS | 主油泵 | MOP | 检修与维修 | RM |
| 高压电源 | HTS | 辅助油泵 | AOP | 试验、测试 | TST |
| 信号灯 | PL | 盘车油泵 | TGOP | 安装图 | ID |
| 信号监视灯 | PL | 给油泵 | FP | 事故停机 | ESD |
| 蓄电池 | EPS | 循环水泵 | CWP | 双接点 | DC |
| 动力设备 | PE | 拉油泵 | OSP | 电压表 | V |
| 发电机 | G | 润滑油泵 | LOP | 硅三极管 | SRS |
| 电动机 | M | 照明回路 | LDB | | |

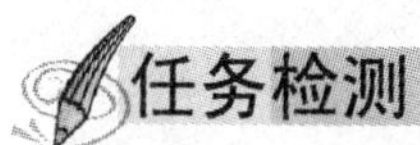

## 任务检测

按表 1-4 所示完成检测任务。

**表 1-4 文字符号的识读检测表**

| 课题 | 文字符号的识读 | | | | | | |
|---|---|---|---|---|---|---|---|
| 班级 | | 姓名 | | 学号 | | 日期 | |

(1) 基本文字符号分________字母符号和________字母符号。

(2) 辅助文字符号是用于表示________、________和________以及________的功能、状态特征等,通常也是由英文单词的前________个字母构成。辅助文字符号一般放在单字母符号________面,构成组合________字母符号。

(3) 数字符号是用数字表示回路中系统设备的排列顺序的________,一般写在设备名称符号的________,也可以写在________,如 3KT(KT3)表示________。

(4) 图形符号是一种统称,通常是指用于图样或其他文件,表示一个设备或概念的________、________和________。图形符号由________、________、________以及常用的________操作控制的动作,根据不同的具体器件情况构成。

(5) 所有符号,均应按________电压、________外力作用的正常状态示出。例如,按钮________;闸刀________。

| 备注 | | 教师签名 | 年 月 日 |
|---|---|---|---|

# 任务 1.2 图形符号的识读

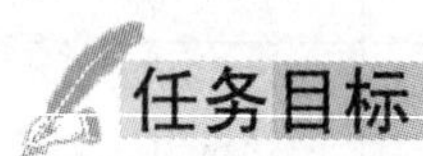

## 任务目标

(1) 了解图形符号的组成。

(2) 能正确识读常用的图形符号。

## 任务过程

图形符号是一种统称，通常是指用于图样或其他文件，表示一个设备或概念的图形、标记和字符。

图形符号由符号要素、一般符号、限定符号以及常用的非电气操作控制的动作（如机械控制符号等），根据不同的具体器件情况构成。

**1. 图形符号的组成**

(1) 符号要素

符号要素是一种具有确定意义的简单图形，必须同其他图形组合才能构成一个设备或概念的完整符号。

例如，三相异步电动机是由定子、转子及各自的引线等几个符号要素组成。

这些符号要素要求有确定的含义，但一般不能单独使用，其布置也不一定与符号所表示的设备实际结构相一致。

(2) 一般符号

一般符号是指用于同一类产品和此类产品特性的一种很简单的符号，它们是各类元器件的基本符号。一般符号不但广义上代表各类元器件，也可以表示没有附加信息或功能的具体元件。

(3) 限定符号

限定符号是用于提供附加信息的一种加在其他符号上的符号。限定符号一般不能单独使用，一般符号有时也作为限定符号。

(4) 使用注意事项

① 所有符号，均应按无电压、无外力作用的正常状态示出，如按钮未按下、闸刀未合闸等。

② 在图形符号中，某些设备元件有多个图形符号，应该尽可能选用优选型。在能够表达其含义的情况下，尽可能选用最简单的形式；在同一图号的图中使用时，应采用统一形式。图形符号的大小和线条的粗细应基本一致。

③ 为适应不同需求，可将图形符号根据需要放大或缩小，但各符号相互间符号本身的比例应该保持不变。图形符号的绘制时方位不是强制的，在不改变符号本身含义的前提下，可以将图形符号根据需要旋转或成镜像位置。

④ 图形符号中导线符号可以用不同宽度的线条表示，以突出和区分某些电路或连接线。一般常将电源线和主电路导线用加粗的实线表示。

(5) 方框符号

用以表示元件、设备等组合及其功能，既不给出元件、设备的细节，也不考虑所有连接的一种简单的图形符号。用在使用单线表示法的图中，也可用在表示全部输入和输出列接线的图中。

**2. 常用图形符号**

(1) 表示导线连接敷设的图形符号

将电气设备图形符号用粗或细的线条进行连接后，就构成了一个完整的电路图。可以看到的粗或细的线条称为线型符号。线型符号用来表示各种导线,如不同的绝缘线、电缆,不同形状的母线。它在电路中使用非常普遍,适用于各种线路。常用的线型符号参见表 1-5。

**表 1-5 表示导线、母线线路敷设方式的图形符号**

| 图形符号 | 说明 | 图形符号 | 说明 |
|---|---|---|---|
| | 电缆穿金属管保护 | | 挂在钢索上的线路 |
| | 电缆穿非金属管保护 | | 水下(海底)线路 |
| | 柔软导线 | | 地下线路 |
| Y | 星形接法 | | 架空线路 |
| △ | 三角形接法 | | 电缆穿管保护 |
| | 母线伸缩接头 | | 电缆铺砖保护 |
| | 事故照明屏蔽导线 | | 装在吊钩上的封闭母线 |
| | 中途穿线盒或分线盒 | | 装在支柱上的封闭母线 |
| M | 封闭式母线 | | 母线一般符号 |
| | 直流母线 | | 斜线表示 3 根导线 |
| | 交流母线 | 3 | 斜线上数字表示导线根数 |
| | 滑触线 | | |
| | 保护和中性共用线 | | 中性线 |
| | 具有保护线和中性线的三相配线 | | 保护线 |
| | 引上 | | 由下引来 |
| | 由上引来 | | 引下 |
| | 引上并引下 | | 由下引上来再引下 |
| | 由下引来再引上 | | |

(2) 低压配电电器的图形符号

低压配电电器用于低压配电系统中,对电器及用电设备进行保护和通断、转换电源或负载。主要包括熔断器、刀开关、低压断路器等,常用低压配电电器的图形符号见表 1-6。

表 1-6 常用低压配电电器的图形符号

| 图形符号 | 说明 | 图形符号 | 说明 |
|---|---|---|---|
| 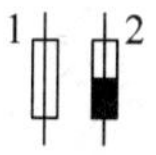 | 1—熔断器一般符号<br>2—供电端由粗线表示的熔断器 | 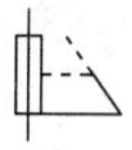 | 具有报警触点的3端熔断器 |
| 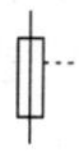 | 带机械连杆的熔断器、撞击器式熔断器 |  | 具有独立报警电路的熔断器 |
|  | 熔断器式负荷开关 | 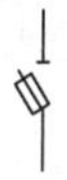 | 熔断器式隔离开关 |
|  | 跌开式熔断器 |  | 熔断器式开关 |
|  | 刀闸开关 |  | 隔离开关 |
|  | 具有自动释放的负荷开关 |  | 负荷开关(负荷隔离开关) |
|  | 断路器 | 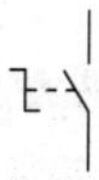 | 旋转开关、旋钮开关(闭锁) |
| 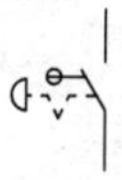 | 紧急开关、蘑菇头安全按钮 | 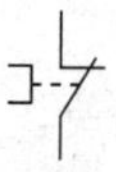 | 拉拨开关(不闭锁) |
| 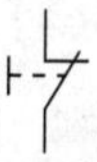 | 手动开关的一般符号 | 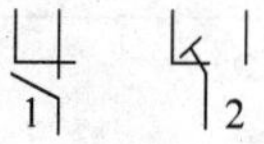 1 2 | 先合后断的转换触点(桥接) |
| 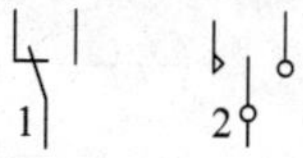 1 2 | 1—先断后合的转换触点<br>2—中间断开的双向触点 | 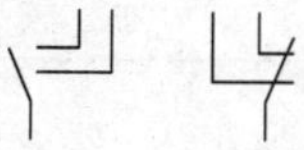 | 双动合触点、动合触点 |
| 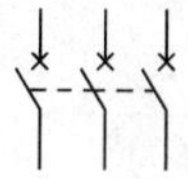 | 三极高压断路器 | 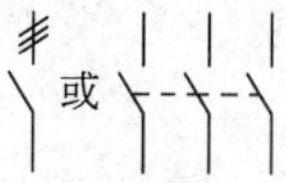 或 | 三极开关 |
| 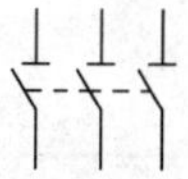 | 三极高压隔离开关 | 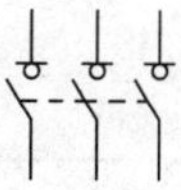 | 三极高压负荷开关 |

(3) 低压控制电器的图形符号

低压控制电器用于低压电力传动、自动控制系统和用电设备中,使其达到预期的工作状态,主要包括接触器、主令电器、继电器等,常用低压控制电器的图形符号见表1-7。

表 1-7 常用低压控制电器的图形符号

| 图形符号 | 说明 | 图形符号 | 说明 |
|---|---|---|---|
| | 接触器主触点 | 1 2 | 接触器辅助触点<br>1—常开触点<br>2—常闭触点 |
| | 热继电器、常开触点 | | 热继电器、常闭触点 |
| | 启动按钮(常开触点)、按钮开关(不闭锁) | | 停止按钮(常闭触点) |
| | 带动断和动合触点的按钮 | | 具有热元件的气体放电管荧光灯启动器 |
| | 有弹性返回的动合触点 | | 无弹性返回的动合触点 |
| | 有弹性返回的动断触点 | | 左边弹性返回的动合触点,右边无弹性返回的中间断开的双向触点 |
| | 位置开关动合触点 | | 位置开关动断触点 |
| | 热敏自动开关、动断触点 | $\theta$ | 热敏开关、动合触点<br>注:$\theta$可用动作温度代替 |
| $n$ | 转速继电器 | $p$ | 压力继电器 |
| $\theta$ 或 $t$ | 温度继电器 | | |

(4) 执行器件的图形符号

执行器件的图形符号用于系统图、原理接线图、控制电路图中。不同图形符号分别代表不同的电气设备元件名称、性能、特征,与图形符号旁标注的文字符号共同表达。

常用的执行器件的图形符号参见表 1-8~表 1-13 所示。

表 1-8　电动机、发电机、测速发电机的图形符号

| 图形符号 | 说　明 | 图形符号 | 说　明 |
|---|---|---|---|
| 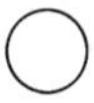  | 电动机一般特性符号 |  TG | 直流测速发电机 |
|  M | 直流电动机 |  TG ~ | 交流测速发电机 |
|  M ~ | 交流电动机 |  M 1~ | 单相笼型、有分相端子的异步电动机 |
|  G | 直流发电机 |  M 3~ | 三相笼型异步电动机 |
|  G ~ | 交流发电机 |  M 3~ | 三相绕线转子异步电动机 |

表 1-9　继电器、接触器线圈的图形符号

| 图形符号 | 说　明 | 图形符号 | 说　明 |
|---|---|---|---|
| 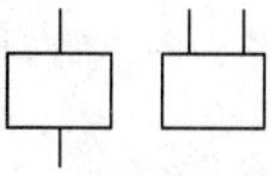  | 操作器件一般符号 | 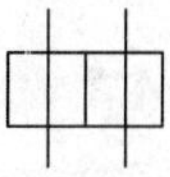  | 具有两个绕组的操作器件组合表示法 |
| 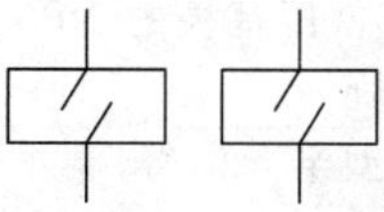  | 具有两个绕组的操作器件分离表示法 | 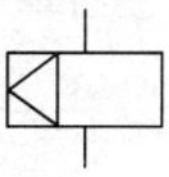  | 机械保护继电器的线圈 |
| 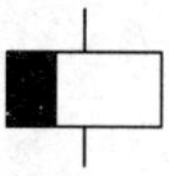  | 缓慢释放继电器的线圈 | 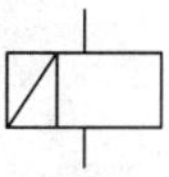  | 剩磁继电器的线圈 |
| 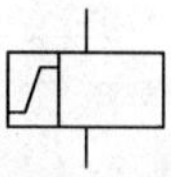  | 剩磁继电器的线圈 | 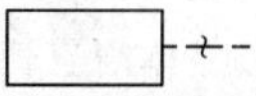  | 机械谐振继电器的线圈 |
| 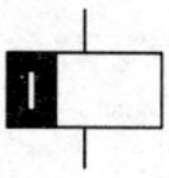  | 极化继电器的线圈 | 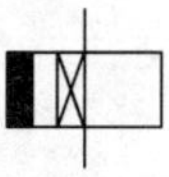  | 缓吸合缓放继电器的线圈 |
| 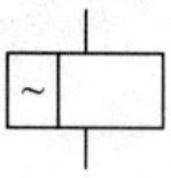 ~ | 交流继电器的线圈 | 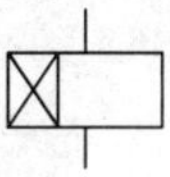  | 缓慢吸合继电器的线圈 |
| 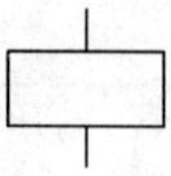  | 对交流不敏感继电器的线圈 | 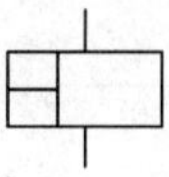  | 快速(快吸和快放)继电器的线圈 |
| 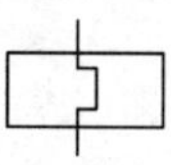  | 热继电器的驱动器件 |  |  |

**表 1-10 常用信号设备的图形符号**

| 图形符号 | 说明 | 图形符号 | 说明 |
| --- | --- | --- | --- |
| 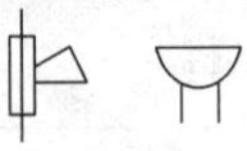 | 电喇叭<br>蜂鸣器 | 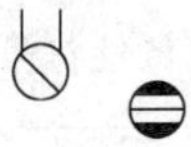 | 机电型指示器<br>信号元件 |
| 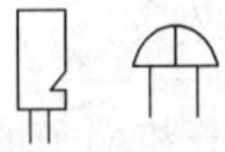 | 电动气笛<br>单打电铃 | 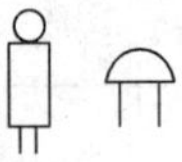 | 电铃一般符号 |
| 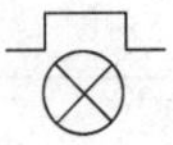 | 闪光型信号灯 |  | 电警笛、报警笛 |

**表 1-11 半导体变流、逆变、整流器件的图形符号**

| 图形符号 | 说明 | 图形符号 | 说明 |
| --- | --- | --- | --- |
|  | 直流交流器 |  | 整流器 |
|  | 逆变器 |  | 整流器/逆变器 |
| 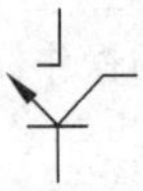 | NPN 雪崩半导体管 |  | 具有 P 型双基极的单结型半导体管 |
|  | 具有 N 型双基极的单结型半导体管 |  | 具有横向偏压基极的 NPN 型半导体管 |
|  | 光电池 | 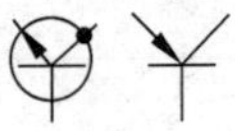 | 左:NPN 型半导体管,集电极接管壳<br>右:PNP 型半导体三极管 |
| 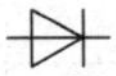 | 半导体二极管一般符号 |  | 光敏电阻,具有对称导电性的光电器件 |
| 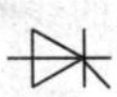 | 反向阻断三极晶体闸流管<br>P 型控制极 | 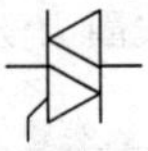 | 双向三极晶体闸流管、三端双向晶体闸流管 |
| 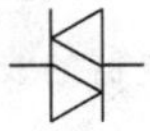 | 双向二极管、交流开关二极管 | 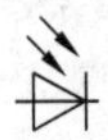 | 光电二极管、具有对称导电性的光电器件 |
| 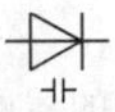 | 用作电容性器件的二极管 |  | 发光二极管一般符号 |
| 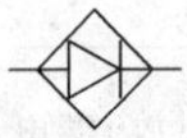 | 全波桥式整流器 | 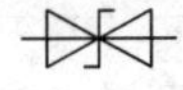 | 双向击穿二极管 |
| 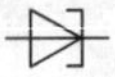 | 隧道二极管 | 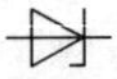 | 单向击穿二极管、电压调整二极管 |
| 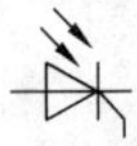 | 光控晶体闸流管 | | |

表 1-12 电容、电阻、蓄电池、自耦变压器的图形符号

| 图形符号 | 说明 | 图形符号 | 说明 |
| --- | --- | --- | --- |
|   | 带抽头的原电池组或蓄电池组 | 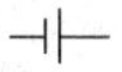  | 电池或蓄电池 |
| 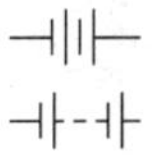  | 蓄电池组或原电池组 | 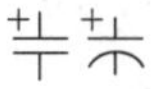  | 极性电容器 |
| 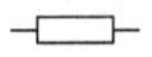  | 电阻器的一般符号 | 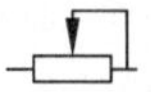  | 滑动触点电位器 |
|   | 可变电阻器、可调电阻器 |   | 电抗器、扼流圈 |
|  | 微调电容器 |  | 压敏极性电容器 |
| 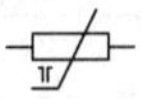  | 压敏电阻器、变阻器 |   | 可变电容器、可调电容器 |
| 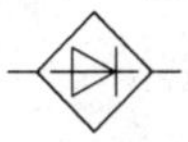  | 桥式全波整流器 |  |  |

表 1-13 电流互感器、变压器等绕组接线的图形符号

| 图形符号 | 说明 | 图形符号 | 说明 |
| --- | --- | --- | --- |
|   | 铁芯 | 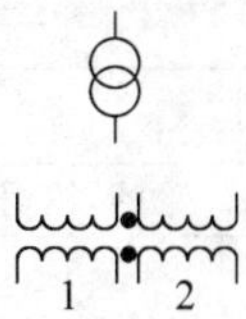 1 2 | 双绕组变压器<br>形式 1:一般符号<br>形式 2:带瞬时电压极性标记 |
|   | 带间隙铁芯 |  |  |
|   | 三相绕组变压器 | 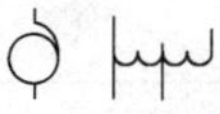  | 单相自耦变压器 |
|   | 电抗器、扼流圈 | 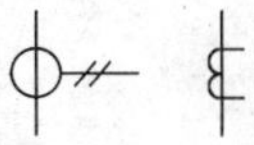  | 电流互感器脉冲变压器 |
|   | 耦合可变的变压器 | 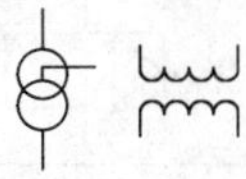  | 在一个绕组上有中心点抽头的变压器 |
|   | 三相变压器,星形—星形—三角形连接 | 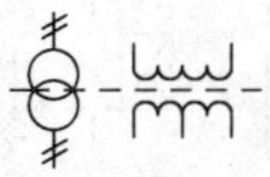  | 绕组间有屏蔽的双绕组单相变压器 |
| 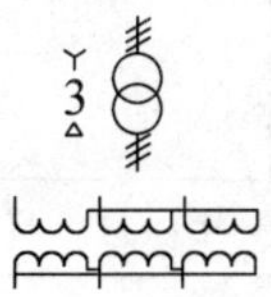 3 | 单相变压器组成的三相变压器,星形—三角形连接 |  3 | 三相变压器星形—三角形连接 |

续表

| 图形符号 | 说明 | 图形符号 | 说明 |
| --- | --- | --- | --- |
| | 具有两个铁芯和两个次级绕组的电流互感器 | | 在同一个铁芯上具有两个次级绕组的电流互感器 |
| | 次级绕组有 3 个抽头的电流互感器 | | 次级绕组为 5 匝的电流互感器 |
| | 具有一个固定绕组和 3 个穿通绕组的电流互感器或脉冲变压器 | | 在同一个铁芯上有两个固定绕组并有 9 个穿通绕组的电流互感器或脉冲变压器 |

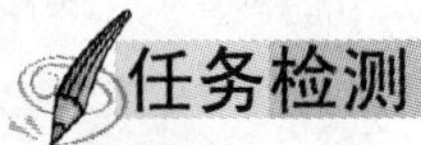

## 任务检测

按表 1-14 所示完成检测任务。

**表 1-14　图形符号的识读检测表**

<table>
<tr><td>课题</td><td colspan="7">图形符号的识读</td></tr>
<tr><td>班级</td><td></td><td>姓名</td><td></td><td>学号</td><td></td><td>日期</td><td></td></tr>
</table>

| 图形符号 | 器件名称 | 图形符号 | 器件名称 | 图形符号 | 器件名称 |
| --- | --- | --- | --- | --- | --- |
| | | | | | |
| | | | | | |
| | | | | | |
| | | | | | |
| | | | | | |

<table>
<tr><td>备注</td><td></td><td>教师签名</td><td>年　月　日</td></tr>
</table>

# 任务 1.3 电气图的阅读

## 分任务 1.3.1 电气图分类

### 任务目标

(1) 了解电气图分类方法。

(2) 能根据相关的文字符号和图形符号识读电气原理图和电气安装接线图。

### 任务过程

电气接线图是以电气线路的连接为基本内容的，为表明一项电气工程，只有电气接线图是不行的，而且还要有电气设备安装位置的平面图等，甚至几种图配合起来用于同一目的，也有的则是一种接线图用于多种目的。

**1. 电气图分类**

电气图又叫电工用图，电气图的种类很多，按照当前电气图纸中的各种电路图、配置图等应用场合所存在的差异，电气图可以分为电气原理图、电气安装接线图、电气系统图、方框图、展开接线图、电气元件平面布置图或系统图等。

电气图纸可分为以下几种。

(1) 简图

用来表示电路的一种简图——方框接线图，或叫系统图，用于控制回路接线图或用于规划设计阶段。

① 交配电系统图，反映交配电系统一次线路的接线方法。

② 动力配线系统图，反映机动设备配置的主要电气设备。

③ 照明工程系统图。

简图用于表示某一工厂车间系统回路概况，用于主回路接线或规划阶段。交配电系统图在变电所投入运行后，供值班人员依照系统图进行倒闸操作和维修时参考。

(2) 电气接线图

表示电路接线的图——复线接线图。

① 用于设备主回路接线。

② 用于施工阶段的接线。

③ 施工结束需向用户交付阶段的接线图。

表示电路运用的图，也称为展开接线图。用于控制回路和保护监测回路，是规划、施工、试验、运行、维修时使用的接线图。因为它能够清楚地描述设备动作的顺序，容易看懂其电路的工作原理，是使用最广泛的一种电路图。

(3) 表示电路布线(配线)的图

① 内部接线图：是指某台电气设备运行内部接线用的图。

② 外部接线图：表示除电气设备本身以外进行接线用的图。

③ 正面接线图：用于控制回路和试验、运行、维护用的图。

④ 综合接线图：外部用于控制，加上内部接线图。

**2. 电气原理图和电气安装接线图**

本书着重介绍电气安装和维修中使用最多的电气原理图和电气安装接线图。

1）电气原理图

电气原理图又叫电原理图，它是用电气符号按照工作顺序排图，详细表示电路中电气元件、设备、线路的组成以及电路的工作原理和连接关系，而不考虑电气元件、设备的实际位置和尺寸的一种简图，如图 1-2 所示。图中将一些与相关教学无关的内容省略(本书以下均如此处理)。

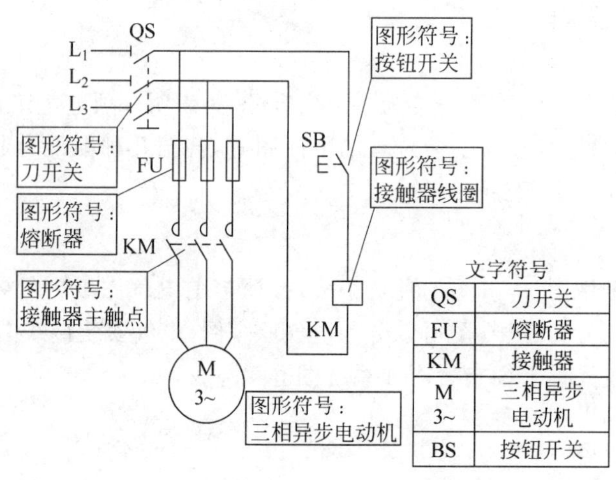


| QS | 刀开关 |
|---|---|
| FU | 熔断器 |
| KM | 接触器 |
| M 3~ | 三相异步电动机 |
| BS | 按钮开关 |

图 1-2 电气原理图

2）电气安装接线图

电气安装接线图是表示设备电气线路连接关系的一种简图。它是根据电气原理图和位置图编制而成的，主要用于电气设备及电气线路的安装接线、检查、维修和故障处理。在实际工作中，电气安装接线图可以与电气原理图、位置图配合使用。

(1) 接线图

① 接线图的作用。用于安装接线、接线检查、线路维修和故障处理。在实际应用中接线图通常需要与位置图一起使用。

接线图一般表示出以下内容：项目的相对位置、项目代号、端子号、导线号、导线类型、导线截面积、屏蔽和导线绞合等。接线图可单独使用，也可组合使用。

② 接线图分类。接线图根据所表述内容的特点可分为单元接线图、互连接线图、端子接线图、电缆联系图等。

③ 接线图的表示方法。

a. 项目表示方法。接线图中的各个项目(如元件、器件、组件、成套设备等)宜采用简化外形(如正方形、矩形或圆)表示，必要时可用图形符号表示。符号旁要标注代号，且与电路图中的标注一致。项目的有关机械特性仅在需要时画出。

b. 端子的表示方法。设备的引出端子应表示清晰。端子一般用图形符号和端子代号表示。当用简化外形表示端子所在的项目时,可不画出端子符号,仅用端子代号表示。如需区分允许拆卸和不允许拆卸的连接时,则必须在图或表中予以注明。

c. 导线的表示方法。导线在单元连接图和互联连接图中的表示方法有以下两种。

连接线:两端子之间导线的线条是连续的,如图 1-3 所示。

中断线:两端子之间导线的线条是中断的,在中断处必须标明导线的走向,如图 1-4 所示。接线图中的导线一般应给予标记,必要时也可用色标作为其补充或代替导线标记。导线组、电缆、缆形线束等可用加粗的线条表示,在不至引起误解的情况下也可部分加粗,如图 1-5 所示。当单元或成套设备包括几个导线组、电缆、缆形线束时,它们之间的区分标记可采用数字或文字。

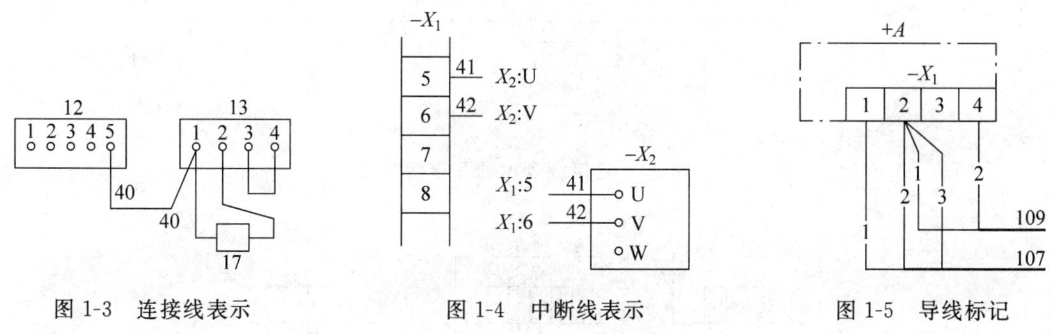


图 1-3 连接线表示　　图 1-4 中断线表示　　图 1-5 导线标记

(2) 单元接线图

如图 1-6 所示,单元接线图表示单元内部的连接情况,通常不包括单元之间的外部连接,但可给出与之有关的互连图的符号。

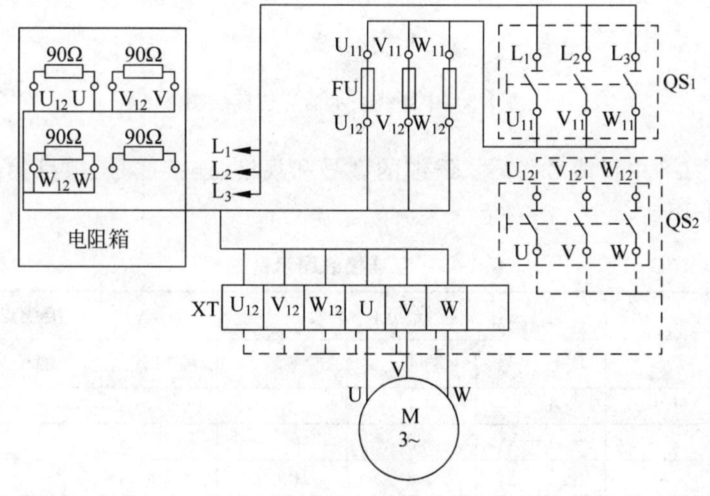


图 1-6 单元接线图

单元接线图通常按各个项目的相对位置进行布置。单元接线图的视图,应选择能最清晰地表示出各个项目的端子和布线的视图。

(3) 互连接线图

互连接线图表示单元之间的连接关系,通常不包括单元内部的连接,但可给出与之有关的电路图或单元接线图的符号。互连接线图的各个视图应画在一个平面上,以表示单元之间的连接关系,各单元的围框用点画线表示。各单元间的连接关系既可用连接线表示,也可用中断线表示,如图 1-7 和图 1-8 所示。

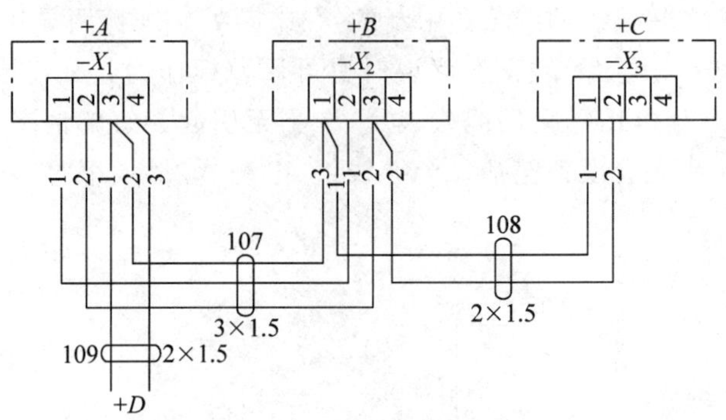


图 1-7　连接线表示的互连接线图

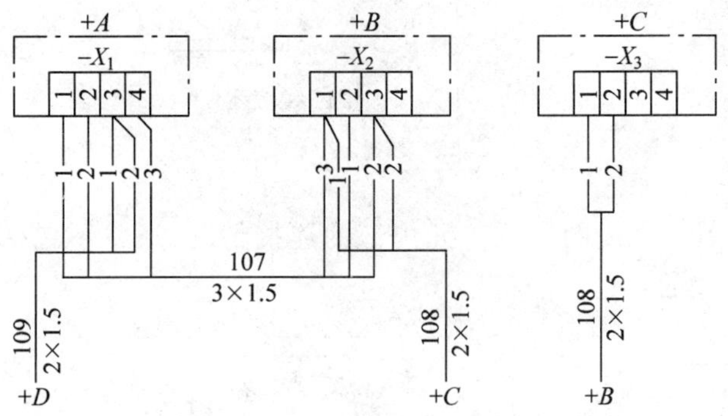


图 1-8　中断线表示的互连接线图

图 1-7 和图 1-8 中线缆号、线号、线缆的型号和规格、连接线号、项目代号、端子号及其说明等参见表 1-15。

**表 1-15　互连接线图示例说明**

| 线缆号 | 线号 | 接线点Ⅰ | | | 接线点Ⅱ | | |
|---|---|---|---|---|---|---|---|
| | | 项目代号 | 端子号 | 备考 | 项目代号 | 端子号 | 备考 |
| 107 | 1 | $+A-X_1$ | 1 | | $+B-X_2$ | 1 | |
| | 2 | $+A-X_1$ | 2 | | $+B-X_2$ | 2 | 108.2 |
| | 3 | $+A-X_1$ | 3 | 109.1 | $+B-X_2$ | 1 | 108.1 |
| 108 | 1 | $-B-X_2$ | 1 | 107.3 | $+C-X_3$ | 2 | |
| | 2 | $-B-X_2$ | 3 | 107.2 | $+C-X_3$ | 1 | |
| 109 | 1 | $+A-X_1$ | 3 | 107.3 | $+D$ | | |
| | 2 | $+A-X_1$ | 4 | | $+D$ | | |

(4) 端子接线图

端子接线图表示单元和设备的端子及其外部导线的连接关系，通常不包括单元或设备的内部连接，但可提供与之有关的图纸符号。

绘制端子接线图应遵循以下规定。

① 端子接线图的视图应与端子排接线面板的视图一致，各端子宜按照其对应位置表示。

② 端子排的一侧标明至外部设备的远端标记或回路编号，另一侧标明至单元内部连接线的远端标记。

③ 端子的引出线宜标出线缆号、线号和线缆的去向。

图 1-9 所示为 A4 柜和 B5 台带有本端标记的端子接线图。每根电缆末端标着电缆号和每根缆芯号。无论已连接还是未连接的备用端子均标有“备用”字样，不与端子连接的缆芯则用缆芯号。

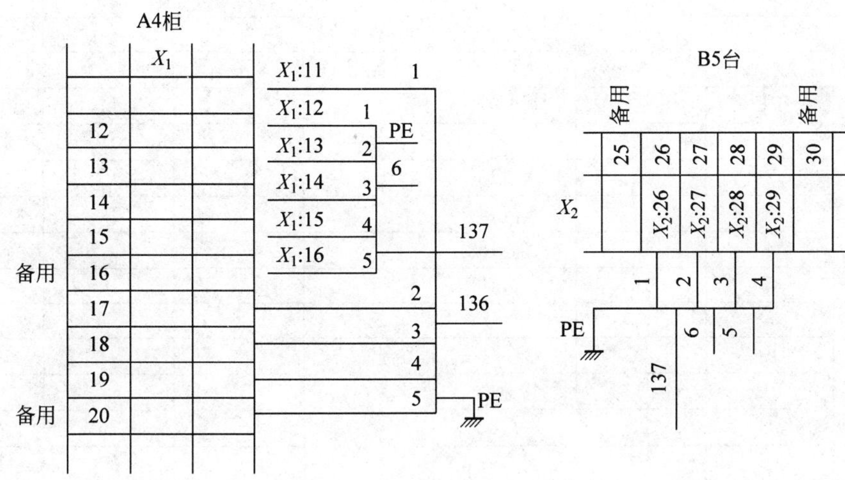


图 1-9 端子接线图示例(1)

图 1-10 所示端子接线图与图 1-9 相同，但是在 A4 柜和 B5 台上标出远端标记。

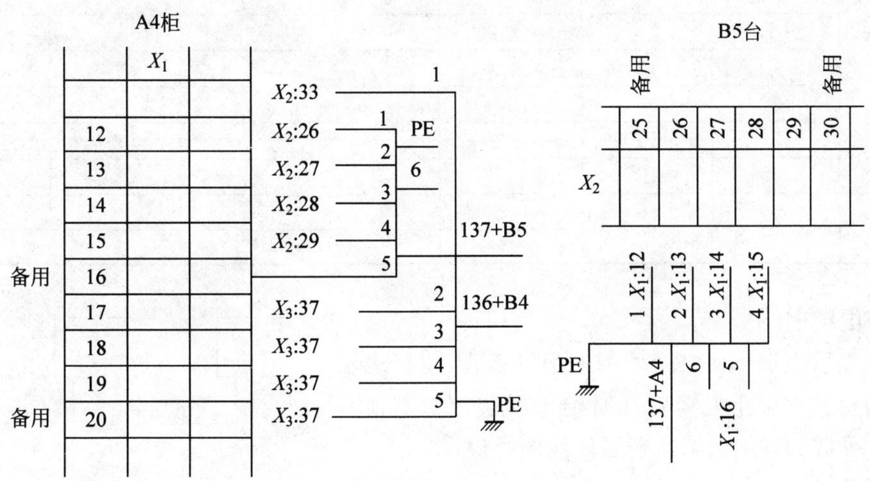


图 1-10 端子接线图示例(2)

图 1-9 和图 1-10 中所包括的电缆号、线号、端子代号等内容，参见表 1-16。表中电缆按单元集中填写，按数字顺序集中在一起。“—”表示相应的缆芯未连接，“(—)”表示接地屏蔽或保护导线是绝缘的。不管已接还是未接在端子上的备用缆芯均用“备用”表示。

**表 1-16　端子接线图示例说明**

| A4 柜 | | | | B5 台 | | | |
|---|---|---|---|---|---|---|---|
| 电缆号 | 线号 | 端子号 | 本端标记 | 电缆号 | 线号 | 端子号 | 本端标记 |
| | | | A4 | | | | B5 |
| | PE | | 接地线 | | PE | | 接地线 |
| 136 | 1 | 11 | $X_1$:11 | 137 | 1 | 26 | $X_2$:26 |
| | 2 | 17 | $X_1$:17 | | 2 | 27 | $X_2$:27 |
| | 3 | 18 | $X_1$:18 | | 3 | 28 | $X_2$:28 |
| | 4 | 19 | $X_1$:19 | | 4 | 29 | $X_2$:29 |
| 备用 | 5 | 20 | $X_1$:20 | 备用 | 5 | — | |
| | | | A4 | 备用 | 6 | — | |
| | PE | | (—) | | | | |
| 137 | 1 | 12 | $X_1$:12 | | | | |
| | 2 | 13 | $X_1$:13 | | | | |
| | 3 | 14 | $X_1$:14 | | | | |
| | 4 | 15 | $X_1$:15 | | | | |
| 备用 | 5 | 16 | $X_1$:16 | | | | |
| 备用 | 6 | | — | | | | |
| | | | B5 | | | | A4 |
| | PE | | 接地线 | | PE | | (—) |
| 136 | 1 | 11 | $X_3$:33 | 137 | 1 | 26 | $X_1$:12 |
| | 2 | 17 | $X_3$:34 | | 2 | 27 | $X_1$:13 |
| | 3 | 18 | $X_3$:35 | | 3 | 28 | $X_1$:14 |
| | 4 | 19 | $X_3$:36 | | 4 | 29 | $X_1$:15 |
| 备用 | 5 | 20 | $X_3$:37 | 备用 | 5 | | $X_1$:16 |
| | | | B5 | 备用 | 6 | | |
| | PE | | 接地线 | | | | |
| 137 | 1 | 12 | $X_2$:26 | | | | |
| | 2 | 13 | $X_2$:27 | | | | |
| | 3 | 14 | $X_2$:28 | | | | |
| | 4 | 15 | $X_2$:29 | | | | |
| 备用 | 5 | 16 | — | | | | |
| 备用 | 6 | | — | | | | |

(5) 电缆图

电缆图可表示单元之间外部电缆的敷设，也可表示电缆的路径。它用于电缆安装时给出安装用的其他有关资料。导线的详细资料由端子接线图提供。

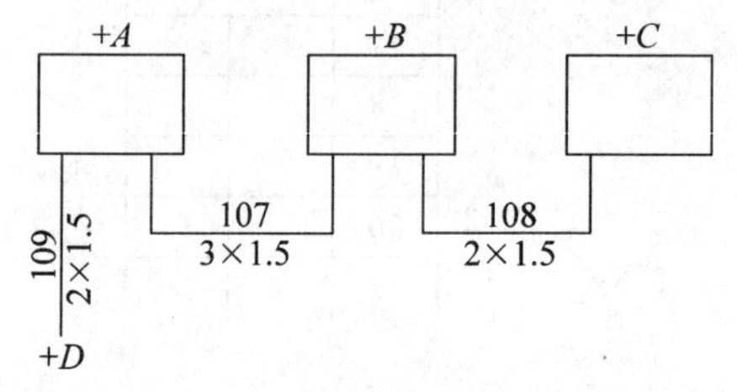


图 1-11　电缆图

电缆图应清晰地表示各单元之间的电缆连接。各单元图框可用粗实线绘制，如图 1-11 所示。电缆图中宜标注电缆编号、电缆型号、规格、各单元的项目编号等。

表 1-17 中的内容表示图 1-11 中的电缆编号、电缆型号规格、连接点的项目编号和其他说明等。

**表 1-17　电缆图示例说明**

| 电 缆 号 | 电缆型号规格 | 连 接 点 | | 附　　注 |
|---|---|---|---|---|
| 107 | KVV20—3×1.5 | $+A$ | $+B$ | |
| 108 | KVV20—2×1.5 | $+B$ | $+C$ | |
| 109 | KVV20—2×1.5 | $+A$ | $+D$ | |

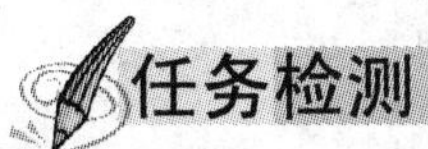

## 任务检测

按表 1-18 所示完成检测任务。

**表 1-18　电气图分类检测表**

| 课题 | 电气图分类 | | | | | | |
|---|---|---|---|---|---|---|---|
| 班级 | | 姓名 | | 学号 | | 日期 | |

(1) 电气图分为哪些类型？

(2) 将下图改画成标号接线图。

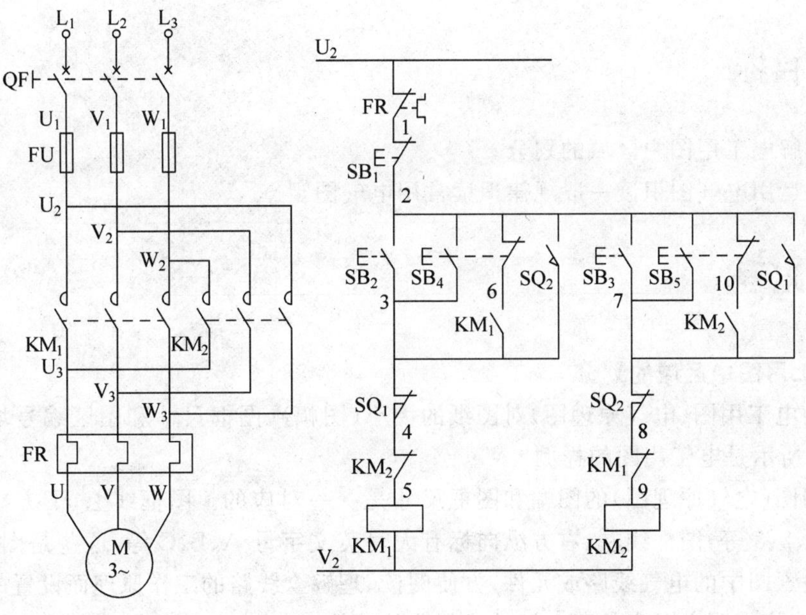


电气原理图

续表

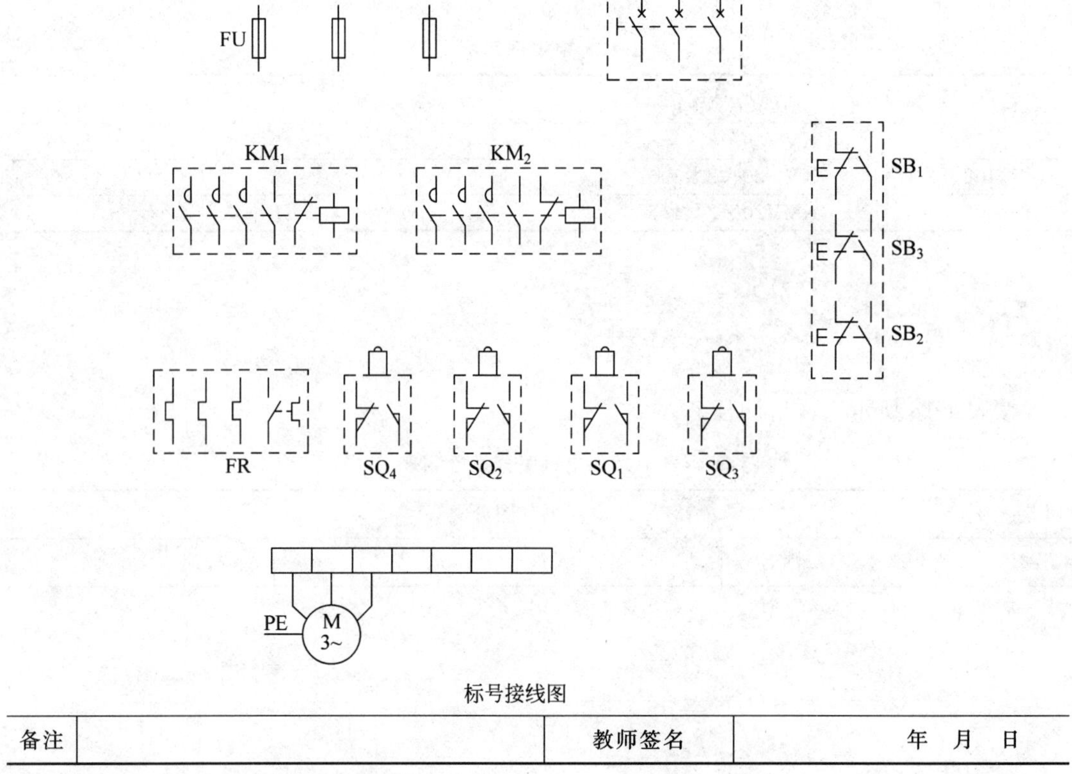


标号接线图

| 备注 | | 教师签名 | 年 月 日 |
|---|---|---|---|

## 分任务 1.3.2 电工用图中区域的划分和识读方法

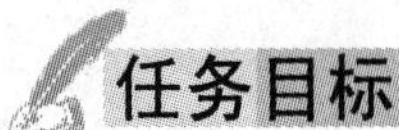

### 任务目标

(1) 了解电工用图中区域的划分。

(2) 能运用电气图识读一般规律识读常用电气图。

### 任务过程

**1. 电工用图中区域的划分**

标准的电工用图(电气原理图)对图纸的大小(图幅)、图框尺寸和图区编号均有一定要求,图 1-12 所示是电工用图的样例。

电工用图(电气原理图)的图幅和图框尺寸是一一对应的。图框线上、下方横向标有阿拉伯数字 1、2、3 等,图框线左、右方纵向标有大写英文字母 A、B、C 等,这些是图区编号,是为了便于检索图中的电气线路或元件,方便阅读、理解全线路的工作原理而设置的,俗称“功能格”。功能格表明它对应的下方元件或电路的功能。

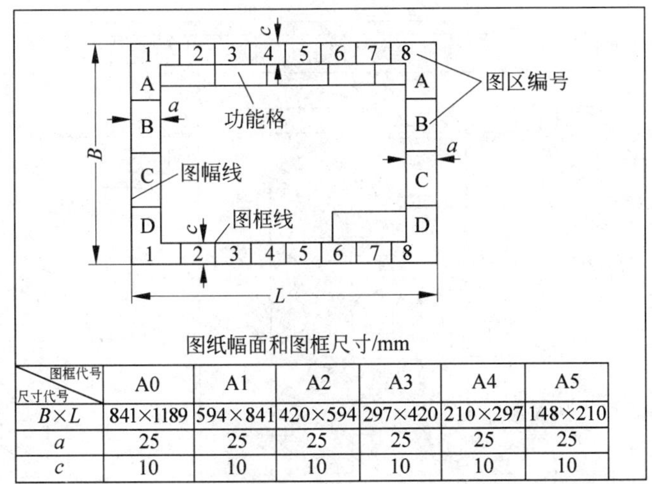


| 尺寸代号＼图框代号 | A0 | A1 | A2 | A3 | A4 | A5 |
|---|---|---|---|---|---|---|
| $B\times L$ | 841×1189 | 594×841 | 420×594 | 297×420 | 210×297 | 148×210 |
| $a$ | 25 | 25 | 25 | 25 | 25 | 25 |
| $c$ | 10 | 10 | 10 | 10 | 10 | 10 |

图 1-12　电气原理图中图幅、图框尺寸、图区编号的要求

电工用图(电气原理图)的绘制,要做到布局合理、排列均匀、图面清晰。一般按照以下原则来绘制。

(1) 电源电路

电源电路一般设置在图面的上方或左方,三相四线电源线相序由上至下或由左至右排列,中性线绘制在相线的下方或左方。

(2) 主电路

在电力拖动控制线路中,主电路通常包括电动机、转换开关、熔断器、接触器主触点及其连接导线等,主电路通过电流大,在原理图中用粗实线画在图面的左边。

(3) 控制电路和辅助电路

控制电路和辅助电路通常采用细实线绘制在图面的右边。控制电路包括接触器、继电器线圈和辅助触点、按钮开关及其连接导线等,按照对控制主电路的动作顺序要求从左至右绘制。辅助电路是指电气线路中的信号和照明部分,应画在控制线路的右方,如图 1-13 所示。

(4) 符号位置的索引

为了便于查找电工用图(电气原理图)中某一元件的位置,通常采用符号索引来表示。符号位置索引是由图区编号中代表行(横向)的字母和代表列(纵向)的数字组合,必要时还须注明所在图号、页次。图 1-14 表示图 1-13 中接触器 KM 线圈的位置。

接触器 KM 和继电器 KA 相应触点的位置索引,一般画在对应图形符号的下方。触点位置索引表示线圈与触点的从属关系,也表明了线圈与相应触点在电气图中的位置关系。图 1-15 表示了图 1-13 中接触器 KM 和继电器 KA 相应触点的位置索引及其含义。

(5) 回路标记

电气原理图中的回路上都标有文字标号和数字标号,它们是回路标号。回路标号主要用来表示各回路的种类和特征,通常由 3 位或 3 位以下数字组成,按照“等电位”的原则进行标注。等电位原则就是回路中凡是接在同一点上的所有导线具有同一电位,标注相同的回路标号。所有线圈、绕组、触点、电阻、电容等元件所间隔的线段,应标注不同的回路标号。图 1-16 所示的是回路标记的标注方法。

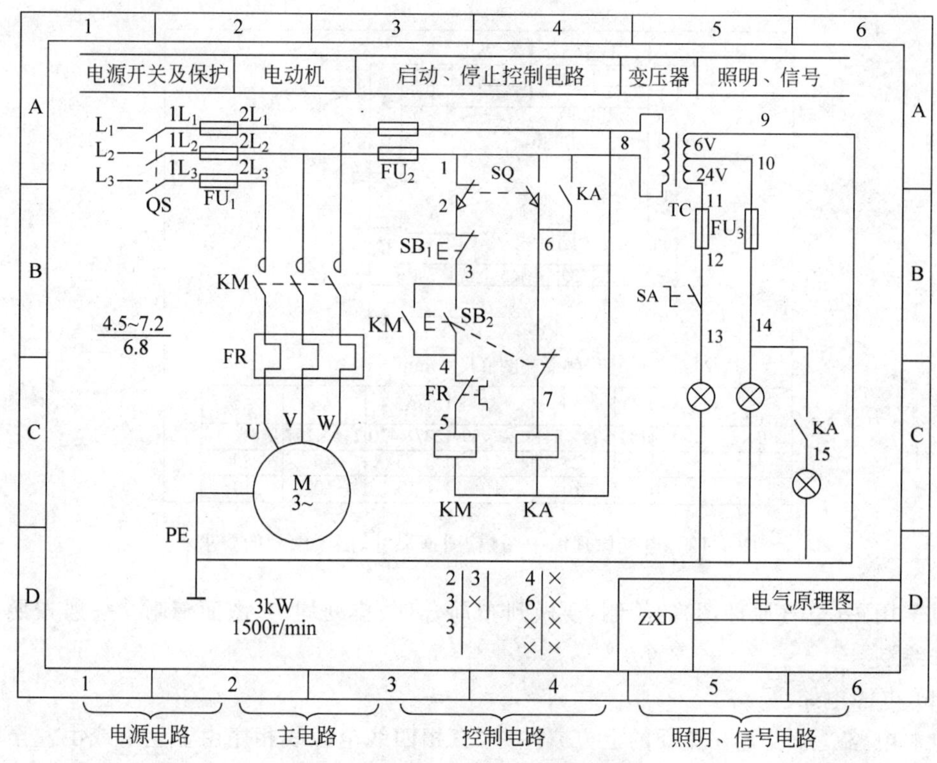


图 1-13 动力设备原理图的布局

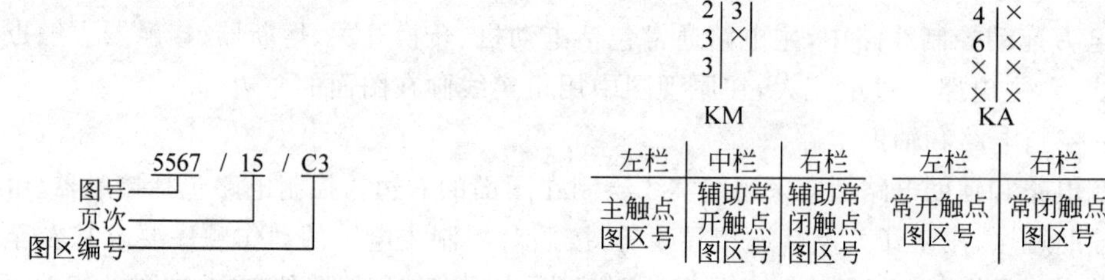


图 1-14 符号位置索引表示法

图 1-15 触点的位置索引及含义

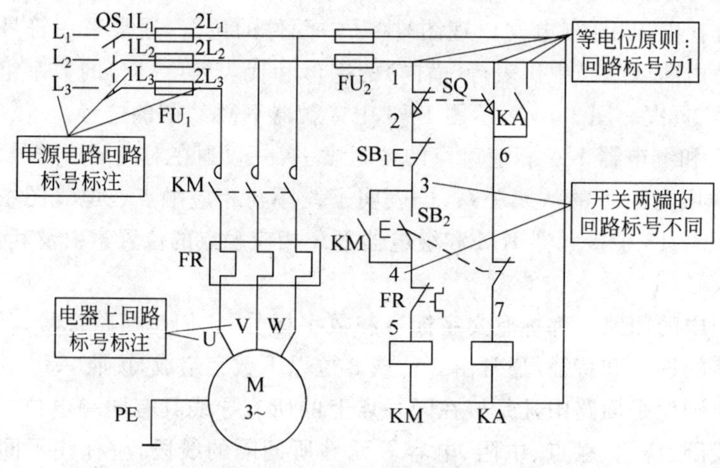


图 1-16 回路标记的标注方法

在电气原理图中，主回路标号由文字标号和数字标号两部分组成。文字标号用来标明回路中电气元件和线路的技术特性。例如，交流电动机定子绕组首端用 $U_1$、$V_1$、$W_1$ 表示，末端用 $U_2$、$V_2$、$W_2$ 表示；三相交流电源用 $L_1$、$L_2$、$L_3$ 表示。数字标号用来区别同一文字标号回路中的不同线段。例如，三相交流电源用 $L_1$、$L_2$、$L_3$ 标号，开关以下用 $1L_1$、$1L_2$、$1L_3$ 标号，熔断器以下用 $2L_1$、$2L_2$、$2L_3$ 标号。电源电路和电器引出线(电动机接点)符号参见表 1-19。

**表 1-19 电源电路和电器引出线的符号**

| 线路名称 | 标号 | |
|---|---|---|
| 交流电源 | 第一组 | $L_1$ |
| | 第二组 | $L_2$ |
| | 第三组 | $L_3$ |
| | 中性线 | N |
| 直流电源 | 正极 | $L_+$ |
| | 负极 | $L_-$ |
| | 中间线 | M |
| 保护接地 | | PE |
| 保护中性线 | | PEN |
| 接地 | | E |
| 无噪声接地 | | TE |
| 电动机接线点 | | 标号 |
| 绕组 | 第一组 | U |
| | 第二组 | V |
| | 第三组 | W |
| | 中性线 | N |

(6) 技术数据的表示方法

技术数据可以标在图形符号的旁边，如图 1-17 所示。热继电器的动作电流的调整范围和整定值分别为 4.5～7.2A 和 6.8A、电动机的功率为 3kW、转速为 1500r/min。当然也可以用表格的形式单独给出。

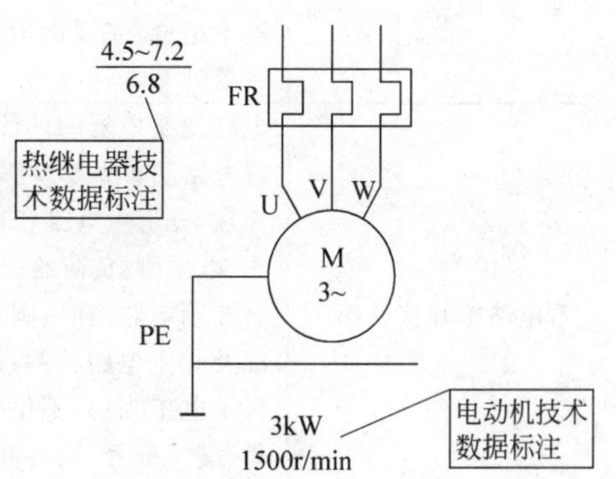


图 1-17 技术数据表示方法

**2. 阅读电气图一般规律**

(1) 读图的要求

除电磁场外，电工技术讲的主要就是电路和电器。电路又可分为主电路和辅助电路。主电路又称一次回路，是电源向负载输送电能的电路，包括发电机、变压器、开关、熔断器、接触器主触点、电容器、电力电子器件和负载(如电动机、电灯)等。辅助电路又称为二次回路，是对主电路进行控制、保护、检测及指示的电路。辅助电路一般包括继电器、仪表、指示灯、控制开关、接触器辅助触点等。通常主电路流过的电流大，导线线径较粗；辅助电路电流较小，导线线径较细。

电气元件是电路不可缺少的组成部分。在供电电路中常用隔离开关、断路器、负荷开关、熔断器、互感器等；在机床等机械控制中，常用各种继电器、接触器和控制开关等；在电力电子电路中，常用各种二极管、晶体管、晶闸管和集成电路等。使用前应了解这些电气元件的性能、结构、原理、相互控制关系及在整个电路中的地位和作用。

(2) 图形符号、文字符号要熟练应用

电气简图用图形符号与文字符号以及项目代号、接线端子标记等电气技术的“词汇”，符号记得越多，读图越快捷、越方便。

(3) 掌握各类电气图的绘制特点

各类电气图都有各自的绘制方法和特点，掌握这些特点，并利用它可以提高读图的效率，进而设计、绘制电气图。

(4) 读图的一般步骤

在了解电气工程图和建筑工程之间的联系后，成套的电气工程图中往往包含部分工程图，阅读电气工程图还应按照一定的顺序来进行，才能迅速、全面地实现看图的目的。看图的顺序参见表 1-20。

**表 1-20 看电气工程图顺序**

| 步 序 | 内 容 |
|---|---|
| 看标题栏和图纸目录 | 拿到图纸后，首先要阅读图纸的主标题及有关说明，如图纸目录、技术说明、元件明细表、施工说明书等，结合已有的电工知识，对该电气图纸类型、性质、作用有一个明确的认识，从整体上理解图纸的概况和表述的内容 |
| 看成套图纸的说明书 | 了解工程概况和设计依据，了解图纸中能够表达清楚和各有关事项、供电电源、电压等级、线路和敷设方式、设备安装的高度和安装方式、各种补充的非标准设备及规范、施工中应考虑的有关事项等 |
| 看系统图 | 各分项工程的图纸都包含系统图，如变配电工程的供电系统图、电力工程的电力系统图、电气照明的电气系统图、电气电缆等系统图。其目的是了解电气系统的基本组成、主要的电气设备、元件等的连接关系及其规格、型号、参数等，掌握该系统的基本情况 |
| 看电路图和接线图 | 电路图是电器图的核心，也是内容最丰富、最难懂的电气图纸<br>看电路图首先要看那些图形符号和文字符号，了解电气图中各组成部分的作用和原理，分清主电路和控制、保护、测量回路，熟悉有关控制线路的走向，按照主电路、电源侧、负荷的顺序进行。主电路一般用较粗的线条画出，画在电路图的左侧<br>看控制电路图时，则自上而下、从左至右，先看各条回路，分析各回路元器件的情况及与主电路的关系和机械机构的连接关系<br>对于电工来讲，不仅要看主回路图，还要看二次回路接线图。要根据回路线的编号、端子标号、同一回路设备编号(是相同的)进行连接。一般通用的回路线号的标号是相同的 |
| 看平面布置图 | 看平面布置图是电气工程的重要图纸之一，看变配电设备安装平面图、剖面图、电力线路架设与电缆的敷设平面图、照明平面图、机械设备的平面布置图、接地平面图。都是用来表示设备的安装位置、线路敷设部位、敷设方法和所用的导线型号、规格、数量、穿管管径大小 |
| 看材料设备表 | 电工从材料配备表可看出该回路所使用的设备名称、材料型号、规格和数量，当设备损坏后，选择与材料表给出的型号、规格相同的设备进行更换 |

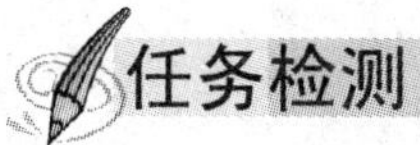

## 任务检测

按表 1-21 所示完成检测任务。

**表 1-21　电工用图中区域的划分和识读方法检测表**

| 课题 | 电工用图中区域的划分和识读方法 | | | | | | |
|---|---|---|---|---|---|---|---|
| 班级 | | 姓名 | | 学号 | | 日期 | |

（1）按图 1-13 所示的方法将下图各部分进行划分。

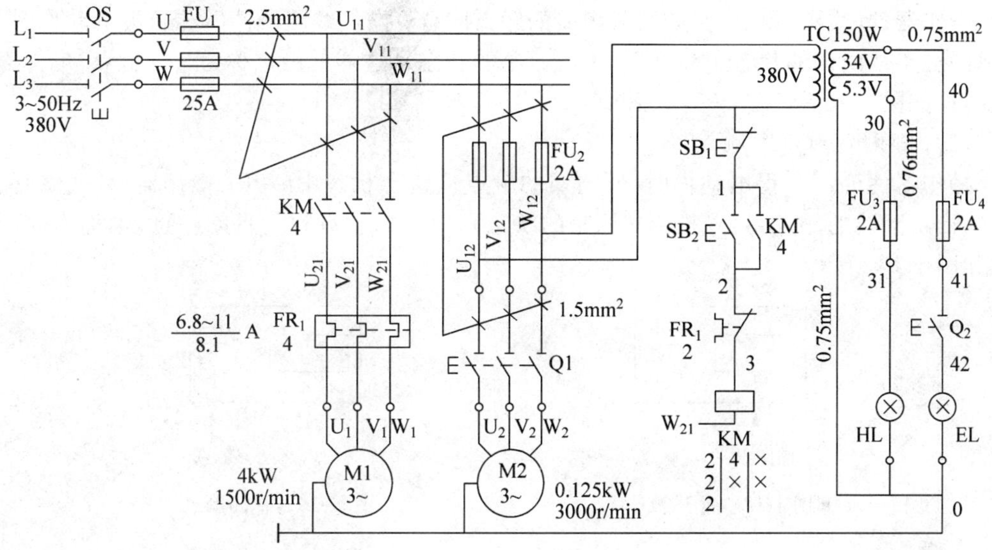


（2）上图中包含哪些电气元件？

| 备注 | | 教师签名 | 年　月　日 |
|---|---|---|---|

# 任务 1.4　电气图中部分触点定义和动作条件

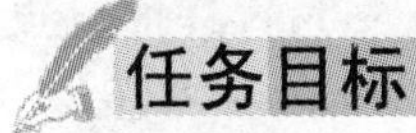

## 任务目标

（1）掌握常开触点与常闭触点的动作特点。
（2）掌握时间性触点的动作特点。

## 任务过程

**1. 电气图中部分触点定义**

1）电路图中触点的状态

电路图中触点图形符号都是按电气设备在未接通电源的状态下的实际位置画出的，表示的触点是静止状态。

2）常开触点和常闭触点

（1）常开触点（动合触点）

操作器件（线圈）得电动作时，所附属的触点闭合；操作线圈器件（线圈）失电动作时，所附属的触点从闭合的状态中断开（复位到原来的状态），这样的触点称为常开触点，也称为动合触点，如图 1-18 所示。

（2）常闭触点（动断触点）

操作器件（线圈）得电动作时，所附属的触点从闭合状态中断开；操作器件（线圈）失电动作时，所附属的触点闭合（复位到原来的状态），这样的触点称为常闭触点，也称为动断触点，如图 1-19 所示。

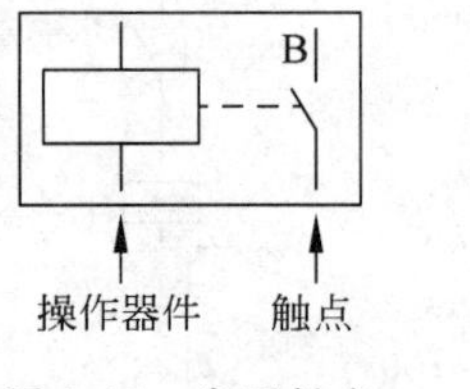

图 1-18　常开触点

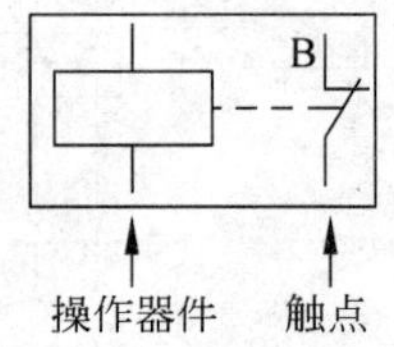

图 1-19　常闭触点

3）时间性触点

操作器件（线圈）得电或失电动作时，所附属的触点按照设计（整定）的时间闭合或断开，这样的触点称为时间性触点。整定的时间长短可以调节。按触点动作特点的不同，时间性触点可以分为得电延时型和失电延时型两种。

得电延时型：操作器件（线圈）得电→延时→触点动作；失电→触点立即复位。

失电延时型：操作器件（线圈）得电→触点立即动作；失电→延时→触点复位。

（1）延时闭合（延时动合）的触点

操作器件（线圈）得电动作时，所附属的触点 B 不能立即闭合，必须到整定时间触点才能闭合，这样的触点称为延时闭合（延时动合）的触点，属得电延时，如图 1-20 所示。

（2）延时断开（延时动合）的触点

操作器件（线圈）得电动作时，触点 B 立即闭合，但是这个触点 B 在操作器件（线圈）失电动作时，不能立即断开，必须到整定时间触点才能断开（复位到原来的状态），这样的触点称为延时断开（延时动合）的触点，属失电延时，如图 1-21 所示。

（3）延时断开（延时动断）的触点

操作器件（线圈）失电动作时，所附属的触点 B 立即闭合，但是这个触点 B 在操作器件（线圈）得电动作时，不能立即断开，必须到整定时间，触点才由闭合断开，这样的触点称为延时断开（延时动断）的触点，属得电延时，如图 1-22 所示。

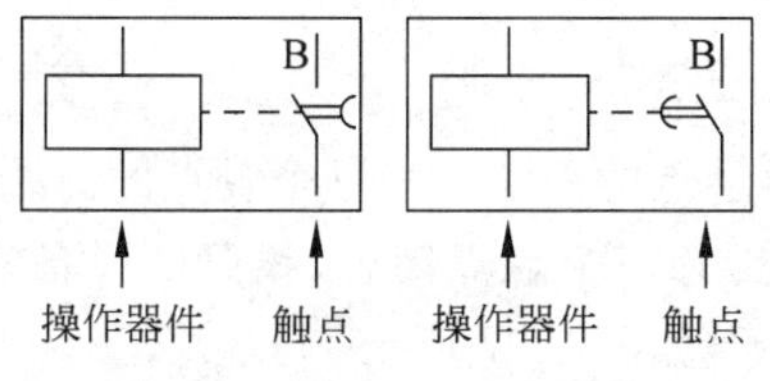


图 1-20 延时闭合(延时动合)的触点

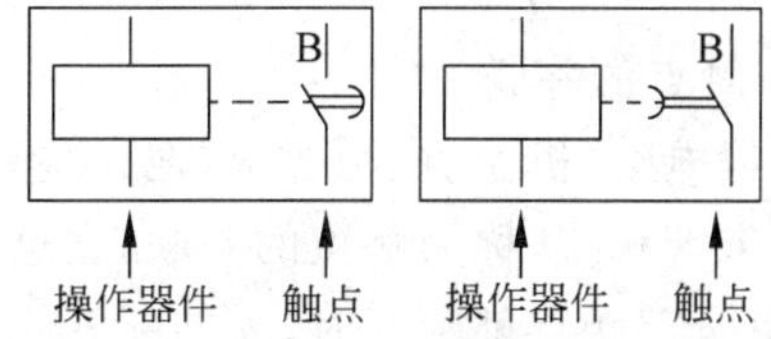


图 1-21 延时断开(延时动合)的触点

(4) 延时闭合(延时动断)的触点

操作器件(线圈)得电动作时,所附属的触点 B 立即断开,但是这个触点 B 在操作器件(线圈)失电动作时,不能立即闭合,必须到整定时间触点才能闭合(复位到原来的状态),这样的触点称为延时闭合(延时动断)的触点,属失电延时,如图 1-23 所示。

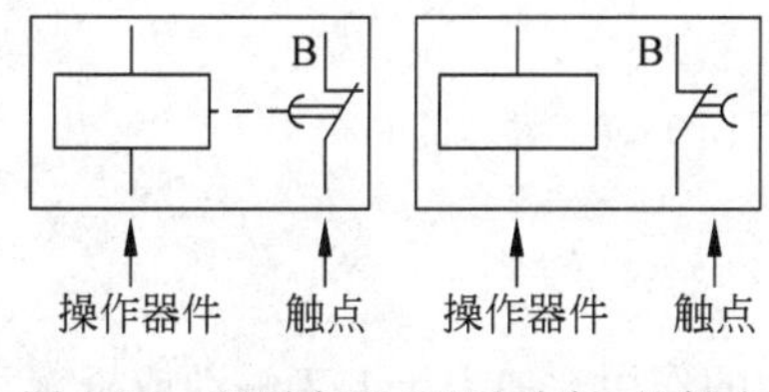


图 1-22 延时断开(延时动断)的触点

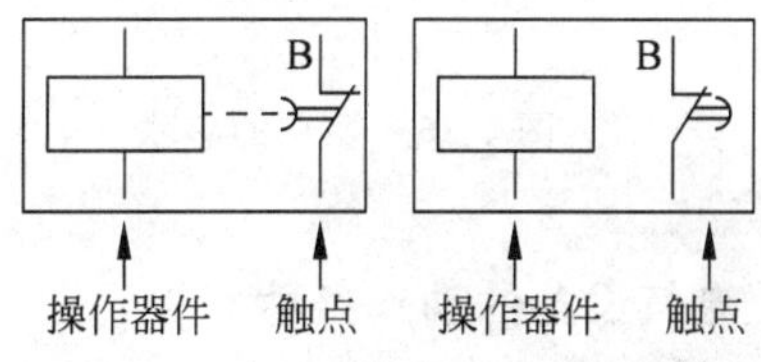


图 1-23 延时闭合(延时动断)的触点

4) 自锁(自保)触点

操作器件(线圈)得电动作时,所附属的常开触点闭合,保证电路接通,使操作器件(线圈)维持闭合状态。换句话说,就是依靠自身附属的触点作为辅助电路,操作器件(线圈)通电状态维持闭合状态。所用触点称为自锁(自保)。这一回路称为自锁回路,如图 1-24 所示。

5) 旁路保持触点

依靠另外操作器件的触点来维持电路的闭合状态,这样的触点称为旁路保持触点,这一回路称为旁路保持回路,它在控制电路中运用较多,如图 1-25 所示。

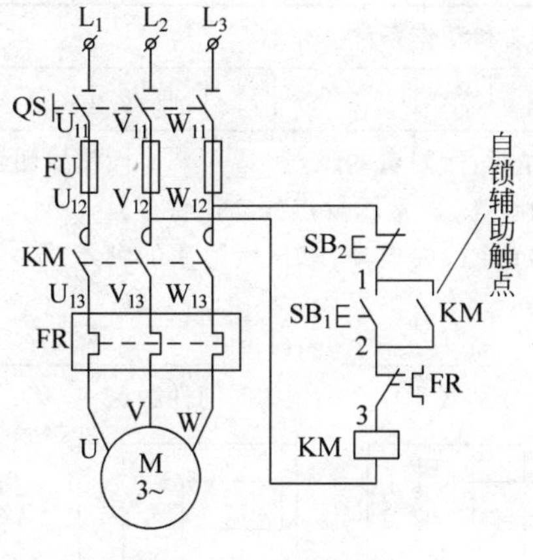


图 1-24 自锁触点

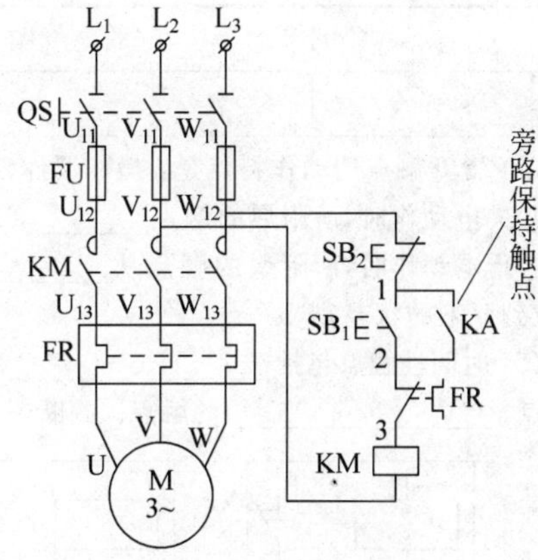


图 1-25 旁路保持触点

6) 触点的串联

根据电气(机械)控制要求,把一些开关或继电器触点的一端与另一个触点的一端串接起来称为触点的串联,在这一回路中只要有一个触点不闭合,线路的最终状态是设备不动作,如图 1-26 所示。

7）触点的并联

根据电气(机械)控制要求,把一些开关或继电器触点的前端与另一个触点的前端相接;末端与末端相接,称为触点的并联,在这一回路中只要有一个触点闭合,线路的设备都能动作,只有全部触点都断开时,才能断开线路设备的电源,如图 1-27 所示。

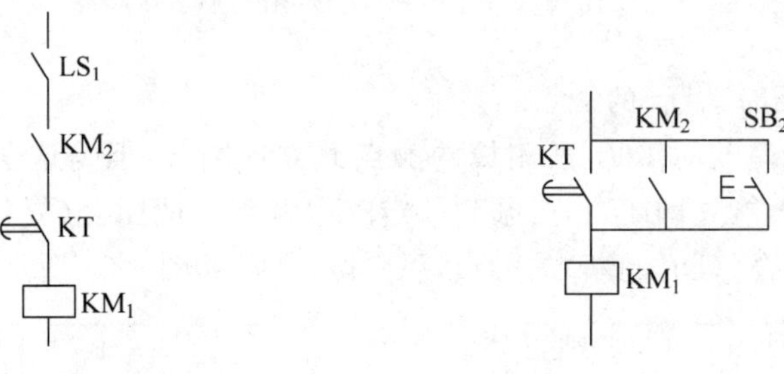


图 1-26　触点的串联　　　　图 1-27　触点的并联

**2. 电气设备的动作条件**

电气设备(器件)动作必须要有电的物理现象或外力的作用。如由于人工触动或机械触动使电气设备(器件)的触点动作;或在线路感应电压、电流的作用下,从而使器件线圈得电动作。

在看图时,要看懂操作开关或触点接通什么设备,与什么触点或线圈连接,才能进一步搞清设备的动作情况。

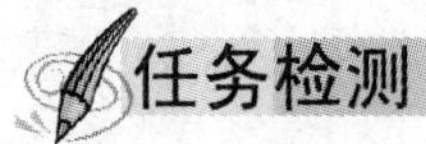

## 任务检测

按表 1-22 所示完成检测任务。

**表 1-22　电气图中部分触点定义和动作条件检测表**

<table>
<tr><td>课题</td><td colspan="7">电气图中部分触点定义和动作条件</td></tr>
<tr><td>班级</td><td></td><td>姓名</td><td></td><td>学号</td><td></td><td>日期</td><td></td></tr>
<tr><td colspan="8">(1) 常开触点的动作特点是:操作器件(线圈)得电动作时,所附属的触点________;操作线圈器件(线圈)失电动作时,所附属的触点________(复位到原来的状态)。常闭触点的动作特点是:操作器件(线圈)得电动作时,所附属的触点从________;操作器件(线圈)失电动作时,所附属的触点________(复位到原来的状态)<br>(2) 时间性触点包括________(________)的触点、________(________)的触点、________(________)的触点、________(________)的触点。判断图 1-24 所示触点分别属于什么类型的时间性触点<br>B　　B　　B　　B<br>________　________　________　________</td></tr>
<tr><td>备注</td><td colspan="3"></td><td>教师签名</td><td colspan="3">年　月　日</td></tr>
</table>

# 任务 1.5 电气图的阅读实训

## 任务目标

(1) 了解电气图图形符号和文字符号的含义。

(2) 能分析电动机控制电路的动作过程。

## 任务过程

看懂电路图不仅要认识图形符号和文字符号，而且要能与电气设备的工作原理结合起来，这样才能看懂电路图。

**1. 按文字符号看**

电路图是按照规定的符号绘制的，图形符号旁边的文字符号用来表示设备的名称，看图首先要弄清楚图中的图形符号、文字符号代表什么电器，看符号说明表，而这些符号必须熟记。

(1) 图形符号与文字符号的含义

如图 1-28 所示，图形符号▭旁边有文字符号“KM”，图形符号▭表示线圈，究竟是何种电气元件的线圈，要看文字符号，“KM”代表接触器，与图形符号在一起，表示接触器线圈。

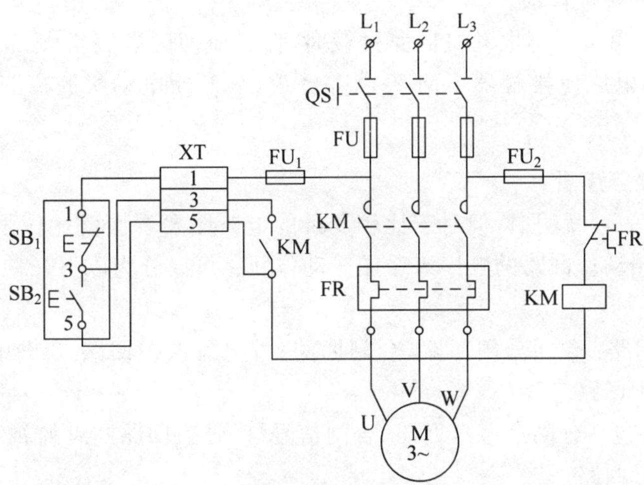


图 1-28 识图例图

除知道符号代表的意义外，还要知道电气设备的动作状态与原理。在图 1-28 中，“$SB_1$”旁边的图形是停止按钮，所示的状态是闭合的。按下时，触点断开，将回路切断，松开后触点闭合。“$SB_2$”旁边的图形是启动按钮，按下时触点闭合，使电路接通，松开后触点断开。

(2) 电动机控制线路的实际接线图

图 1-28 所示的电动机控制线路中画出了经过端子排与外部电器连接的线,很容易看出电气元件之间的连接关系,从图上看清端子排 XT 右侧的线条是与配电盘上的电缆连接的线。端子排 XT 左侧的线条是与配电盘外部电器连接的线。这样的接线图也可称为实际接线图。其工作原理如下。

① 启动运行。合上三相闸刀开关 QS,按下启动按钮 $SB_2$,电源 $L_1$ 相→操作熔断器 $FU_1$→端子排上的 1 号线→停止按钮 $SB_1$ 常闭触点→启动按钮 $SB_2$ 常开触点→端子排上的 5 号线→接触器 KM 线圈→4 号线→热继电器 FR 的常闭触点→2 号线→操作熔断器 $FU_2$→电源 $L_3$ 相,构成回路。

接触器 KM 线圈得到电压而动作,接触器 KM 常开触点闭合自锁,维持接触器 KM 的吸合状态;接触器 KM 的 3 个主触点同时闭合,电动机 M 绕组获得交流电压,启动运转,驱动机械设备运行。

接触器自锁原理:松开按钮 $SB_2$ 时,闭合的 $SB_2$ 常开触点断开,但是由于接触器 KM 的一组常开辅助触点与 $SB_2$ 并联,因接触器 KM 吸合使之闭合,从而保证在 $SB_2$ 断开时维持线路接通,实现自锁。

接触器 KM 线圈得电动作后,所属的所有触点也随之变化,吸合之前断开的触点闭合,闭合的触点断开。

在电路图中凡是同一设备上的元器件,采用相同的文字符号表示,如接触器线圈用 KM 表示,其所属所有触点也用 KM 表示。

② 停止运行。按下停止按钮 $SB_1$→$SB_1$ 常开触点断开→切断接触器 KM 供电回路→使接触器 KM 线圈失电并释放→所有触点都复位→主触点、辅助触点断开→电动机脱离三相电源而停止运转,并解除自锁。

③ 电动机过载停机。当电动机回路过载时,使相应回路电流增大,主电路中热继电器 FR 动作,切断回路电压使接触器 KM 失电并释放,从而使电动机脱离三相电源而停止运转,并解除自锁。

**2. 按动作回路顺序看**

简单的电路图一看就明白,但对于比较复杂的电路图要看懂就比较困难了。为了能看懂其原理,可以按照动作回路的顺序来看图。动作回路可以分为以下几种。

① 主电路。

② 控制保护回路:包括分闸回路、合闸回路、过电流保护回路、接地保护回路、低电压保护回路、连锁保护回路。

③ 信号回路:包括分闸信号灯回路、合闸信号灯回路、回路断续监视、事故报警信号回路、故障预告和信号回路。

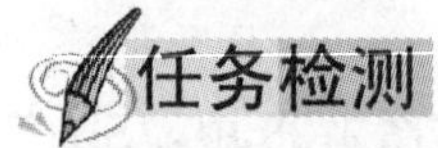


按表 1-23 所示完成检测任务。

表 1-23　电气图的阅读实训检测表

| 课题 | 电气图的阅读实训 | | | | | | |
|---|---|---|---|---|---|---|---|
| 班级 | | 姓名 | | 学号 | | 日期 | |

识读下面电路的控制原理(按钮连锁正反转控制线路)。

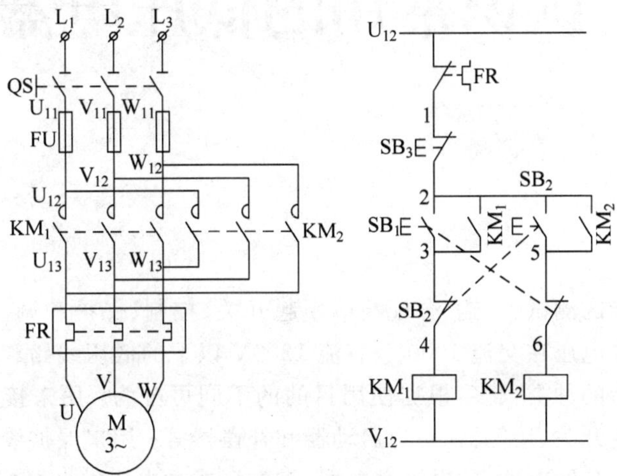


(1) 启动运行

① 合上 QS→按下 $SB_1$→________________________________________________________________。

② 合上 QS→按下 $SB_2$→________________________________________________________________。

(2) 停止运行

按下 $SB_3$→________________________________________。

(3) 电动机过载停机________________________________________

当电动机回路过载时，________________________________________。

| 备注 | | 教师签名 | 年　月　日 |
|---|---|---|---|

# 项目2

# 认识常用的低压电器

电器是指对电能的测试、运输、分配与应用起开关、控制、保护和调节作用的电工器件，而低压电器是指工作电压在交流1000V、直流1200V以下的低压线路和电气控制系统中的电器元件。低压电器的种类很多，根据使用目的的不同可分为：用来接通和切断电源的开关，如闸刀开关、转换开关、接触器、磁力启动器和补偿器等；用来保护线路和电气设备安全的保护器，如熔断器、热继电器、过电流继电器、零电压或过电压继电器等；用来对生产设备进行自动控制，使生产设备按工艺要求进行自动生产的控制电器，如行程开关、时间继电器等。

本项目主要介绍常用的开关、断路器、熔断器和继电器等电器的工作原理、使用方法等方面的知识和拆装与安装技能实训。

## 任务2.1 低压电器基本知识

### 任务目标

(1) 认识低压电器的结构及其特点。

(2) 了解低压电器的常用灭弧原理。

### 任务过程

**1. 低压电器的分类**

低压电器的品种繁多，分类的方法也很多。一般可以按动作性质、工作原理、用途等进行分类，具体参见表2-1。

大多数电器既可作控制电器也可作保护电器，它们之间没有明显的界线。例如，电流继电器可按“电流”参量来控制电动机，又可用来保护电动机不致过载；又如行程开关既可用来控制工作台的加、减速及行程长度，又可作为终端开关保护工作台不会闯到导轨外面去。

表 2-1 低压电器的分类

| 分类方法 | 类别 | 说明 |
|---|---|---|
| 按动作性质 | 自动电器 | 有电磁铁等动力机构，按照指令、信号或参数变化而自动动作，使工作电路接通和切断，如接触器、自动开关等 |
| | 非自动电器 | 没有动力机构，依靠人力或其他外力来接通或切断电路，如刀开关、转换开关等 |
| 按工作原理 | 电磁式电器 | 依据电磁感应原理来工作的电器，如交直流接触器、各种电磁式继电器等 |
| | 非电量控制器 | 根据外力或某种非电物理量的变化而动作，如刀开关、行程开关、按钮、速度继电器、压力继电器、温度继电器等 |
| 按用途 | 控制电器 | 用来控制电动机的启动、正反转、制动、调速等动作的电器，如开关、信号控制电器、接触器、继电器、电磁启动器、控制器等 |
| | 保护电器 | 用于保护电路及用电设备，使其安全运行的电器，如熔断器、电流继电器、热继电器等 |
| | 执行电器 | 用来驱动生产机械运行或保持机械装置在指定位置的电器，如电磁阀、电磁离合器、电磁制动器等 |

**2. 低压电器的基本结构**

从组成上看，电器一般都具有两个基本组成部分，即感测部分和执行部分。感测部分大多是电磁机构，执行部分一般是触点。当触点分断大电流电路时，一般还需要灭弧装置。

(1) 电磁机构

电磁机构是各种电磁式电器的感测部分，其作用是将电磁能转换成机械能，从而带动触点的闭合或分断。

电磁机构一般由线圈、铁芯和衔铁 3 部分组成。根据动作方式的不同，分为直动式和转动式，如图 2-1 所示。

电磁机构的工作原理是：线圈通以电流后产生磁场，磁通经铁芯、衔铁和工作气隙形成闭合回路，产生的电磁吸力克服复位弹簧的反作用力，将衔铁吸向铁芯；线圈断电后，衔铁在复位弹簧的力作用下恢复原始状态。电磁铁分为直流电磁铁和交流电磁铁，电磁机构通电后的状态如图 2-2 所示。

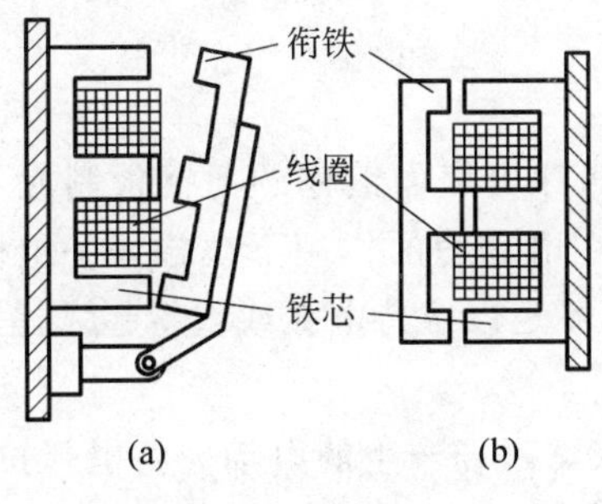


图 2-1 电磁机构

(a) 转动式；(b) 直动式

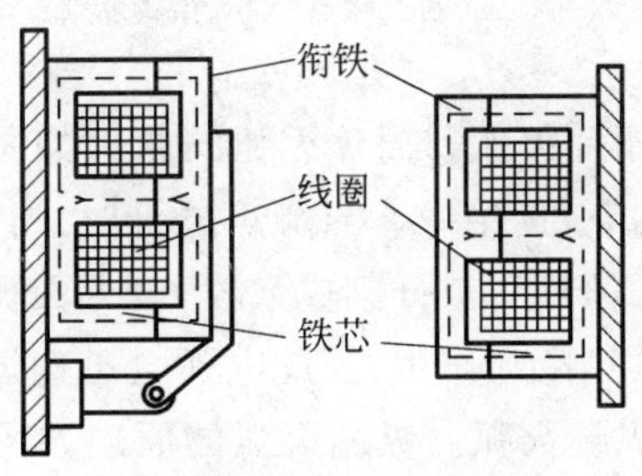


图 2-2 电磁机构通电后的状态

(2) 触点系统

触点用来接通和断开电路,是一切有触点的电器的执行元件。对触点的要求一般是:接通时导电性能好、不跳(不振)、噪声小、不过热;断开时能可靠地消除规定容量下的电弧。根据结构,触点分为桥式触点和指式触点,如图 2-3 所示。

桥式触点有点接触和面接触两种,点接触触点适合小电流电路;面接触触点通常在接触面镶有合金,接触电阻较小,耐磨,适用于大电流电路。

指式触点为线接触,在接通和分断时触点间会产生滚动摩擦,有利于去除触点表面的氧化膜,这种形式适用于大电流且操作频繁的场合。为使触点接触时导电性能良好,减小接触电阻并消除开始接触时产生的振动,触点上装有触点弹簧,以增加动、静触点间的接触压力。

根据用途的不同,触点可分为动合触点和动断触点两类。在未通电或不受外力作用的常态下处于断开状态的触点称为动合触点;反之则称为动断触点。

(3) 灭弧装置

当触点分断大电流电路时,会在动、静触点间产生强烈的电弧。电弧会烧坏触点,并使电路的切断时间延长,严重时甚至会导致其他事故。为使电器可靠工作,必须采用灭弧装置将电弧迅速熄灭。

灭弧方式有电动力灭弧、栅片灭弧、磁吹灭弧和纵缝灭弧等。其中,10A 以下的小容量交流电器常用电动力灭弧,容量较大的交流电器常采用灭弧栅灭弧,直流电器广泛采用磁吹灭弧,纵缝灭弧则对交直流电器皆可。

① 电动力灭弧。电动力灭弧的原理如图 2-4 所示,触点断开时产生电弧的同时,会产生如图 2-4 所示的磁场(右手螺旋定则),此时电弧相当于载流体。根据左手定则,磁场对电弧作用图示的电动力将电弧拉断,从而起到灭弧作用。

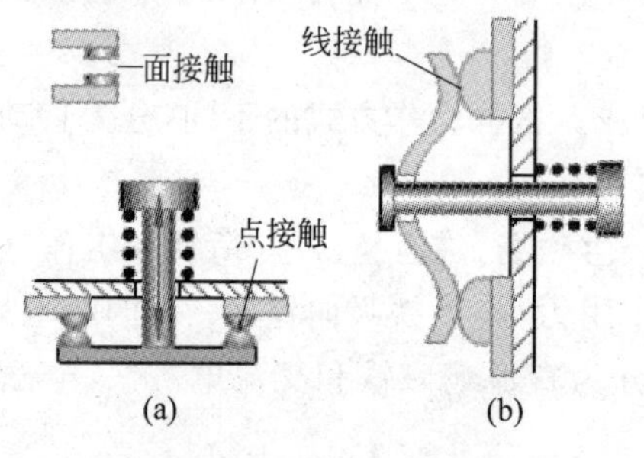


图 2-3 触点系统结构

(a) 桥式触点;(b) 指式触点

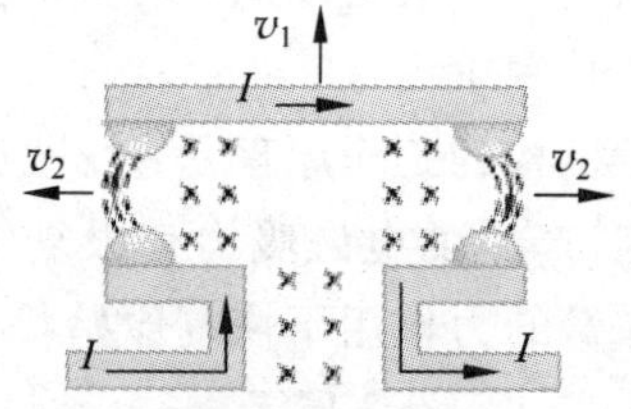


图 2-4 电动力灭弧

② 栅片灭弧。栅片灭弧的原理如图 2-5 所示,栅片由表面镀铜的薄钢板制成,嵌装在灭弧罩内,彼此绝缘。当触点分开时,所产生的电弧在电动力的作用下被拉入一组栅片中,电弧进入栅片后被分割成数段,一方面栅片间的电压不足以维持电弧或重新起弧,另一方面栅片有散热冷却作用,因此电弧会迅速熄灭。

③ 纵缝灭弧。纵缝灭弧的原理如图 2-6 所示,依靠磁场产生的电动力将电弧拉入用耐弧材料制成的狭缝中,加快散热冷却,从而达到灭弧目的。

④ 磁吹灭弧。磁吹灭弧装置如图 2-7 所示。触点回路(主回路)中串接有吹弧线圈(较粗的几匝导线,其间穿以铁芯增加导磁性),通电后会产生较大的磁通。触点分断的瞬间产

生的电弧就是载流体，它在磁通的作用下产生电磁力 $F$ 将电弧拉长并冷却从而灭弧。由于电磁电流越大，吹弧的能力越大，且磁吹力的方向与电流方向无关，故一般应用于直流接触器中。

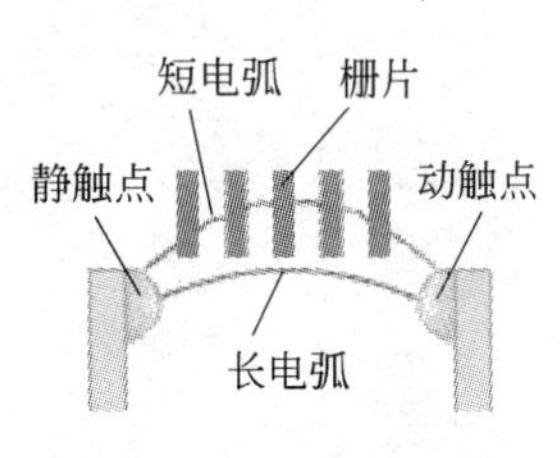

图 2-5 栅片灭弧

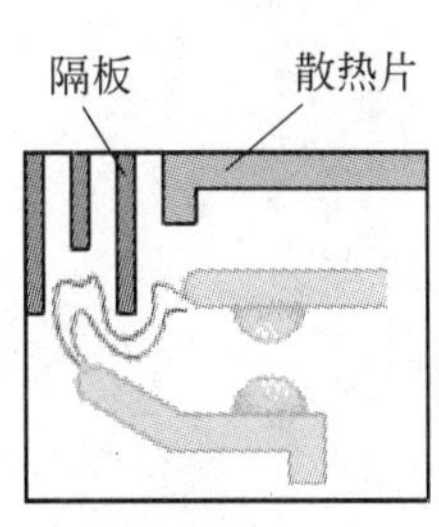

图 2-6 纵缝灭弧

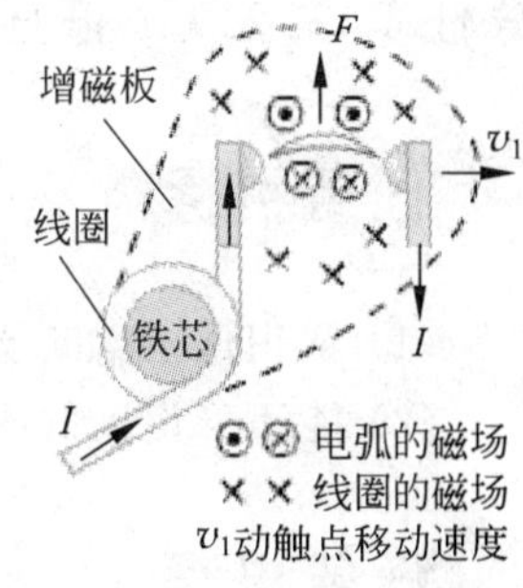

图 2-7 磁吹灭弧装置

由于直流接触器的线圈通以直流电，所以没有冲击的启动电流，也不会产生铁芯猛烈撞击现象，因而它的寿命长，更适用于频繁启动、制动的场合。

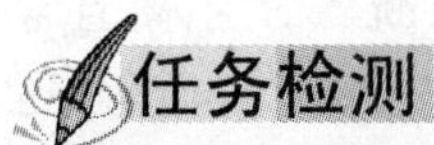

## 任务检测

按表 2-2 所示完成检测任务。

**表 2-2 低压电器基本知识检测表**

| 课题 | 低压电器基本知识 | | | | | | |
|---|---|---|---|---|---|---|---|
| 班级 | | 姓名 | | 学号 | | 日期 | |
| (1) 简述低压电器的分类方法 | | | | | | | |
| (2) 低压电器的基本结构包括哪些？各有什么特点？ | | | | | | | |
| 备注 | | 教师签名 | 年 月 日 | | | | |

# 任务 2.2　常用的低压配电电器

## 分任务 2.2.1　低压熔断器

### 任务目标

(1) 认识低压熔断器的结构及其特点。
(2) 能正确识读低压熔断器的型号。

### 任务过程

熔断器是一种较简单且有效的保护电器。熔断器串联在电路中,当电路或电气设备发生过载和短路故障时,有很大的过载和短路电流通过熔断器,使熔断器的熔体迅速熔断,切断电源,从而起到保护线路及电气设备的作用。

熔断器主要由熔体、安装熔体的熔管(或熔座)两部分组成。熔体是熔断器的主体,且常用的熔体材料是熔丝,熔丝一般用电阻率较高的易熔合金制成,如铅锡合金、铅锑合金等,还有的用高熔点的钢制成。熔管是熔体的保护外壳,在熔体熔断时还有灭弧作用。

每一种规格的熔体都有额定电流和熔断电流两个参数。通过熔体的电流小于熔体的额定电流时,熔体是不熔断的。当通过熔体的电流超过它的额定电流并达到熔断电流时,熔体便会发热熔断,通过熔体的电流越大,熔体温度上升越快,所以熔断也就越快。熔断电流一般是额定电流的 1.3～2.1 倍。

熔管有 3 个参数,即额定工作电压、额定电流和断流能力。若熔管的工作电压大于其额定工作电压值,当熔体熔断时有可能出现电弧不熄灭的危险。熔管内溶体的额定电流必须不大于熔管的额定电流。熔管的断流能力是指熔管能切断最大电流的能力。当电流超过这个数值时,熔体熔断后电弧有不熄灭的可能。

**1. 低压熔断器型号含义及主要技术数据**

(1) 熔断器型号含义

熔断器型号的含义如图 2-8 所示。

(2) 主要技术数据

额定电压。熔断器长期工作时和分断后能够承受的电压,其电压值一般不小于电气设备的额定电压。熔断器的额定电压值有 220V、380V、500V、600V、1140V 等规格。

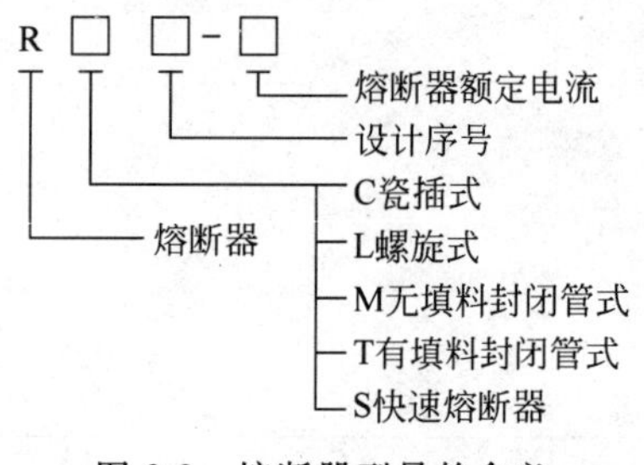

图 2-8　熔断器型号的含义

额定电流。其指熔断器能长期通过的电流,即在规定的条件下可以连续工作而不会发生运行变化的电流,它取决于熔断器各部分长期工作时的允许温升。熔断器额定电流值有 2A、4A、6A、8A、10A、12A、16A、20A、26A、32A、40A、50A、63A、80A、100A、125A、160A、200A、250A、315A、400A、500A、630A、800A、1000A、

1250A 等规格。

额定功率损耗。其指熔断器通过额定电流时的功率损耗。不同类型的熔断器都规定了最大功率损耗值。

分断能力。分断能力通常指熔断器在额定电压及一定的功率因数下切断的最大短路电流。

**2. 常用的低压熔断器**

熔断器的形式是多种多样的，最常见的有下列几种。

(1) 瓷插式熔断器

瓷插式熔断器又叫瓷插保险，如图 2-9 所示。

它属 RC1 型熔断器，由瓷底座、瓷盖、静触点、动触点及熔丝 5 部分组成。熔丝装在瓷盖上两个动触点之间。电源和负载线可分别接在瓷底座两端的静触点上，瓷底座中有一个空腔，与瓷盖突出部分构成灭弧室。RC1 型熔断器的断流能力小，适用于 500V 以下的线路中，这种熔断器价格便宜，熔丝更换比较方便，广泛用于照明和小容量电动机的短路保护。

(2) 螺旋式熔断器

螺旋式熔断器如图 2-10 所示。其主要由瓷帽、熔断管、插座组成。

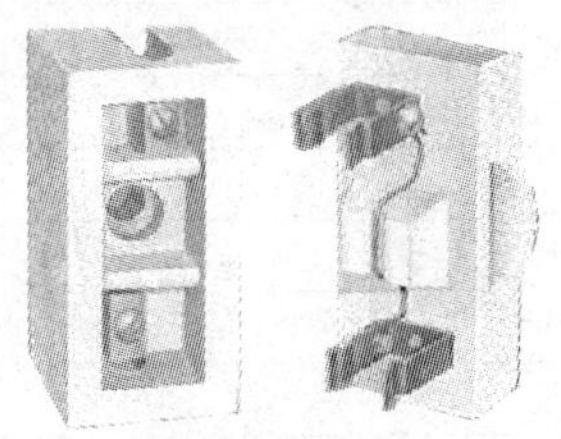

图 2-9 瓷插式熔断器

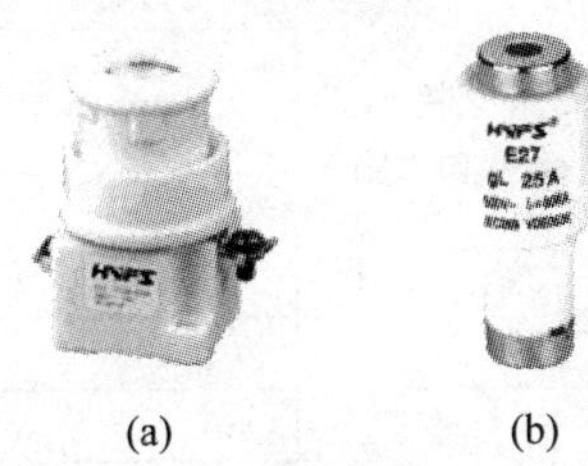


(a) (b)

图 2-10 螺旋式熔断器

(a) 外形；(b) 熔丝

熔断管中除装有熔丝外，熔丝周围还填满了石英砂，作灭弧用。熔断管的一端有一小红点，当熔丝熔断后，小红点自动脱落，表明熔丝已熔断。安装时将熔断管有红点的一端插入瓷帽，然后一起旋入插座。

使用时，将用电设备的连接线接到金属螺纹壳的上接线端，电源线接到插座座底触点的下接线端，以保证在更换熔管时，瓷帽旋出后螺纹壳上不带电。

螺旋式熔断器可用于工作电压在 500V 以下的交流电路，在电动机控制电路中作为过载或短路保护。它的优点是断流能力强、安装面积小、更换熔管方便、安全可靠。

(3) 管式熔断器

管式熔断器有两种：一种是无填料封闭管式熔断器，有 RM2、RM3 和 RM10 等系列；另一种是有填料封闭管式熔断器，有 RTU 系列。管式熔断器的外形如图 2-11 所示。

无填料封闭管式熔断器断流能力大，保护性好，主要用于交流电压 500V，直流电压 400V 以内的电力网和成套配电设备中，作为短路保护和防止连续过载用。

有填料管式熔断器比无填料管式熔断器断流能力大，可达 50kA，主要用于具有较大短路电流的低压配电网。

(4) 快速熔断器

快速熔断器具有快速熔断的特性，主要用于半导体功率元件或变流装置的短路保护，熔断时间可在十几毫秒以内。常用的快速熔断器有 RS 和 RLS 系列，如图 2-12 所示。

图 2-11　管式熔断器的外形

图 2-12　快速熔断器的外形

常用熔断器的技术数据见表 2-3，其中 NT 系列熔断器是从德国引进的产品。

**表 2-3　常用熔断器的技术数据**

| 型　号 | 熔管额定电压/V | 熔管额定电流/A | 熔体额定电流等级/A | 最大分断能力(500V)/A |
|---|---|---|---|---|
| RC1A-5 | 交流三相 380 或单相 220 | 5 | 2、5 | 250 |
| RC1A-10 | | 10 | 2、4、6、10 | 500 |
| RC1A-15 | | 15 | 6、10、15 | |
| RC1A-30 | | 30 | 15、20、25、30 | 1500 |
| RC1A-60 | | 60 | 40、50、60 | 3000 |
| RC1A-100 | | 100 | 60、80、100 | |
| RC1A-200 | | 200 | 120、150、200 | |
| RL1-15 | 交流 500、380、220 | 15 | 2、4、6、10、15 | 2000 |
| RL1-60 | | 60 | 20、25、30、35、40、50、60 | 3500 |
| RL1-100 | | 100 | 60、80、100 | 20000 |
| RL1-200 | | 200 | 100、125、150、200 | 50000 |
| RL2-25 | | 25 | 2、4、6、10、15、20 | 1000 |
| RL2-60 | | 60 | 25、35、50、60 | 2000 |
| RL2-100 | | 100 | 80、100 | 3500 |
| RM7-15 | 交流 380、220 直流 440、220 | 15 | 6、10、15 | 2000 |
| RM7-60 | | 60 | 15、20、25、30、40、50、60 | 5000 |
| RM7-100 | | 100 | 60、80、100 | 20000 |
| RM7-200 | | 200 | 100、125、150、200 | |
| RM7-400 | | 400 | 200、240、260、300、350、400 | |
| RM7-600 | | 600 | 400、450、500、560、600 | |
| RM10-15 | 交流 500、380、220 直流 440、220 | 15 | 6、10、15 | 1200 |
| RM10-60 | | 60 | 15、20、25、30、40、50、60 | 3500 |
| RM10-100 | | 100 | 60、80、100 | 10000 |
| RM10-200 | | 200 | 100、125、150、200 | |
| RM10-400 | | 400 | 200、240、260、300、350 | |
| RM10-600 | | 600 | 350、430、500、600 | |
| RM10-1000 | | 1000 | 600、750、800、1000 | 12000 |

续表

<table>
<tr><th>型　　号</th><th>熔管额定<br>电压/V</th><th>熔管额定<br>电流/A</th><th>熔体额定电流等级/A</th><th>最大分断能力<br>(500V)/A</th></tr>
<tr><td>RT0-60</td><td rowspan="6">交流 380<br>直流 400</td><td>60</td><td>5、10、15、20、40、50</td><td rowspan="6">50000</td></tr>
<tr><td>RT0-100</td><td>100</td><td>30、40、50、60、80、100</td></tr>
<tr><td>RT0-200</td><td>200</td><td>120、150、200</td></tr>
<tr><td>RT0-400</td><td>400</td><td>200、250、300、350、400</td></tr>
<tr><td>RT0-600</td><td>600</td><td>450、500、550、600</td></tr>
<tr><td>RT0-1000</td><td>1000</td><td>700、800、900、1000</td></tr>
<tr><td>NT-00</td><td rowspan="5">交流 600、660</td><td>160</td><td>4、6、10、16、20、35、40、50</td><td rowspan="5">120000</td></tr>
<tr><td>NT-0</td><td>250</td><td>80、100、125、160、200、240、250</td></tr>
<tr><td>NT-1</td><td rowspan="2">400</td><td rowspan="2">125、160、200、240、250、300、315、355、400</td></tr>
<tr><td>NT-2</td></tr>
<tr><td>NT-3</td><td>630</td><td>315、355、400、425、500、630</td></tr>
<tr><td>NT-4</td><td>交流 380</td><td>1000</td><td>800、1000</td><td>100000</td></tr>
</table>

**3. 熔断器的选用**

熔断器的选用要合理。只有正确选用熔断器的熔体和熔管，才能保证输电线路和用电设备正常工作，起到保护作用。常用低压熔断器的型号和用途见表 2-4。

**表 2-4　常用低压熔断器的型号和用途**

| 分　　类 | 常 用 型 号 | 用　　途 |
|---|---|---|
| 瓷插式熔断器 | RC1A 系列 | 结构简单，价格低廉，体积小，带电更换熔体方便。一般用于交流额定电压 380V、额定电流 200A 及以下的低压线路或分支线路中，作电气设备的短路保护及过载保护 |
| 螺旋式熔断器 | RL1、RL2、RL6、RL7、RLS1、RLS2 系列 | 抗震性能、灭弧效果与断流能力均优于瓷插式熔断器，广泛应用于交流额定电压 380V、额定电流 200A 及以下的电路，用于控制箱、配电屏、机床设备及震动较大的场所，作短路保护 |
| 有填料封闭管式熔断器 | RT12、RT14、RT15、RT17 系列 | 熔断迅速，分断能力强，无声光现象等良好性能，但结构复杂，价格昂贵。主要用于交流额定电压 380V、额定电流 1000A 以下的大短路电流的电力网络和配电装置中，作电路、电机、变压器及其他电气设备的短路和过载保护 |
| 快速熔断器 | RS0、RS3、RLS1、RLS2 系列 | 具有快速动作的特性，且结构简单，使用方便，动作灵敏可靠。适用于交流 50Hz，额定电压 1000V 及以下，额定电流 700A 及以下的电路中，作为可控硅整流元件及其成套装置的短路和某些不允许过电流的过负荷保护 |

(1) 熔体额定电流的选用

熔体额定电流的选择要根据不同情况的线路而定。

对于没有冲击电流的负载，如照明等电阻性电气设备，熔体的额定电流为 $1.1\times I_e$（$I_e$ 为线路负载的额定电流）。

对一台电动机负载的短路保护，熔体的额定电流为 $1.1\times I_e \sim 2.5\times I_e$。

对数台电动机合用的熔断器，熔体的额定电流不小于其中最大容量的一台电动机的额定电流的 1.5～2.5 倍，再加上其余电动机额定电流的总和。

(2) 熔管(或熔座)的选用

熔管的选择应保证熔管的额定电压必须不小于线路的工作电压，熔管的额定电流必须不小于所装熔体的额定电流。

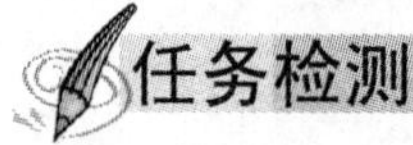

按表 2-5 所示完成检测任务。

表 2-5 低压熔断器检测表

<table>
<tr><td>课题</td><td colspan="7">低压熔断器</td></tr>
<tr><td>班级</td><td></td><td>姓名</td><td></td><td>学号</td><td></td><td>日期</td><td colspan="2"></td></tr>
<tr><td>序号</td><td colspan="2">主要内容</td><td colspan="2">评分标准</td><td>配分</td><td>扣分</td><td>得分</td></tr>
<tr><td>1</td><td colspan="2">认识瓷插式熔断器</td><td colspan="2">瓷插式熔断器识读错误扣 2～10 分</td><td>25</td><td></td><td></td></tr>
<tr><td>2</td><td colspan="2">认识螺旋式熔断器</td><td colspan="2">螺旋式熔断器识读错误扣 2～10 分</td><td>25</td><td></td><td></td></tr>
<tr><td>3</td><td colspan="2">认识管式熔断器</td><td colspan="2">管式熔断器识读错误扣 2～10 分</td><td>25</td><td></td><td></td></tr>
<tr><td>4</td><td colspan="2">正确选用熔断器</td><td colspan="2">选用识读错误扣 2～10 分</td><td>25</td><td></td><td></td></tr>
<tr><td>5</td><td colspan="2">能够保证人身、设备安全</td><td colspan="2">违反安全文明操作规程扣 2～10 分</td><td></td><td></td><td></td></tr>
<tr><td rowspan="2">备注</td><td colspan="2" rowspan="2"></td><td colspan="2">合计</td><td>100</td><td></td><td></td></tr>
<tr><td>教师签名</td><td colspan="4">年 月 日</td></tr>
</table>

## 分任务 2.2.2 低压刀开关

### 任务目标

(1) 认识低压刀开关的结构及其特点。

(2) 能正确识读低压刀开关的型号。

### 任务过程

低压刀开关又称闸刀开关，是一种用来接通或切断电路的手动低压开关。用低压刀开关来接通和切断电路时，在刀刃和夹座之间会产生电弧。电路的电压越高，电流越大，电弧就越大。电弧会烧坏闸刀，严重时还会伤人。所以低压刀开关一般用于电流在 500A 以下，电压在 500V 以下的不常开闭的线路中。

低压刀开关的种类很多，常用的有开启式负荷开关、铁壳开关和板形刀开关。

**1. 开启式负荷开关**

开启式负荷开关就是通常所说的胶木闸刀开关，其结构和图形符号如图 2-13 所示。

胶木闸刀开关的底座为瓷板或绝缘底板，盘盖为绝缘胶木，它主要由闸刀开关和熔丝组成，这种闸刀开关的特点是结构简单、操作方便，因而在低压电路中应用广泛。

开启式负荷开关主要作为照明电路和小容量 5.5kW 及 5.5kW 以下动力电路不频繁启动的控制开关。常用闸刀开关有 HK 系列，其型号含义如图 2-14 所示。

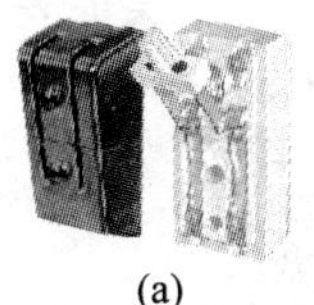

QS QS QS

(a) (b) (c) (d)

图 2-13 开启式负荷开关结构和图形符号

(a) 外形；(b) 单极；(c) 双极；(d) 三极

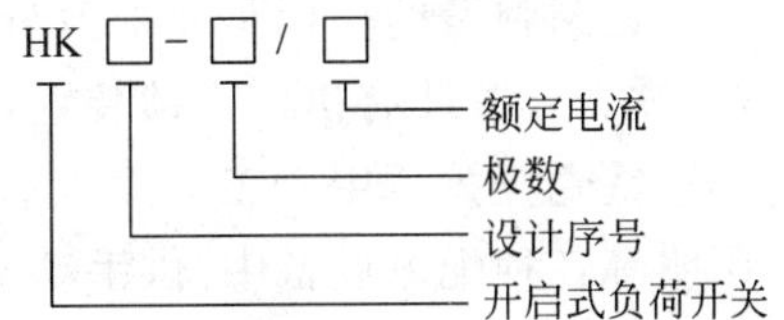


图 2-14 HK 系列闸刀开关型号含义

HK 系列开启式负荷开关的技术数据见表 2-6。

**表 2-6 HK 系列开启式负荷开关的技术数据**

| 型号 | 额定电流/A | 极数 | 额定电压/V | 可控制电动机容量/kW | 配用熔丝线径/mm |
|---|---|---|---|---|---|
| HK1 | 15<br>30<br>60 | 2 | 220 | 1.0<br>3.5<br>4.5 | 1.45～1.59<br>2.30～2.52<br>3.36～4.00 |
| | 15<br>30<br>60 | 3 | 380 | 2.2<br>4.0<br>5.5 | 1.45～1.59<br>2.30～2.52<br>3.36～4.00 |
| HK2 | 15<br>30<br>60 | 2 | 250 | 1.1<br>1.5<br>3.0 | 0.25<br>0.41<br>0.56 |
| | 15<br>30<br>60 | 3 | 380 | 2.2<br>4.0<br>5.5 | 0.45<br>0.71<br>1.12 |

安装闸刀开关时注意电源线应该接在开关夹座上，即静触点的一侧，负载线经过熔丝接在闸刀的另一侧。另外，闸刀开关应垂直安装，并且合闸时向上推闸刀。如果反装，闸刀开关容易因震动而误合闸。

**2. 铁壳开关**

铁壳开关又称封闭式负荷开关，主要由闸刀、熔断器、夹座和铁壳等组成，它和一般闸刀开关的区别是装有与转轴及手柄相连的速断弹簧。铁壳开关的外形和内部结构如图 2-15 所示。

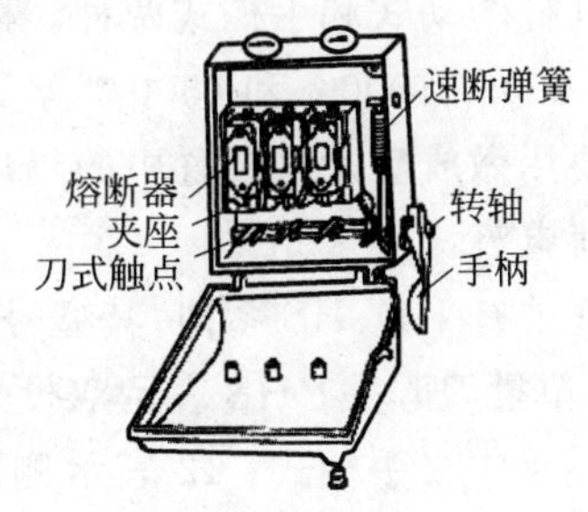


图 2-15 铁壳开关的外形和内部结构

速断弹簧的作用是使闸刀与夹座快速接通和分离，从而使电弧很快熄灭。为了保证安全，铁壳开关装有机械连锁装置，使开关合闸后箱盖打不开，箱盖打开时，开关不能合闸。

铁壳开关适用于工矿企业、农村电力排灌和电热、照明等各种配电设备中，供手动不频繁地接通与分断电路，以及作为线路末端的短路保护之用。

常用的铁壳开关有HH系列，其型号的含义如图2-16所示。

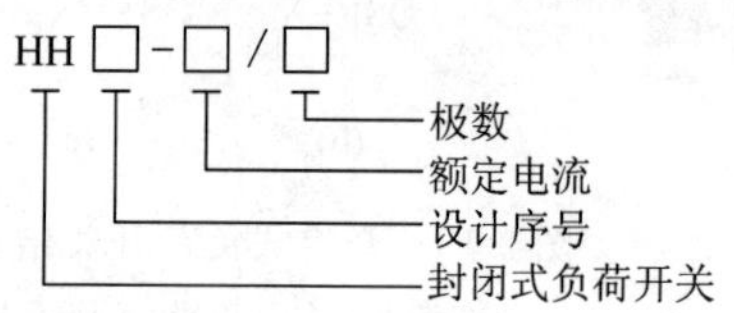


图2-16 HH系列铁壳开关型号的含义

HH系列铁壳开关的技术数据见表2-7。

**表2-7 HH系列铁壳开关的技术数据**

| 型号 | 额定电流/A | 极数 | 额定电压/V | 熔体主要参数 | | |
|---|---|---|---|---|---|---|
| | | | | 额定电流 | 线径/mm | 材 料 |
| HH3 | 15 | 2、3 | 440 | 6 | 0.26 | 紫铜丝 |
| | | | | 10 | 0.35 | |
| | | | | 15 | 0.46 | |
| | 30 | | | 20 | 0.65 | |
| | | | | 25 | 0.71 | |
| | | | | 30 | 0.81 | |
| | 60 | | | 40 | 1.02 | |
| | | | | 50 | 1.22 | |
| | | | | 60 | 1.32 | |
| HH4 | 15 | 2、3 | 380 | 6 | 1.08 | 铁铅丝 |
| | | | | 10 | 1.25 | |
| | | | | 15 | 1.98 | |
| | 30 | | | 20 | 0.61 | 紫铜丝 |
| | | | | 25 | 0.71 | |
| | | | | 30 | 0.8 | |
| | 60 | | | 40 | 0.92 | |
| | | | | 50 | 1.07 | |
| | | | | 60 | 1.20 | |

### 3. 板形刀开关

板形刀开关又称板用刀开关，它的结构简单，安装方便，其外形如图2-17所示。

操作方式分为杠杆牵动式和手柄式两种。极数有二极和三极。额定电压为380V，额定电流有200A、400A、600A、1000A和1500A等多种。

板形刀开关主要用做成套配电装置中的隔离开关，当开关带有灭弧罩并用杠杆操作时，也能接通和切断负荷电流。

常用的板形刀开关有HD、HS系列，其型号的含义如图2-18所示。

代号：HD表示单投刀开关；HS表示双投刀开关。

设计序号：11表示中央手柄式；12表示侧面杠杆操作机构式；13表示中央正面杠杆操作机构式；14表示侧面手柄操作式。

图 2-17 板形刀开关外形

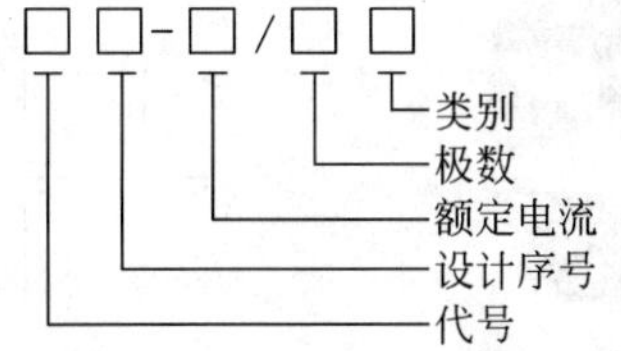


图2-18 HD、HS 系列板形刀开关型号的含义

类别：0 表示不带灭弧罩；1 表示带灭弧罩；8 表示板前接线无灭弧罩；9 表示板后接线无灭弧罩。

HD、HS 板形刀开关的技术数据见表 2-8。

**表 2-8 HD、HS 板形刀开关的技术数据**

<table>
<tr><th>型　　号</th><th>额定电流/A</th><th>极 数</th><th>转换方式</th><th>结 构 形 式</th></tr>
<tr><td>HD11-□/□8</td><td>100、200、400</td><td rowspan="3">1、2、3</td><td rowspan="2">单投</td><td rowspan="3">中央手柄操作形式</td></tr>
<tr><td>HD11-□/□9</td><td rowspan="2">100、200、400、600、1000</td></tr>
<tr><td>HS11-□/□</td><td>双投</td></tr>
<tr><td>HS12-□/□1</td><td rowspan="2">100、200、400、600、1000</td><td rowspan="2">2、3</td><td>单投</td><td rowspan="2">侧方正面杠杆操作形式(带灭弧罩)</td></tr>
<tr><td>HS12-□/□1</td><td>双投</td></tr>
<tr><td>HD12-□/□0</td><td rowspan="2">100、200、400、600、1000、1800</td><td rowspan="2">2、3</td><td>单投</td><td rowspan="2">侧方正面杠杆操作形式(不带灭弧罩)</td></tr>
<tr><td>HS12-□/□0</td><td>双投</td></tr>
<tr><td>HD13-□/□1</td><td rowspan="2">100、200、400、600、1000</td><td rowspan="2">2、3</td><td>单投</td><td rowspan="2">中央正面杠杆操作形式(带灭弧罩)</td></tr>
<tr><td>HS13-□/□1</td><td>双投</td></tr>
<tr><td>HD13-□/□0</td><td>100、200、400、600、1000、1500</td><td>2、3</td><td>单投</td><td rowspan="2">中央正面杠杆操作形式(不带灭弧罩)</td></tr>
<tr><td>HD13-□/□0</td><td>100、200、400、600、1000</td><td>2、3</td><td>双投</td></tr>
<tr><td>HD14-□/□31</td><td>100、200、400、600</td><td>3</td><td>单投</td><td>中央手柄操作形式(带灭弧罩)</td></tr>
<tr><td>HS14-□/□30</td><td></td><td></td><td></td><td>中央手柄操作形式(不带灭弧罩)</td></tr>
</table>

**4. 转换开关**

转换开关又称组合开关，它的结构与上述刀开关不同，通过驱动转轴实现触点的闭合与分断，也是一种手动控制开关。转换开关通断能力较低，一般用于小容量电动机的直接启动、电动机的正反转控制及机床照明控制电路中。它结构紧凑、体积小、操作方便。HZ10-1013 型转换开关的外形及图形符号如图 2-19 所示。

它有 3 对静触片，分别装在 3 层绝缘垫板上，并分别与接线柱相连，以便和电源、用电设备相接。3 对动触片和绝缘垫板一起套在附有手柄的绝缘杆上，手柄每次转动 90°，使 3 对动触片同时与 3 对静触片接通和断开。顶盖部分由凸轮、弹簧及手柄等零件构成操作机构，这个机构由于采用了弹簧储能，可使开关迅速闭合及切断。

HZ 系列转换开关型号的含义如图 2-20 所示。

常用的转换开关有 HZ1、HZ2、HZ3、HZ4、HZ10 等系列产品。其中 HZ10 系列转换开关具有寿命长、使用可靠、结构简单等优点，技术数据见表 2-9。

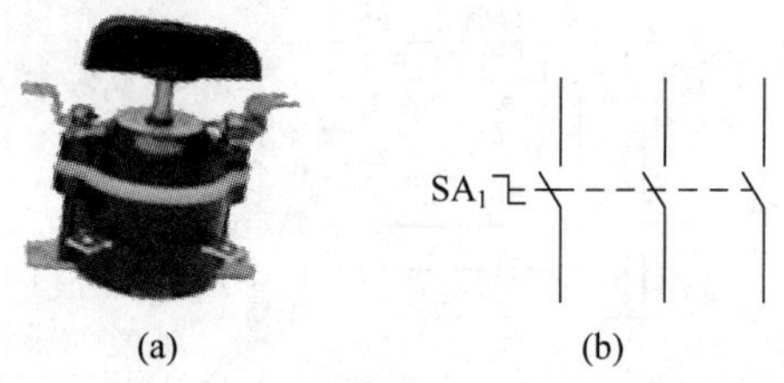


图 2-19　HZ10-1013 型转换开关的外形及图形符号

(a) 外形；(b) 符号

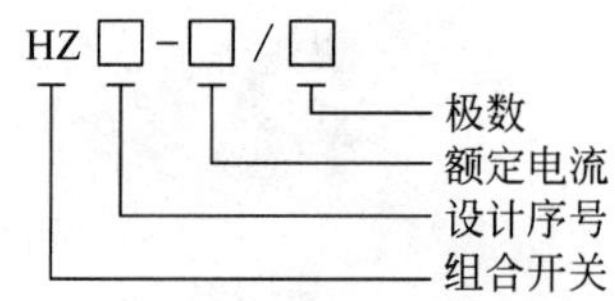


图 2-20　HZ 系列转换开关型号的含义

**表 2-9　HZ10 系列转换开关的技术数据**

| 型　　号 | 额定电压/V | | 额定电流/A | 极数 |
|---|---|---|---|---|
| | 交流 | 直流 | | |
| HZ10-10/2 | 380 | 220 | 10 | 2 |
| HZ10-10/3 | | | 10 | 3 |
| HZ10-25/3 | | | 25 | 3 |
| HZ10-60/3 | | | 60 | 3 |
| HZ10-100/3 | | | 100 | 3 |

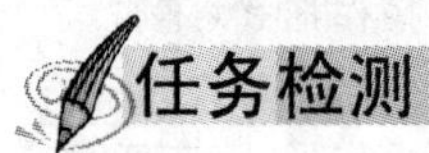

## 任务检测

按表 2-10 所示完成检测任务。

**表 2-10　低压刀开关检测表**

<table>
<tr><td>课题</td><td colspan="7">低压刀开关</td></tr>
<tr><td>班级</td><td></td><td>姓名</td><td></td><td>学号</td><td></td><td>日期</td><td></td></tr>
<tr><td>序号</td><td colspan="2">主 要 内 容</td><td colspan="3">评 分 标 准</td><td>配分</td><td>扣分</td><td>得分</td></tr>
<tr><td>1</td><td colspan="2">认识闸刀开关</td><td colspan="3">闸刀开关识读错误扣 2～10 分</td><td>25</td><td></td><td></td></tr>
<tr><td>2</td><td colspan="2">认识铁壳开关</td><td colspan="3">铁壳开关识读错误扣 2～10 分</td><td>25</td><td></td><td></td></tr>
<tr><td>3</td><td colspan="2">认识板形刀开关</td><td colspan="3">板形刀开关识读错误扣 2～10 分</td><td>25</td><td></td><td></td></tr>
<tr><td>4</td><td colspan="2">认识转换开关</td><td colspan="3">转换开关识读错误扣 2～10 分</td><td>25</td><td></td><td></td></tr>
<tr><td>5</td><td colspan="2">能够保证人身、设备安全</td><td colspan="3">违反安全文明操作规程扣 2～10 分</td><td></td><td></td><td></td></tr>
<tr><td rowspan="2">备注</td><td colspan="2" rowspan="2"></td><td colspan="3">合　计</td><td>100</td><td></td><td></td></tr>
<tr><td>教师签名</td><td colspan="5">年　月　日</td></tr>
</table>

## 分任务 2.2.3　低压断路器

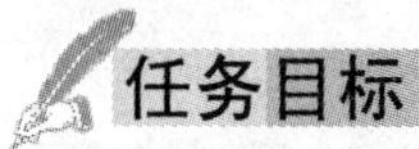

## 任务目标

(1) 认识低压断路器的结构及其特点。

(2) 能正确识读低压断路器的型号。

## 任务过程

断路器又称自动空气断路器、自动空气开关或自动开关，俗称自动跳闸，是一种可以自动切断故障线路的保护电器。即当线路发生短路、过载、失压等不正常现象时，能自动切断电路，保护电路和用电设备的安全。

低压断路器的作用是在低压电路中分断和接通负荷电路，常用作供电线路的保护开关、电动机及照明系统的控制开关。

常用断路器根据其结构和功能不同，分为小型及家用断路器、塑壳式断路器、万能式断路器和漏电保护断路器 4 类。塑壳式断路器的外形结构及图形符号如图 2-21 所示。

图 2-21 塑壳式断路器的外形结构及图形符号

(a) 外形；(b) 符号

低压断路器型号的含义如图 2-22 所示。

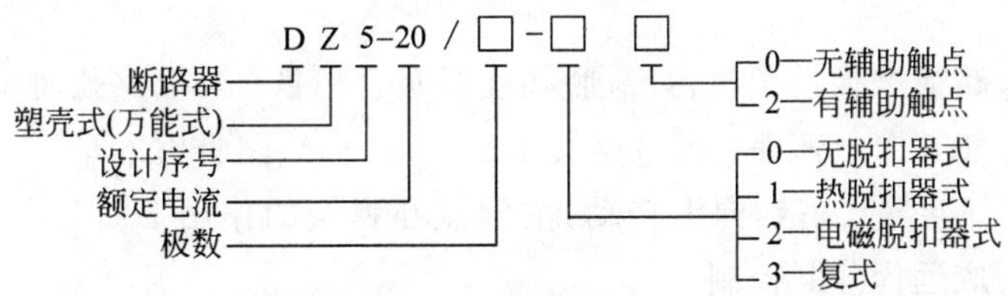


图 2-22 低压断路器型号的含义

### 1. 断路器的结构和工作原理

低压断路器的类型很多，但其基本结构和工作原理相同，主要由 3 个基本部分组成，即触点和灭弧系统、各种脱扣器、操作机构。

触点系统是低压断路器的执行元件，用以接通或分断电路。由于分断大的电流，切断时将产生电弧，所以断路器必须设置灭弧装置。

断路器设有多种脱扣器，常见的有过载脱扣器、短路脱扣器、欠压脱扣器等。按脱扣动作原理可分为电磁脱扣器和热脱扣器两种。电磁脱扣器可作为短路脱扣器，它的电磁铁线圈串联在主电路中，当电路出现短路时，就吸合衔铁，使操作机构动作，将主触点断开，执行短路保护。热脱扣器可作过载脱扣器，它由双金属片和发热元件组成。发热元件串联在主电路中，当电路过载时，过载电流流过发热元件，使双金属片受热弯曲，导致操作机构动作，将主触点断开，执行过载保护。欠电压脱扣器多为电磁脱扣器，其线圈两端的电压通常就是主电路电压，当主电压消失或降低到一定数值以下时，电磁吸引力不足以继续吸持衔铁，在弹簧力的作用下使操作机构动作,执行欠电压保护。

操作机构是执行各个脱扣器动作指令、控制主电路触点接通与切断的装置,通常为四连杆式弹簧储能机构。它有手动操作和电动操作两种方式。断路器设有手动脱扣按钮和合闸按钮或分闸与合闸手柄。手动脱扣按钮为红色,按下此按钮,操作机构动作,手动脱扣,完成分闸;合闸按钮为绿色,按下此按钮,操作机构动作,完成合闸。

低压断路器的结构与原理如图 2-23 所示。

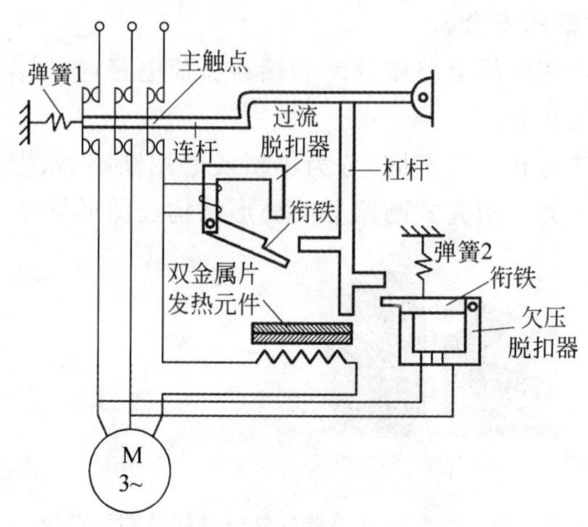


图 2-23　低压断路器的结构与原理

开关的主触点靠操作机构手动或电动合闸,并由自动脱扣机构将主触点锁定在合闸位置。

当电路发生短路或严重过载时,过流脱扣线圈吸合衔铁;当电路长时间过载时,加热电阻丝加热双金属片使其向上弯曲;当电路失压或欠压时,线圈吸力不足,衔铁在弹簧力作用下向上运动;三者都会导致搭钩向上转动,主触点在弹簧的作用下断开电路。按钮和分励线圈、衔铁、弹簧构成远程分断控制。

用自动空气开关来实现短路保护比熔断器更为优越,因为当三相电路短路时,很可能只有一相熔断器的熔体熔断,造成缺相运行。而自动空气开关不同,只要短路,自动空气开关就跳闸,将三相电路同时切断,因此它广泛应用于要求较高的场合。

常用的自动空气开关型号有 DW10 系列(万能式)和 DZ10 系列(装置式)。选用时其额定电压、额定电流应不小于电路正常工作的电压和电流,热脱扣器和过流脱扣器的整定电流与负载额定电流一致。

**2. 小型及家用断路器**

小型及家用断路器通常指额定电压在 500V 以下、额定电流在 100A 以下的小型低压断路器,这一类型断路器的特点是体积小、安装方便、工作可靠。适用于照明线路、小容量的动力设备作过载与短路保护,广泛用于工业、商业、高层建筑和民用住宅等各种场合,逐渐取代开启式闸刀开关。

(1) DZ47-60 系列小型断路器

DZ47-60 系列小型塑壳断路器是目前流行的一种断路器,具有过载与短路双重保护的高分断小型断路器。适用于交流 50Hz、单极 230V，二、三、四极 400V，电流至 60A 的线路中作过载和短路保护，同时也可以在正常情况下不频繁地通断电气装置和照明电路，尤其适用于工业、商业和高层建筑的照明配电系统。DZ47-60 断路器外形如图 2-24 所示。

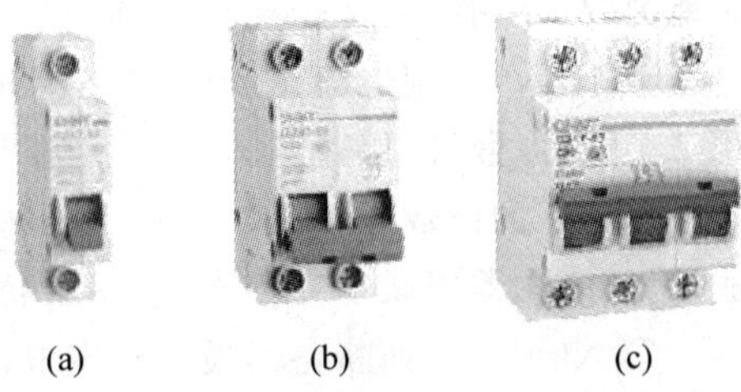

图 2-24　DZ47-60 断路器外形
(a) 单极；(b) 二极；(c) 三极

① DZ47-60 断路器的分类。

按用途分：DZ47-60C 型，用于照明保护；DZ47-60D 型，用于电动机保护。

按额定电流分：C 型有 1A、3A、5A、10A、15A、20A、25A、32A、40A、50A、60A；D 型有 1A、3A、5A、10A、15A、20A、25A、32A、40A。

按极数分：有单极、二极、三极、四极 4 种。

② 基本技术规格。DZ47-60 断路器的基本技术规格见表 2-11。

**表 2-11　DZ47-60 断路器的基本技术规格**

| 型　号 | 额定电流/A | 极　数 | 额定电压/V | 分断能力/A |
|---|---|---|---|---|
| DZ47-60C | 1～40 | 1 | 230/400 | 6000 |
| | | 2、3、4 | 400 | |
| | 50～60 | 1 | 230/400 | 4000 |
| | | 2、3、4 | 400 | |
| DZ47-60D | 1～40 | 1 | 230/400 | 4000 |
| | | 2、3、4 | 400 | |

DZ47-60 断路器的过流保护特性见表 2-12。

**表 2-12　DZ47-60 断路器的过流保护特性**

| 序号 | 型　号 | 起始状态 | 试验电流/A | 试 验 时 间 | 预期结果 |
|---|---|---|---|---|---|
| 1 | 所有值 | 冷态 | $1.13I_n$ | $t \geqslant 1h$ | 不脱扣 |
| 2 | 所有值 | 热态 | $1.45I_n$ | $t < 1h$ | 脱扣 |
| 3 | ≤32A | 冷态 | $2.55I_n$ | $1s < t \leqslant 60s$ | 脱扣 |
| | >32A | | | $1s < t \leqslant 120s$ | |
| 4 | DZ47-C | 冷态 | $5I_n$ | $t \geqslant 0.1s$ | 不脱扣 |
| | DZ47-D | | $10I_n$ | | |
| 5 | DZ47-C | 冷态 | $10I_n$ | $t < 0.1s$ | 脱扣 |
| | DZ47-D | | $50I_n$ | | |

注：$I_n$ 为电磁脱扣器的瞬时动作整定电流。

断路器的机械电气寿命大于 4000 次。断路器动触点只能停留在合闸(ON)位置或分断(OFF)位置。多极断路器为单极断路器的组合，动触点应机械联动，各极同时闭合或断开。垂直安装时，手柄向上运动，触点向合闸(ON)位置方向运动。

(2) C45、NC100 系列小型塑壳断路器

① C45 系列断路器是采用法国梅兰日兰公司的技术制造的产品，具有限流特性和高分

断能力,分照明线路保护和电机动力保护两种类型。适用于交流 50Hz 或 60Hz,额定工作电压至 415V,额定电流至 60A 的电路中作照明、动力设备和线路的过载与短路保护,主要用于工业、商业、高层建筑等场合。

断路器的极数有单极、二极、三极和四极 4 种。二、三、四极断路器由单极断路器组合而成,内部脱扣器用联动杆相连,手柄用联动杆连在一起。

② NC100 系列断路器最大额定电流为 100A,C45 可用于系统的末端,而 NC100 常作为 C45 的上级开关。

NC100、C45 断路器的外形及安装尺寸与 17247 系列相同,采用导轨式安装方式。C45、NC100 断路器技术规格见表 2-13。

**表 2-13 C45、NC100 断路器技术规格**

| 型　　号 | 额定电压/V | 额定电流/A | 分断电流/A | 性能及说明 |
| --- | --- | --- | --- | --- |
| C45N-C□/1P<br>C45N-C□/2P<br>C45N-C□/3P<br>C45N-C□/3 | AC240/415V | 1、3、6、10、16、20、25、32、40、50、63 | 600、4500 | (1) C□为 C 型脱扣特性曲线($5\sim10L_N$ 瞬时脱扣)<br>(2) □为开关额定电流(A)<br>(3) 适用于 $25mm^2$ 及以下的导线<br>(4) C 型适用于照明配电系统的保护 |
| C45AD-D□/1P<br>C45AD-D□/2P<br>C45AD-D□/3P<br>C45AD-D□/4P | AC240/415V | 1、3、6、10、16、20、25、32、40 | 4500 | (1) D□为 D 型脱扣特性曲线($5\sim10L_N$ 瞬时脱扣)<br>(2) □为开关额定电流(A)<br>(3) 适用于 $25mm^2$ 及以下的导线<br>(4) D 型适用于电动机配电系统的保护 |
| NC100H-C、D□/1P<br>NC100H-C、D□/2P<br>NC100H-C、D□/3P<br>NC100H-C、D□/4P | AC240/415V | 50、63、80、100 | 1P 4000<br>2P 10000<br>3P 10000<br>4P 10000 | (1) 也有 C 型和 D 型开关<br>(2) □为开关额定电流<br>(3) 50～63A 适用于 $35mm^2$ 及以下导线<br>(4) 8～100A 适用于 $500mm^2$ 及以下导线 |

注:1P、2P、3P、4P 分别表示单极、双极、三极、四极自动开关。

常用的小型及家用断路器还有:DZ15 系列是国产小型断路器,但体积比 DZ47 系列大;S060 系列是引进德国 ABB 公司技术制造的小型断路器。

### 3. 普通塑壳低压断路器

普通塑壳低压断路器又称装置式断路器,常用的型号有 DZ5、DZ10、DZ12、DZ24 等系列。Z10、DZ12 系列断路器的外形如图 2-25 所示。

(1) DZ20 系列断路器

DZ20 系列塑壳断路器额定电流至 1250A,额定工作电压交流为 380V、直流为 220V,在正常工作条件下可作为线路不频繁转换及电动机的不频繁启动之用。对电源、线路及用电设备的过载、短路和欠电压等故障进行保护。

DZ20 系列断路器包括 100A、200A、400A、630A 和 1250A 5 个壳架等级的额定电流,按照通断能力分为一般型(T)、较高型(J)和高分断能力型(G)3 个级别。它具有较高的分断力,交流 380V 可达 42kA。除了有欠电压脱扣器、分励脱扣器外,还具有报警触点和两组辅助触点。

(a)

(b)

图 2-25 Z10、DZ12 系列断路器的外形

(a) Z10 型；(b) DZ12 型

DZ20 断路器的封闭式塑料外壳采用玻璃纤维增强不饱和聚酯新材料，其机械强度、电气绝缘性能优良。

(2) 其他普通塑壳断路器

TD、TG 系列断路器是引进日本寺崎公司技术制造的产品。适用于交流 50Hz 或 60Hz，额定工作电压 660V，额定电流至 600A 的条件下做不频繁线路转换，在线路发生过载、短路及欠压时起跳闸保护作用。

H 系列断路器是引进美国西屋公司技术制造的产品，适用于交流 50Hz 或 60Hz，额定工作电压至 380V、直流额定电压至 250V，额定电流至 3000A 的配电线路中，用做线路或电气设备的过载、短路和欠电压保护，以及在正常条件下做不频繁分断和接通线路用。M611 型电动机保护用断路器是引进德国 ABB 公司技术制造的产品，主要用于交流电压至 660V，直流电压至 440V，电流为 0.1～25A 的电路中。作为三相笼型异步电动机的过载、短路保护及不频繁启动控制用。

**4. 万能式断路器**

万能式断路器又称框架式断路器，通常断路器所有部件，如触点系统、各种脱扣器均安装在一个钢制框架内。这种断路器内设多种脱扣器，有较多的结构变化、较高的短路分断能力和较高的稳定性，适合在较大容量的线路中作控制和保护用。

万能式断路器的操作方式有多种，如手动、杠杆传动、电动机传动、电磁铁操作及压缩空气操作等。内设数量较多的辅助触点，以满足低压断路器自身继电保护及信号指示的需要。它广泛地应用于工业变配电站，作为接通和断开正常工作电流及做不频繁的电路转换。

常用的万能式断路器如下。

(1) DW10 系列低压断路器的额定电压为交流工频 380V 和直流 440V，额定电流有 200A、400A、600A、1000A、1500A、2500A 及 4000A 7 个等级，操作方式有直接手柄操作、杠杆操作、电磁铁操作和电动机操作 4 种，其中 2500A 及 4000A 两个等级的断路器需要采用电动机操作。DW10 系列断路器广泛使用在各种容量的电路中，用于控制保护。

(2) DW16 系列断路器适用于交流工频，额定工作电压 660V，额定电流至 630A 的电路，是 DW10 的换代产品。

(3) DW15 系列为一般万能式低压断路器，适用于交流工频、额定工作电压至 1140V，额定电流至 400A 的陆上和煤矿井下配电线路中，用来分配电能、保护线路及电气设备的过载、短路和欠电压，也可在正常工作条件下用于不频繁启动控制。

此外，还有 ME 系列空气断路器、AH 系列断路器、AE 系列断路器，这是引进国外技术生产的断路器。

**5. 漏电保护断路器**

漏电保护断路器又称剩余电流保护断路器，是为了防止低压线路中发生人身触电和漏电火灾、爆炸等事故而研制的漏电保护装置。当人身触电或设备漏电时能够迅速切断电路，使人身或设备受到保护。这种断路器具有断路器和漏电保护的双重功能。

漏电保护断路器一般分为单相家用型和工业型两类。漏电保护有电磁式电流动作型、电压动作型和晶体管或集成电路电流动作型等。

(1) 结构与工作原理

电磁式电流动作型漏电保护断路器是由断路器和漏电保护装置所组成，漏电保护装置包括零序电流互感器和漏电脱扣器两部分，电磁式电流动作型漏电保护装置原理如图 2-26 所示。

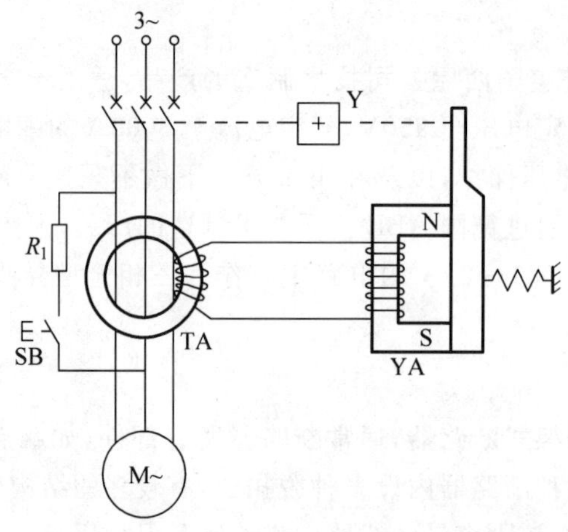


图 2-26 电磁式电流动作型漏电保护装置原理

三相电流母线和零线穿过电流互感器的铁芯，当低压电网未发生触电和漏电事故时，根据电路理论可知，三相四线电流的相量和等于零，此时互感器铁芯中的磁通相量之和等于零，互感器(CT)的二次侧绕组没有感应电压输出，线路正常供电。当发生触电或漏电事故时，三相四线电流的相量和将不等于零，互感器铁芯中的磁通相量和不等于零，此时 CT 二次侧绕组就有感应电压输出，经过模拟和数字信号处理，当故障电流达到规定的数值时，继电器就推动断路器的脱扣机构动作，迅速切断电源，达到漏电保护的目的。

(2) DZ47LE 系列漏电保护断路器

DZ47LE 系列漏电保护断路器由 DZ47 小型断路器和漏电脱扣器拼装组合而成。适用于交流 50Hz、额定工作电压至 400V、额定电流至 63A 的线路中，具有偏压、触电、过载和短路等保护功能。主要用于建筑照明和配电系统的保护。

漏电保护断路器型号的含义如图 2-27 所示。

DZ47LE 漏电保护断路器的外形如图 2-28 所示。

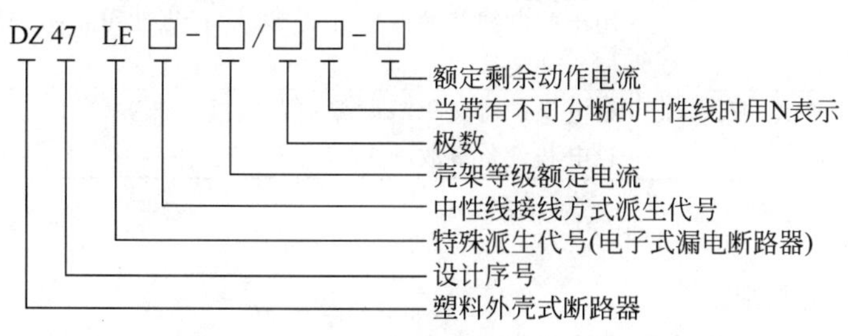


图 2-27 漏电保护断路器型号的含义

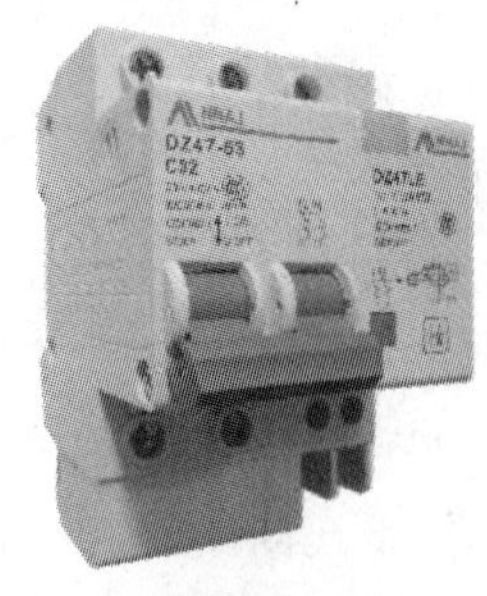


图 2-28 DZ47LE 漏电保护断路器的外形

DZ47LE 漏电保护断路器的基本技术参数见表 2-14。

**表 2-14 DZ47LE 漏电保护断路器的基本技术参数**

| 额定电流/A | 额定电压/V | 过载脱扣器额定电流/A | 额定短路通断能力/A | 额定漏电动作电流/A | 额定漏电不动作电流/A | 分断时间/s |
|---|---|---|---|---|---|---|
| 32 | 230 | 6、10、16、20、25、32 | 6000 | 30 | 15 | <0.1 |
| | 400 | | | 50 | 25 | |
| 63 | 230 | 40、50、63 | 4500 | 100 | 50 | |
| | 400 | | | 300 | 100 | |

DZ47LE 漏电断路器使用的注意事项如下。

① DZ47 断路器与漏电脱扣器拼装成漏电断路器后方可通电试验；否则将烧坏内部器件。

② 在通电检查试验前，应根据电路图，分清电源端和负载端，电源端由断路器 N、1、3、5 端子引入，负载端由漏电脱扣器 N、2、4、6 端子接出，不可接错。辅助电源由断路器两侧端子引入，接通辅助电源，漏电脱扣器才能正常工作。

③ 漏电断路器因被控制电路发生故障而分闸后，需查明原因，排除故障。因漏电动作后漏电指示按钮凸起指示，按下指示按钮后方可合闸。

④ 漏电断路器安装运行后要定期检测其漏电保护性，通常每月检测一次，按下试验按钮时，漏电脱扣器应立即动作脱扣，确认断路器工作正常。

⑤ 漏电断路器仅对负载侧接触相线或带电壳体与大地接触进行保护，但是对同时接触两相线的触电不能保护。请注意安全用电。

其他漏电保护断路器有 DZ12L、DZ15L、DZL16、DZL18 等系列。

**6. 断路器的选用**

低压断路器常用型号和用途见表 2-15。

表 2-15　低压断路器常用型号和用途

| 分　类 | 常用型号 | 用　途 |
| --- | --- | --- |
| 塑料外壳式低压断路器 | DZ5、DZ10、DZ20 系列 | 主要用作电源开关,也适用于手动不频繁地接通和断开容量较大的低压网络和控制较大容量电动机的场合 |
| 框架式低压断路器 | DW10、DZ16 系列 | 用于配电线路的保护开关,以及电动机和照明线路的控制开关等 |
| 触电保护器 | DZ5-20L、DZ15L、DZL-16、DZL18-20 系列 | 触电保护器又称漏电保护器或漏电开关,是防止人身触电和设备事故的主要技术装置 |

(1) 低压断路器的选用

① 低压断路器的一般选用原则。

a. 首先根据用途选择低压断路器的形式及极数。

b. 断路器的额定工作电压不小于线路额定电压。

c. 断路器的额定电流不小于线路计算负载电流。

d. 断路器的额定短路通断能力不小于线路中可能出现的最大短路电流,一般按有效值计算。

e. 断路器欠压脱扣器额定电压等于线路额定电压。

② 配电用断路器的选用。配电用断路器作为电源总开关和负载支路开关,在配电线路中分配电能,并对线路中的电线电缆和变压器等提供保护。因此配电用断路器的额定电流较大,短路分断能力较大,通常选择万能式低压断路器。

③ 电动机保护用断路器的选用。采用闸刀开关、负荷开关、组合开关、接触器、电磁启动器来控制电动机,其短路保护需要设置熔断器,熔断器一相熔断将导致电动机缺相运行,因而烧毁电动机的事故时有发生。若选择断路器来控制和保护电动机,因断路器本身就具有短路保护能力,不需要再借助熔断器作短路保护,因此能消除电动机缺相运行的隐患,同时能提高线路运行的安全性和可靠性。电动机保护用断路器多选择塑壳式断路器,其参数选择原则如下。

a. 长延时动作电流整定值等于电动机的额定电流。

b. 6 倍长延时动作电流整定值的可返回时间不小于电动机的实际启动时间。

c. 瞬时动作电流整定值。对于笼型异步电动机,为 8～15 倍脱扣额定电流;对于绕线型异步电动机,为 3～6 倍脱扣器额定电流。

④ 家用断路器的选用。家用断路器是指民用照明或用来保护配电系统的断路器。照明线路的容量一般都不大,通常选择塑壳式断路器作为保护装置,主要用来控制照明线路在正常条件下的接通和分断,并提供过载与短路保护。目前较流行的家用断路器是小型塑壳断路器,如 DZ47 系列、C4S 系列,住宅建筑、办公楼均采用这一类断路器。其参数选择原则如下。

a. 照明线路保护用断路器应具有长延时过电流脱扣器,脱扣器的整定值不大于线路的计算负载电流。

b. 断路器瞬时过电流脱扣器的整定值应等于 6 倍线路计算负载电流。

(2) 断路器的使用与维护

① 断路器在安装前应将脱扣器的电磁铁工作面的防锈油脂抹净,以免影响电磁机构的动作。

② 断路器与熔断器配合使用时，熔断器应装于断路器之前，以保证使用安全。

③ 电磁脱扣器的整定值一经调好后就不允许随意变动，长期使用后要检查其弹簧是否生锈卡住，以免影响其动作。

④ 断路器在分断短路电流后，应在切除上级电源的情况下及时地检查触点。若发现有严重的电灼痕迹，可用干布擦去；若发现触点烧损，可用砂纸或细纹锉小心修整。但主触点一般不允许用锉刀修整。

⑤ 应定期清除断路器上的积尘和检查各种脱扣器的动作值，操作机构通常每两年在传动部分加注润滑油。

⑥ 灭弧室在分断短路电流后或长期使用后，应清除灭弧室内壁和栅片上的金属颗粒和黑烟灰，以保证有良好的绝缘。

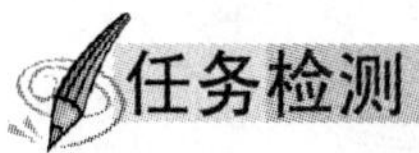

## 任务检测

按表 2-16 所示完成检测任务。

**表 2-16　低压断路器检测表**

| 课题 | 低压断路器 | | | | |
|---|---|---|---|---|---|
| 班级 | 姓名 | 学号 | 日期 | | |
| 序号 | 主 要 内 容 | 评 分 标 准 | 配分 | 扣分 | 得分 |
| 1 | 认识小型及家用断路器 | 小型及家用断路器识读错误扣 2～10 分 | 20 | | |
| 2 | 认识普通塑壳低压断路器 | 普通塑壳低压断路器识读错误扣 2～10 分 | 20 | | |
| 3 | 认识万能式断路器 | 万能式断路器识读错误扣 2～10 分 | 20 | | |
| 4 | 认识漏电保护断路器 | 漏电保护断路器识读错误扣 2～10 分 | 20 | | |
| 5 | 断路器的选用方法 | 断路器选用错误扣 2～10 分 | 20 | | |
| 6 | 能够保证人身、设备安全 | 违反安全文明操作规程扣 2～10 分 | | | |
| 备注 | | 合　计 | 100 | | |
| | | 教师签名 | 年　月　日 | | |

## 分任务 2.2.4　常用低压配电电器的拆装实训

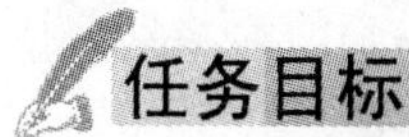

### 任务目标

(1) 了解低压配电电器的结构。

(2) 能正确拆装低压配电电器。

### 任务过程

**1. 实训器材**

瓷插式熔断器、螺旋式熔断器、开启式负荷开关、组合开关、塑料外壳式低压断路器及常用电工工具。

**2. 操作步骤**

(1) 熔断器的拆装

请对照常用熔断器的结构图拆装瓷插式熔断器和螺旋式熔断器。瓷插式熔断器和螺旋式熔断器的结构如图 2-29 和图 2-30 所示。

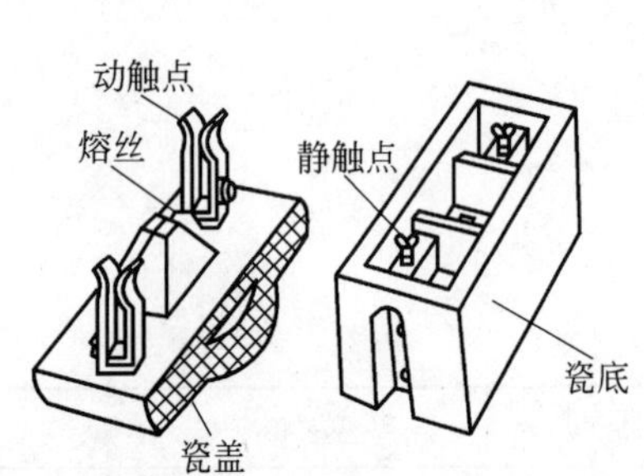


图 2-29 瓷插式熔断器结构

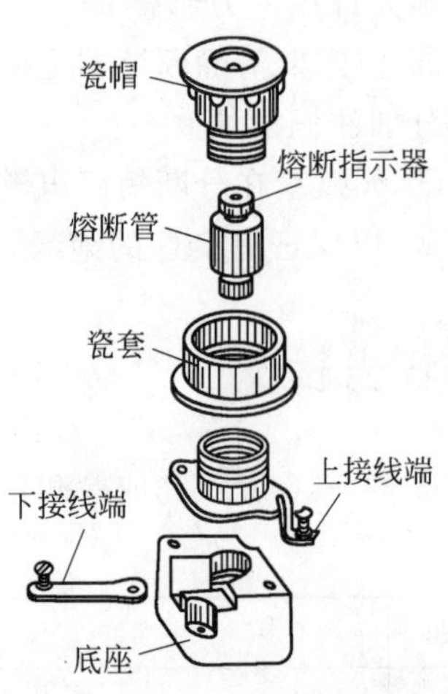


图 2-30 螺旋式熔断器结构

(2) 刀开关的拆装

请对照常用刀开关的结构图拆装开启式负荷开关和组合开关。开启式负荷开关的外形结构如图 2-31 所示,组合开关的外形结构如图 2-32 所示,组合开关的内部结构如图 2-33 所示。

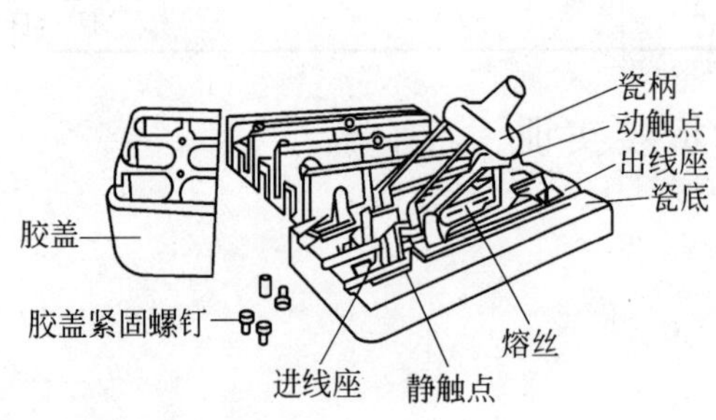


图 2-31 开启式负荷开关的外形结构

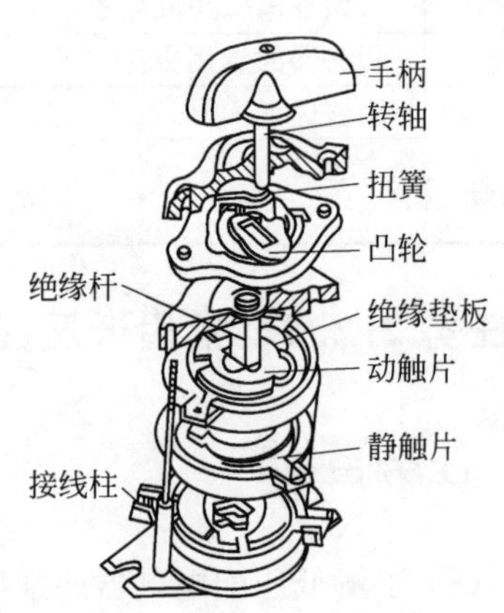


图 2-32 组合开关的外形结构

(3) 低压断路器的拆装

对照常用低压断路器的结构图拆装塑料外壳式低压断路器。塑料外壳式低压断路器的结构如图 2-34 所示。

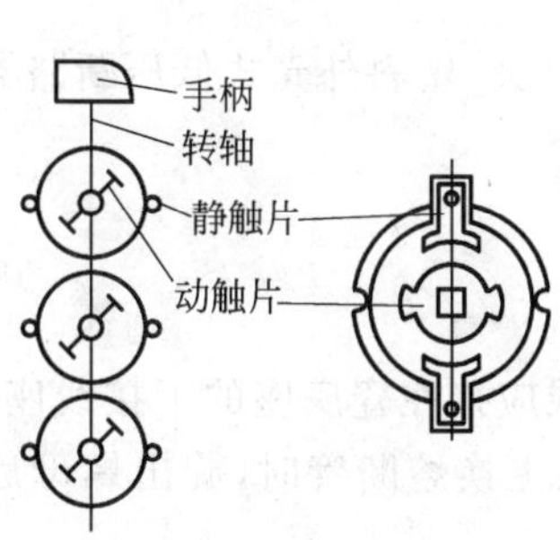


图 2-33　组合开关的内部结构

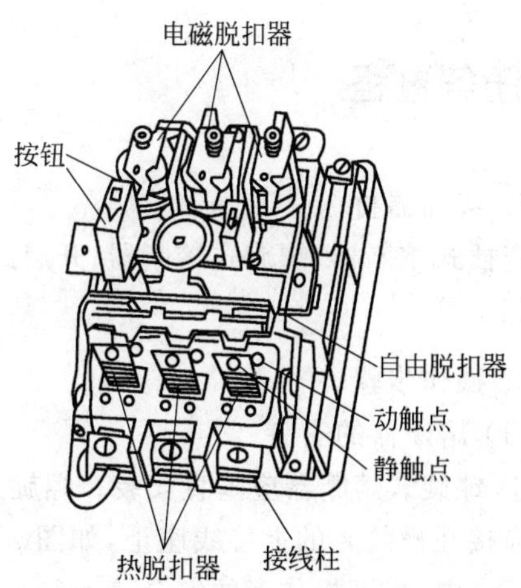


图 2-34　塑料外壳式低压断路器的结构

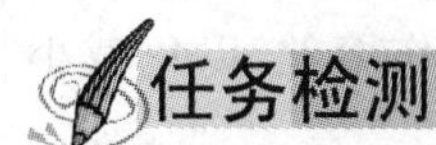

## 任务检测

本实训的考核要求和评分标准见表 2-17。

表 2-17　常用低压配电电器的拆装实训的考核要求和评分标准

| 序号 | 项　目 | 考核要求 | 配分 | 评分标准 | 扣分 |
|---|---|---|---|---|---|
| 1 | 电器识别 | 正确识别低压配电电器 | 30 | 识别错误，每只扣 10 分 | |
| 2 | 电器拆装 | 按要求正确拆卸、组装低压配电电器 | 40 | (1) 拆卸、组装步骤不正确，每步扣 10 分<br>(2) 损坏和丢失零件，每只扣 10 分 | |
| 3 | 电器检测 | 正确检测低压配电电器 | 30 | (1) 检测不正确，每只扣 10 分<br>(2) 工具仪表使用不正确，每次扣 5 分 | |
| 安全文明操作 | | 违反安全文明操作规程（视实际情况进行扣分） | | | |
| 额定时间 | | 每超过 5min 扣 5 分 | | | |
| 开始时间 | | 结束时间 | 实际时间 | 成绩 | |
| 综合评价 | | | | | |
| 评价人 | | 指导教师（签名） | 日期 | 年　月　日 | |

## 分任务 2.2.5　常用低压配电电器的安装实训

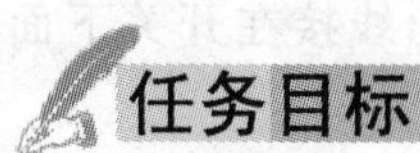

## 任务目标

能正确安装低压配电电器。

## 任务过程

**1. 实训器材**

瓷插式熔断器、螺旋式熔断器、开启式负荷开关、组合开关、塑料外壳式低压断路器及常用电工工具。

**2. 操作步骤**

(1) 熔断器的安装

① 螺旋式熔断器应垂直安装。螺旋式熔断器的电源线应接在瓷底座的下接线座上，负载线应接在螺纹壳的上接线座上，如图 2-35 所示。这样在更换熔断管时，旋出螺母后螺纹壳上不带电，保证操作者的安全。

② 安装熔体时，必须保证接触良好，不允许有机械损伤。若熔体为熔丝时，应预留安装长度，固定熔丝的螺钉应加平垫圈，将熔丝两端沿压紧螺钉顺时针方向绕一圈，压在垫圈下。拧紧螺钉的力应适当，以保证接触良好，如图 2-36 所示。同时注意不能损伤熔丝，以免减小熔体的截面积，产生局部发热而产生误动作。

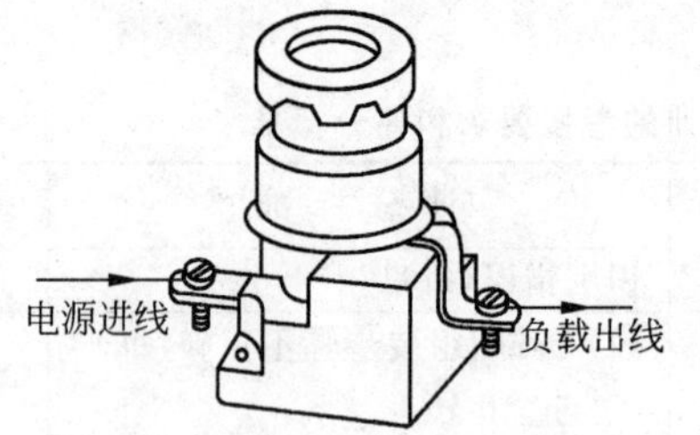


图 2-35　螺旋式熔断器的安装

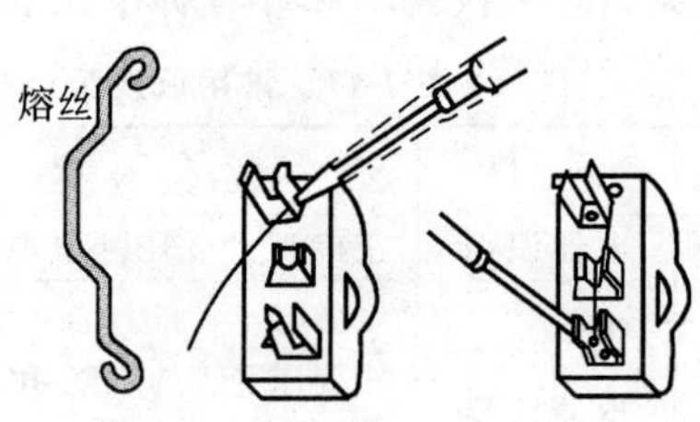


图 2-36　熔体的安装

③ 安装熔断器时，各级熔体应相互配合，并做到下一级熔体规格比上一级小；熔断器内要安装合格的熔体，不能用多根小规格的熔体并联代替一根大规格熔体。严禁使用铜线代替熔丝等违规现象。

④ 更换熔体或熔丝时，必须切断电源，尤其不允许带负荷操作。

⑤ 熔断器兼做隔离器件时应安装在控制开关的电源进线端；若仅做短路保护用，应装在控制开关的出线端。

⑥ 安装熔断器除保证适当的电气距离外，还应保证安装位置间有足够的间距，以便于拆卸、更换熔体。

(2) 刀开关的安装

① 将开启式刀开关垂直安装在配电板上，并保证手柄向上推为合闸，不允许平装或倒装，以防止产生误合闸。

② 接线时，电源进线应接在开启式刀开关上面的进线端子上，负载出线接在开关下面的出线端子上，保证刀开关分断后，闸刀和熔体不带电，如图 2-37(a)所示。

③ 开启式负荷开关必须安装熔体。安装熔体时熔体要放长一些，形成弯曲形状，如图 2-37(b)所示。

④ 开启式负荷开关应安装在干燥、防雨、无导电粉尘的场所，其下方不得堆放易燃易爆物品。

⑤ HZ10 组合开关应安装在控制箱(或壳体)内，其操作手柄最好伸出在控制箱的前面或侧面，应使手柄在水平旋转位置时为断开状态。HZ3 组合开关的外壳必须可靠接地。

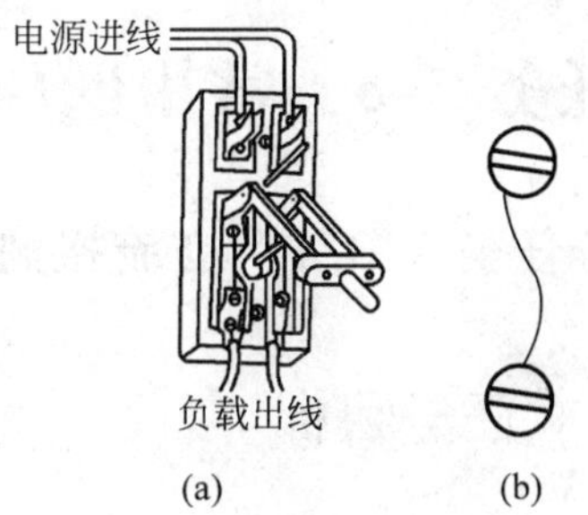

(3) 低压断路器的安装

① 低压断路器应垂直安装。断路器底板应垂直于水平位置，固定后，断路器应安装平整。

图 2-37 开启式负荷开关的安装

(a) 开启式负荷开关接线；(b) 安装熔体

② 板前接线的低压断路器允许安装在金属支架上或金属底板上，但板后接线的低压断路器必须安装在绝缘底板上。

③ 电源进线应接在断路器的上母线上，而负载出线则应接在下母线上。

④ 当低压断路器用作电源总开关或电动机的控制开关时，在断路器的电源进线侧必须加装隔离开关、刀开关或熔断器，作为明显的断开点。

⑤ 为防止发生飞弧，安装时应考虑断路器的飞弧距离，并注意灭弧室上方接近飞弧距离处不跨接母线。

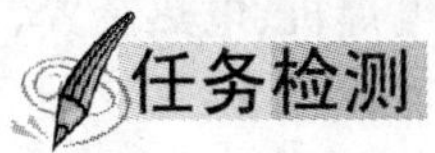

## 任务检测

本实训的考核要求和评分标准见表 2-18。

表 2-18 常用低压配电电器的安装实训的考核要求和评分标准

| 序号 | 项 目 | 考 核 要 求 | 配分 | 评 分 标 准 | 扣分 |
|---|---|---|---|---|---|
| 1 | 电器识别 | 正确识别低压配电电器 | 30 | 识别错误，每只扣 10 分 | |
| 2 | 电器安装 | 按要求正确安装低压配电电器 | 40 | (1) 安装不正确，每步扣 10 分<br>(2) 损坏和丢失零件，每只扣 10 分 | |
| 3 | 电器检测 | 正确检测低压配电电器 | 30 | (1) 检测不正确，每只扣 10 分<br>(2) 工具仪表使用不正确，每次扣 5 分 | |
| 安全文明操作 | | 违反安全文明操作规程(视实际情况进行扣分) | | | |
| 额定时间 | | 每超过 5min 扣 5 分 | | | |

| 开始时间 | | 结束时间 | | 实际时间 | | 成绩 | |
|---|---|---|---|---|---|---|---|
| 综合评价 | | | | | | | |
| 评价人 | 指导教师(签名) | | 日期 | | 年 月 日 | | |

# 任务 2.3 常用低压控制电器

## 分任务 2.3.1 交流接触器

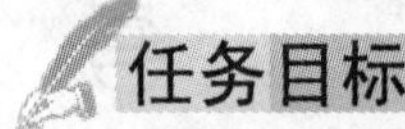

### 任务目标

(1) 认识交流接触器的结构及其特点。

(2) 能正确识读交流接触器的型号。

### 任务过程

接触器是电气控制设备中的主要电器。它是利用电磁机构代替手动操作的一种自动开关。利用接触器可以实现各种自动控制,因此在自动控制系统中应用非常广泛。接触器主要用于远距离频繁接通和断开交直流主电路及大容量的控制电路。根据接触器主触点通过电流的种类,可分为交流接触器和直流接触器,其中使用较多的是交流接触器。

交流接触器的主要控制对象是电动机,也可以用于控制其他负载,如电焊机、电热装置、照明设备等。

**1. 交流接触器的型号及图形符号**

(1) 交流接触器型号的含义

交流接触器型号的含义如图 2-38 所示。

(2) 交流接触器的图形符号

交流接触器的图形符号见表 2-19。

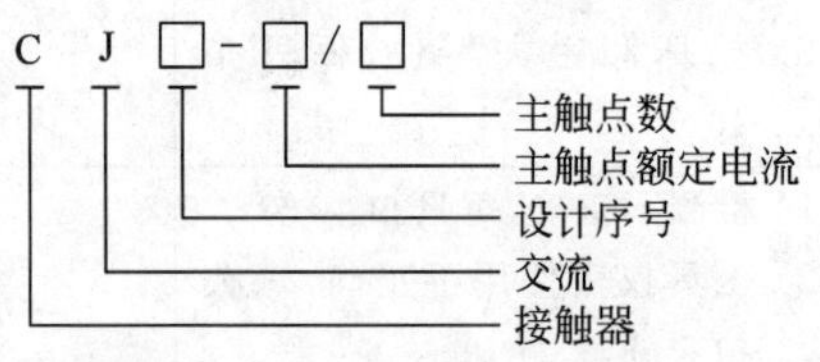


图 2-38 交流接触器型号的含义

**表 2-19 交流接触器的图形符号**

| 线圈 | 常开主触点 | 常开辅助触点 | 常闭辅助触点 |
| --- | --- | --- | --- |
| KM | | | |

**2. 交流接触器的结构和工作原理**

交流接触器的品种很多,但结构和工作原理相同,利用电磁吸力和弹簧的反作用力,使触点闭合或断开。常用的 CJ10-20 交流接触器的外形如图 2-39 所示,CJ10-10 交流接触器的外形如图 2-40 所示。

CJ0-20 交流接触器的动作机构和电路符号如图 2-41 所示。

交流接触器主要由触点系统、电磁系统和灭弧装置等部分组成。

(1) 接触器的触点用来接通或断开电路,按其触点形状可分为点接触式、线接触式和面接触式 3 种。为了保持触点之间接触良好,除了在触点处嵌有银片外,在触点上还装有弹簧,

图 2-39 CJ10-20 交流接触器的外形

图 2-40 CJ10-10 交流接触器的外形

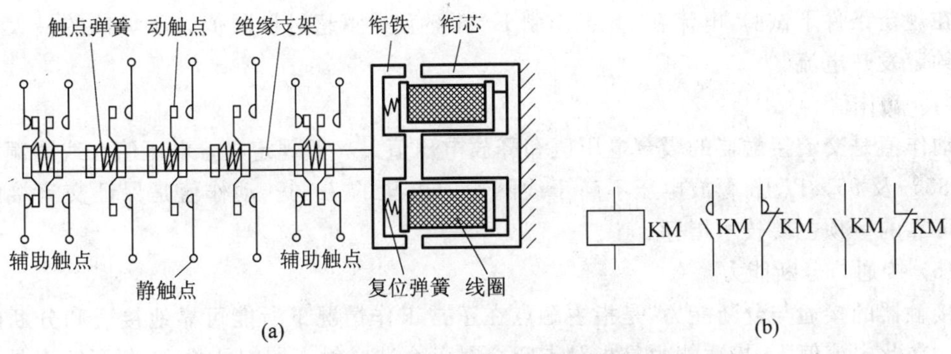


图 2-41 CJ0-20 交流接触器的动作机构和电路符号
(a) 动作机构；(b) 电路符号

以随着触点的闭合逐渐加大触点间的压力。根据触点在电路中的用途，触点分为主触点和辅助触点两种。主触点用以通断电流较大的主电路，通常由常开触点组成；辅助触点用以通断较小电流的控制电路，由常开触点和常闭触点组成。当接触器未工作时，处于断开状态的触点称为常开触点，也称动合触点；当接触器未工作时，处于接通状态的触点称为常闭触点，也称动开或动断触点。

(2) 电磁系统是用来控制触点的闭合和分断用的，是由铁芯、线圈和衔铁组成的电磁铁，交流接触器的铁芯上装有一个短路钢环，称为短路环，其作用是减少交流接触器吸合时产生的震动和噪声。

(3) 灭弧装置是为消除触点之间的电弧而设计的。交流接触器在分断大电流电路时，往往会在动、静触点之间产生很大的电弧。电弧会烧损触点，延长电流切断时间，甚至引起其他事故，因此交流接触器都采取灭弧措施。容量较小的交流接触器采用具有灭弧结构的触点实现灭弧。容量较大的交流接触器一般设置灭弧栅进行灭弧。

交流接触器是利用电磁吸力来工作的。当电磁铁线圈通电时，产生磁场，在磁场力的作用下将衔铁吸合；当线圈断电时，衔铁在反力弹簧的作用下与电磁铁铁芯分离。衔铁的动作带动与衔铁连在一起的动触点移动，使动触点和静触点闭合和断开，从而控制电路的通或断。

CJ0-20 交流接触器有 3 对主触点和 4 对辅助触点。主触点用来切换大电流，接在被控制的主电路中。辅助触点只能用来接通或切断小电流,接在控制电路中。接触器常开和常闭触点是联动的,即当线圈通电时,常闭触点断开,常开触点随即闭合,当线圈断电时,常开触点断开,常闭触点随即恢复闭合状态。交流接触器的主触点是常开触点,辅助触点有常开的也有常闭的。CJ0-20 的 4 对辅助触点有两对是常开的,两对是常闭的。

**3. 交流接触器的主要技术数据**

(1) 定额定压

在规定的条件下,保证交流接触器主触点正常工作的电压值称为额定电压。通常同时列出主触点和辅助触点的额定电压。

(2) 额定电流

在规定的条件下,为保证交流接触器正常工作,主触点允许通过的电流值称为额定电流。通常同时列出辅助触点的额定电流。

(3) 约定发热电流

在规定条件下试验,电流在 8h 工作制下,各部温升不超过极限值时所承载的最大电流称为约定发热电流。

(4) 动作值

动作值是交流接触器的吸合电压值和释放电压值。一般规定吸合电压值在线圈额定电压的 85%及 85%以上,释放电压不高于线圈额定电压的 70%。动作值是保证交流接触器动作可靠的一项主要技术指标。

(5) 接通与分断能力

接触器的接通与分断能力,是指主触点在正常工作情况下所能可靠地接通和分断的电流值。在此电流值下,接通能力是指触点闭合时不会造成触点熔焊的能力,断开能力是指触点断开时不产生飞弧和过分磨损而能可靠灭弧的能力。

(6) 操作频率

操作频率指接触器每小时的操作次数。不同的控制对象对操作频率有不同的要求,新型号的交流接触器允许的操作频率一般分为 300 次/小时、600 次/小时、1200 次/小时等几种。

(7) 电气寿命与机械寿命

电气寿命、机械寿命是指在正常操作条件下的操作次数。通常,机械寿命在百万次以上,电气寿命在十几万次以上。影响电气寿命的主要因素是主触点的电弧烧损。

**4. 常用交流接触器**

(1) CJ12、CJ12□、CJ24、CJ20 系列交流接触器

① CJ12 系列交流接触器适用于交流 50Hz,额定工作电压至 380V,额定电流至 600A 的电路中,供远距离接通和分断电路及对电动机频繁进行启动、停止和反转等控制。

② CJ12□系列接触器是 CJ12 的派生产品,具有节电和低噪声的特点,如 CJ12B。

③ CJ24 系列接触器的额定电压提高到 660V,其结构、适用范围与 CJ12 相同。

④ CJ20 系列交流接触器是一种应用广泛的接触器,适用交流 50Hz,额定工作电压至 660V 或 1140V,额定电流 630A 的电路中,供远距离频繁接通、分断电路及控制交流电动机之用,并可与热继电器或其他保护电器组成电磁启动器。

CJ20 系列交流接触器的技术数据见表 2-20。

**表 2-20 CJ20 系列交流接触器的技术数据**

| 项目<br>型号 | 主触点 | | | 辅助触点 | | | | 380V 时控制电动机最大功率/kW | 接通与分断能力 | | | 380V 时电气寿命次数/万次 | 机械寿命次数/万次 | 操作频率/(次数/小时) | 吸收线圈在 380 时消耗功率 | | 动作时间/ms | |
|---|---|---|---|---|---|---|---|---|---|---|---|---|---|---|---|---|---|---|
| | 额定电压/V | 额定电流/A | 极数 | 额定电压/V | 控制容量/VA | 额定发热电流/A | 数量 | | 电压/V | 接通电流/A | 分断电流/A | | | | 启动/VA | 吸持/W | 接通 | 断开 |
| CJ20-16 | 380 | 63 | 3 | 交流 380 直流 220 | 交流 300 直流 60 | 6 | 二常开 | 30 | 380 | 756 | 630 | JK3 类 120 JK1 类 8 | 100 | JK3 类 1200 JK4 类 300 | 388 | 16.5 | 20 | 24 |
| | 660 | 40 | | | | | | 35 | 660 | 480 | 400 | | | | | | | |
| CJ20-160 | 380 | 160 | | | | | | 85 | 380 | 1600 | 1280 | JK3 类 120 JK4 类 1.5 | | | 855 | 32 | 16 | 14 |
| | 660 | 100 | | | | | | 85 | 660 | 1200 | 1000 | | | | | | | |
| CJ20-160/11 | 1140 | 80 | | | | | | 85 | 1140 | 960 | 800 | | | | — | — | 20 | 8 |
| CJ20-250 | 380 | 250 | | | 交流 500 直流 60 | 10 | 二常关 | 132 | 380 | 2500 | 2000 | JK3 类 60 JK4 类 1 | 300 | JK3 类 600 JK4 类 120 | 1710 | 65.6 | 16 | 23 |
| CJ20-250/06 | 660 | 200 | | | | | | 190 | 660 | 2000 | 1600 | | | | | | | |
| CJ20-630 | 380 | 630 | | | | | | 300 | 380 | 6300 | 5040 | JK3 类 60 JK4 类 0.5 | | | 3577 | 118 | 20 | 18～20 |
| CJ20-630/11 | 660 | 660 | | | | | | 350 | 660 | 4000 | 3200 | | | | — | — | 18～20 | 18～20 |
| | 1140 | 1140 | | | | | | 400 | 1140 | 4000 | 3200 | | | | | | | |

注：吸引线圈电压除 CJ20-254、CJ20-400、CJ20-600 为 127V、220V、380V 外，其余均为 36V、27V、380V。

(2) CJX3(3TB)交流接触器

3TB 系列接触器是引进德国西门子公司技术生产的产品。CJX3 是国内型号。部分 CJX3 小容量交流接触器的技术数据见表 2-21。

**表 2-21 部分 CJX3 小容量交流接触器的技术数据**

| 型　　号 | 主触点额定电流/A | | | 辅助触点额定电流/A | | 可控制电动机的最大功率/kW | | | 吸引线圈电压/V | 辅助触点数量 | 操作频率/(次/小时) | | 电气寿命/万次 | |
|---|---|---|---|---|---|---|---|---|---|---|---|---|---|---|
| | 380 | 660 | 1140 | 380 | 660 | 220 | 380 | 660 | | | AC-3 | AC-4 | AC-3 | AC-4 |
| CJX3-9(3TB40) | 9 | 7.2 | — | — | — | — | 4 | 5.5 | 24 | 1 | — | — | — | — |
| CJX3-12(3TB41) | 12 | 9.5 | — | 6 | 2 | — | 5.5 | 7.5 | 36 | 1常闭或1常闭1常开或2常闭2常开 | 1000 | 1.2×$10^4$ | 250 | 1.2×$10^5$ |
| CJX3-16(3TB42) | 16 | 13.5 | | | | | 7.5 | 11 | 48 | | | | | |
| CJX3-22(3TB43) | 22 | 13.5 | | | | | 11 | 11 | 110 | | 750 | 1.2×$10^4$ | 250 | 1.2×$10^5$ |
| CJX3-32(3TB44) | 32 | 18 | — | 4 | 2.5 | | 15 | 15 | 220<br>380 | | | | | |

(3) LC1-D 系列交流接触器

LC1-D 系列接触器是引进法国 TE 公司技术生产的产品,其突出特点是组合能力强,可以利用积木原理来增加辅助触点的数量和功能。LC1-D 系列接触器的主要技术数据见表 2-22。

**表 2-22 LC1-D 系列接触器的主要技术数据**

| 型　号 | 约定发热电流/A | 控制功率/kW | | | | | 机械寿命/万次 | AC-3 电气寿命 | | | AC-4 电气寿命 | | |
|---|---|---|---|---|---|---|---|---|---|---|---|---|---|
| | | 220 | 380 | 415 | 440 | 660 | | 额定工作电流/A | 次数/万次 | 操作频率/(次/h) | 额定工作电流/A | 次数/万次 | 操作频率/(次/h) |
| LC1-D09 | 25 | 2.2 | 4 | 4 | 4 | 5.5 | 1000 | 9 | 150 | 2400 | 4 | 20 | 300 |
| LC1-D12 | 25 | 3 | 5.5 | 5.5 | 5.5 | 7.5 | 1000 | 12 | 150 | 2400 | 5 | 15～20 | 300 |
| LC1-D16 | 31 | 4 | 7.5 | 9 | 9 | 5.5 | 1000 | 16 | 130 | 1200 | 7 | 7～20 | 300 |
| LC1-D25 | 40 | 5.5 | 11 | 11 | 11 | 15 | 1000 | 25 | 120 | 1200 | 10 | 7～15 | 150 |
| LC1-D40 | 60 | 11 | 18.5 | 22 | 22 | 30 | 800 | 40 | 100 | 2400 | 16 | 7～10 | 150 |
| LC1-D50 | 80 | 15 | 22 | 25 | 30 | 33 | 800 | 50 | 150 | 1000 | 20 | 7 | 150 |
| LC1-D63 | 80 | 18.5 | 30 | 37 | 37 | 37 | 800 | 63 | 80 | 1200 | 25 | 6～7 | 150 |
| LC1-D80 | 120 | 22 | 37 | 45 | 55 | 55 | 500 | 80 | 80 | 600 | 32 | 5～7 | 150 |

(4) B 系列交流接触器

B 系列接触器是引进德国 ABB 公司技术生产的产品,也具有多种附件,可以组合使用扩大功能。

**5. 交流接触器的选用与使用**

(1) 选用交流接触器的原则

① 类型选择。根据负载电流的性质来选择接触器类型,交流负载应选用交流接触器;直流负载应选用直流接触器。

② 触点额定电压和主触点额定电流。选择触点的额定电压应不小于所控制电路的工作电压;主触点的额定电流应大于负载电流。

③ 电磁铁线圈额定电压的选用。当线路简单及使用电器较少时,可直接选用 380V 或

220V 电压的线圈。如线路复杂,可选择 36V、110V 电压的线圈。

④ 辅助电路参数的选用。选用接触器时应根据系统控制要求,确定所需的触点种类、数量和组合型号。

(2) 交流接触器的使用

① 接触器能接通和断开正常负载电流,不能切断短路电流。因此常与熔断器、断路器、热继电器配合使用。

② 接触器安装前应先检查线圈的额定电压等技术数据是否与实际线路相符,确认无误后方能安装。

③ 检查接触器外观,应无机械损伤。手动接触器的活动部分应动作灵活,无卡住现象。然后将电磁铁面上的油污、铁锈清除,保证电磁铁动作灵活。

④ 接触器应安装在垂直面上,其倾斜角不得超过 5°,以免影响接触器的动作特性。接触器与其他电器之间应留有空间,以免飞弧烧坏相邻电器。

⑤ 接触器的安装螺钉应配有弹簧垫圈和平垫圈,拧紧螺钉以防松动。注意不要把零件掉入接触器内,以免引起卡阻而烧毁线圈。

⑥ 做好接触器日常维护工作,定期检查接触器的零部件,观察安装螺钉、接线螺钉是否松动,可动部分是否灵活,发现问题及时处理。定期清扫接触器的触点,使之保持清洁,但触点不能涂油。当触点表面因电弧作用形成金属小珠时应及时清除。当触点磨损严重时,即触点只剩 1/3 时,则应更换。

## 任务检测

按表 2-23 所示完成检测任务。

**表 2-23 交流接触器检测表**

<table>
<tr><td>课题</td><td colspan="5">交流接触器</td></tr>
<tr><td>班级</td><td colspan="5"> | 姓名 | | 学号 | | 日期 | </td></tr>
<tr><td>序号</td><td>主要内容</td><td>评分标准</td><td>配分</td><td>扣分</td><td>得分</td></tr>
<tr><td>1</td><td>认识交流接触器的结构</td><td>交流接触器识读错误扣 2~10 分</td><td>25</td><td></td><td></td></tr>
<tr><td>2</td><td>使用交流接触器</td><td>使用交流接触器错误扣 2~10 分</td><td>40</td><td></td><td></td></tr>
<tr><td>3</td><td>正确选用交流接触器</td><td>选用交流接触器错误扣 2~10 分</td><td>35</td><td></td><td></td></tr>
<tr><td>4</td><td>能够保证人身、设备安全</td><td>违反安全文明操作规程扣 2~10 分</td><td></td><td></td><td></td></tr>
<tr><td rowspan="2">备注</td><td rowspan="2"></td><td>合计</td><td>100</td><td></td><td></td></tr>
<tr><td>教师签名</td><td colspan="3">年 月 日</td></tr>
</table>

## 分任务 2.3.2 热继电器

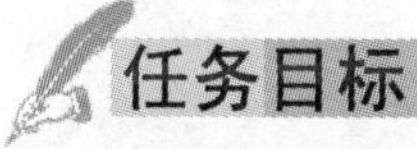

## 任务目标

(1) 认识热继电器的结构及其特点。

(2) 能正确识读热继电器的型号。

## 任务过程

继电器是一种根据电学量(如电压、电流)或其他物理量(如温度、时间、转速、压力)的变化,接通或断开控制电路的一种自动电器。

继电器与接触器都是自动接通或切断电路的控制电器,它们的不同之处在于,继电器用于控制小电流电路,结构上不设灭弧装置,它不仅可以在电量的作用下实现电路的通断,也可以在非电量如温度、压力的作用下实现对电路的控制。

继电器的种类很多,按动作原理可分为电磁式继电器、感应式继电器、热继电器、电动式继电器、电子继电器等,按反映的参数可分为电流继电器、电压继电器、时间继电器、速度继电器、压力继电器等。其中电磁式继电器应用普遍。常用的继电器有电磁式电流继电器、电压继电器、中间继电器、热继电器、时间继电器和速度继电器等。

**1. 热继电器的型号、结构和工作原理**

热继电器是利用电流的热效应来切断电路的自动保护电器,在控制电路中,主要用于电动机的过载保护、断相及电流不平衡运行的保护及其他电气设备发热状态的控制。

热继电器的类型有多种,其中双金属片式热继电器的结构简单、体积较小、成本较低、应用广泛。

(1) 热继电器的型号及图形符号

热继电器型号的含义如图 2-42 所示。

热继电器的图形符号如图 2-43 所示。

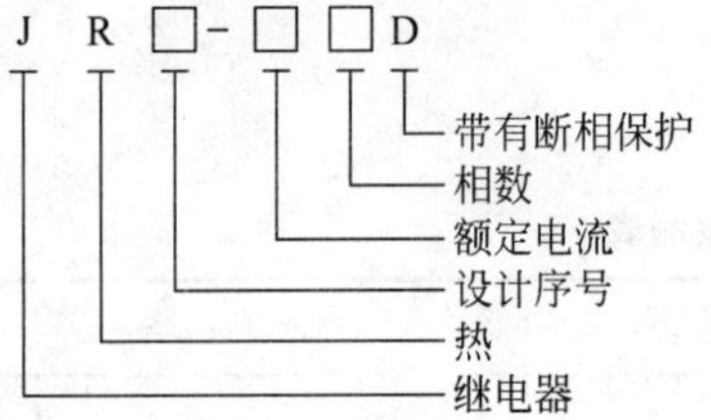


图 2-42 热继电器型号的含义

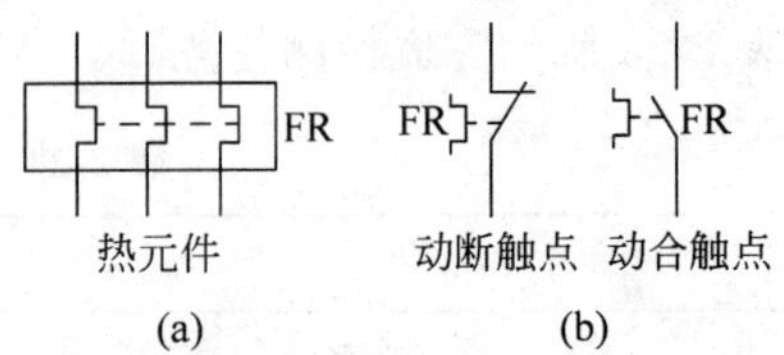


图 2-43 热继电器的图形符号

(a) 热元件;(b) 动断触点与动合触点

(2) 热继电器的结构和工作原理

下面以双金属片式热继电器为例,说明其结构及工作原理,热继电器的外形如图 2-44 所示,其工作原理如图 2-45 所示。

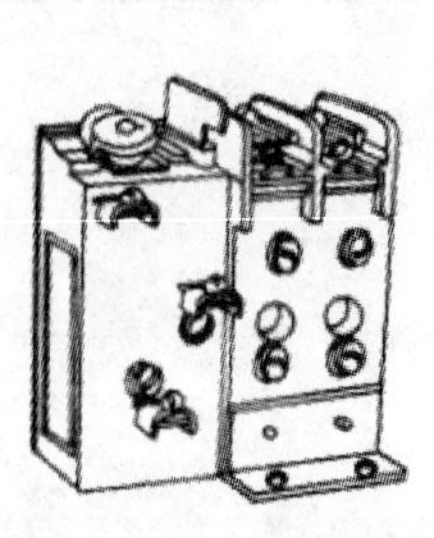

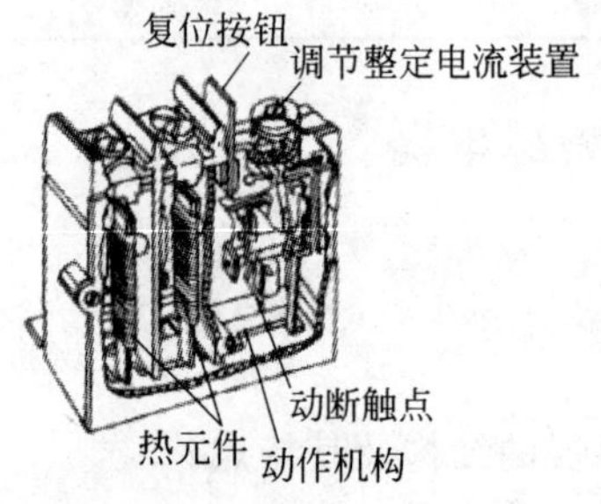


图 2-44 热继电器的外形

热继电器主要由热元件、触点、动作机构、整定电流装置和复位按钮等部分组成。热元件是热继电器的重要组成部分,它由双金属片及缠绕在双金属片外面的电阻丝组成。双金属片是由两种热膨胀系数不同的金属片焊合而成,使用时将电阻丝直接串联在电动机的电路中。图 2-45 所示的发热元件由 3 块组成,构成三相结构热继电器。使用时,将热继电器的三相热元件分别串接在电动机的三相主电路中,动断触点串接在控制电路的接触器线圈回路中。当电动机过载时,流过电阻丝(热元件)的电流增大,电阻丝产生的热量使金属片弯曲,经过一定时间后,弯曲位移增大,推动导板移动,使其动断触点断开,动合触点闭合,使接触器线圈断电,接触器触点断开,将电源切除起过载保护作用。

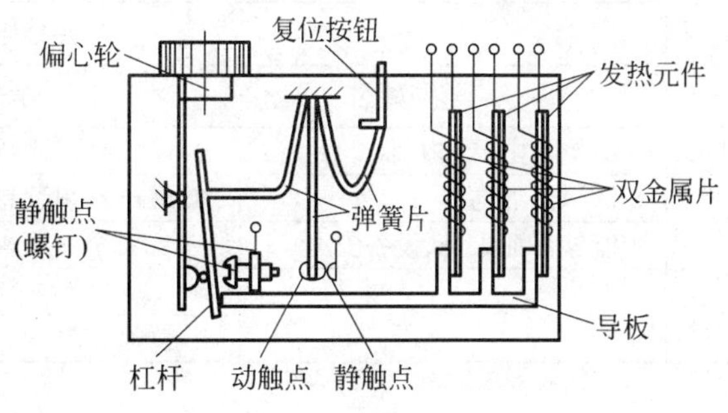


图 2-45 热继电器工作原理

**2. 常用热继电器**

常用的热继电器有 JR0、JR9、JR10、JR14、JR15、JR16、JR20、3UA、T、LR1、K7D 系列。

JR20 系列热继电器是国产新型产品,具有温度适用范围宽和断相保护的功能。

3UA 系列热继电器是引进德国西门子公司技术生产的产品,具有整定电流连续可调、断相保护和温度补偿等功能。T 系列热继电器是引进德国 ABB 公司技术生产的产品。LR1-D 系列热继电器是引进法国 TE 公司技术生产的产品。

**3. 热继电器的选择和使用**

(1) 热继电器的选择

① 类型的选择。对于电动机热保护继电器,一般选用两相结构的热继电器。但对于电压的三相均衡性较差,工作环境恶劣,或较少有人照管的电动机,应选用三相结构的热继电器。

② 额定电流的选择。热继电器的额定电流应大于电动机额定电流,然后根据额定电流来确定热继电器的型号。

③ 热元件额定电流的确定。热元件的额定电流应略大于电动机额定电流,一般情况下热元件的整定电流调节到等于电动机的额定电流。但当电动机的启动时间较长,或是拖动冲击性负载时,热继电器整定电流要稍大一些,可调节到电动机额定电流的 1.1~1.15 倍。

(2) 热继电器的使用

① 双金属片式热继电器一般用于轻载或不频繁启动电动机的过载保护,因热元件受热变形需要一定的时间,所以热继电器不能作短路保护。对于重载、频繁启动的电动机,可选用过电流继电器作过载和短路保护。

② 热继电器在安装接线前,应清除触点表面污垢,触点表面不允许涂油,保证热继电器动作灵活。热继电器的安装位置应在其他电器的下方,以免受其他电器发热的影响。

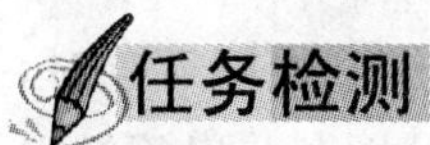

## 任务检测

按表 2-24 所示完成检测任务。

表 2-24 热继电器检测表

<table>
<tr><td>课题</td><td colspan="7">热继电器</td></tr>
<tr><td>班级</td><td></td><td>姓名</td><td></td><td>学号</td><td></td><td>日期</td><td></td></tr>
<tr><td>序号</td><td colspan="2">主要内容</td><td colspan="2">评分标准</td><td>配分</td><td>扣分</td><td>得分</td></tr>
<tr><td>1</td><td colspan="2">认识热继电器</td><td colspan="2">热继电器识读错误扣 2～10 分</td><td>100</td><td></td><td></td></tr>
<tr><td>2</td><td colspan="2">能够保证人身、设备安全</td><td colspan="2">违反安全文明操作规程扣 2～10 分</td><td></td><td></td><td></td></tr>
<tr><td rowspan="2">备注</td><td rowspan="2" colspan="2"></td><td colspan="2">合计</td><td>100</td><td></td><td></td></tr>
<tr><td>教师签名</td><td colspan="5">年 月 日</td></tr>
</table>

## 分任务 2.3.3 电磁式继电器

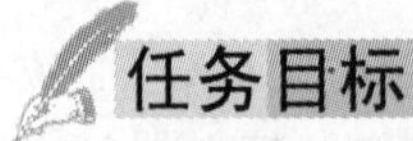

### 任务目标

(1) 认识电磁式继电器的结构、种类及其特点。

(2) 能正确识读电磁式继电器的型号。

### 任务过程

**1. 电磁式继电器**

(1) 电磁式继电器的结构和工作原理

电流继电器、电压继电器和中间继电器都是电磁式继电器，是电气设备中用得最多的一种继电器。电磁式继电器的结构有两种类型：一种是直动式，其结构和小容量的接触器相似，其外形如图 2-46 所示；另一种是拍合式，其外形如图 2-47 所示。

图 2-46 直动式继电器外形

图 2-47 拍合式继电器外形

线圈不通电时，衔铁靠反力弹簧作用打开，常开触点断开，常闭触点闭合；线圈通电时，衔铁被吸合，常开触点闭合，常闭触点断开。上述结构装上不同线圈后可分别制成电流继电器、电压继电器和中间继电器，所以这一类继电器又统称为通电继电器。

(2) 电磁式继电器主要技术数据

① 额定参数。工作电压或电流、吸合电压或电流、释放电压或电流。

② 吸合时间和释放时间有快动作、正常动作、延时动作 3 种。

③ 整定参数。继电器人为调节的动作值称为整定值或整定参数,是用户根据需要调节的动作参数。大部分电磁式继电器的整定参数是可调的。电磁式继电器的可调整定参数见表 2-25。

**表 2-25 电磁式继电器的可调整定参数**

| 继电器类型 | 电流种类 | 可调参数 | 可调参数范围 | 复位方式 |
|---|---|---|---|---|
| 电压继电器 | 直流 | 动作电压 | 吸合电压 30%～50%$U_N$<br>释放电压 7%～20%$U_N$ | 自动 |
| 过电压继电器 | 交流 | 动作电压 | 105%～120%$U_N$ | 自动 |
| 过电流继电器 | 交流 | 动作电流 | 110%～350%$U_N$ | 自动或非自动 |
| | 直流 | | 70%～300%$U_N$ | |
| 欠电流继电器 | 直流 | 动作电流 | 吸合电流 30%～65%$I_N$<br>释放电流 10%～20%$I_N$ | 自动 |
| 时间继电器 | 交流 | 通电或断电延时 | 0.3～30s<br>10～180s | 自动 |
| | 直流 | 断电延时 | 0.3～0.9s<br>0.8～3s<br>2.6～5s<br>4.5～10s<br>9～15s | 自动 |

④ 灵敏度。这是指整定好的继电器吸合时所必需的最小功率或安匝数。

⑤ 返回系数。释放电压或电流与动作电压或电流之比。

⑥ 接通与分断能力。继电器触点通断能力是指通断被控电路的能力,它与被控对象的容量及使用条件有关,是正确选用继电器的主要依据。

此外,还有整定工作制、使用寿命等技术数据。

**2. 电流继电器**

根据线圈中电流大小而接通或切断电路的继电器称为电流继电器。这种继电器的特点是线圈导线较粗,匝数较少,使用时串联在主电路中,按其动作原因又分为过电流继电器和欠电流继电器。

欠电流继电器在正常工作时,线圈电流使衔铁吸合,当线圈电流降到低于某一整定值时,衔铁释放。

过电流继电器与欠电流继电器相反,在正常工作时电磁铁吸力不足以克服反力弹簧的作用,衔铁处于释放状态。当线圈电流超过某一整定值时,衔铁动作,常开触点闭合,常闭触点断开。过电流继电器应用较多。

(1) 电流继电器图形符号及型号

电流继电器的图形符号见表 2-26。

电流继电器型号的含义如图 2-48 所示。

**表 2-26　电流继电器的图形符号**

| 类　型 | 线　圈 | 常开触点 | 常闭触点 |
|---|---|---|---|
| 欠电流继电器 | $K_1$ $I<$ | $K_1$ | $K_1$ |
| 过电流继电器 | $K_1$ $I>$ | $K_1$ | $K_1$ |

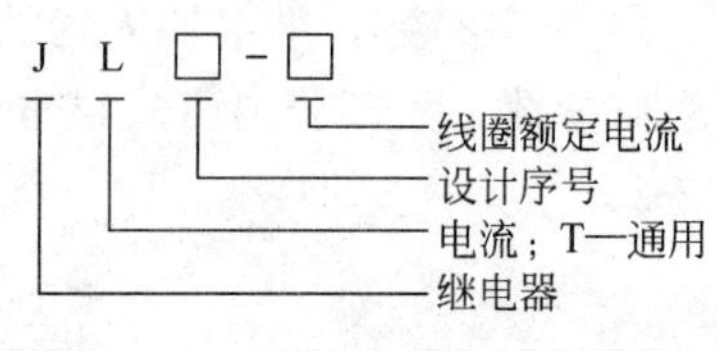


图 2-48　电流继电器型号的含义

（2）常用电流继电器

常用的交直流电流继电器有 JT4、JL12、JL14、JL15、JL18 等系列，JT4、JL12 外形结构如图 2-49 所示。

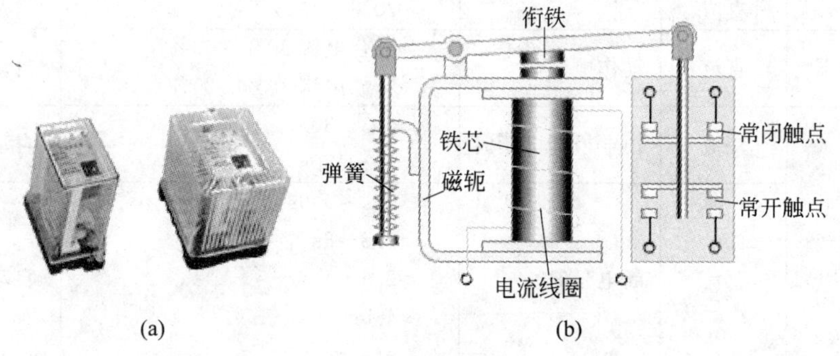


图 2-49　电流继电器外形和结构

(a) 外形；(b) 结构

JT4 系列电流继电器的技术数据见表 2-27。

**表 2-27　JT4 系列电流继电器的技术数据**

| 型　号 | 吸引线圈规格 | 触点数目 | 复位方式 | | 动 作 电 流 |
|---|---|---|---|---|---|
| | | | 自动 | 手动 | |
| JT4-□□L<br>JT4-□□S<br>(手动复位) | 1、10、15、20、40、80、150,300、600 | 2 动合 2 动断或 1 动合 1 动断 | 自动 | — | 吸引电流在线圈额定电流的 110%～350%范围内调节 |
| | | | — | 手动 | |
| JT4-□□J | 1、10、15、20、40、50、80、150、200、300、600 | 1 动合或 1 动断 | 自动 | — | 吸引电流在线圈额定电流的 75%～200%范围内调节 |

部分常用电流继电器的技术数据见表 2-28。

（3）过电流继电器的选用

① 过电流继电器线圈的额定电流应不小于主电路的额定电流。

② 过电流继电器的触点种类、数量、额定电流应满足控制电路的要求。

③ 过电流继电器的动作电流一般为电动机额定电流的 1.7～2 倍；频繁启动时，为电动机额定电流的 2.2～2.5 倍。

表 2-28 部分常用电流继电器的技术数据

| 型号 | 额定电流/A | 触点数量 | | 触点电压 | 触点额定电流/A | 用途 |
|---|---|---|---|---|---|---|
| | | 常开 | 常闭 | | | |
| JL12 | 交直流 5、10、15、20、30、40、60、75、100、150、200、300 等 12 种 | 1 | 2 | 交流 380<br>直流 440 | 5 | 用于起重机上直流电动机的过载保护和过流保护 |
| JL14 | 交直流 1、1.5、2.5、5、10、15、20、25、40、60、100、150、300、600、1200、1500 | 1<br>2<br>— | 1<br>—<br>2 | 交流 380<br>直流 440 | 5 | 用于交直流控制电路中作为过流或欠电流保护 |
| JL15 | 交直流 1.5、2.5、5、10、15、20、30、40、60、80、100、150、250、300、400、600、800、1200 | 1<br>1 | —<br>1 | 交流 380<br>直流 110<br>220<br>440 | 5 | 用于电力传动系统中的过流保护 |

④ 安装过电流继电器时，需要将电磁线圈串接于主电路中，动断触点串接于控制电路中，以起到保护作用。

**3. 电压继电器**

根据线圈两端电压大小而接通或断开电路的继电器称为电压继电器。这种继电器的特点是线圈的导线细、匝数多，并联在主电路中。按其动作原理有过电压继电器和欠电压(或零压)继电器之分。

过电压继电器在电压为 1.1～1.15 倍额定电压时动作，对电路进行过电压保护；欠电压继电器在电压为 0.4～0.7 倍额定电压时动作，对电路进行欠电压保护，零压继电器在电压降为 0.05～0.25 倍额定电压时动作，对电路进行零压保护。

电压继电器型号的含义如图 2-50 所示。

电压继电器的图形符号与电流继电器相同，只是继电器线圈中通常无字母标注。

**4. 中间继电器**

中间继电器是用来转换控制信号的中间电器元件，常用来放大控制信号或将控制信号同时传给几个控制元件。其结构与电压继电器相同。

中间继电器的触点较多，触点的额定电流有 5A 或 3A，比线圈所允许通过的电流大得多，所以可用来放大控制信号；当线圈通电或断电时，可使多触点同时动作，以便增加控制电路中信号的数量。

中间继电器的图形符号与电压继电器相同。中间继电器型号的含义如图 2-51 所示。

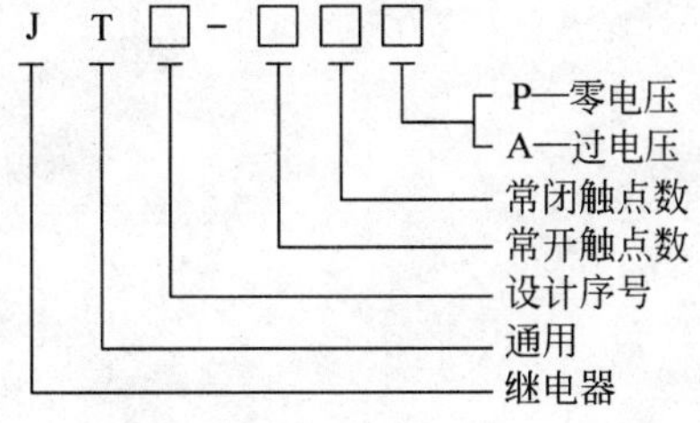


图 2-50 电压继电器型号的含义

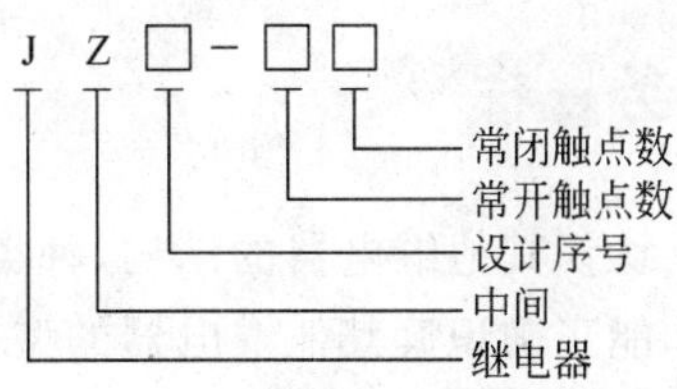


图 2-51 中间继电器型号的含义

中间继电器的品种规格很多，常用的有 J27 系列、J28 系列、JZ11 系列、JZ13 系列、JZ14 系列、JZ15 系列、JZ17 系列、3TH 系列等继电器。

J27 系列中间继电器适用于交流至 550V，电流至 5A 的控制电路，它的结构与直动或交流接触器相同。

JZ11 系列中间继电器采用直动螺管式电磁系统，铁芯和线圈在中央，两侧各 4 对触点，其常开或常闭可由用户自行决定组合。

JZ13 系列中间继电器主要在电子线路中用作执行元件，以联系强电控制电路。其控制电压有 6V、12V、24V 等，有两对转换触点。额定容量为交流 220V、1A。电气寿命为 20 万次。

JZ17 系列中间继电器引进日本 OMRON 公司技术生产的产品，原型号为 MA460N。可用于交流 50Hz、额定电压至 380V，直流额定电压至 220V 的控制电路中。

3TH 系列中间继电器是引进德国西门子公司技术生产的产品，继电器的型号有 3TH30、3TH82、3TH40、3TH42、3TH30。适用于交流 50Hz，额定工作电压至 660V 的电路中作转换控制用。

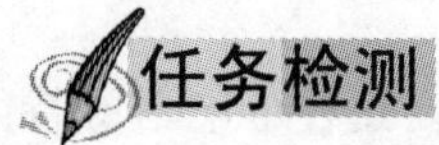

按表 2-29 所示完成检测任务。

**表 2-29 电磁式继电器检测表**

<table>
<tr><td>课题</td><td colspan="7">电磁式继电器</td></tr>
<tr><td>班级</td><td></td><td>姓名</td><td></td><td>学号</td><td></td><td>日期</td><td></td></tr>
<tr><td>序号</td><td colspan="2">主 要 内 容</td><td colspan="2">评 分 标 准</td><td>配分</td><td>扣分</td><td>得分</td></tr>
<tr><td>1</td><td colspan="2">识读继电器的类型</td><td colspan="2">继电器的类型识读错误扣 2～10 分</td><td>25</td><td></td><td></td></tr>
<tr><td>2</td><td colspan="2">认识电流式继电器</td><td colspan="2">电流式继电器识读错误扣 2～10 分</td><td>25</td><td></td><td></td></tr>
<tr><td>3</td><td colspan="2">认识电压式继电器</td><td colspan="2">电压式继电器识读错误扣 2～10 分</td><td>25</td><td></td><td></td></tr>
<tr><td>4</td><td colspan="2">认识中间式继电器</td><td colspan="2">中间式继电器识读错误扣 2～10 分</td><td>25</td><td></td><td></td></tr>
<tr><td>5</td><td colspan="2">能够保证人身、设备安全</td><td colspan="2">违反安全文明操作规程扣 2～10 分</td><td></td><td></td><td></td></tr>
<tr><td rowspan="2">备注</td><td colspan="2" rowspan="2"></td><td colspan="2">合 计</td><td>100</td><td></td><td></td></tr>
<tr><td>教师签名</td><td colspan="4">年 月 日</td></tr>
</table>

## 分任务 2.3.4 其他继电器

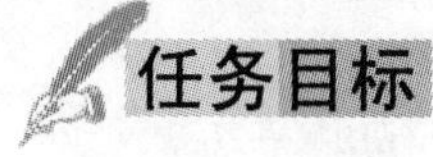

(1) 认识其他继电器的结构、种类及其特点。

(2) 能正确识读其他继电器的型号。

## 任务过程

**1. 时间继电器**

时间继电器是一种延时或周期性定时接通和切断某些控制电路的继电器。时间继电器的应用范围很广泛，从一般的生产机械到尖端科技部门，特别是采用继电器—接触器控制的电力拖动系统和各种自动控制系统，其控制过程大都通过时间继电器来实现。

时间继电器的种类很多，按动作原理可分为空气式、电磁式、电动式、电子式等。它们各有特点，适用于不同要求的场合。

按延时方式可分为通电延时、断电延时及重复延时 3 种方式。通电延时型时间继电器在获得输入信号后，立即开始延时，需等延时完毕，其执行部分才输出信号以操纵控制电路。当输入信号消失后，继电器立即恢复到动作前的状态，延时特性如图 2-52 所示。

断电延时型继电器在获得输入信号后，执行部分立即有输出信号，在输入信号消失后，继电器需要经过一定的延时，才能恢复到动作前的状态，延时特性如图 2-53 所示。

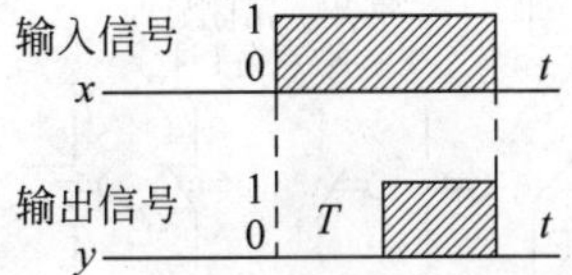


图 2-52　通电延时型时间继电器延时特性

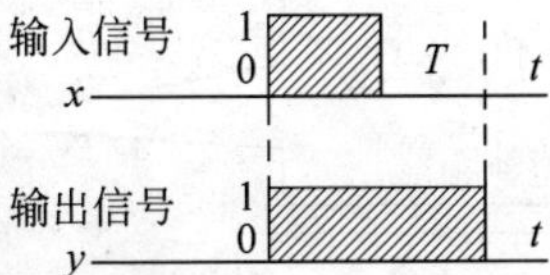


图 2-53　断电延时型时间继电器延时特性

重复延时继电器在接通电源以后，继电器以一定的周期周而复始地连续工作。

(1) 时间继电器型号

时间继电器型号的含义如图 2-54 所示。

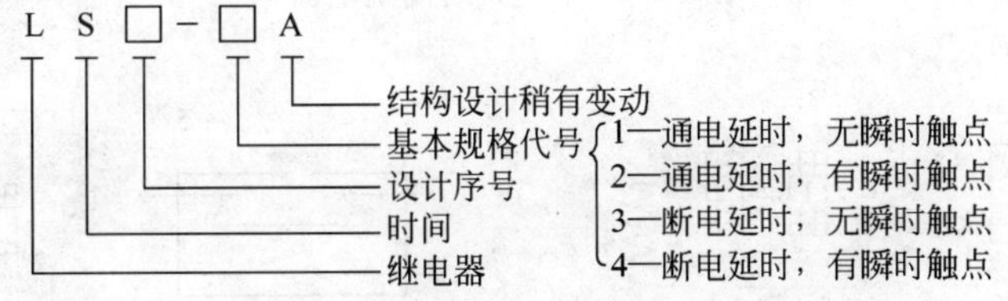


图 2-54　时间继电器型号的含义

(2) 时间继电器图形符号

时间继电器的图形符号如图 2-55 所示。

**2. 空气式时间继电器**

空气式时间继电器是利用空气阻尼原理得到延时的。它的结构简单，延时范围较大，在由继电器、接触器组成的控制电路中，以空气式时间继电器用得较多，如图 2-56 所示。

(1) 结构和工作原理

空气式时间继电器的原理结构如图 2-57 所示。它主要由电进系统、空气室和触点等部分组成。

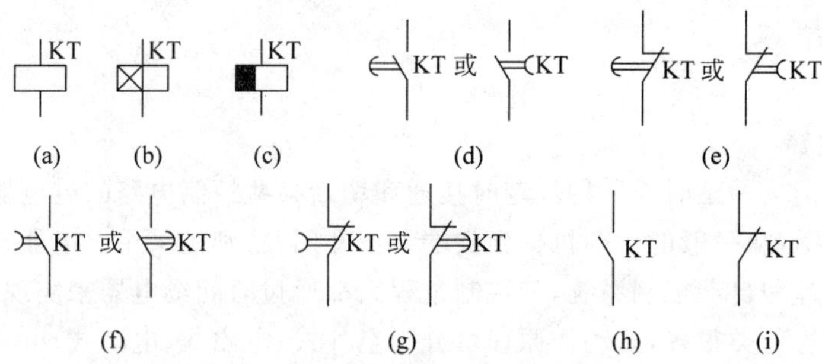


图 2-55　时间继电器的图形符号

(a) 一般线圈符号；(b) 通电延时线圈符号；(c) 断电延时线圈符号；(d) 延时闭合常开触点；(e) 延时断开常闭触点；(f) 延时断开常开触点；(g) 延时闭合常闭触点；(h)、(i) 瞬时触点

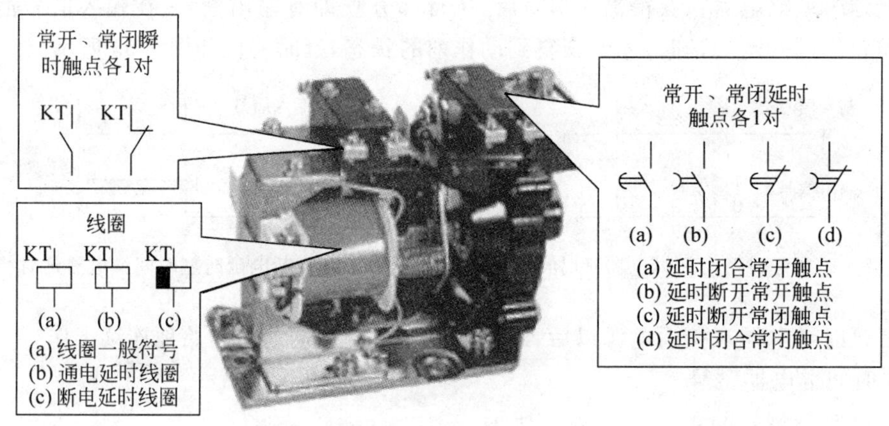


图 2-56　空气式时间继电器

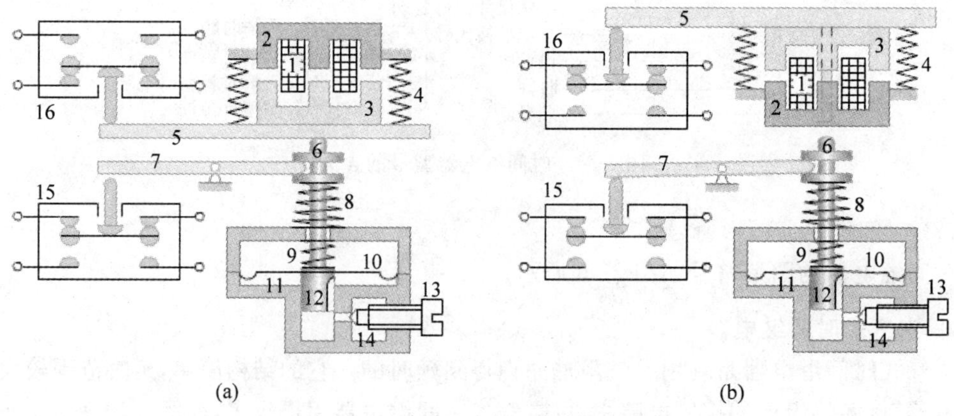


图 2-57　空气式时间继电器的原理结构

(a) 通电延时；(b) 断电延时

1—线圈；2—铁芯；3—衔铁；4、8—弹簧；5—推板；6—活塞杆；7—杠杆；9—弱弹簧；10—橡皮膜；11—空气室；12—活塞；13—调节螺杆；14—进气孔；15—延时微动开关；16—不延时微动开关

现以通电延时型为例说明其工作原理。

① 线圈 1 通电后，铁芯 2 将衔铁 3 吸合(推板 5 使微动开关 16 立刻动作)，如图 2-58 所示。

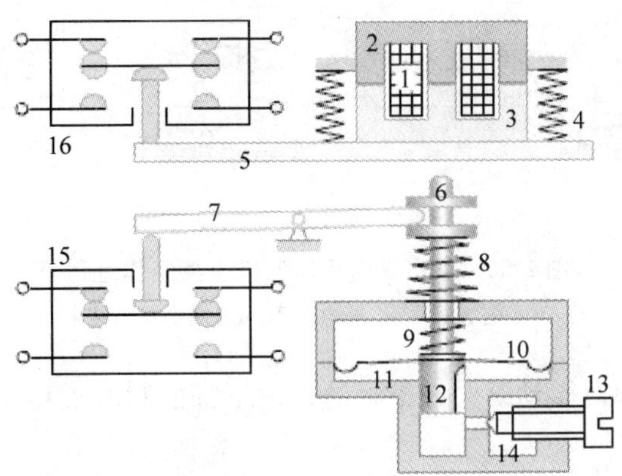


图 2-58　通电瞬间状态

② 活塞杆 6 在弹簧 8 的作用下，带动活塞 12 及橡皮膜 10 向上移动，由于橡皮膜下方气室内空气稀薄，形成负压，因此活塞杆不能迅速上移。当空气由进气孔 14 进入时，活塞杆 6 才逐渐上移。移到最上端时，杠杆 7 才使微动开关 15 动作，如图 2-59 所示。

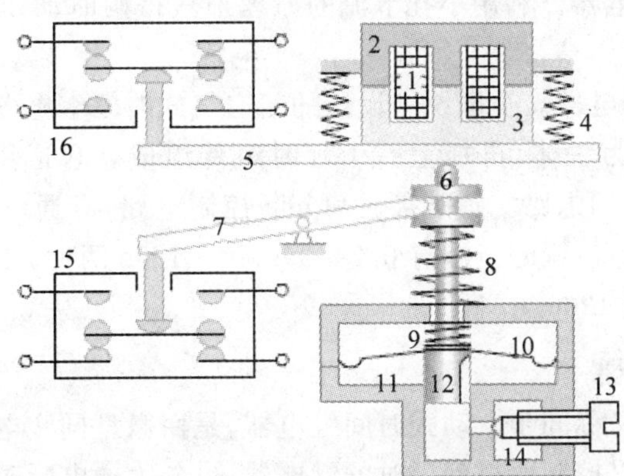


图 2-59　延时时间结束后的状态

延时时间即为吸引线圈 1 得电起到微动开关 15 动作时为止的这段时间。通过调节螺杆 13 调节进气孔的大小，就可以调节延时时间。

③ 当线圈 1 断电时，衔铁 3 在复位弹簧 4 的作用下将活塞 12 推向最下端。活塞往下推时，橡皮膜下方气室内的空气通过橡皮膜 10、弱弹簧 9 与活塞 12 肩部所形成的单向阀，经上气室缝隙顺利排除，因此延时微动开关 15 和不延时微动开关 16 都迅速复位。

断电延时型的结构、工作原理与通电延时型相似，即当衔铁吸合时推动活塞复位，排出空气。当衔铁释放时活塞杆在弹簧作用下使活塞向上移动，实现断电延时，工作过程如图 2-60 所示。

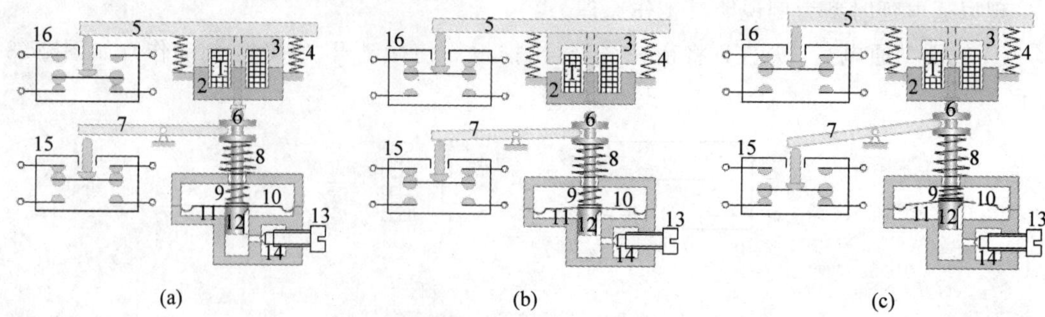


图 2-60 断电延时型时间继电器工作过程

(a) 通电瞬间；(b) 断电瞬间；(c)断电延时结束

在线圈通电和断电时，微动开关在推板的作用下都能瞬时动作，其触点即为时间继电器的瞬时动触点。

(2) 常用空气式时间继电器

空气式时间继电器结构比较简单，价格比较便宜，但延时的时间受气温、灰尘等因素的影响，延时的精度不高且无刻度，要准确调准延时时间比较困难。因此，空气式时间继电器不适用于对延时精度要求较高的场合。

常用的空气式时间继电器有以下两种。

① JS7 系列时间继电器。利用小孔节流的原理来获得延时动作，具有通电延时和断电延时两种动作方式。

② JS23 系列时间继电器。全国统一设计的新空气式时间继电器，它由一个具有 4 个瞬动触点的中间继电器作为主体，再加上一个延时组件组成。它适用于交流 50Hz、电压至 380V，直流电压至 220V 的电路。延时接通和分断控制电路，有通电延时、断电延时两种规格，每种规格都有瞬动触点，延时范围有 0.2～30s、10～180s 两种。线圈电压为交流 110V、220V、380V，操作频率为 1200/h。

**3. 电动式时间继电器**

电动式时间继电器又称同步电动式时间继电器，是由微型同步电动机驱动减速齿轮组，并由特殊的电磁机构加以控制而得到延时的继电器，也分为通电延时型和断电延时型两种。通常，电动式继电器由带减速器的同步电动机、离合电磁铁和能带动触点的凸轮组成。

电动式时间继电器的延时值可不受电源电压波动和周围介质温度变化的影响，延时范围大，在零点几秒到数十小时之内。但其结构复杂，不适于频繁操作，价格也较贵。常用的电动式时间继电器有以下两种。

① JS10 系列时间继电器。适用于交流 110V、127V、220V、380V 的电路，线圈消耗功率约 12VA。触点工作电压为 220V、工作电流为 1A，共有两对转换触点，复位时间小于 1s，寿命为 1 万次。

② 7PR 系列时间继电器。这是引进德国西门子公司技术生产的产品，7PR1040 型继电器采用磁滞式同步电动机，7PR4040 型、7PR4140 型继电器采用永磁式同步电动机。

**4. 电子式时间继电器**

电子式时间继电器具有延时范围宽、延时精度高、耐冲击、调节方便，并且体积小及寿命长等特点，因此发展迅速，使用日益广泛。

传统的电子式时间继电器根据 $RC$ 电路充电原理，利用电容器上的电压逐渐上升获得延时时间。通过改变充电电路的时间常数 $RC$，可整定延时时间。这类继电器又称为晶体管时间继电器。目前，高精度的电子式时间继电器采用大规模集成电路，即专用的数字电路，通过晶体振荡和频率分频获得高精度延时时间，常用的晶体管时间继电器有 JSJ、JSB、JS13、JS14、JS15、JS20 等系列。

电子式时间继电器的输出有两种形式：一种是有触点式，用晶体管驱动小型电磁式继电器；另一种是无触点式，采用晶体管或晶闸管输出，图 2-61 所示为 JSJ 型晶体管时间继电器。

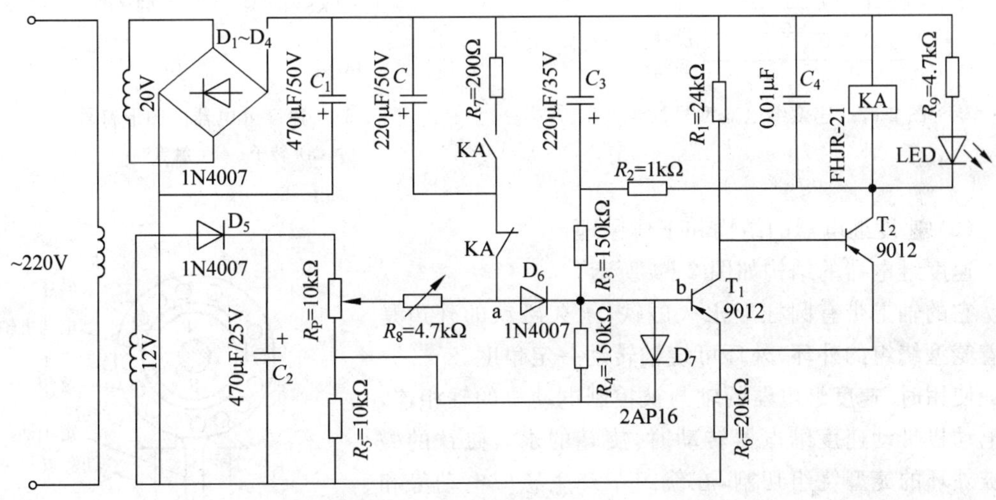


图 2-61　JSJ 型晶体管时间继电器原理

其工作原理如下：当电源接通时，$T_1$ 由 $R_3$、$R_2$、继电器线圈 KA 获得偏流，处于导通状态，$T_2$ 处于截止状态，此时继电线圈 KA 虽有电流通过，但电流太小，故不动作。主电源与辅助电源电压叠加后，通过电位器 $R_P$、可变电阻 $R_7$ 及 KA 常闭触点对电容 $C$ 充电。在充电过程中，a 点为电位逐渐升高，直到 a 点电位高于 b 点电位，二极管 $D_6$ 导通，使辅助电源的正电压加到晶体管 $T_1$ 基极上，$T_1$ 由导通变为截止，$T_2$ 由 $R_1$ 获得偏流而导通，于是继电器 KA 动作，通过触点发出相应的接通或分断控制信号。现时，电容 $C$ 通过 $R_7$ 放电，为下次工作做好准备。电位器 $R_P$ 用作整定延时时间。

JSJ 型晶体管时间继电器的电源电压为直流 24V、48V、110V，交流 36V、110V、127V、220V、380V，触点数为 1 常开、1 常闭，交流容量为 380V/0.5A，直流为 110V/1A，延时范围为 0.1～60s（延时误差为±3%内）、120～300s（延时误差为±6%内）。

JS13 型晶体管时间继电器的电源电压为交流 127V、220V、380V；触点不少于 1 常开、1 常闭，其容量为直流 110V/1A，延时时间为 10～180s，延时误差在±5%内。

高精度电子式时间继电器具有延时的高精度及长延时的特点。选用高性能电子元器件，简化了线路，缩小了体积，提高了可靠性和抗干扰能力，降低了功耗，因此在各种要求高精度、高可靠性自动控制的场合作延时控制用，按要求时间接通和分断电流，常用的采用专用数字集成电路的时间继电器有 ST3P、ST6P 系列继电器，这是从日本富士公司引进的产品。

**5. 速度继电器**

速度继电器用来对电动机的运行状态进行控制,即当转速达到规定值时继电器触点动作。它主要用于电动机控制电路中。

(1) 速度继电器型号及图形符号

速度继电器型号的含义如图 2-62 所示。

速度继电器的图形符号如图 2-63 所示。

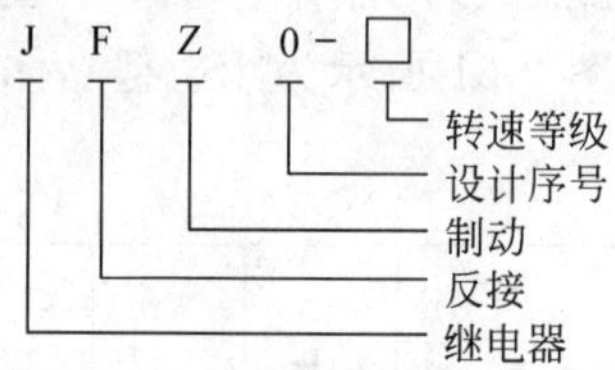


图 2-62 速度继电器型号的含义

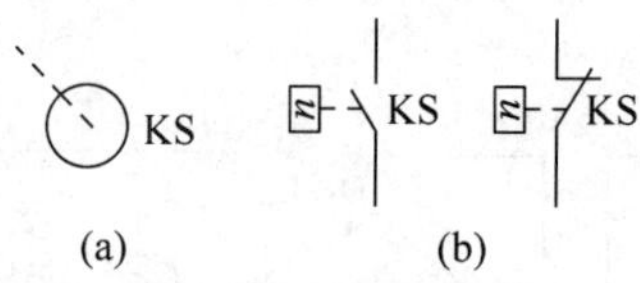


图 2-63 速度继电器的图形符号

(a) 转子;(b) 触点

(2) 速度继电器的结构和工作原理

速度继电器的结构如图 2-64 所示。

它的轴上带有圆柱形永久磁铁,永久磁铁的外边是嵌着笼型绕组的外环,外环可绕轴转动一定角度。

使用时,速度继电器的轴与被控制电动机的轴相连,当电动机带动速度继电器转动时,旋转的永久磁铁的磁通被外环的笼型绕组切割,在绕组中产生感应电动势和感应电流。感应电流的大小与电动机的速度有关,当电动机转速达到一定数值时,感应电流在相应磁场力作用下,使外环转动,和外环固定在一起的顶块使常开触点闭合,常闭触点断开,速度继电器外环的旋转方向由电动机转动方向确定。因此,顶块可向左或向右推动触点使其动作。当电动机转速下降到接近零时,顶块恢复到原来的中间位置。

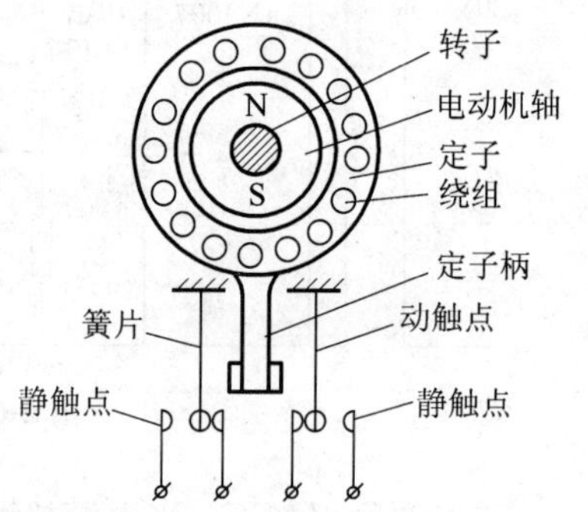


图 2-64 速度继电器的结构

常用的速度继电器有 JY1、JFZ0 型,其主要技术数据见表 2-30。

**表 2-30 常用速度继电器主要技术数据**

| 型号 | 触点额定电压/V | 触点额定电流/A | 触点数量 | | 额定工作转速/(r/min) | 允许操作频率/(次/小时) |
|---|---|---|---|---|---|---|
| | | | 正转时动作 | 反转时动作 | | |
| JY1 | 380 | 2 | 1 常开<br>1 常闭 | 1 常开<br>1 常闭 | 100～3600 | <30 |
| JFZ0 | | | | | 300～1000<br>1000～3600 | |

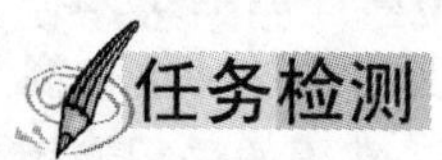


按表 2-31 所示完成检测任务。

表 2-31 其他继电器检测表

| 课题 | 其他继电器 | | | | | |
|---|---|---|---|---|---|---|
| 班级 | | 姓名 | | 学号 | | 日期 |
| 序号 | 主要内容 | 评分标准 | | 配分 | 扣分 | 得分 |
| 1 | 认识时间继电器 | 时间继电器识读错误扣 2～10 分 | | 50 | | |
| 2 | 认识速度继电器 | 速度继电器识读错误扣 2～10 分 | | 50 | | |
| 3 | 能够保证人身、设备安全 | 违反安全文明操作规程扣 2～10 分 | | | | |
| 备注 | | 合 计 | | 100 | | |
| | | 教师签名 | | 年 月 日 | | |

## 分任务 2.3.5 主令电器

### 任务目标

(1) 认识主令电器的结构及其特点。

(2) 能正确识读主令电器的型号。

### 任务过程

主令电器主要是用来接通和切断控制电路，以发布指令或信号，达到对电力传动系统的控制或实现程序控制的目的。

主令电器的种类繁多。常用的有按钮开关、万能转换开关、主令控制器、位置开关及信号灯等。

**1. 按钮**

按钮是一种以短时接通或分断小电流电路的电器，它不直接控制主电路的通断，而是通过控制电路的接触器、继电器、电磁启动器来控制主电路。一般按钮具有自动复位的功能。

(1) 按钮的结构和图形符号

按钮的结构和图形符号见表 2-32。

表 2-32 按钮的结构和图形符号

| 名 称 | 常闭按钮(停止按钮) | 常开按钮(启动按钮) | 复合按钮 |
|---|---|---|---|
| 结构 | 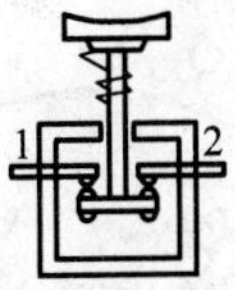 1 2 | 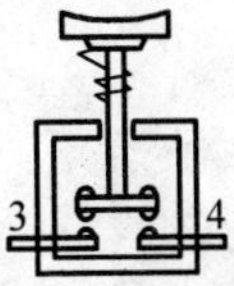 3 4 | 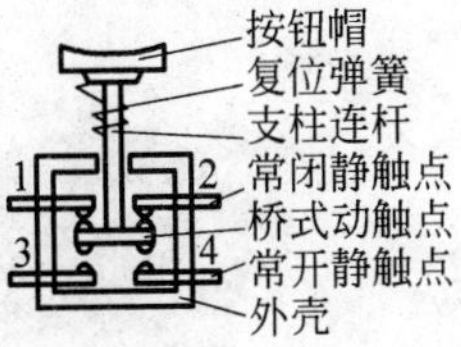 1 2 3 4 按钮帽 复位弹簧 支柱连杆 常闭静触点 桥式动触点 常开静触点 外壳 |
| 图形符号 | 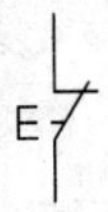 E | 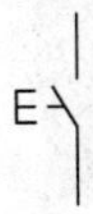 E | 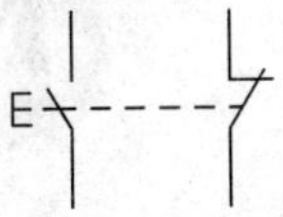 E |
| 文字符号 | SB | SB | SB |

需要说明的是，按钮的触点允许通过的电流很小，一般不超过 5A。

(2) 按钮型号的含义及分类

按钮型号的含义如图 2-65 所示。

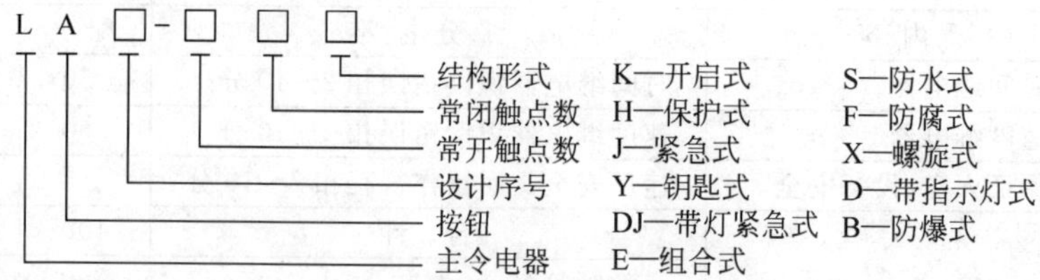


图 2-65　按钮型号的含义

按钮按操作方式、防护方式及结构特点分为开启式、防水式、防爆式、带灯式等，参见图 2-65 所示的按钮型号中结构形式的字母标注。常见按钮按触点结构位置有以下 3 种形式。

① 常开按钮又称启动按钮，操作前手指未按下时，触点是断开的，当手指按下时触点闭合，手指放松后，按钮自动复位。

② 常闭按钮又称停止按钮，操作前手指未按下时，触点是闭合的，当手指按下时触点断开。手指放松后，按钮自动复位。

③ 复合按钮又称常开常闭组合按钮，它设有两组触点，操作前有一组触点是闭合的，另一组触点是断开的。当手指按下时，闭合的触点断开，而断开的触点闭合。手指放松后，两组触点全部自动复位。

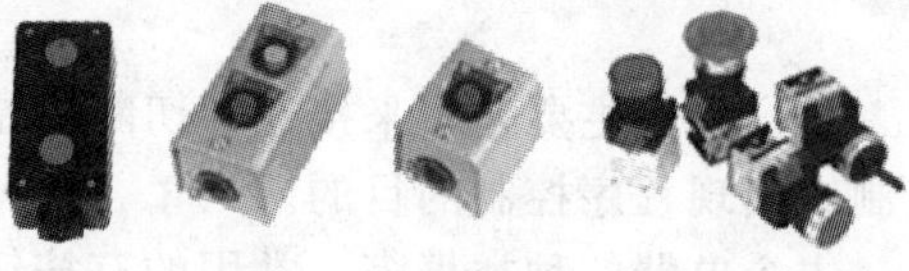

图 2-66　常用按钮外形

(3) 几种常用按钮

常用按钮有 LA2、LA10、LA13、LA19、LA20、LA25 等系列，外形如图 2-66 所示。

**2. 万能转换开关**

万能转换开关是一种多挡的转换开关，其特点是触点多，可以任意组合成各种开闭状态，能同时控制多条电路，所以称为“万能”转换开关，它主要用于各种配电设备的远距离控制、各种电气控制线路的转换、电气测量仪表的换相测量控制。有时也被用作小型电动机的控制开关。

(1) 结构原理

万能转换开关有多种系列，LW5 万能转换开关的外形及触点通断情况示意图如图 2-67 所示。

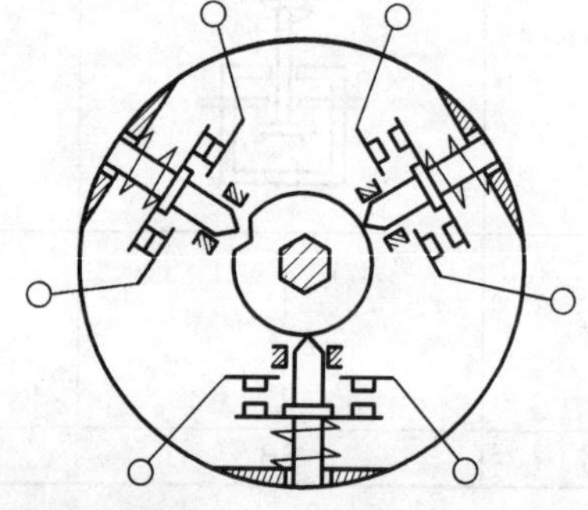

图 2-67　LW5 万能转换开关

它主要由转动手柄、转轴和多个触点叠装而成。每个触点盒中都有一对或几对触点，当转动手柄时，通过转轴和凸轮，带动各触点盒中的触点闭合或断开。由于凸轮的形状不同，各个触点盒中触点的通、断情况不一样。这样就需要列一个表来说明手柄在不同位置时，各个触点盒中的触点通、断情况。万能转换开关在控制电路中的图形符号如图 2-68 所示。

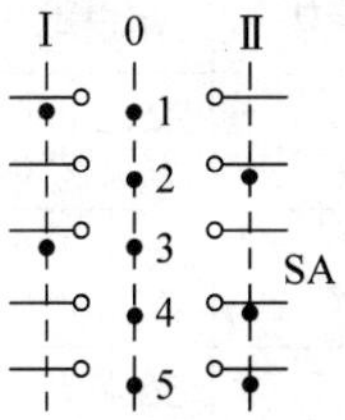

图 2-68 万能转换开关图形符号

在图 2-68 中，连线有黑点“·”，表示这条电路是接通的。例如，将万能转换开关扳到“0”的位置时，所有的电路全部被接通；转至Ⅰ位置时，只有 1、3 电路接通；转至Ⅱ位置时，2、4、5、6 电路接通。

触点通断见表 2-33。

**表 2-33 触点通断**

| LW2-15D0403/2 | | | |
|---|---|---|---|
| 触点编号 | Ⅰ | 0 | Ⅱ |
| 1 | | | × |
| 2 | × | | |
| 3 | | | × |
| 4 | × | | |
| 5 | × | | |

在表 2-33 中，符号“×”表示触点闭合，空格表示触点断开。

(2) 型号含义及主要技术数据

万能转换开关型号的含义如图 2-69 所示。

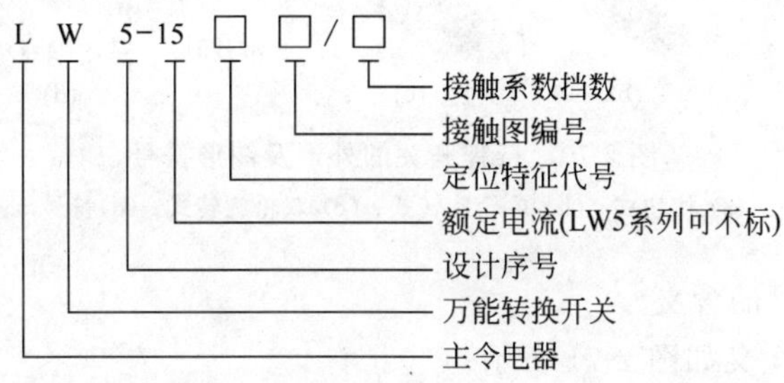


图 2-69 万能转换开关型号的含义

万能转换开关中的定位特征代号用字母表示，用来反映开关手柄操作位置。

万能转换开关的主要技术数据有额定电压、额定电流、额定操作频率、机械寿命和电气寿命等。

LW5 系列万能转换开关的额定电压交流至 500V、直流至 440V；额定电流为 15A；额定操作频率为 120 次/h；机械寿命为 100 万次；电气寿命为 20 万次。

(3) 种类及特点

常用万能转换开关的种类及特点见表 2-34。

表 2-34 常用万能转换开关的种类及特点

| 型号 | 额定电压/V | 额定电流/A | 结构特点及主要用途 |
|---|---|---|---|
| LW2 | 交流 220<br>直流 220 | 10 | 挡数 1～8。面板为方形或圆形，可用于各种配电设备的远距离控制、电动机换向、仪表换相等 |
| LW5 | 交流 500<br>直流 220 | 15 | 挡数 1～8。面板为方形或圆形，可用于各种配电设备的远距离控制、电动机换向、仪表换相等 |
| LW8 | 交流 380<br>直流 220 | 10 | 可用于控制电路的转换，配电设备的远距离控制及各种小型电机的控制 |
| LW12 | 交流 380<br>直流 220 | 16 | 小型开关，主要用于仪表、微电机、电磁阀等的控制 |
| LWX1B | 交流 380<br>直流 220 | 5 | 强电小型开关。主要用于控制电路的转换 |
| LW□-10 | 交流 380/220<br>直流 220/110 | 10 | 唇舌式开关。主要用于控制电路和仪表控制电路 |

### 3. 行程开关

行程开关又称位置开关或限位开关，其作用与按钮相同，用来接通或分断某些电路，达到一定的控制要求。但是行程开关触点的动作不是靠手动操作，而是利用机械设备某些运动部件的挡铁碰压行程开关的滚轮，使触点动作，将机械的位移信号——行程信号，转换成电信号。行程开关广泛应用于顺序控制、变换运动方向、行程、定位等自动控制系统中。

(1) 行程开关外形及图形符号

行程开关的外形及图形符号如图 2-70 所示。

图 2-70 行程开关的外形及图形符号

(a) 按钮式；(b) 单轮旋转式；(c) 双轮旋转式；(d)符号

(2) 行程开关型号的含义

行程开关型号的含义如图 2-71 所示。

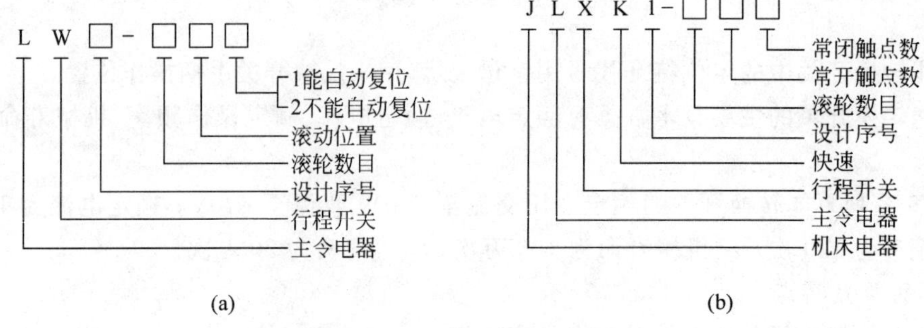


图 2-71 行程开关型号的含义

(a) 普通型；(b) 机床专用

(3) 结构原理及主要技术数据

行程开关由微动开关、操作机构及外壳等部分组成。当机械设备的挡铁碰压行程开关的滑轮时，通过杠杆、轴、撞块等操作机构，使微动开关的动、静触点动作，使触点断开或闭合，将机械的位移信号转换成电信号，实现对线路的控制，如图 2-72 所示。

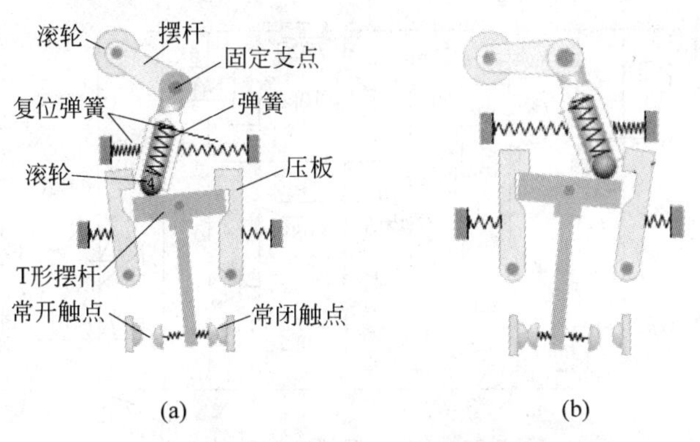


图 2-72 行程开关结构原理

(a) 动作前状态；(b) 动作后状态

行程开关的主要技术数据包括额定电压、额定电流、额定发热电流、额定操作频率、机械寿命和电寿命等项。

**4. 接近开关**

接近开关是非接触式的检测装置，当运动物体接近它到一定距离范围之内，它就能发出信号，检测运动物体的所处位置，进而控制继电器，执行某种检测或自动控制。与行程开关相比，它与被检测体不接触，不需要行程开关所必需的机械力，使接近开关的用途超出一般的行程控制和限位保护。由于电子技术的发展，接近开关的质量更加可靠，体积更加小巧，螺纹固定式接近开关的外径仅 8mm，长度只有 40mm，打开了接近开关在自动控制系统的应用空间，接近开关除了做物体位置、行程、尺寸方面的检测外，还用于计数控制、测速、液面控制等方面。

接近开关的特点是检测精度高、功率消耗低、使用寿命长、应用范围广，其图形符号如图 2-73 所示。

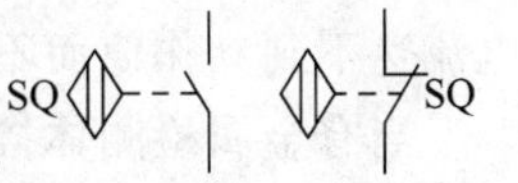

SQ SQ

图 2-73 接近开关图形符号

(1) 接近开关型号的含义

接近开关型号的含义如图 2-74 所示。

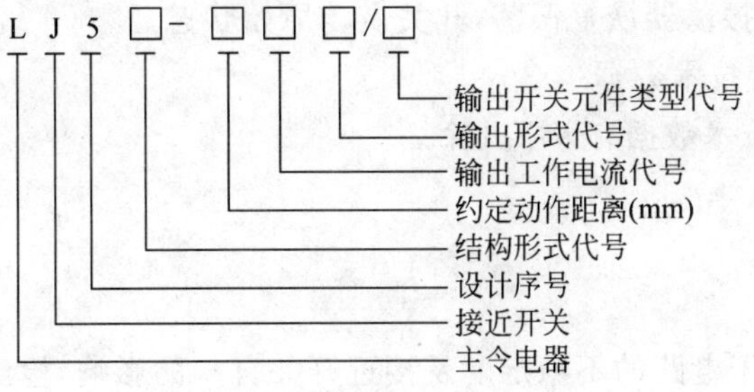


图 2-74 接近开关型号的含义

(2) 接近开关的工作原理

接近开关的种类很多,可分为高频振荡型、电磁感应型、电容型、永磁型、光电型、超声波型等,其中应用最多的是高频振荡型,它以各种金属为检测体,LXJ0 型接近开关的电路如图 2-75 所示。

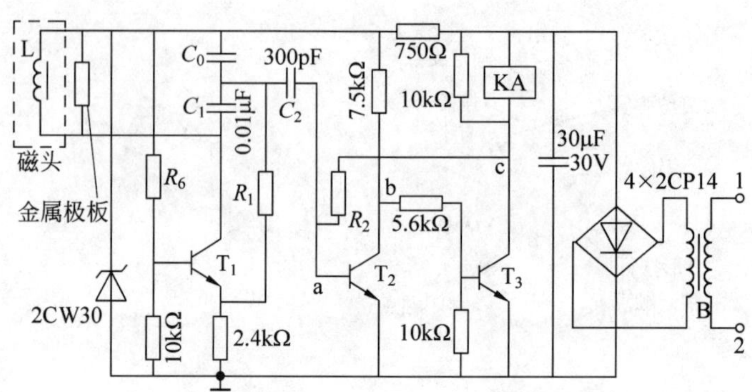


图 2-75 LXJ0 型接近开关的电路

各种接近开关的组成基本相同,下面以高频振荡器为例简述其工作原理。

接近开关由感应头、振荡器、检测器、输出电路、电源电路等组成,如图 2-76 所示。

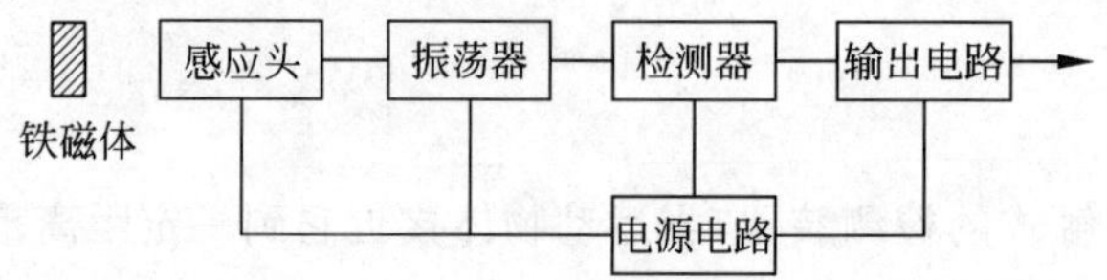


图 2-76 接近开关电路组成

感应头为高频振荡回路的线圈,其内部参数受铁磁物质的影响会发生改变。检测器由检波器和检幅器等构成。输出电路一般由晶闸管或晶体三极管组成。输出电路的负载通常为继电器线圈。

当工作时,电源接通,振荡器振荡,检测电路使晶闸管或三极管截止,继电器线圈通过的电流达不到动作值而不动作。

当有金属检测体接近感应头时,由于铁磁感应作用,处于高频振荡器线圈磁场中的金属检测体内部产生涡流损耗,使振荡回路因电阻增大、能耗增加,导致振荡减弱,直到停止振荡。这时检测电路使晶闸管或三极管导通,继电器线圈达到动作值而开关动作。当金属检测体脱离动作距离时,振荡器恢复振荡,开关恢复原始状态。

(3) 接近开关主要技术数据

接近开关的主要技术数据有以下几个。

① 额定工作电压。

② 额定输出电流。

③ 额定工作距离。

④ 重复精度。由于电路的不稳定度及接近开关自身的影响,检测物体每次接近开关感应头驱使开关动作的位置或行程的误差称为重复精度。

⑤ 操作频率。采用无触点输出形式的接近开关，其操作频率主要取决于开关本身的电路构成，采用有触点输出形式，则取决于所用继电器的动作频率。

⑥ 位行程。开关从"动作"到"复位"位置的距离。

**5. 光电开关**

开关内部有发光及受光器件，半导体光源经脉冲调制发射出一定周期的脉冲光，经检测物的反射或遮光后被光敏元件接收，把经过光电变换的信号进行放大、选通、检波、整形后再放大输出电信号。

具有体积小、可靠性高、检测精度高、响应速度快、易与 TTL 及 CMOS 电路兼容的优点。光电开关的光源可采用红外线、可见光、光纤及色敏等，其工作原理分透光型和反射型两种，如图 2-77 所示。

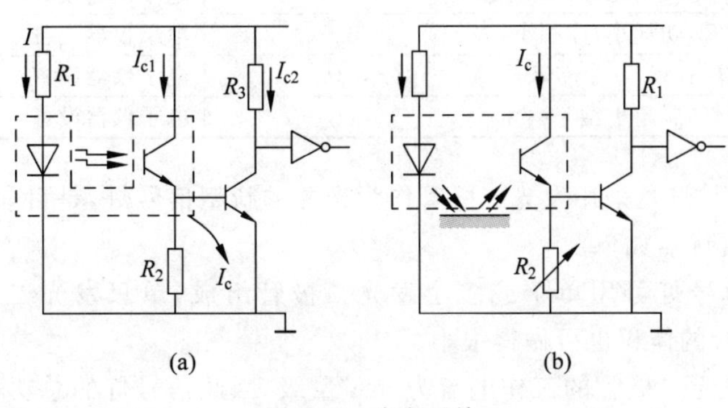


图 2-77 光电开关

(a) 透光型；(b) 反射型

**6. 信号灯**

信号灯又称指示灯，是作为各种信号指示的发光电器元件，是主令电器的一种。信号灯可以代表不同的指示意义，如电源指示、警告指示、正常指示、开机指示、关机指示等。其品种规格非常多。有不同大小的信号灯、不同颜色的信号灯、不同外形的信号灯等，还有适合不同电压的信号灯。

信号灯的结构简单、价格便宜、指示作用明了，所以应用非常广泛。

(1) 信号灯图形符号及型号的含义

信号灯图形符号如图 2-78 所示。

信号灯型号的含义如图 2-79 所示。

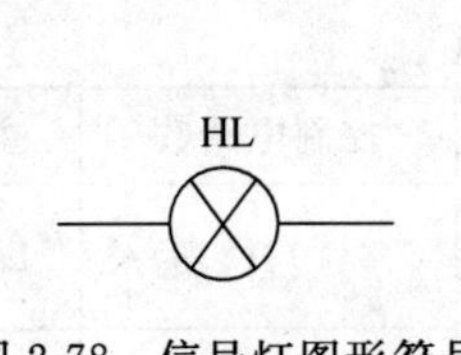


图 2-78 信号灯图形符号

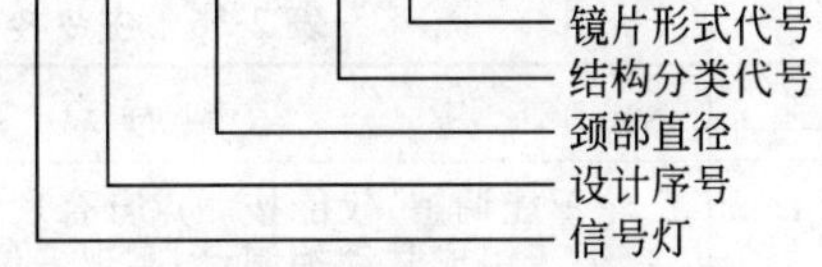

AD 1 - □ / □□□

灯泡代号

镜片形式代号

结构分类代号

颈部直径

设计序号

信号灯

图 2-79 信号灯型号的含义

(2) 常用信号灯

常用信号灯的种类、特点及用途见表 2-35。

**表 2-35 常用信号灯的种类、特点及用途**

| 型 号 | 主 要 特 点 | 主 要 用 途 |
|---|---|---|
| AD1 | 其结构有直接式、变压器降压式、电阻降压式、辉光式,安全性能好,是全国统一设计的新产品,符合 IEC 标准 | 配电、控制屏上的指示编号。属通用型 |
| XD | 采用 E 形螺口灯泡,体积较小,安装方便,其中 XD13、XD14 为较新产品 | 配电、控制屏上的指示编号。属通用型 |
| XDN | 采用氖、氮辉光灯,功耗小,寿命长 | 家用电器等小型电气设备上 |
| XDS | 为双灯式、互不干涉,可横、竖排列 | 信号屏上 |
| DH | 采用 E 形白炽灯,外形小,电压低 | 电子仪器设备 |
| LDDH | 配发光二极管,功耗小,体积小 | 电子仪器设备 |
| DF1 | 小型,矩形 | 电子仪器设备 |
| XDC | 配小型白炽灯,属超小型 | 电子仪器设备 |

LDDH 系列信号灯是采用发光二极管作为光源的新型信号灯,是目前广泛使用的一种安全节能产品,主要优点如下。

① 体积小。信号灯可用单个或多个发光二极管组成,单只发光二极管的体积只有十几 $mm^3$,多只组合的体积也可做得很小。

② 功耗小。发光二极管的工作电流为 mA 量级,因此信号灯的总功耗小,是白炽灯的几百分之一到几分之一。

③ 寿命长,工作可靠。

**7. 主令控制器**

主令控制器也称主令开关,是用来频繁地按顺序操纵多个控制回路的主令电器。它操作主令开关,发出控制指令,通过接触器来实现对电力驱动装置的控制,常用于电动机的启动、制动、调速和反转。主令开关用于控制线路,其触点是按小电流来设计的。

主令控制器在结构上与万能转换开关大致相同,也是借助于不同形状的凸轮使其触点按一定的顺序接通和分断。主令控制器有手动和电动机驱动两种形式。

(1) 主令控制器型号的含义

主令控制器型号的含义如图 2-80 所示。

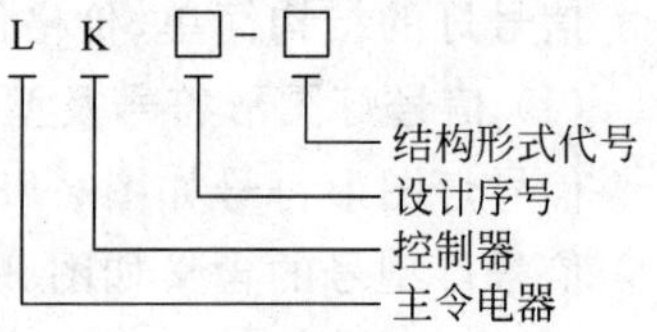

L K □-□

结构形式代号
设计序号
控制器
主令电器

图 2-80 主令控制器型号的含义

(2) 主令控制器的分类

主令控制器的分类及特点见表 2-36。

**表 2-36 主令控制器的分类及特点**

| 类 别 | 结 构 特 点 | 控制电路数 | 主 要 系 列 |
|---|---|---|---|
| 凸轮非调整式 | 凸轮不能调整,仅能按触点分合表作适当的排列组合,适于组成联动控制台,实现多位控制 | 6、8、10、12 等 | LK5、LK18 |
| 凸轮调整式 | 凸轮片上有孔和槽,凸轮片的位置能按给定的分合表进行调整。它可能通过减速器与操纵机械相连 | 2、5、6、8、16、24 等 | LK4 |

常用主令控制器的主要技术参数及用途见表2-37。

**表2-37 常用主令控制器的主要技术参数及用途**

| 型号 | 额定电压/V | 额定电流/A | 控制电路数 | 结构特点及主要用途 |
|---|---|---|---|---|
| LK4 | 交流 380<br>直流 440 | 15 | 2、4、5、6、8、16、24 | 有保护式、防水式，有一组或两组凸轮转轴，装于滚珠轴承上或经过减速器与传动轴相连，可按操作机构的进程，产生一定顺序的触点转换 |
| LK5 | 交流 380<br>直流 440 | 10 | 2、4、8、10 | 手柄可直接操作，可自动复零位，主要用于矿山、冶金系统的电气自动控制，可以频繁操作 |
| LK14 | 交流 380<br>直流 440 | 15 | 6、8、10、12 | 触点装配采用积木式双排布置，主要与POR系列起重机控制屏配套使用 |
| LK17 | 交流 380<br>直流 220 | 10 | — | 在电力传动控制系统中，作频繁转换控制线路用 |
| LK18 | 交流 380/220<br>直流 220/110 | 交流 2.5、4.5<br>直流 0.4、0.8 | — | 有开启式、防护式、带立式手柄或水平式手柄。在电力传动控制中作转换电路用 |

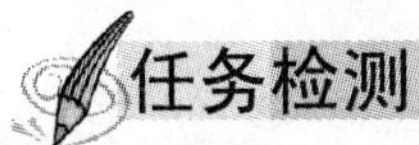

## 任务检测

按表2-38所示完成检测任务。

**表2-38 主令电器检测表**

| 课题 | 主令电器 | | | | | | |
|---|---|---|---|---|---|---|---|
| 班级 | | 姓名 | | 学号 | | 日期 | |
| 序号 | 主要内容 | | 评分标准 | | 配分 | 扣分 | 得分 |
| 1 | 认识按钮 | | 按钮识读错误扣2～8分 | | 15 | | |
| 2 | 认识万能转换开关 | | 万能转换开关识读错误扣2～8分 | | 15 | | |
| 3 | 认识行程开关 | | 行程开关识读错误扣2～8分 | | 15 | | |
| 4 | 认识接近开关 | | 接近开关识读错误扣2～8分 | | 15 | | |
| 5 | 认识位置开关 | | 位置开关识读错误扣2～8分 | | 15 | | |
| 6 | 认识信号灯 | | 信号灯识读错误扣2～8分 | | 15 | | |
| 7 | 认识主令电器 | | 主令电器识读错误扣3～5分 | | 10 | | |
| 8 | 能够保证人身、设备安全 | | 违反安全文明操作规程扣2～10分 | | | | |
| 备注 | | | 合　计 | | 100 | | |
| | | | 教师签名 | 年　月　日 | | | |

# 任务2.4 常用低压控制电器拆装实训

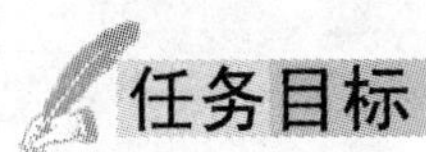

## 任务目标

能正确拆装常用的低压控制电器。

## 任务过程

**1. 实训器材**

交流接触器、按钮、行程开关、热继电器、空气阻尼式时间继电器及常用电工工具。

**2. 操作步骤**

对照常用接触器的结构图拆装交流接触器,交流接触器的内部结构如图 2-81 所示。

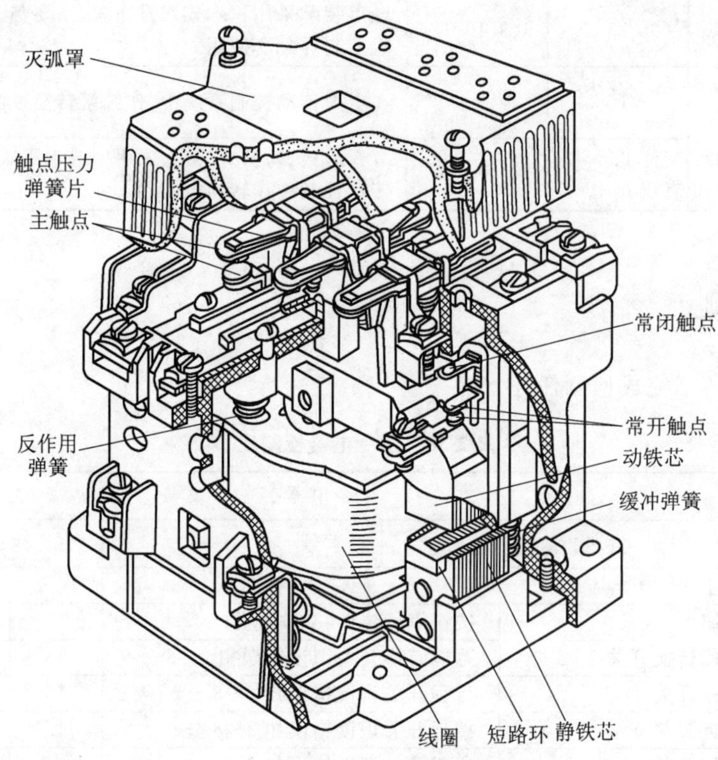


图 2-81　交流接触器的内部结构

(1) 拆卸

① 拆下灭弧罩。

② 拆底盖螺钉,并取出铁芯,注意不要将垫片丢失。

③ 取出缓冲弹簧。

④ 取出电磁线圈。

⑤ 取出反作用弹簧。

(2) 组装

① 组装反作用弹簧。

② 组装电磁线圈。

③ 组装缓冲弹簧。

④ 组装铁芯。

⑤ 组装底盖、上螺钉。

⑥ 组装灭弧罩。

⑦ 更换触点。

(3) 更换辅助触点位置及大小

① 拆静触点,拆开压线螺钉至一定距离即可拆下。

② 拆动触点,用镊子夹住向外拆,即可拆出。

③ 装静触点,将触点插在应装的位置上,将螺钉拧上即可。

④ 装动触点,用镊子或尖嘴钳夹住触点插入原位,注意插在触点弹簧两端金属片与胶木框之间,如图 2-82 所示。

(4) 更换主触点

① 拆静触点,拆下固定螺钉即可。

② 拆动触点,将金属框向上拉起,触点弹簧被压缩,然后将动触点翻转一定角度即可取出,如图 2-83 所示。

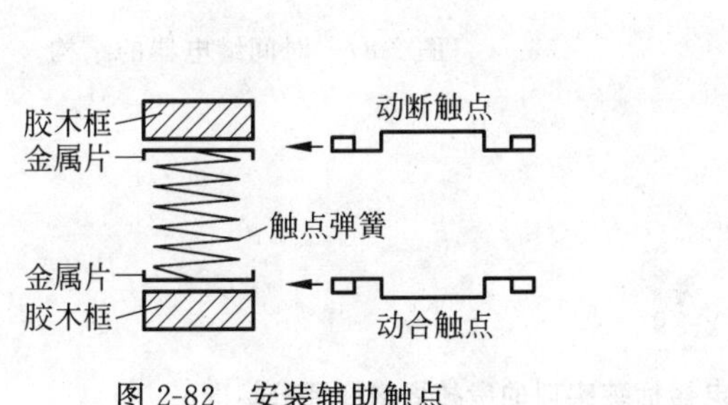


图 2-82 安装辅助触点

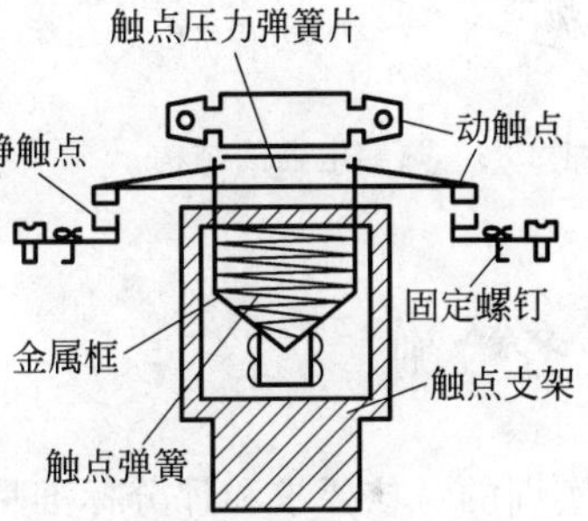

图 2-83 更换主触点

③ 组装时按上述相反顺序复原。

**3. 按钮的拆装**

对照常用按钮的结构图拆装按钮,按钮的结构如图 2-84 所示。

**4. 行程开关的拆装**

对照行程开关的结构图拆装行程开关,行程开关的结构如图 2-85 所示。

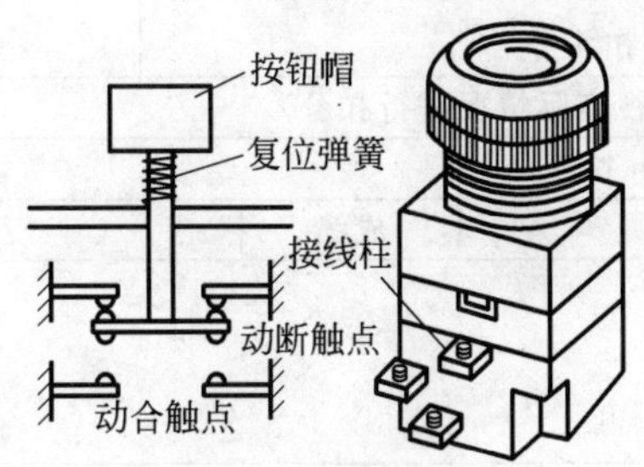


图 2-84 按钮的结构

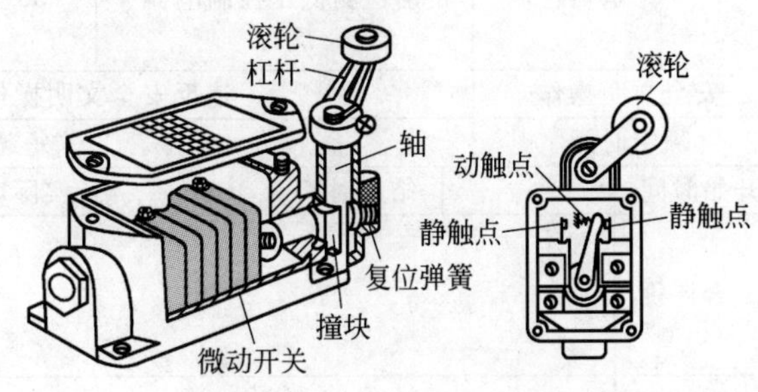


图 2-85 行程开关的结构

**5. 热继电器的拆装**

对照热继电器的结构图拆装热继电器,热继电器的结构如图 2-86 所示。

**6. 时间继电器的拆装**

对照时间继电器的结构图拆装空气阻尼式时间继电器,时间继电器的结构如图 2-87 所示。

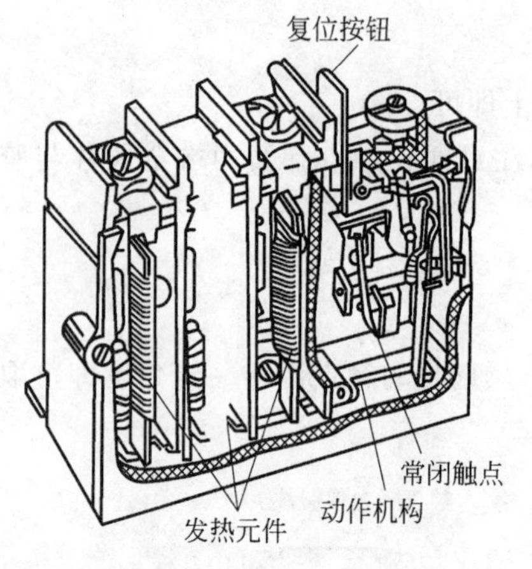


图 2-86　热继电器的结构

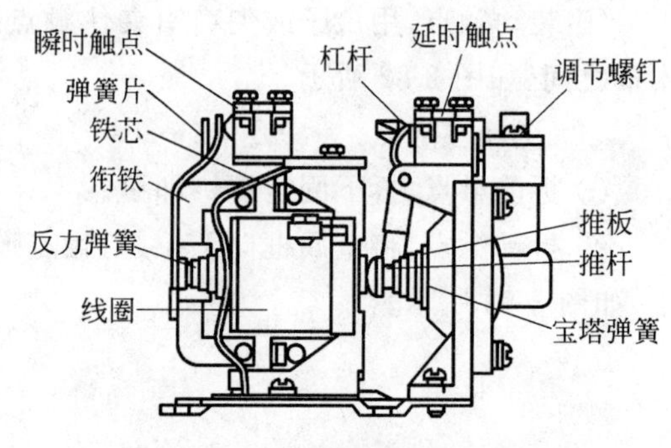


图 2-87　时间继电器的结构

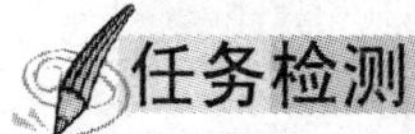

## 任务检测

本实训的考核要求和评分标准见表 2-39。

**表 2-39　常用低压控制电器拆装实训的考核要求和评分标准**

| 序号 | 项　目 | 考 核 要 求 | 配分 | 评 分 标 准 | 扣分 |
|---|---|---|---|---|---|
| 1 | 电器识别 | 正确识别低压控制电器 | 30 | 识别错误,每只扣 10 分 | |
| 2 | 电器拆装 | 按要求正确拆卸、组装低压控制电器 | 40 | (1) 拆卸、组装步骤不正确,每步扣 10 分<br>(2) 损坏和丢失零件,每只扣 10 分 | |
| 3 | 电器检测 | 正确检测低压控制电器 | 30 | (1) 检测不正确,每只扣 10 分<br>(2) 工具仪表使用不正确,每次扣 5 分 | |
| 安全文明操作 | | 违反安全文明操作规程(视实际情况进行扣分) | | | |
| 额定时间 | | 每超过 5min 扣 5 分 | | | |
| 开始时间 | | 结束时间 | | 实际时间 | 成绩 |
| 综合评价 | | | | | |
| 评价人 | | 指导教师(签名) | 日期 | 年　月　日 | |

# 任务 2.5 常用低压控制电器安装实训

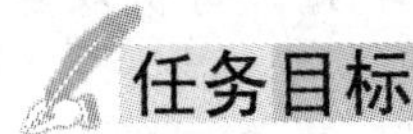

## 任务目标

能正确安装常用的低压控制电器。

## 任务过程

**1. 实训器材**

交流接触器、按钮、行程开关、热继电器、空气阻尼式时间继电器及常用电工工具。

**2. 操作步骤及注意事项**

(1) 接触器的安装及注意事项

① 安装接触器时,其底面应与地面垂直,倾斜度应小于 50°;否则会影响接触器的工作特性。如有散热孔,散热孔应朝上安装。

② 安装接线时,不要使螺钉、垫圈、接线头等零件脱落,以免掉进接触器内部而造成卡住或短路现象。

③ 对有灭弧室的接触器,应先将灭弧罩拆下,待安装固定好后再将灭弧罩装上。

④ 接触器触点表面应经常保持清洁,不允许涂油。当触点表面因电弧作用形成金属小珠时,应及时铲除,但银合金表面产生的氧化膜,由于接触电阻很小,不必铲修,否则会缩短触点寿命。

⑤ 拆装时注意不要损坏灭弧罩,带灭弧罩的交流接触器绝不允许不带灭弧罩或带破损的灭弧罩运行。

(2) 按钮的安装及注意事项

① 按钮应布置整齐,按顺序合理排列。

② 相反的工作状态的按钮安装在一组。

③ 按钮安装应牢固,可靠接地。

④ 应保持触点间的清洁。

⑤ 光标按钮一般不宜用于需长期通电显示处。

(3) 行程开关的安装及注意事项

① 行程开关应牢固安装在安装板和机械设备上,不得有晃动现象,滚轮方向不能装反。

② 挡铁与其碰撞的位置应符合控制线路的要求,并确保能可靠地与挡铁碰撞。

(4) 热继电器的安装及注意事项

① 热继电器的安装方向必须与产品说明书中规定的方向相同,误差不应超过 50°。当它与其他电器安装在一起时,应注意将其安装在其他发热电器的下方,以免动作特性受到其他电器发热的影响。

② 一般热继电器应置于手动复位的位置上,若需要自动复位时,可将复位调节螺钉以

顺时针方向向里旋紧。

③ 热继电器进、出线端的连接导线，应按电动机的额定电流正确选用，尽量采用铜导线，并正确选择导线截面积。

④ 热继电器的整定电流必须按电动机的额定电流进行调整，绝对不允许弯折双金属片。

热继电器由于电动机过载后动作，若要再次启动电动机，必须待热元件冷却后才能使热继电器复位。一般自动复位需要5min，手动复位需要2min。

(5) 时间继电器的安装及注意事项

① 时间继电器的安装方向必须与产品说明书中规定的方向相同，误差不应超过50°。

② 通电延时和断电延时的时间应在整定时间范围内，安装时按需要进行调整，并在试车时校正。

③ 通电延时型和断电延时型可在整定时间内自行调换。

④ 时间继电器金属地板上的接地螺钉必须与接地线可靠连接。

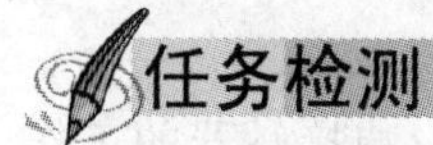

## 任务检测

本实训的考核要求和评分标准见表2-40。

**表2-40 常用低压控制电器安装实训的考核要求和评分标准**

| 序号 | 项 目 | 考核要求 | 配分 | 评分标准 | 扣分 |
|---|---|---|---|---|---|
| 1 | 电器识别 | 正确识别低压控制电器 | 30 | 识别错误，每只扣10分 | |
| 2 | 电器安装 | 按要求正确安装低压控制电器 | 40 | (1) 安装不正确，每处扣10分<br>(2) 损坏和丢失零件，每只扣10分 | |
| 3 | 电器检测 | 正确检测低压控制电器 | 30 | (1) 检测不正确，每只扣10分<br>(2) 工具仪表使用不正确，每次扣5分 | |
| 安全文明操作 | | 违反安全文明操作规程(视实际情况进行扣分) | | | |
| 额定时间 | | 每超过5min扣5分 | | | |
| 开始时间 | | 结束时间 | | 实际时间 | 成绩 |
| 综合评价 | | | | | |
| 评价人 | | 指导教师(签名) | 日期 | 年 月 日 | |

项目3

# 认识电动机控制线路

机床或其他生产机械的运动部件大多是由电动机来带动的，为完成一定的生产顺序，需对电动机的启动、停止、正反转及延时动作等进行控制，这一控制过程是由继电器、接触器等控制电器来实现的，其对应的控制线路可用原理图来描述。在原理图中，各种电器都用统一的符号来表示，且规定所有电器的触点均表示在起始情况下的位置，即在没有通电或没有发生机械动作时的位置。

## 任务 3.1 电动机常用控制线路的类型与保护

### 任务目标

(1) 了解电动机控制线路的主要类型。

(2) 了解电动机的各种保护方式和工作原理。

### 任务过程

**1. 电动机常用控制线路**

三相异步电动机具有效率高、价格低、控制维护方便等优点，在工矿企业生产中应用十分广泛。人们常把用电动机带动生产机械的系统称为电力拖动，其主要任务是对电动机实现各种控制和保护。

三相异步电动机的基本控制线路类型如图 3-1 所示。

在本项目中，选择一些常见的、具有代表性的电路介绍，书中未涉及的相关内容，请大家参阅其他相关书籍。

**2. 电动机的各种保护**

要使电气控制系统长期无故障地运行，除了要能满足生产机械的具体工艺要求外，还必须有各种保护环节。保护环节是所有机床电气控制系统不可缺少的组成部分。电气控制系统中的保护环节包括短路保护、过流保护、弱磁保护、过载保护、欠压保护、零压保护。

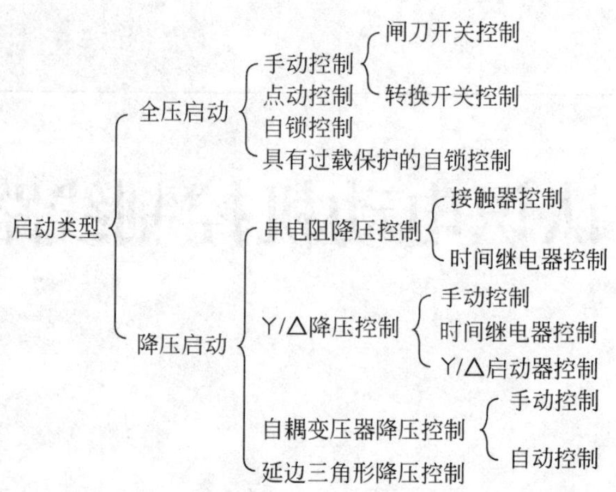


图 3-1 三相异步电动机的基本控制线路类型

图 3-2 所示为具有接触器自锁的控制线路原理图，它具有短路保护、失压保护、欠压保护、过载保护功能。

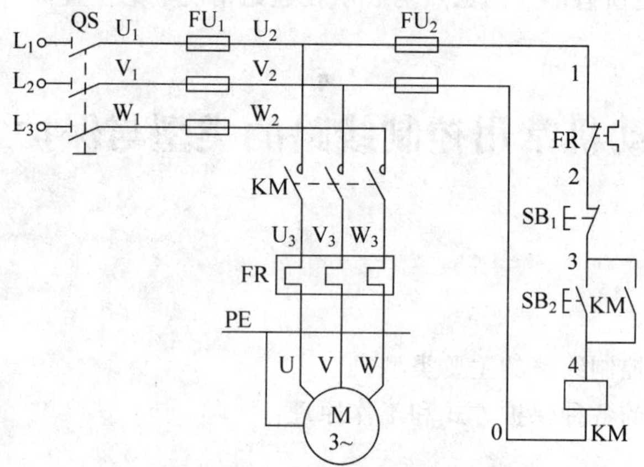


图 3-2 接触器自锁的控制线路原理

(1) 短路保护

电动机绕组、导线的绝缘损坏或线路发生故障时往往会引起短路，巨大的短路电流会导致电气设备损坏。因此发生短路时，必须迅速切断电源。常用的短路保护元件有熔断器和自动开关。

① 熔断器结构简单、价廉，但动作准确性较差，熔体断了后需重新更换，而且若只断了一相还会造成电动机的单相运行，所以只适用于自动化程度和动作准确性要求不高的系统。

② 对于自动开关，只要发生短路就会自动跳闸，将三相电路同时切断。自动开关结构较复杂，操作频率低，广泛用于要求较高的场合。

(2) 失压保护

失压保护也称零压保护。在电动机运行时，由于外界的原因突然断电又重新供电，如果没有失压保护的功能，一旦外界电源断电，电动机停转后又会自行启动运转，这将对人员或电气设备造成危害。在具有自锁的控制线路中，一旦断电，自锁触点就会断开，接触器就会断电，不重新按下启动按钮，电动机将无法自行启动。只有操作人员再次按下启动按钮后，电动机才会重新启动。从而保护了人身和电气设备的安全。

（3）欠压保护

“欠压”是指电动机主电路和控制线路的供电电压小于电动机的额定电压，这样的后果会使得电动机的转矩明显下降，并且转速也随之下降，影响电动机的正常工作。在欠压严重时，会烧毁电动机，发生事故。

在具有接触器自锁的控制电路中，控制电路接通后，当电源电压降低到一定值（一般降低到额定电压的85%以下）时，会因接触器线圈产生的磁通减弱，电磁吸力减弱，动铁芯在反作用力弹簧作用下释放，主触点断开，电动机停转，同时自锁触点断开，失去自锁作用，从而达到欠压保护的目的。

（4）过载保护

在图3-2所示的主电路中串入了热继电器FR，其作用是过载保护。电动机在运转过程中若遇到频繁启、停操作，负载过重或缺相运行时，会引起电动机定子绕组中的负载电流长时间地超过额定工作电流，而此时熔断器可能不会熔断，所以要对电动机实行过载保护。

电动机过载时，过载电流将使热继电器中双金属片弯曲动作，使串接在控制线路中的触点断开，从而切断接触器线圈的电路，主触点断开，电动机脱离电源而停转。

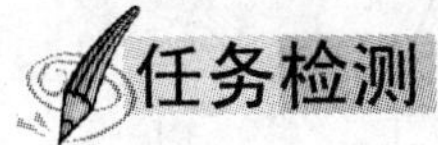

## 任务检测

按表3-1所示完成检测任务。

**表3-1 电动机常用控制线路的类型与保护检测表**

| 课题 | 电动机常用控制线路的类型与保护 | | | | | | |
|---|---|---|---|---|---|---|---|
| 班级 | | 姓名 | | 学号 | | 日期 | |

（1）电动机控制线路的主要类型有哪些？

（2）简述电动机的各种保护方式和工作原理。

| 指导教师（签名） | | 得分 | |
|---|---|---|---|

# 任务 3.2　电动机常用控制线路

## 分任务 3.2.1　电动机直接启动控制线路

### 任务目标

(1) 掌握直接启动控制线路的原理。

(2) 了解直接启动控制线路存在的问题。

### 任务过程

**1. 直接启动控制线路电气原理图**

直接启动属于全压启动控制中的一种,对小容量电动机的启动及对控制条件要求不高的场合,可用胶盖闸刀控制,它不需要通过按钮来控制,称为直接启动控制线路,直接启动控制线路电气原理如图 3-3 所示。

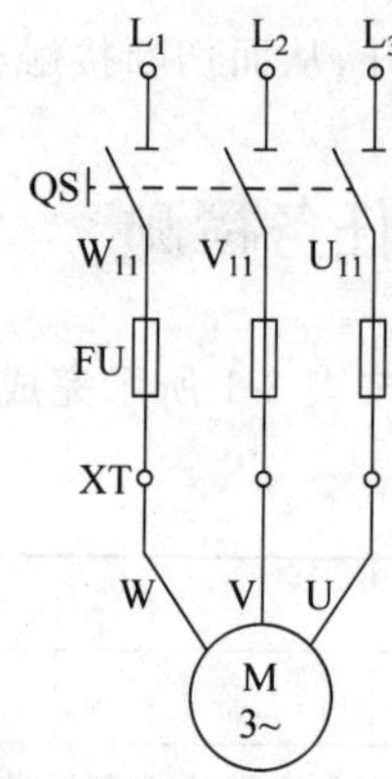


图 3-3　直接启动控制线路电气原理

**2. 工作流程**

(1) 电气原理如图 3-3 所示,当合上电源开关 QS 时,三相交流电经闭合的 QS 触点、熔断器直接加到电动机 M 的三相绕组 U、V、W,电动机 M 得电启动。

其电流方向为:三相电源→刀开关→熔断器→电动机。

启动过程可以归纳为:合上 QS→电动机得电转动。

(2) 要让电动机停止工作,只要断开电源开关 QS,QS 触点断开,电动机 M 断电停止。停止过程可以归纳为:断开 QS→电动机失电停转。

**3. 利弊分析**

(1) 电路简单

该控制电路只要两个控制元件,即刀开关和熔断器,因此电路简单,安装、接线、维修都很方便。

(2) 缺少电动机保护

由于在电路中只有熔断器,因此当电路发生短路故障时,可以经熔断器对电动机进行保护。但是当电路发生过载、欠压时,电流的数值没有达到熔断器熔丝的额定电流,会使得电动机在长时间大电流状态下工作而损坏。

该电路也不具备失压保护能力,失压保护也称零压保护,在电动机运行时,由于外界的原因突然断电又重新供电,如果没有失压保护的功能,一旦外界电源供电,电动机停转后又会自行启动运转,这将对人员或电气设备造成危害。

(3) 使用范围窄

由于电机的启动和停止操作,都是由工作人员手动操作刀开关,因此只能在一些电流容量较小的短路中使用，如小型台钻、砂轮机、机床的主轴电动机和冷却泵电动机的单向运转控制。

在负载重、电压高的电动机电路中，手动频繁操作刀开关时，在开关断开与闭合的瞬间，会产生电弧，存在触电的危险，因此它不适合于需要频繁操作的电路。

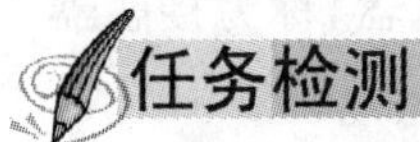

## 任务检测

按表3-2所示完成检测任务。

**表3-2 电动机直接启动控制线路检测表**

| 课题 | 电动机直接启动控制线路 | | | | | | |
|---|---|---|---|---|---|---|---|
| 班级 | | 姓名 | | 学号 | | 日期 | |
| (1) 简述电动机直接启动控制线路的启动和停止过程。<br><br><br><br>(2) 电动机直接启动控制线路在实际使用中存在哪些不足？ | | | | | | | |
| 指导教师(签名) | | | | 得分 | | | |

## 分任务3.2.2 电动机点动控制线路

### 任务目标

(1) 掌握点动控制线路的原理。

(2) 了解点动控制线路存在的问题。

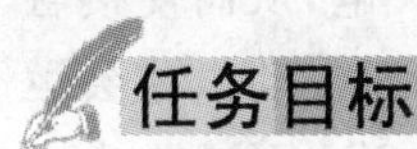

### 任务过程

在电动机控制电路中，如果需要频繁地启动和停止操作，控制开关不能直接在电动机主电路上进行，而是利用一种转换，手动控制小电流电路中的特殊的执行器件，然后利用这种特殊的执行器件来控制电动机主电路的接通与断开，从而达到控制电动机启动和停止。

点动属于全压启动控制的一种。电动控制指需要电动机短时间断续地工作，只要按下按钮电动机就转动,松开按钮电动机就停止转动的动作控制。如电动葫芦和机床快速移动装置等,常用这种控制方式。

**1. 电气原理图**

点动控制线路电气原理图如图 3-4 所示,其主电路上在直接启动控制电路原有的基础上,增加了一个特殊的控制器件——KM 主触点,KM 是一种常用的电压电器,称为接触器,在未通电的情况下,该接触器主触点为断开状态。

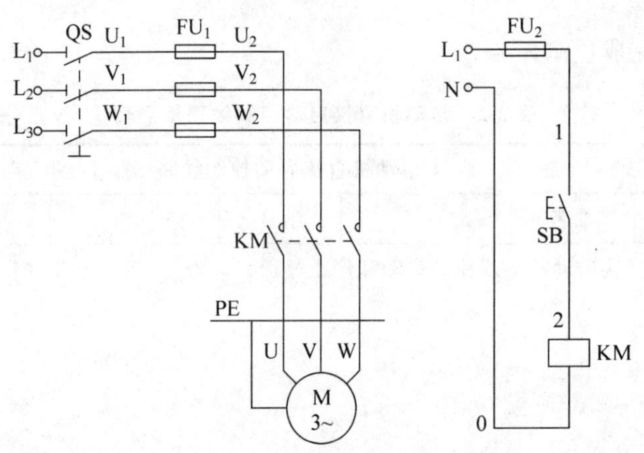


图 3-4 点动控制线路电气原理图

(1) 当合上电源开关 QS 时,电动机是不会启动运转的,因为这时接触器 KM 的线圈未通电,它的主触点处在断开状态,电动机 M 的定子绕组上没有电压。

(2) 要使电动机 M 转动,只要按下按钮 SB,使接触器线圈 KM 得电,主电路中的主触点 KM 闭合,电动机 M 即可得电启动。

控制电路电流方向为:W 相电源→按钮→接触器线圈→V 相电源。

主电路电流方向为:三相电源→刀开关→熔断器→接触器主触点→电动机。

其过程可以归纳为:合上 QS→按住 SB→KM 得电→KM 主触点闭合→电动得电转动。

(3) 要使电动机 M 停转,只要松开按钮 SB 时,使接触器线圈 KM 即失电,从而使接触器主触点断开,切断电动机 M 的电源,电动机即停转。这种只有当按下按钮电动机才会运转,松开按钮即停转的线路,称为点动控制线路。其过程可以归纳为:松开 SB→KM 失电→KM 主触点断开→电机失电停转。

**2. 利弊分析**

与直接启动控制电路相比,具备欠压保护、失压保护。

(1) 欠压保护

电路欠压将使电动机电流增大,温升过高,产生高热甚至烧毁。欠压保护是指电源电压下降到超过允许值时,控制电路动作,分断主电路对电动机实行保护。

电源电压下降到额定电压的 85%时,接触器线圈电流减小,动铁芯在弹簧作用下释放,分断主电路。

(2) 失压保护

失电时控制电路失去电压，接触器线圈断电，电磁力消失，动铁芯复位，将接触器动合主触点、动合辅助触点全部分断。即使线路重新通电，电动机也不会启动，必须重按启动按钮，才能使电动机恢复工作。

(3) 缺乏过载保护

电动机在运行中负载过重、频繁启动或电源缺相都将使通过电动机绕组的电流增大而使其过热，导致绝缘老化甚至烧毁电动机。

(4) 不能连续工作

由于接触器是靠按钮来控制的，要实现电动机连续工作，必须始终按住按钮，这样会给操作带来不便。

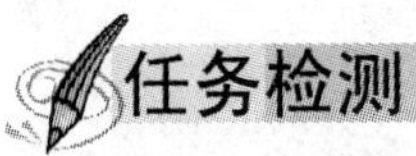

## 任务检测

按表 3-3 所示完成检测任务。

表 3-3 电动机点动控制线路检测表

| 课题 | 电动机点动控制线路 | | | | | | |
|---|---|---|---|---|---|---|---|
| 班级 | | 姓名 | | 学号 | | 日期 | |

(1) 简述电动机点动控制线路的启动和停止过程。

(2) 电动机点动控制线路在实际使用中存在哪些不足？

| 指导教师(签名) | | 得分 | |
|---|---|---|---|

## 分任务 3.2.3 电动机接触器自锁控制线路

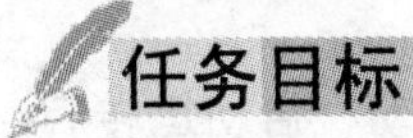

## 任务目标

(1) 掌握接触器自锁控制线路的原理。

(2) 能分析接触器自锁控制线路的工作原理。

## 任务过程

**1. 点动控制线路的改进**

在电动机的点动控制线路中，为了使电路具有过载保护能力，在主电路中添加一个低压电器，即热继电器，带过载保护点动控制线路电气原理图如图 3-5 所示。

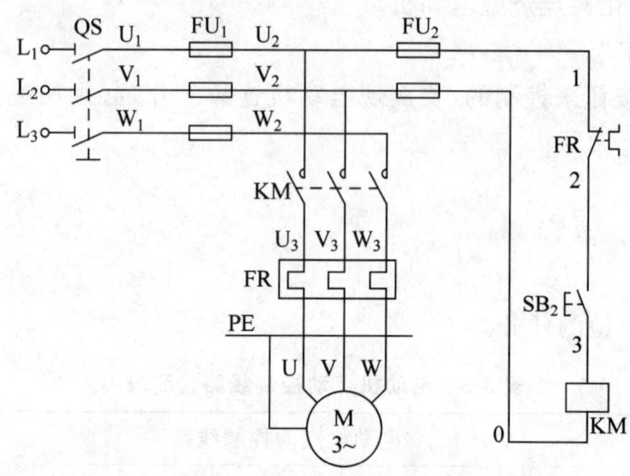


图 3-5　带过载保护点动控制线路电气原理图

与前述点动控制线路比较，主电路增加了一个热继电器 FR 热元件，在控制电路中增加了一个热继电器 FR 的常闭触点，使得电路具有过载保护的能力。

电动机运行过程中，由于过载或其他原因使线路供电电流超过允许值时，热元件因通过大电流而温度升高，烘烤双金属片使其弯曲，将串联在控制电路中的动断触点 FR 分断，使控制电路接触器线圈断电，释放主触点，切断主电路，使电动机断电停转，从而起到过载保护作用。

**2. 连续运转电气原理图**

在点动控制线路中，由于松开按钮后，接触器线圈被断开，无法实现电动机的连续运转，采用什么方法可以使接触器线圈在松开按钮后不会失去电压呢？

松开按钮后要使接触器线圈的供电回路仍处于接通的状态，一般是在启动按钮上并联一个开关，在未按下按钮前，该开关是断开的；按下按钮后，该开关是闭合的。这个开关称为自锁开关，这样即使松开按钮，由于自锁开关是闭合的，保证了接触器线圈的正常供电，使得电动机连续运转。具备自锁开关功能的是接触器的辅助常开触点，如图 3-6 所示。

虽然在松开按钮后电动机可以连续运转，却无法使电动机停止，为此在控制电路中串入一个停止按钮，如图 3-7 所示。

当电动机需要长时间连续运转时，采用这种控制方式。自锁是指当电动机启动运转后，松开启动按钮，控制电路仍保持接通，电动机继续运转。只有按下停止按钮后，控制电路断电才停止运转。

(1) 当按下启动按钮 $SB_2$，线圈 KM 通电主触点闭合，电动机旋转。当松开按钮时，电动机 M 不会停转，因为这时接触器线圈 KM 可以通过并联在 $SB_2$ 两端已闭合的辅助触点

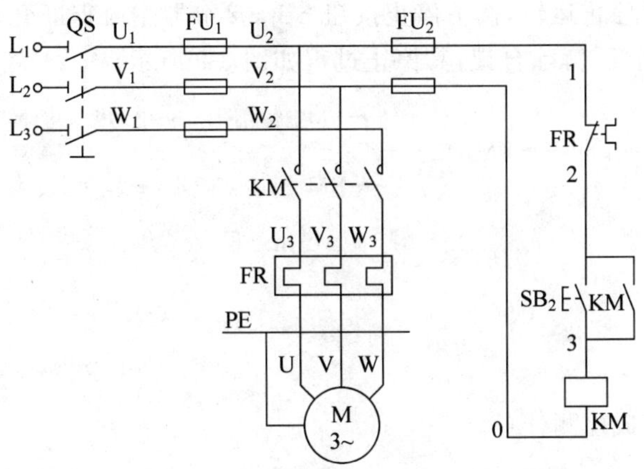


图 3-6 辅助常开触点的自锁电气原理图

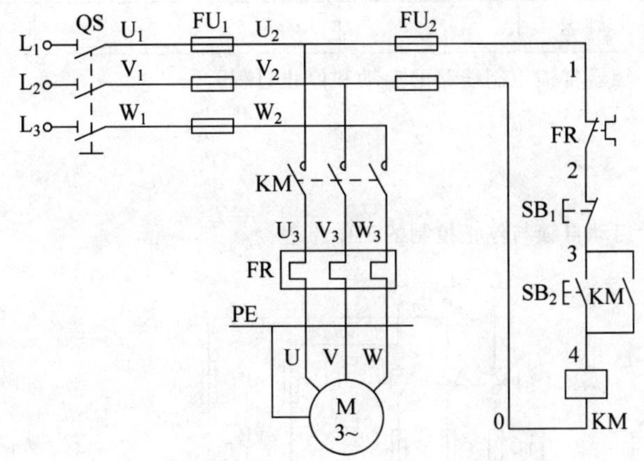


图 3-7 加停止按钮的自锁电气原理图

KM 继续维持通电，保证主触点 KM 仍处在接通状态，电动机 M 就不会失电，也就不会停转。这种松开按钮而仍能自行保持线圈通电的控制线路称为具有自锁(或自保)的接触器控制线路，简称自锁控制线路。与 $SB_2$ 并联的这一对常开辅助触点 KM 称为自锁(或自保)触点。

控制电路电流方向为：W 相电源→热继电器触点→停止按钮→启动按钮(自锁触点)→V 相电源。

主电路电流方向为：三相电源→刀开关→熔断器→接触器主触点→热继电器→电动机。

其启动过程如图 3-8 所示。

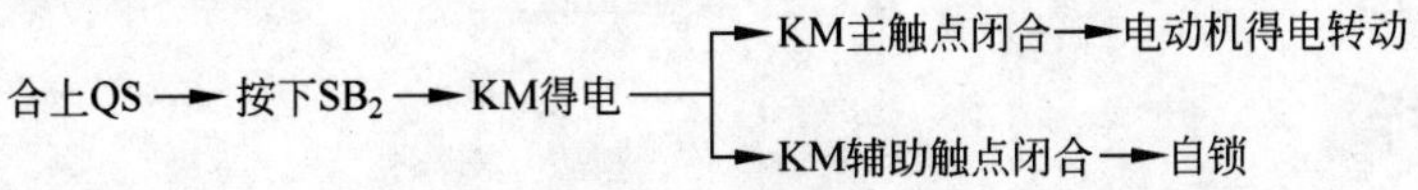

合上QS → 按下$SB_2$ → KM得电 → KM主触点闭合 → 电动机得电转动

合上QS → 按下$SB_2$ → KM得电 → KM辅助触点闭合 → 自锁

图 3-8 启动过程

(2) 要使电动机停止运转，按下停止按钮 $SB_1$，接触器主触点断开，使电动机失电停转，同时辅助自锁触点断开，解除自锁，其停止过程如图 3-9 所示。

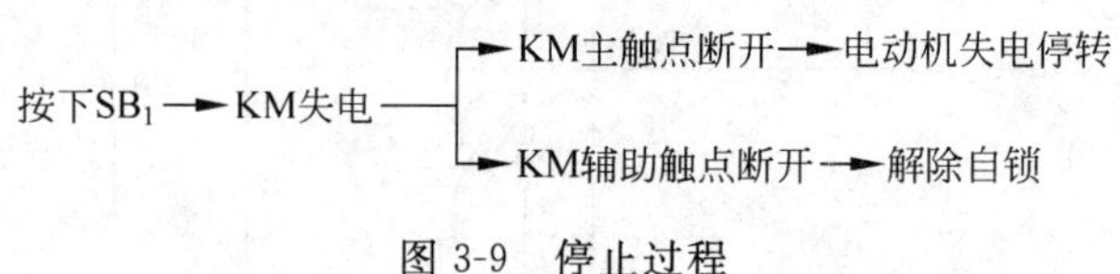


图 3-9　停止过程

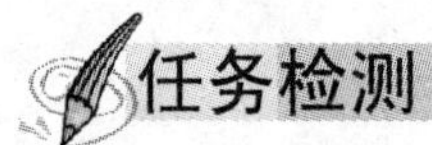

## 任务检测

按表 3-4 所示完成检测任务。

**表 3-4　电动机接触器自锁控制线路检测表**

| 课题 | 电动机接触器自锁控制线路 | | | | | | |
|---|---|---|---|---|---|---|---|
| 班级 | | 姓名 | | 学号 | | 日期 | |
| (1) 简述电动机接触器自锁控制线路的启动和停止过程。<br><br>(2) 分析下图所示启动自锁与停止控制的工作原理。<br>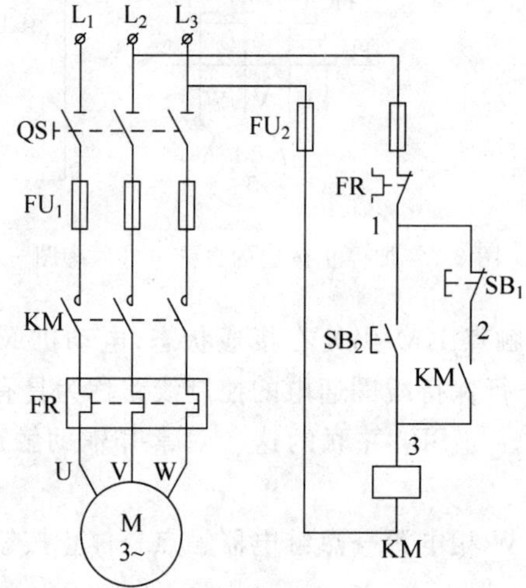 | | | | | | | |
| 指导教师(签名) | | | | 得分 | | | |

## 分任务 3.2.4　接触器连锁正反转控制线路

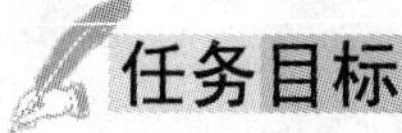

## 任务目标

(1) 掌握接触器连锁正反转控制线路的原理。

(2) 能分析接触器连锁正反转控制线路的工作原理。

## 任务过程

在接触器自锁控制线路中，电动机只能单方向连续运转，而实际的电动机有时需要两个方向的运转的转换，即改变电动机运转的方向在正转和反转间互换。根据电动机的知识，要改变电动机的运转方向，只要改变电动机供电电源中任意两相的相序，如图 3-10 所示。

在图 3-10 中，如果接触器 $KM_1$ 主触点闭合、接触器 $KM_2$ 主触点断开时，电源的 $L_1$、$L_2$、$L_3$ 与电动机的 U、V、W 连接，使得电动机正转；反之如果接触器 $KM_1$ 主触点断开、接触器 $KM_2$ 主触点闭合时，电源的 $L_1$、$L_2$、$L_3$ 与电动机的 W、V、U 连接，即更换了 $L_1$、$L_3$ 的相序，使得电动机反转。

当电动机需要实现正反转向的调换时，采用这种控制方式。实现电动机转向调换的方法一般是采用改变三相交流电源的相序来实现。

由于控制电路的形式不同，正反转控制可以分为按钮连锁、接触器连锁、按钮和接触器双重连锁控制。

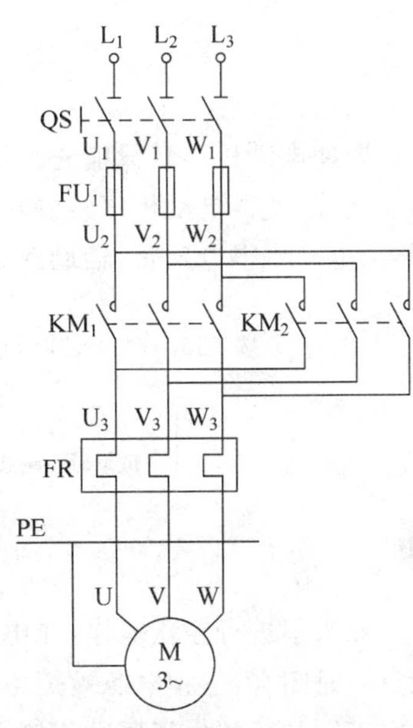


图 3-10 改变电源相序的电路

### 1. 接触器自锁正反转控制电路

由于有两个接触器，因此需要两套控制电路分别控制两个接触器，如图 3-11 所示。

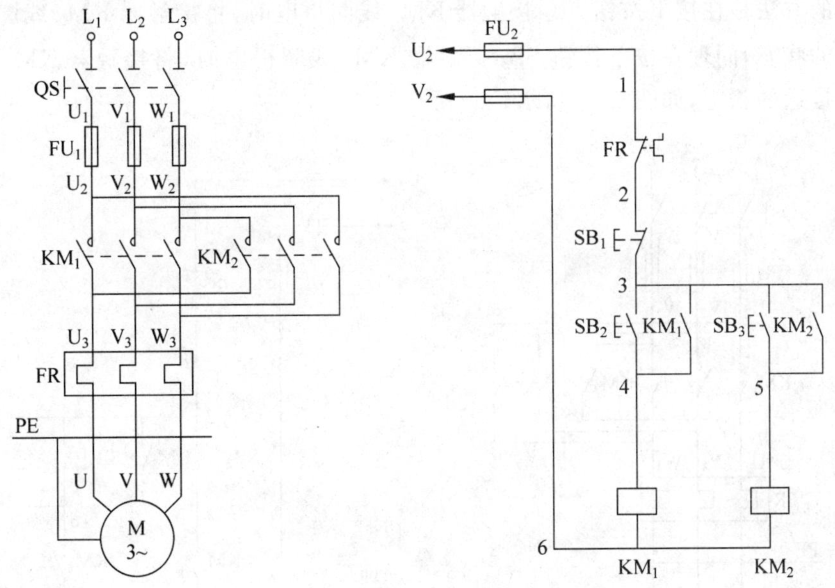


图 3-11 接触器自锁正反转控制电路

按下按钮 $SB_2$，接触器 $KM_1$ 线圈得电，主触点闭合，电动机得电正转，辅助触点闭合电路自锁。其过程如图 3-12 所示。

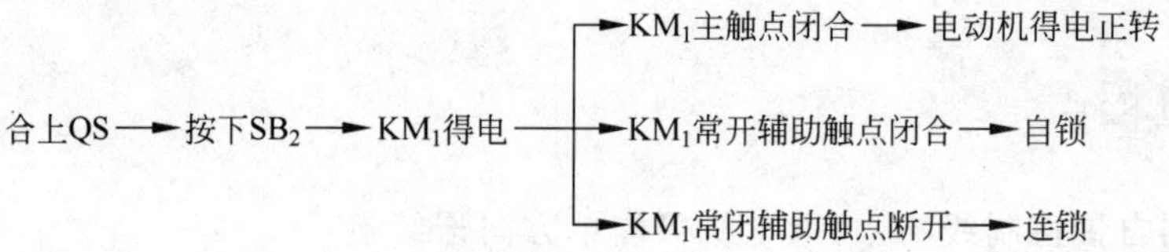

合上QS → 按下$SB_2$ → $KM_1$得电 → $KM_1$主触点闭合 → 电动机得电正转

→ $KM_1$常开辅助触点闭合 → 自锁

→ $KM_1$常闭辅助触点断开 → 连锁

图 3-12　正转启动

要使电动机反转只能先按下按钮 $SB_1$，接触器 $KM_1$ 线圈失电，接触器主触点断开、辅助触点断开，使得电动机停转并解除自锁后，再按下按钮 $SB_3$，接触器 $KM_2$ 线圈得电，主触点闭合，电动机得电反转，辅助触点闭合电路自锁。其过程如图 3-13 所示。

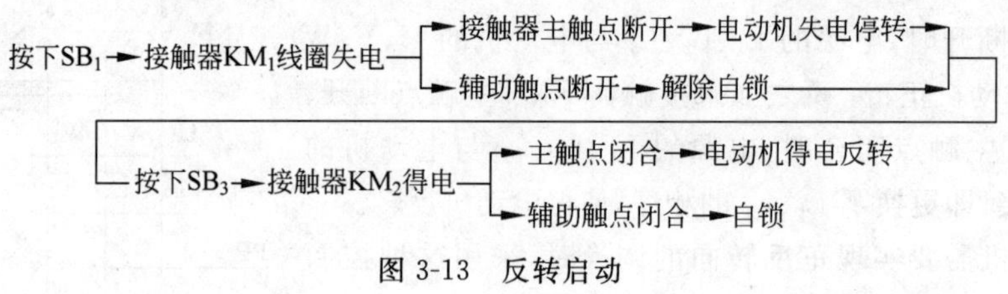


图 3-13　反转启动

如果不进行停止操作，在电动机正转时直接按下反转按钮，使得接触器 $KM_1$、$KM_2$ 主触点同时闭合，三相电源被短路，熔断器动作而切断电源，无法实现电动机的反转控制。由于在正转与反转之间要进行停止操作，而这一操作往往被忽视。所以这个电路在实际中是无法使用的。

**2. 改进后的接触器连锁正反转控制电路**

解决的方法是在按下按钮 $SB_2$ 接触器 $KM_1$ 线圈得电时，将接触器 $KM_2$ 线圈回路处于无法接通的状态，同理在按下按钮 $SB_3$ 接触器 $KM_2$ 线圈得电时，将接触器 $KM_1$ 线圈回路处于无法接通的状态，如图 3-14 所示。

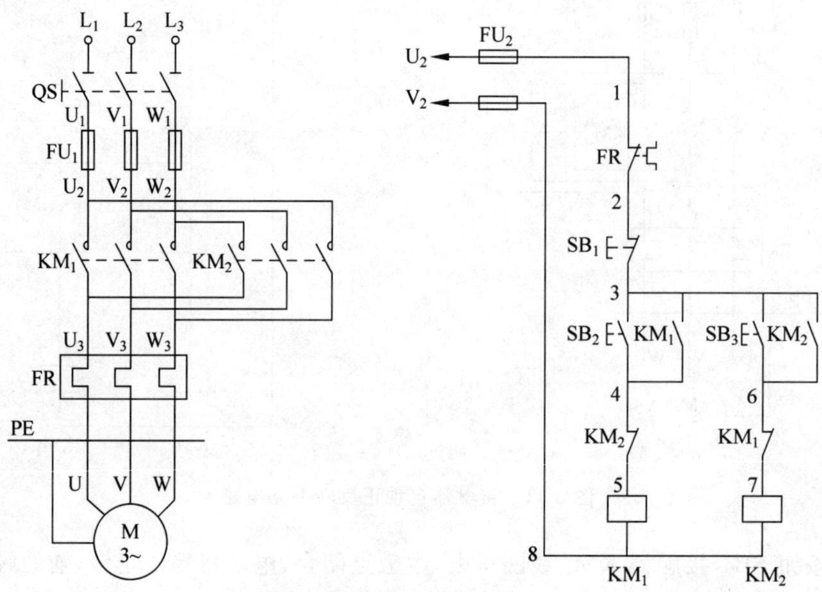


图 3-14　接触器连锁电路原理图

这种控制方式是利用接触器中的常闭触点来实现的,这种方法称为连锁。连锁的目的是保证电动机在同一时间内只能正转或只能反转的一种控制。这种由接触器常闭(动断)辅助触点构成的连锁线路称为电气连锁。

(1) 正转启动。合上 QS,按下 $SB_2$,接触器 $KM_1$ 线圈得电,$KM_1$ 主触点闭合,电动机得电正转,辅助常开触点闭合实现自锁,辅助常闭触点断开,实现连锁。其过程如图 3-15 所示。

图 3-15 正转启动

(2) 反转启动。合上 QS,按下 $SB_3$,接触器 $KM_2$ 线圈得电,$KM_2$ 主触点闭合,电动机得电正转,辅助常开触点闭合实现自锁,辅助常闭触点断开,实现连锁。其过程如图 3-16 所示。

图 3-16 反转启动

(3) 换向控制,当需要改变电动机的转向时,必须先按停止按钮。这是因为,如果电动机已按正转方向运转时,线圈 $KM_1$ 是通电的,其常开触点闭合、常闭触点断开。这时,如果按下按钮 $SB_3$,接触器 $KM_1$ 线圈的常闭触点断开,将 $KM_2$ 线圈回路断开,按下按钮 $SB_3$,无法接通线圈 $KM_2$ 的回路。同样,当电动机已做反向旋转时,若按下 $SB_2$,接触器 $KM_2$ 线圈的常闭触点断开,将 $KM_1$ 线圈回路断开,按下按钮 $SB_2$,无法接通线圈 $KM_1$ 的回路。

当需要调换电动机转向时,首先按下停止按钮 $SB_1$,使 $KM_1$ 或 $KM_2$ 复位,取消自锁与连锁。然后按下 $SB_2$ 或 $SB_3$ 使电动机转换运动方向。

(4) 停止过程。按下停止按钮 $SB_1$,使 $KM_1$ 或 $KM_2$ 失电,主触点断开,电动机停转,各辅助触点复位,取消自锁与连锁。其过程如图 3-17 所示。

图 3-17 停止过程

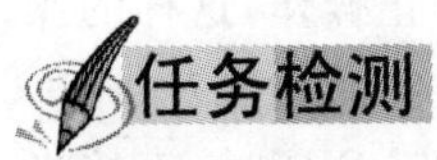


按表 3-5 所示完成检测任务。

表 3-5 接触器连锁正反转控制线路检测表

| 课题 | 接触器连锁正反转控制线路 | | | | | | |
|---|---|---|---|---|---|---|---|
| 班级 | | 姓名 | | 学号 | | 日期 | |

(1) 简述电动机接触器连锁正反转控制线路的启动和停止过程。

(2) 补画下图,使其能既可点动又可连续运转的控制线路(提示:不同形式的启动开关要并联连接,但是如果在 $SB_2$ 上直接并联一个点动按钮开关,该按钮开关仍然被 KM 辅助触点自锁,所以建议使用复合按钮,用该按钮的常闭触点将自锁断开)。

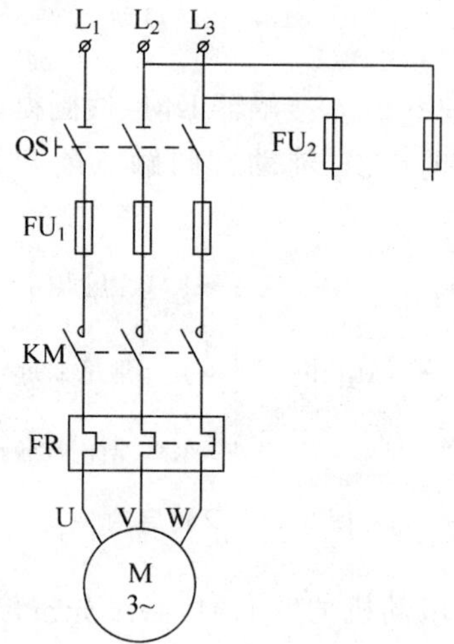


| 指导教师(签名) | | 得分 | |
|---|---|---|---|

## 分任务 3.2.5 按钮连锁正反转控制线路

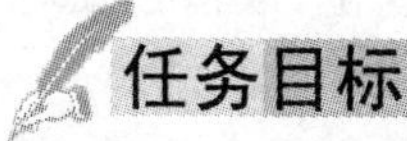
### 任务目标

(1) 掌握按钮连锁正反转控制线路的原理。

(2) 能分析按钮连锁正反转控制线路的工作原理。

### 任务过程

在接触器连锁正、反转控制电路中,在换向启动操作时,需要先执行停止操作,这样的操作在实际使用中也会有一些不便,是否能在不进行停止操作下直接进行换向启动呢?

解决的思路是,在按下正转启动按钮 $SB_2$,电动机正转后,按下反转按钮 $SB_3$ 时,直接将正转接触器 $KM_1$ 线圈回路断开,从而保证电动机反转控制回路能正常被接通。根据这一思路,将图 3-11 中的两个启动按钮 $SB_2$、$SB_3$ 换成复合按钮,如图 3-18 所示。

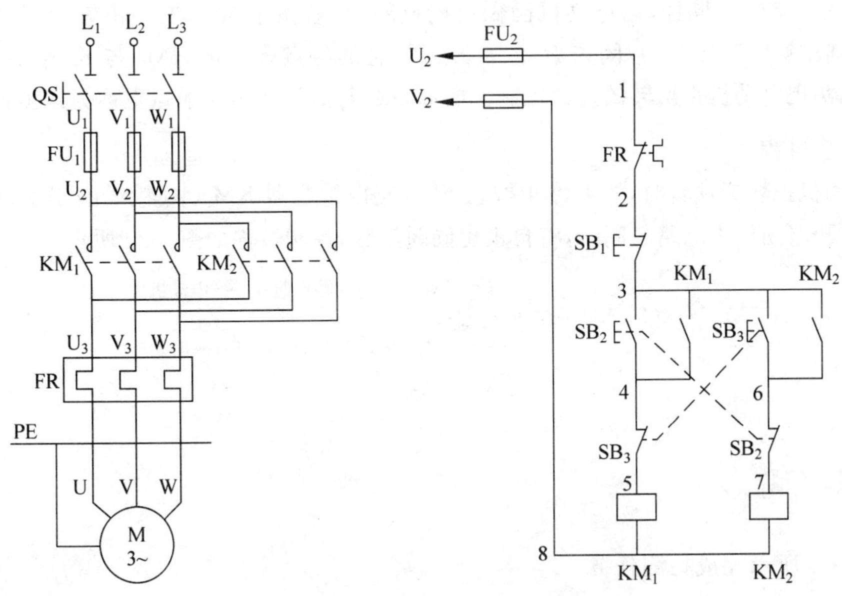


图 3-18　按钮连锁正反转控制电气原理图

在图 3-18 所示的控制线路中，采用按钮连锁的控制方式，这种控制方式是利用按钮控制器中的常闭触点来实现的，连锁的目的是保证电动机在同一时间内只能正转或只能反转的一种控制。这种由按钮的动断触点组成的连锁称为机械连锁。

**1. 正转启动过程**

合上 QS，按下 $SB_2$，接触器 $KM_1$ 线圈得电，接触器 $KM_1$ 常开主触点闭合，主电路被接通，电动机正转启动运转，接触器 $KM_1$ 常开辅助触点闭合，实现自锁；按下 $SB_3$，常闭触点先断开，使得接触器 $KM_1$ 线圈失电，接触器 $KM_1$ 常开主触点断开，主电路被断开，电动机失电停转，常开触点后闭合，接触器 $KM_2$ 得电，常开主触点闭合，主电路被接通，电动机反转启动运转，接触器 $KM_2$ 常开辅助触点闭合，实现自锁。控制过程如图 3-19 所示。

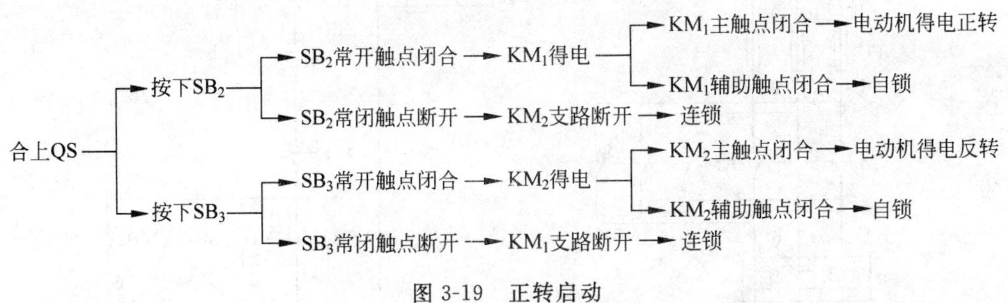


图 3-19　正转启动

**2. 反转启动过程**

当需要改变电动机的转向时，只要直接按反转按钮就行了，不必先按停止按钮。这是因为，如果电动机已按正转方向运转时，线圈是通电的。这时，如果按下按钮 $SB_3$，按钮串在 $KM_1$ 线圈回路中的常闭触点首先断开，将 $KM_1$ 线圈回路断开，相当于按下停止按钮 $SB_1$ 的作用，使电动机停转，随后 $SB_3$ 的常开触点闭合，接通线圈 $KM_2$ 的回路，使电源相序相反，电动机即反向旋转。同样,当电动机已做反向旋转时,若按下 $SB_2$,电动机就先停转后正转。该线路是利用按钮动作时,常闭先断开、常开后闭合的特点来保证 $KM_1$ 与 $KM_2$ 不会同时通电,由此来实现电动机正反转的连锁控制。所以 $SB_2$ 与 $SB_3$ 的常闭触点也称为连锁触点。

**3. 停止过程**

在电动机正转或反转时,按下停止按钮 $SB_1$,使得接触器 $KM_1$、$KM_2$ 线圈失电,各个触点复位,在断开电动机主电路的同时,将自锁也同时解除,控制过程如图 3-20 所示。

按下$SB_1$ → $KM_1$、$KM_2$失电 → $KM_1$、$KM_2$主触点断开 → 电动机失电停转
　　　　　　　　　　　　　　 → $KM_1$、$KM_2$辅助触点断开 → 解除自锁

图 3-20　停止过程

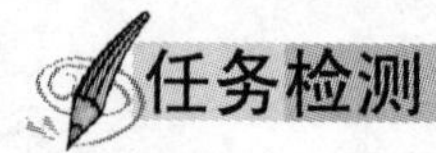

## 任务检测

按表 3-6 所示完成检测任务。

表 3-6　按钮连锁正反转控制线路检测表

| 课题 | 按钮连锁正反转控制线路 | | | | | | |
|---|---|---|---|---|---|---|---|
| 班级 | | 姓名 | | 学号 | | 日期 | |
| (1) 简述电动机按钮连锁正反转控制线路的启动和停止过程。 | | | | | | | |
| (2) 分析下图所示线路能否实现按钮连锁控制的要求。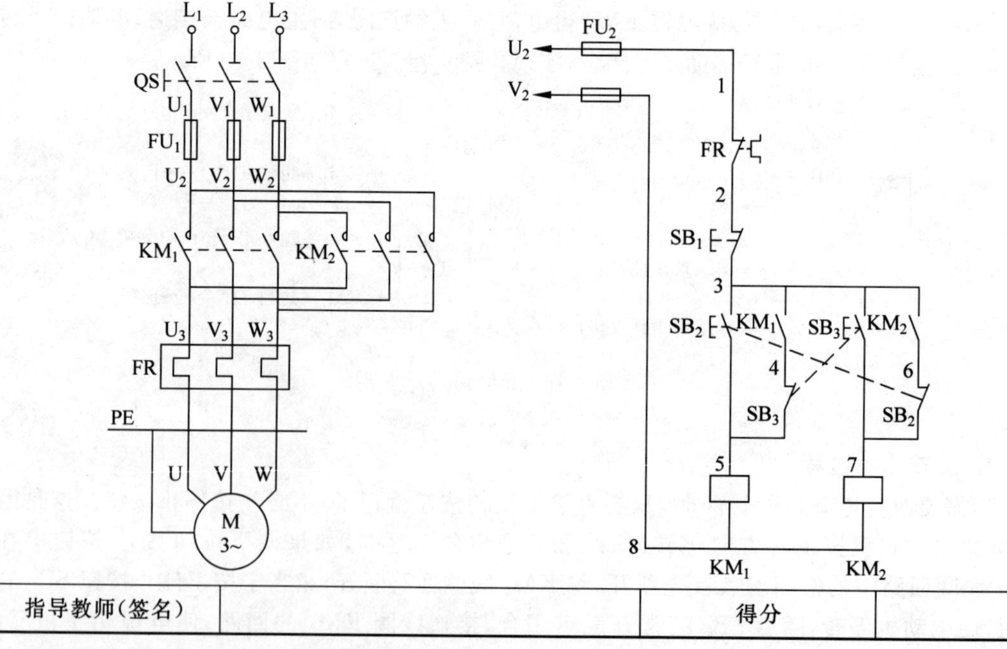 | | | | | | | |
| 指导教师(签名) | | | | 得分 | | | |

## 分任务 3.2.6 按钮接触器双重连锁正反转控制线路

### 任务目标

(1) 掌握按钮接触器双重连锁正反转控制线路的原理。
(2) 能分析按钮接触器双重连锁正反转控制线路的工作原理。

### 任务过程

机械连锁与电气连锁不能互相代替。当主电路中正转接触器的触点发生熔焊(即静触点和动触点烧蚀在一起)现象时,即使接触器线圈断电,触点也不能复位,机械连锁不能动作,此时只能靠电气连锁才能避免反转接触器通电使主触点闭合而造成电源短路。

该控制线路集中了按钮连锁和接触器连锁的优点,故具有操作方便和安全可靠等优点,为电力拖动设备中所常用。

**1. 按钮接触器双重连锁控制线路电气原理图**

按钮接触器双重连锁正反转控制线路电气原理图如图 3-21 所示,保留了由接触器动断触点组成的电气互锁,并添加了由按钮 $SB_2$ 和 $SB_3$ 的动断触点组成的机械连锁。

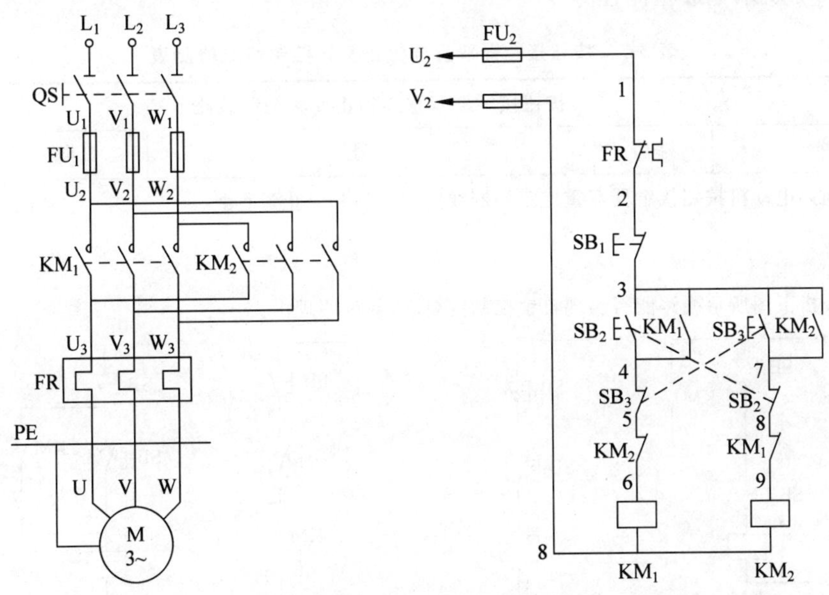


图 3-21 按钮接触器双重连锁正反转控制线路电气原理图

这样,当电动机由正转变为反转时,只需按下反转按钮 $SB_3$,便会通过 $SB_3$ 的动断触点先断开 $KM_1$ 电路,$KM_1$ 失电,互锁触点复位闭合,继续按下 $SB_3$,$KM_2$ 线圈接通控制,实现了电动机反转,当电动机由反转变为正转时,按下 $SB_2$,原理与前一样。控制原理参见按钮连锁与接触器连锁的相关内容。

**2. 启动过程**

启动过程如图 3-22 所示。

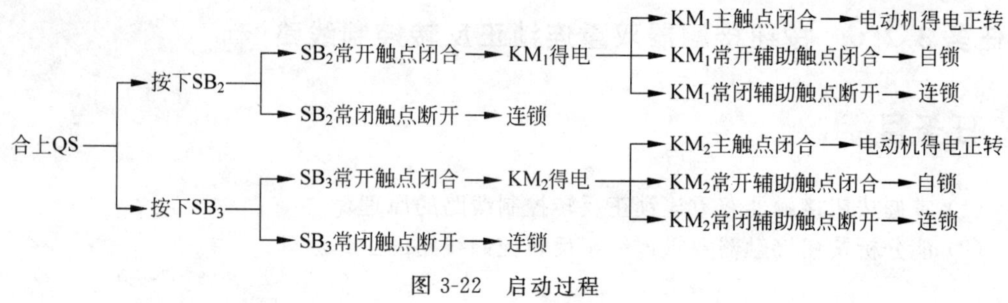


图 3-22 启动过程

**3. 停止过程**

停止过程如图 3-23 所示。

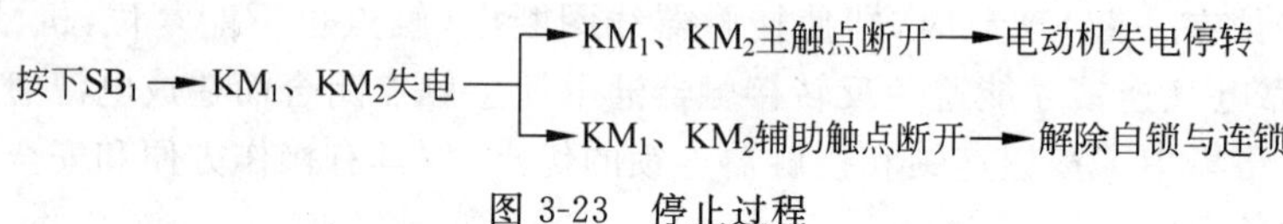


图 3-23 停止过程

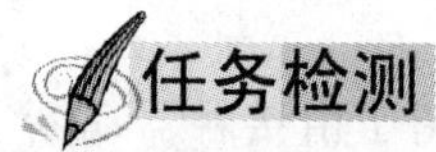

## 任务检测

按表 3-7 所示完成检测任务。

**表 3-7 按钮接触器双重连锁正反转控制线路检测表**

| 课题 | 按钮接触器双重连锁正反转控制线路 | | | | | | |
|---|---|---|---|---|---|---|---|
| 班级 | | 姓名 | | 学号 | | 日期 | |

(1) 简述电动机按钮接触器双重连锁控制线路的启动和停止过程。

(2) 分析下图所示线路能否实现自锁控制的要求，并说明理由。

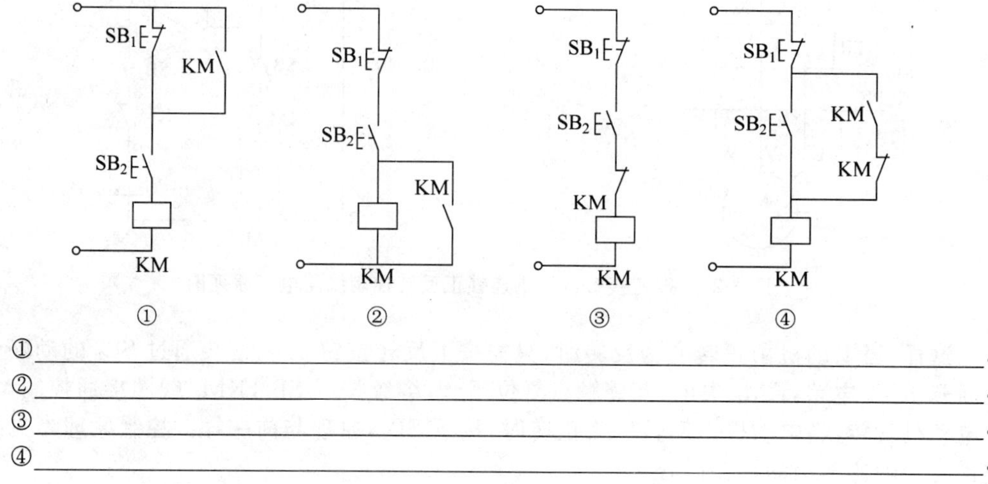


①______________________________。

②______________________________。

③______________________________。

④______________________________。

| 指导教师(签名) | | 得分 | |
|---|---|---|---|

## 分任务 3.2.7 电动机倒顺开关控制的正反转线路

### 任务目标

(1) 掌握倒顺开关控制的正反转线路的原理。

(2) 能分析倒顺开关控制的正反转线路的工作原理。

### 任务过程

倒顺开关也称为可逆转换开关,它是由 6 个静触点及手柄控制的鼓轮(包括转轴)组成,鼓轮上带有两组(6 个)形状各异的动触片 $L_1$、$L_2$、$L_3$ 和 $\mathrm{II}_1$、$\mathrm{II}_2$、$\mathrm{II}_3$,如图 3-24 所示。

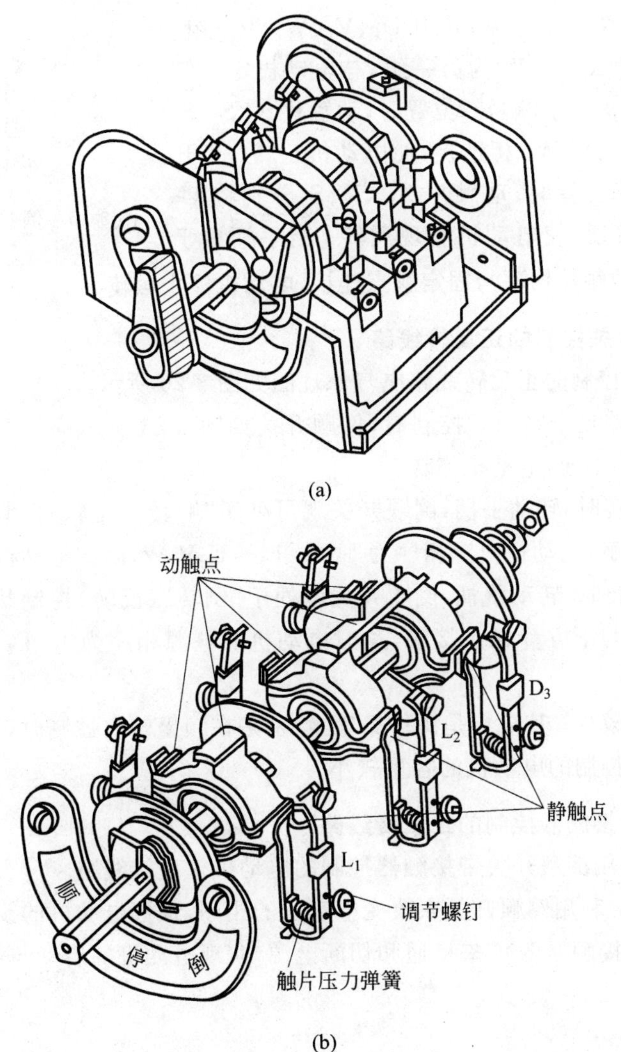


图 3-24 倒顺开关结构

(a) 外形;(b) 结构;(c) 触点

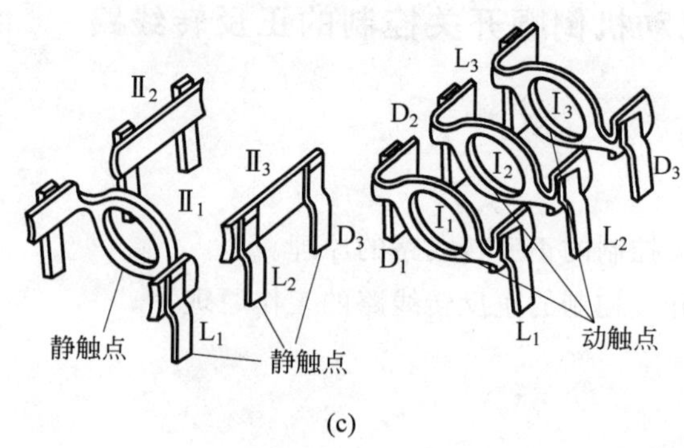


(c)

图 3-24(续)

为了说明方便，将触点机构简化成如图 3-25 所示的工作原理示意图。

倒顺开关有 6 个固定触点，其中 $U_1$、$V_1$、$W_1$ 为一组，与电源进线相连，而 U、V、W 为另一组，与电动机定子绕组相连。当开关手柄置于“顺转”位置时，动触片 $S_1$、$S_2$、$S_3$ 分别将 U-$U_1$、V-$V_1$、W-$W_1$ 相连接，使电动机正转；当开关手柄置于“逆转”位置时，动触片 $S_1'$、$S_2'$、$S_3'$分别将 U-$U_1$、V-$W_1$、W-$V_1$ 接通，使电动机实现反转；当手柄置于中间位置时，两组动触片均不与固定触点连接，电动机停止运转。

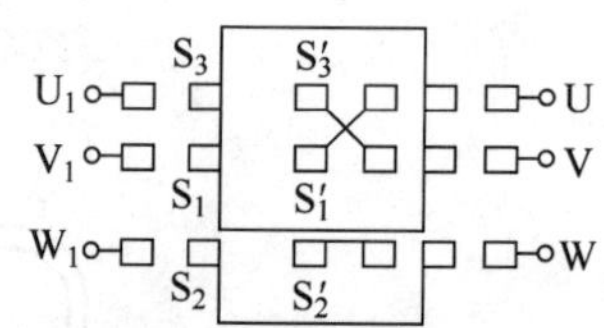


图 3-25 倒顺开关工作原理示意图

**1. 手动倒顺开关控制的正反转线路**

手动倒顺开关控制的正反转线路电气原理图如图 3-26 所示。

(1) 当控制线路处于“停止”控制时，倒顺开关如图 3-26 所示的位置，所有动触点都与静触点不连接，电路不通，电动机停转。

(2) 电动机正转时，转动手柄，倒顺开关就可处于“顺转”(正转)控制的状态，此时动触点与上方静触点接触，电动机电源相序为 $L_1$-$L_2$-$L_3$—U-V-W，因此电动机正向运行。

(3) 电动机反转时，转动手柄，倒顺开关就处于“倒转”(反转)控制状态，此时手柄带动转轴转动使动触点与下方静触点接触，这时电动机的电源相序为 $L_1$-$L_2$-$L_3$—U-W-V，电动机反向运转。

所用控制电器较少；其缺点是操作繁琐，特别是在频繁转向控制时，操作人员劳动强度较大，不方便，且被控制的电动机的容量较小。

**2. 倒顺开关带接触器控制的正反转线路**

图 3-27 所示是用倒顺开关带接触器控制的电动机正反转线路。

其工作原理是：利用倒顺开关来改变电动机的相序，预选电动机的旋转方向后，再通过按钮 $SB_2$、$SB_1$ 控制接触器 KM 来接通和切断电源，实现电动机的启动与停止。

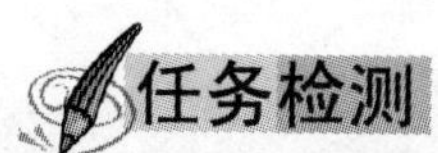


按表 3-8 所示完成检测任务。

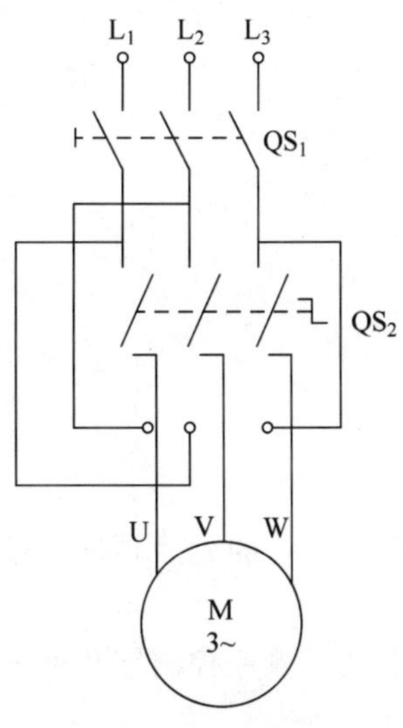


图 3-26 手动倒顺开关控制的正反转线路电气原理图

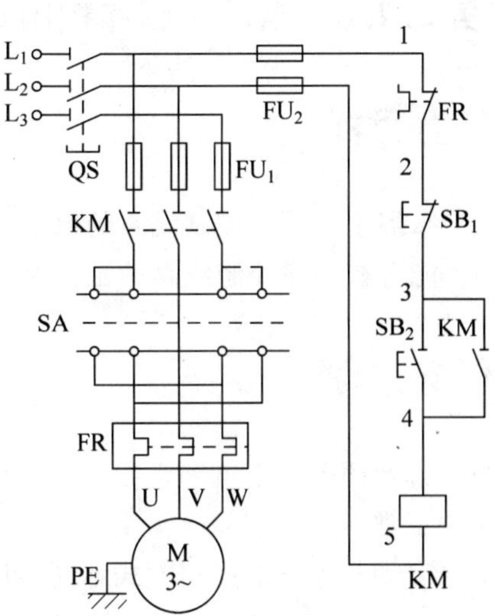


图 3-27 倒顺开关带接触器控制的电动机正反转线路

**表 3-8 电动机倒顺开关控制的正反转线路检测表**

| 课题 | 电动机倒顺开关控制的正反转线路 | | | | | | |
|---|---|---|---|---|---|---|---|
| 班级 | | 姓名 | | 学号 | | 日期 | |

(1) 简述倒顺开关控制的正反转线路的控制过程。

(2) 分析下图所示电路能否实现自锁控制的要求，并说明理由。

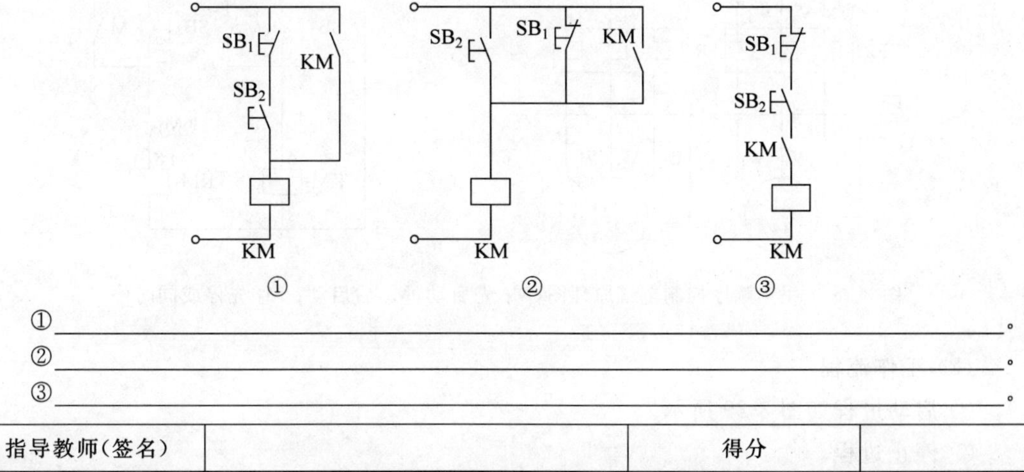


①______________________________________________。

②______________________________________________。

③______________________________________________。

| 指导教师(签名) | | 得分 | |
|---|---|---|---|

## 分任务 3.2.8　电动机顺序控制线路

### 任务目标

(1) 掌握手动顺序控制线路的原理。

(2) 能分析顺序控制线路的工作原理。

### 任务过程

当两台及两台以上电动机同时工作时,启动与停止必须按照一定的先后顺序;否则电动机无法正常启动。

按照启动与停止的控制方式不同,可以分为手动顺序控制、自动顺序控制等几种方式。

**1. 手动顺序控制**

(1) 电气原理图

手动顺序控制电气原理图如图 3-28 所示。接触器 $KM_1$ 的一对常开触点串联在接触器 $KM_2$ 线圈的控制电路中,当按下 $SB_2$ 使电动机 $M_1$ 启动运转,再按下 $SB_4$,电动机 $M_2$ 才会启动运转;若要停止 $M_2$ 电动机,则只要按下 $SB_3$,如 $M_1$、$M_2$ 都停机,则只要按下 $SB_1$ 即可。

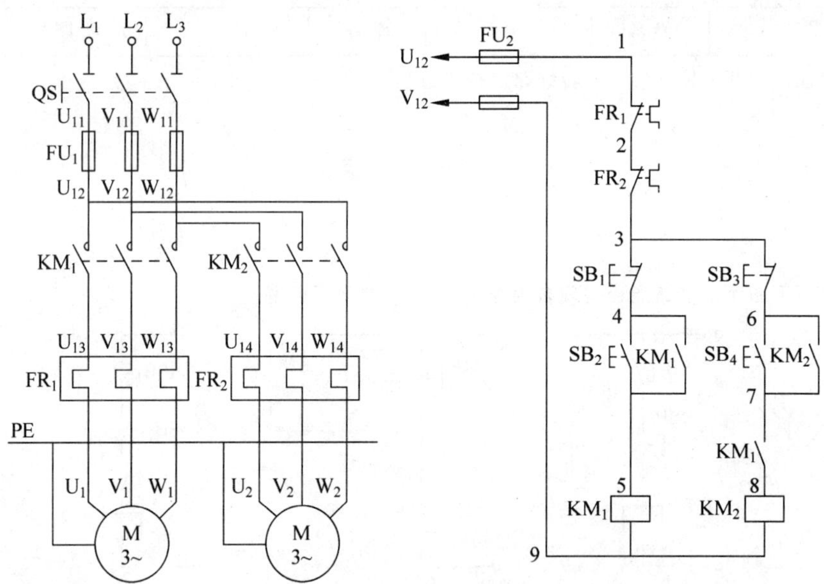


图 3-28　手动顺序控制电气原理图($M_1$ 先启动,$M_2$ 后启动;$M_2$ 先停或同时停)

(2) 工作流程

① 启动过程如图 3-29 所示。

② 停止过程。

a. 顺序停止过程如图 3-30 所示。

b. 同时停止过程如图 3-31 所示。

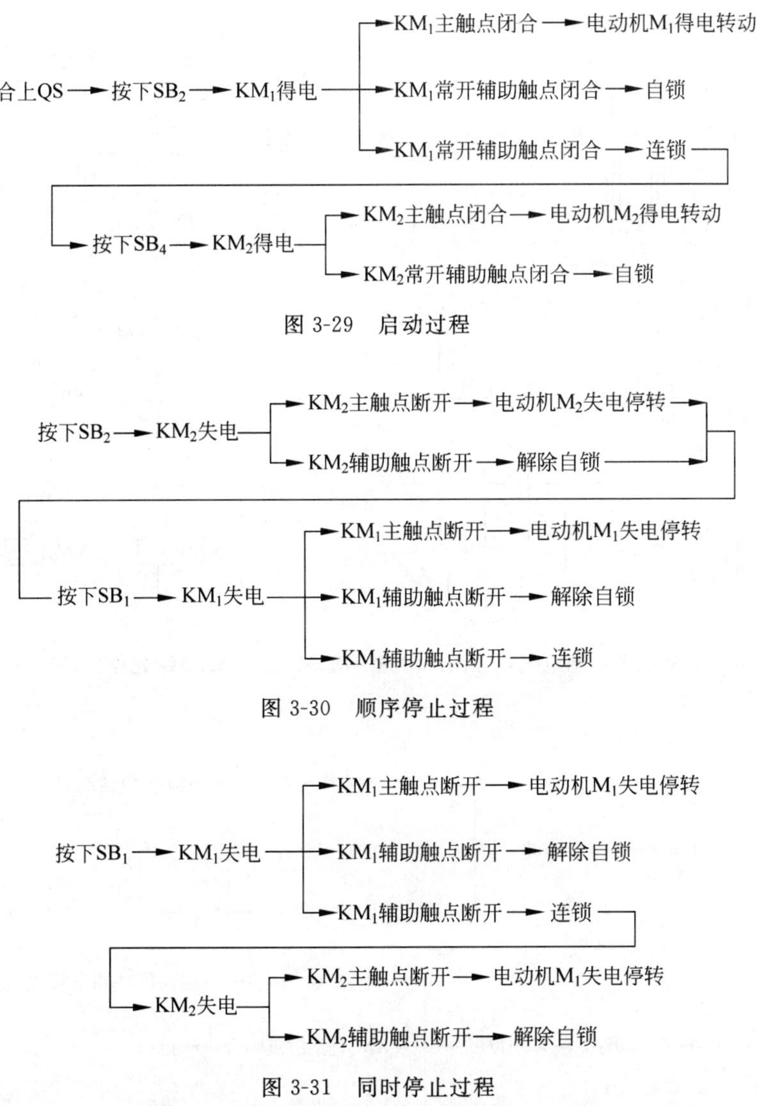


图 3-29 启动过程



图 3-30 顺序停止过程



图 3-31 同时停止过程

**2. 自动顺序控制**

(1) 电气原理图

自动顺序控制电气原理图如图 3-32 所示。接触器 $KM_1$ 的另一常开触点串联在接触器 $KM_2$ 线圈的控制电路中，按下 $SB_2$，$KM_1$ 线圈得电吸合，使电动机 $M_1$ 启动运转，$KM_1$ 常开触点闭合，按下 $SB_3$，$KM_2$ 线圈得电吸合使电动机 $M_2$ 启动运转，$KM_2$ 常开触点闭合，自锁和连锁；停止时首先按下 $SB_3$，使得 $KM_2$ 失电，各触点复位使电动机 $M_2$ 停转，再按下 $SB_1$，使得 $KM_1$ 失电，各触点复位使电动机 $M_1$ 停转。

(2) 工作流程

① 启动过程如图 3-33 所示。

② 停止过程如图 3-34 所示。

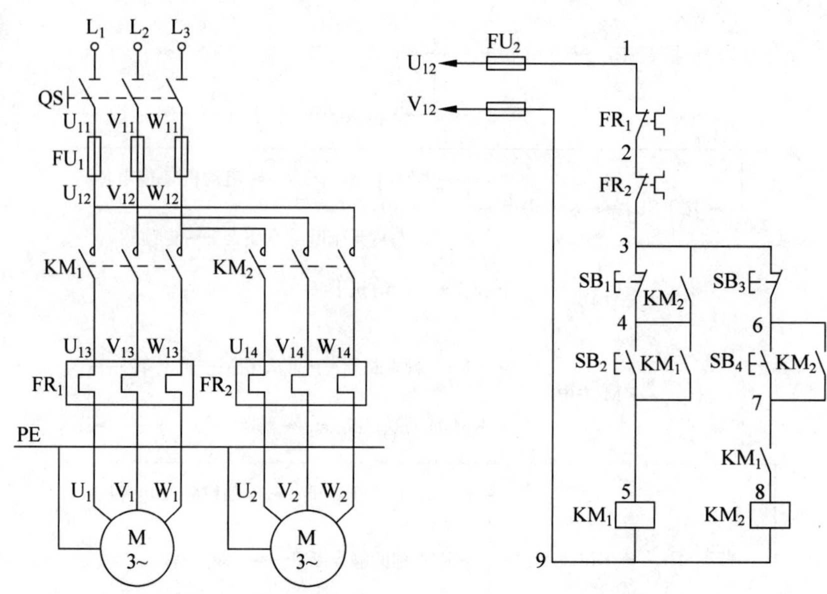


图 3-32 自动顺序控制电气原理图($M_1$ 先启动,$M_2$ 后启动;$M_2$ 先停止,$M_1$ 后停止)

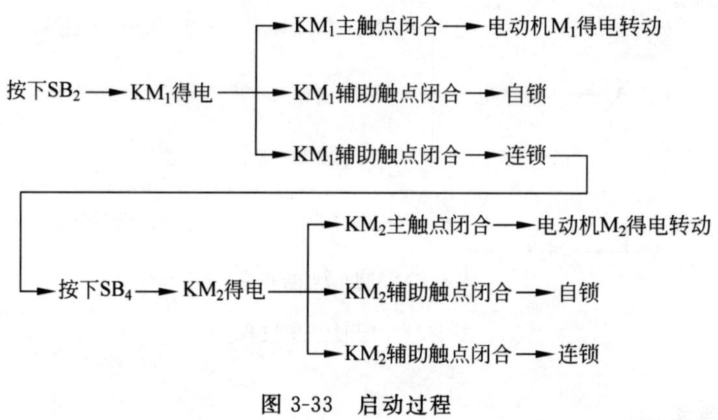


图 3-33 启动过程

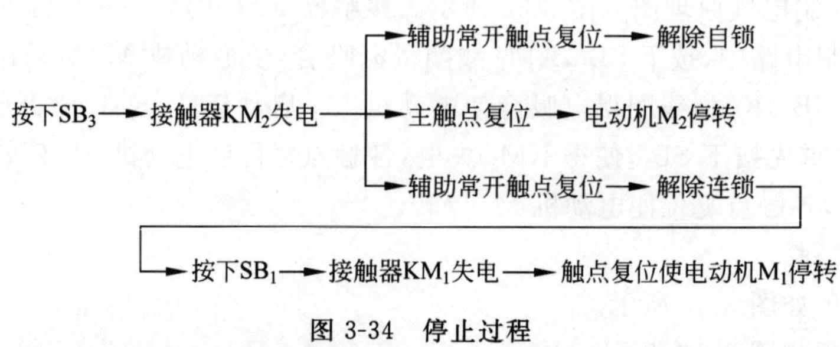


图 3-34 停止过程

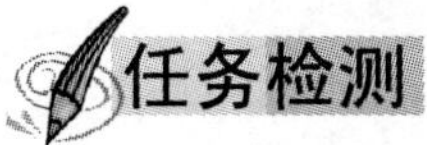

## 任务检测

按表 3-9 所示完成检测任务。

**表 3-9 电动机顺序控制线路检测表**

| 课题 | 电动机顺序控制线路 | | | | | | |
|---|---|---|---|---|---|---|---|
| 班级 | | 姓名 | | 学号 | | 日期 | |

(1) 分析下图所示线路顺序启动控制的原理。

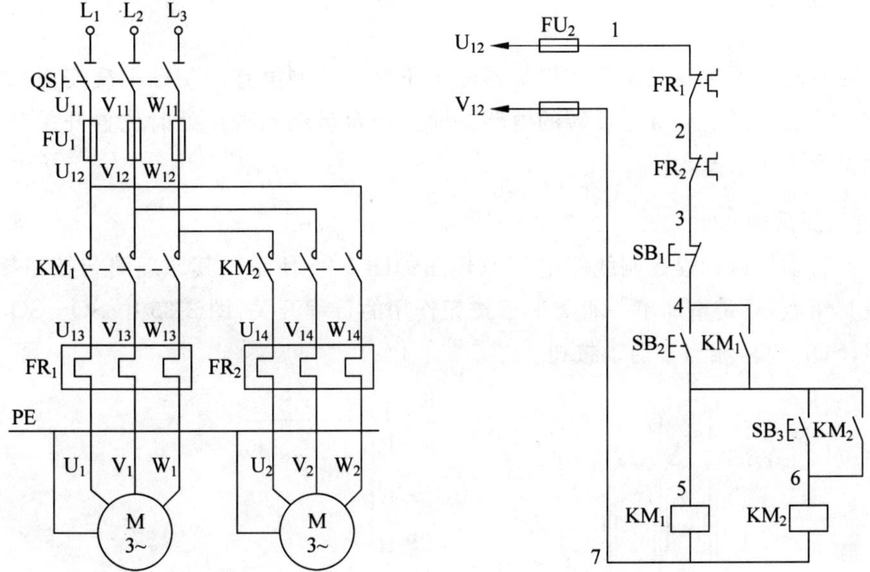


(2) 分析下图所示线路是否能实现顺序启动控制？该线路有无不合理之处？

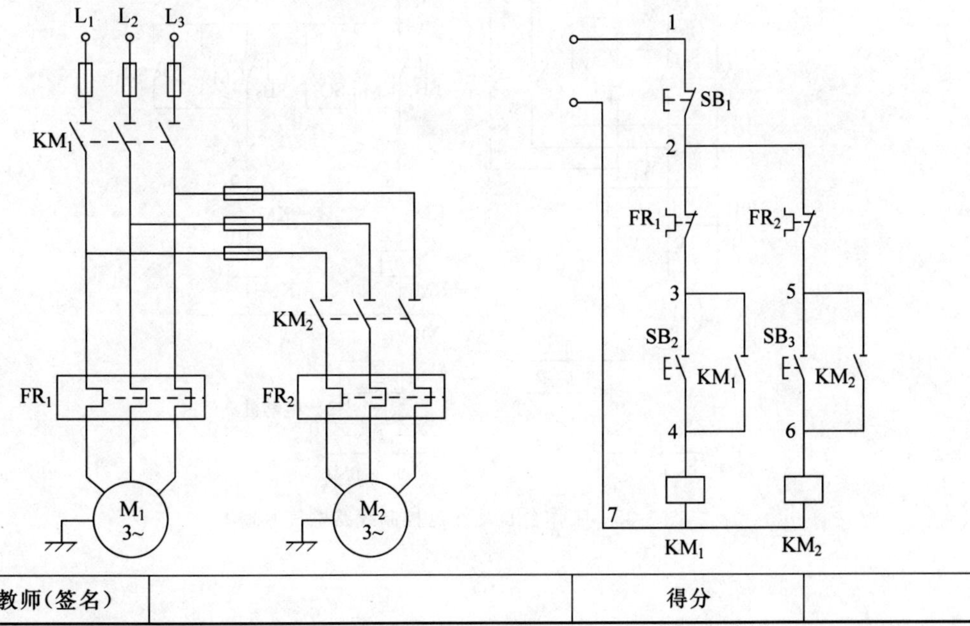


| 指导教师(签名) | | 得分 | |
|---|---|---|---|

## 分任务 3.2.9 工作台自动往返控制线路

### 任务目标

(1) 掌握工作台自动往返控制线路的原理。

(2) 能分析工作台自动往返控制线路的工作原理。

### 任务过程

工作台自动往返控制线路是在接触器连锁正反转控制电路的基础上演变而来的，是一种随工作台运动控制电动机正反转的电路。即工作台运动到限位处时位置开关动作，自动切换电动机的工作状态。

**1. 电气原理图**

工作台自动往返行程控制线路电气原理图如图 3-35 所示。其原理图与按钮接触器双重连锁极其相似，只是增加了一组类似于按钮作用的行程开关，图 3-35 中 $SQ_3$、$SQ_4$ 相当于停止按钮，$SQ_1$、$SQ_2$ 相当于启动按钮。

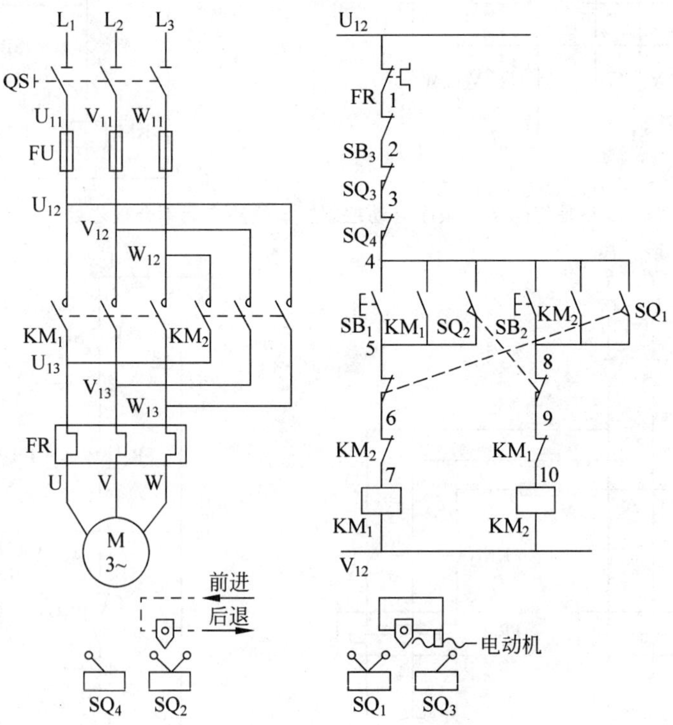


图 3-35 工作台自动往返控制线路电气原理图

**2. 工作流程**

(1) 启动过程

启动过程如图 3-36 所示。

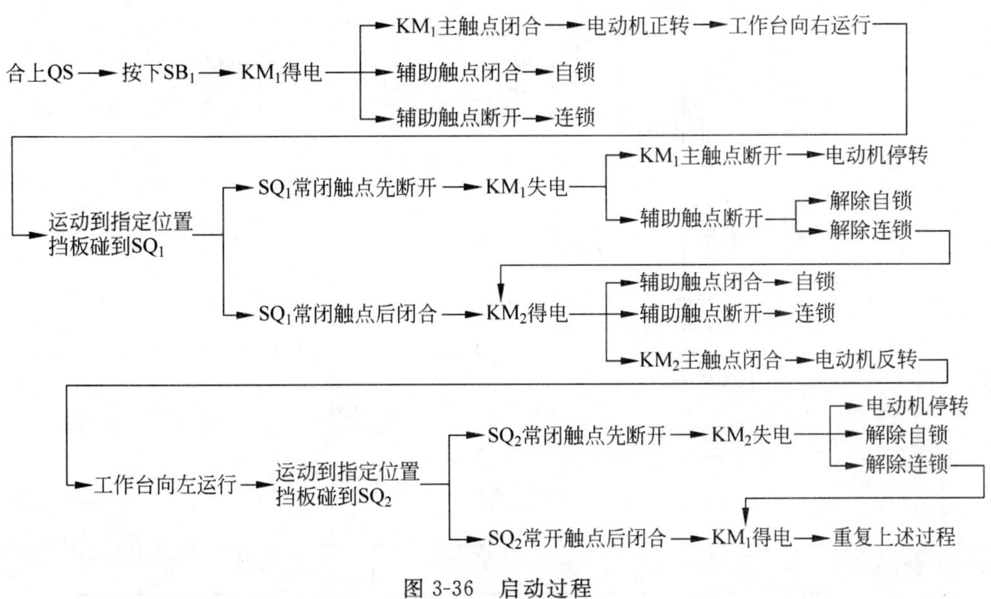

图 3-36 启动过程

(2) 停止过程

停止过程归纳为如图 3-37 所示。

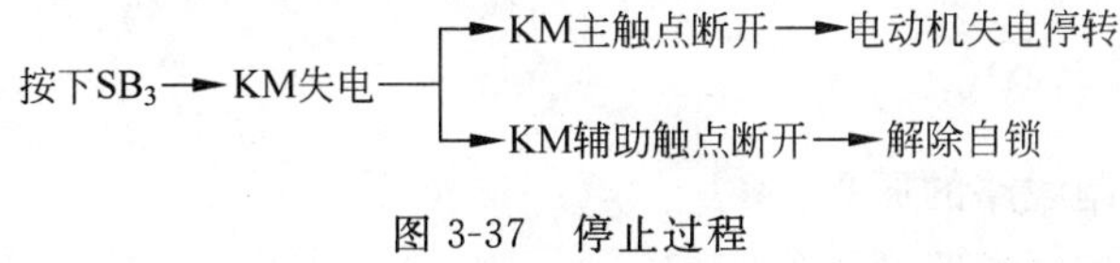

图 3-37 停止过程

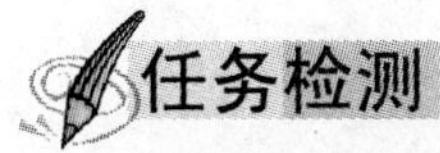


按表 3-10 所示完成检测任务。

**表 3-10 工作台自动往返控制线路检测表**

| 课题 | 工作台自动往返控制线路 | | | | | | |
|---|---|---|---|---|---|---|---|
| 班级 | | 姓名 | | 学号 | | 日期 | |
| (1) 简述工作台自动控制线路的启动和停止过程。 | | | | | | | |

续表

(2) 分析下图所示工作台自动控制线路的工作过程。

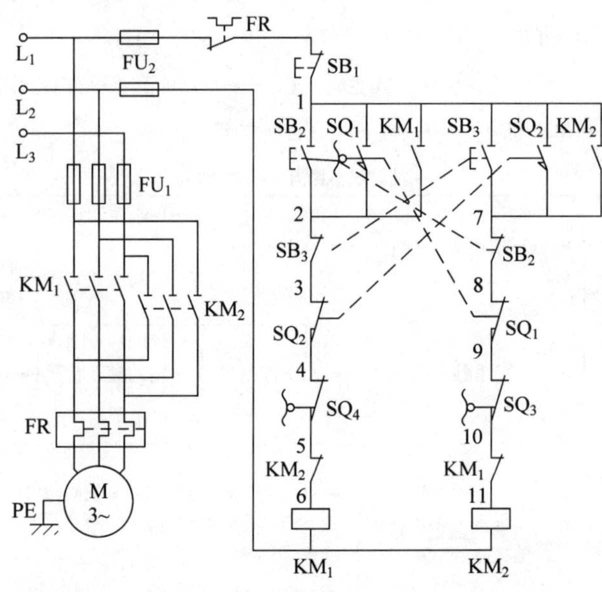


| 指导教师(签名) | | 得分 | |
|---|---|---|---|

## 分任务 3.2.10 两地控制线路

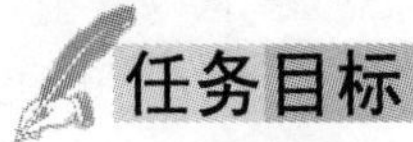

### 任务目标

(1) 掌握两地控制线路的原理。

(2) 能分析两地控制线路的工作原理。

### 任务过程

两地(或多地)控制就是在两个相距较远的地方对同一台电动机的运转进行控制。

**1. 电气原理图**

两地控制线路电气原理图如图 3-38 所示。其原理图与自锁控制极其相似,只是增加了一组用于控制的按钮与自锁,图 3-38 中 $SB_1$、$SB_2$ 是甲地的停止和启动按钮,$SB_3$、$SB_4$ 是乙地的停止和启动按钮。启动按钮为并联连接,停止按钮为串联连接。不论在甲地还是乙地,操作人员可以随时启动或停止电动机。

**2. 工作流程**

工作流程参见分任务 3.2.3。

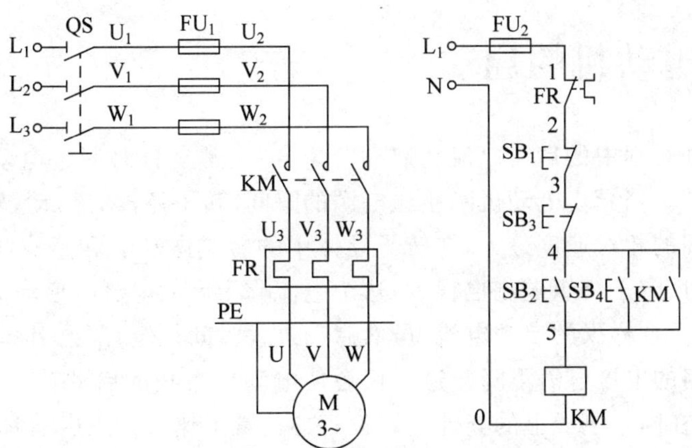


图 3-38 两地控制线路电气原理图

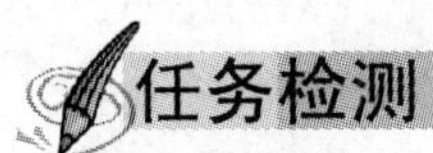

## 任务检测

按表 3-11 所示完成检测任务。

**表 3-11 两地控制线路检测表**

| 课题 | 两地控制线路 | | | | | | |
|---|---|---|---|---|---|---|---|
| 班级 | | 姓名 | | 学号 | | 日期 | |

(1) 简述两地控制线路的启动和停止过程。

(2) 分析下图所示多地控制线路的工作原理。

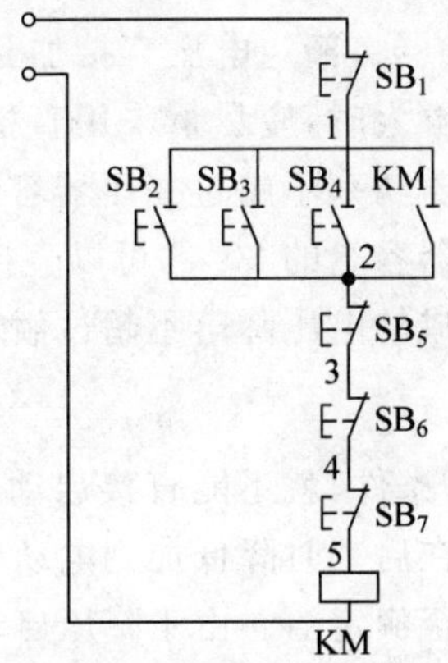


| 指导教师(签名) | | 得分 | |
|---|---|---|---|

# 任务 3.3 电动机的启动

电动机在启动过程中的启动电流和启动转矩,与正常运行时通过电动机的电流和电动机的转矩是不同的。当异步电动机刚接通电源的瞬间,转子还没有启动,转速 $n=0$,这时旋转磁场与转子之间的相对速度最大,在转子导体中的感应电动势和感应电流都很大。当转子绕组电流很大时,定子绕组电流也很大,这个电流称为启动电流。启动电流一般可达到额定电流的 5～7 倍。这样大的启动电流,虽然启动过程时间很短,不致引起电动机过热,但是可能引起供电线路的电压显著下降。这不仅会使电动机本身的启动转矩减小,造成启动困难,而且将影响接在同一电源上的其他电气设备的正常工作。在刚启动时,虽然转子电流很大,但启动转矩并不大,这是因为此时转子功率因数很低,电动机的转矩又与转子功率因数成正比。启动转矩太小,不能带动负载,或者使启动时间拖长。

为了限制启动电流,并得到适当的启动转矩,对不同容量的异步电动机应用不同的启动方法。主要的启动方式如图 3-39 所示的几种类型。

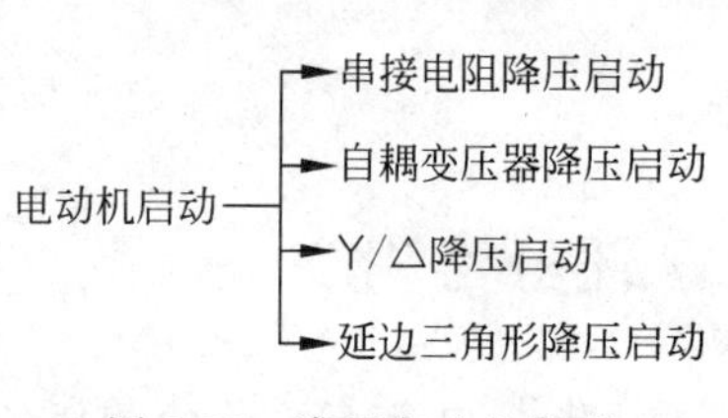


图 3-39 降压启动的类型

## 分任务 3.3.1 电动机的串接电阻降压启动控制线路

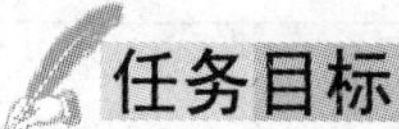

### 任务目标

(1) 了解串接电阻降压启动控制线路的类型。

(2) 能分析串接电阻降压启动控制线路的工作原理。

### 任务过程

**1. 笼型电动机的直接启动**

直接启动就是通过开关或接触器将额定电压直接加到电动机上启动,直接启动的设备简单,启动时间短。当电源容量足够大时,应尽量采用直接启动。由于直接启动电流大,一般规定对于不经常启动的电动机,若功率不超过变压器容量 30%可以直接启动;对于启动频繁的电动机,若功率不超过变压器容量的 20%,可以直接启动。需要注意的是,如果电网有照明负载,要求电动机启动时造成的电压降落不超过额定电压的 5%。

**2. 笼型电动机的降压启动**

如果电动机不具备直接启动的条件,就不能直接启动,必须设法限制启动电流,通常采用降压启动来限制启动电流,就是在启动时降低加到电动机定子绕组上的电压,等电动机转速升高后,再使电动机的电压恢复至额定值。由于降压启动时电压降低,电动机的启动转短也相应减小,这种方法只适用于电动机在空载或轻载情况下启动。常用的降压启动控制电路有以下几种。

(1) 手动串联电阻降压启动

图 3-40 所示是手动串联电阻降压启动控制线路电气原理图。

① $QS_1$、$QS_2$ 是开关,FU 是熔断器。启动时,先合上电源开关 $QS_1$,电阻 $R$ 串入定子绕组,加在定子绕组上的电压降低,从而降低了启动电流。待电动机转速接近额定转速时,再合上 $QS_2$ 把电阻短接,使电动机在额定电压下正常工作,其工作过程归纳为:合上 $QS_1$→电阻 $R$ 串入电压降低→当转速接近额定转速时合上 $QS_2$→电动机全压运行。

② 对于所串电阻的阻值,可根据所限定的启动电流大小来确定,常用下面的经验公式计算,即

$$R = 190 \times \frac{I_{启} - I'_{启}}{I_{启} \times I'_{启}} (\Omega)$$

式中,$I_{启}$ 为未串电阻时的启动电流;$I'_{启}$ 为串入电阻后的启动电流。

(2) 时间继电器控制串联电阻降压启动

图 3-41 所示是根据启动所需时间利用时间继电器控制切除降压电阻的。

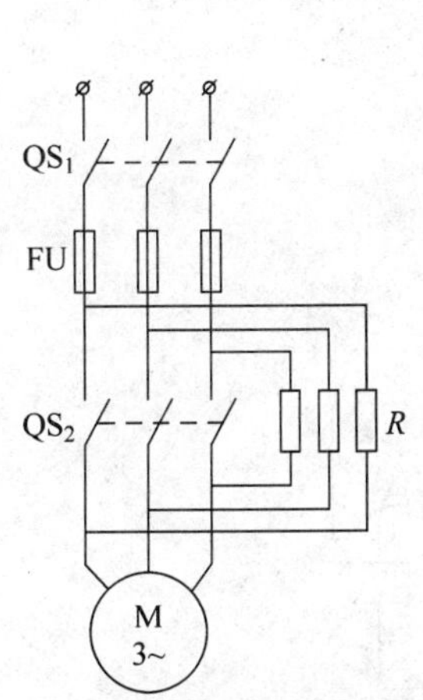


图 3-40 手动串联电阻降压启动控制线路电气原理图

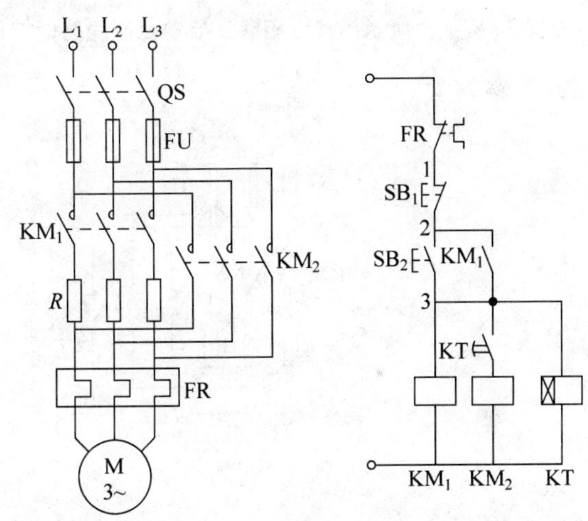


图 3-41 利用时间继电器控制串联电阻降压启动

当合上刀开关 QS,按下启动按钮 $SB_2$ 时,$KM_1$ 立即通电吸合,使电动机定子在串接电阻 $R$ 的情况下启动,与此同时,时间继电器 KT 通电开始计时,当达到时间继电器的整定值时,常开触点闭合,使 $KM_2$ 通电吸合,$KM_2$ 的主触点闭合,将启动电阻短接,电动机在额定电压下进入稳定正常运转。其启动过程如图 3-42 所示。

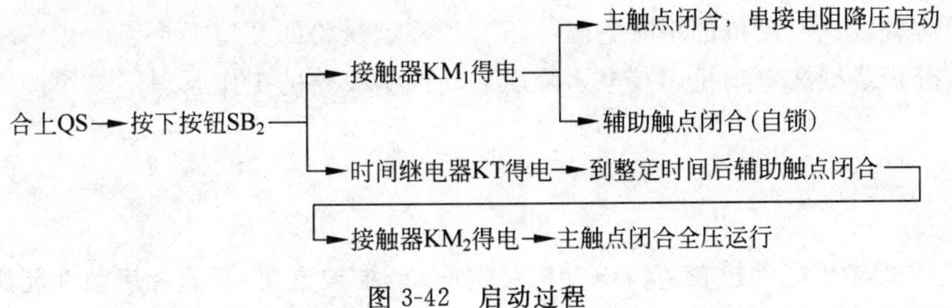


图 3-42 启动过程

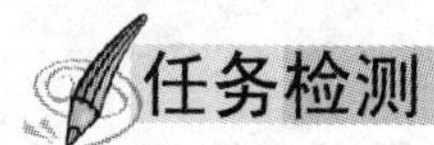

## 任务检测

按表 3-12 所示完成检测任务。

**表 3-12　电动机的串接电阻降压启动控制线路检测表**

| 课题 | 电动机的串接电阻降压启动控制线路 | | | | | | |
|---|---|---|---|---|---|---|---|
| 班级 | | 姓名 | | 学号 | | 日期 | |

(1) 简述串接电阻降压启动控制线路的工作原理。

(2) 分析下图所示串接电阻降压启动控制线路的工作原理。

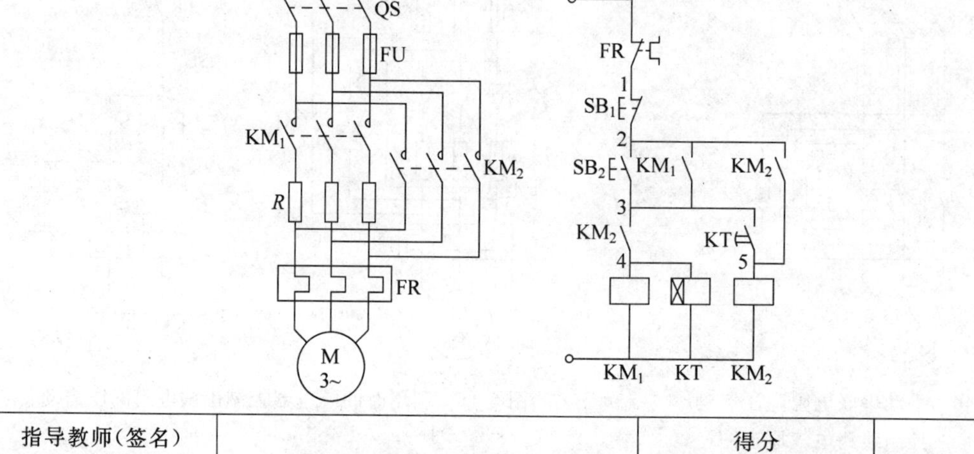


| 指导教师(签名) | | 得分 | |
|---|---|---|---|

## 分任务 3.3.2　绕线式电动机的串接电阻降压启动控制线路

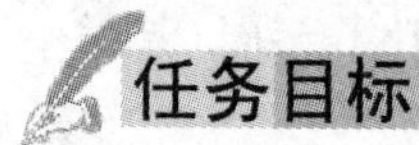

### 任务目标

(1) 了解绕线式电动机的串接电阻降压启动控制线路的类型。

(2) 能分析绕线式电动机串接电阻降压启动控制线路的工作原理。

### 任务过程

三相绕线式异步电动机较直流电动机结构简单，维护方便，调速和启动性能比笼型异步电动机优越。有些生产机械虽不要求调速，但要求较大的启动力矩和较小的启动电流，笼型异步电动机不能满足这种启动性能的要求，在这种情况下可采用绕线式异步电动机启动，通过滑环在转子绕组中串接外加设备达到减小启动电流、增大启动转矩及调速的目的。

**1. 转子电路串接电阻启动**

(1) 按钮操作控制线路

图 3-43 所示为转子绕组串电阻启动由按钮操作的控制线路电气原理图。

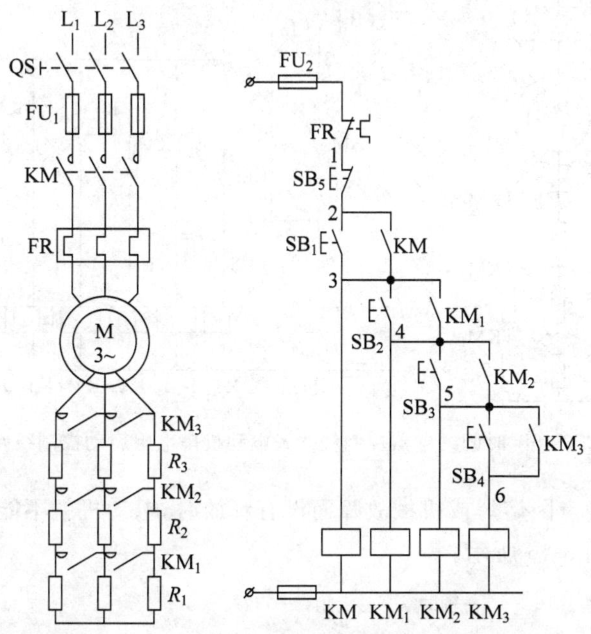

图 3-43 转子绕组串电阻启动控制电路电气原理图

其启动过程如图 3-44 所示。

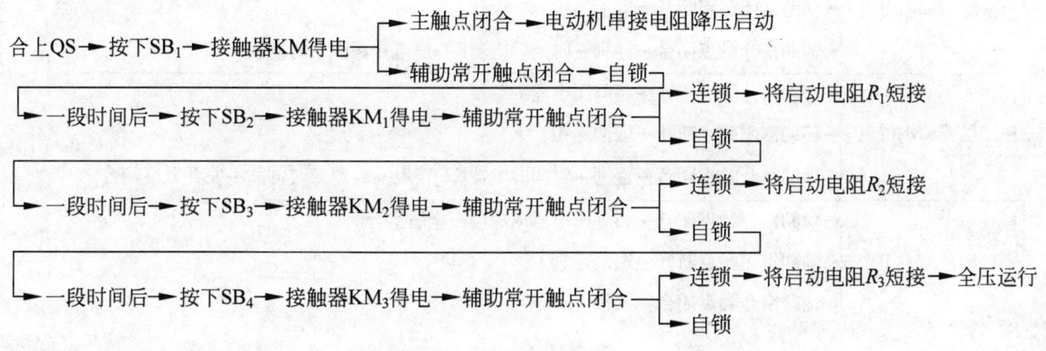

图 3-44 启动过程

(2) 时间继电器控制绕线式电动机串电阻启动控制线路

图 3-45 所示为时间继电器控制绕线式电动机串电阻启动控制线路，又称为时间原则控制。

其中 3 个时间继电器 $KT_1$、$KT_2$、$KT_3$ 分别控制 3 个接触器 $KM_1$、$KM_2$、$KM_3$ 按顺序依次吸合，自动切除转子绕组中的 3 级电阻，与启动按钮 $SB_1$ 串接的 $KM_1$、$KM_2$、$KM_3$ 3 个常闭触点的作用是保证电动机在转子绕组中接入全部启动电阻的条件下才能启动。若其中任

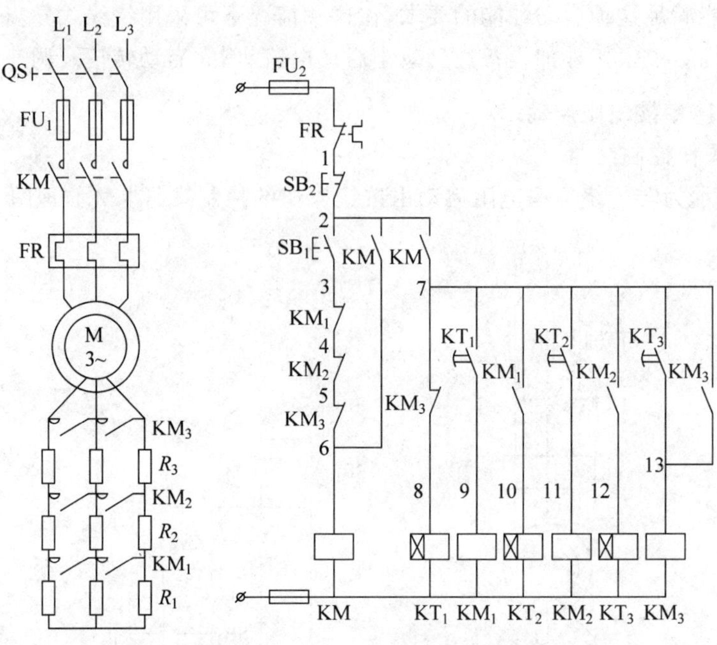


图 3-45 时间继电器控制绕线式电动机串电阻启动控制线路

何一个接触器的主触点因熔焊或机械故障而没有释放时，电动机就不能启动。

其启动过程如图 3-46 所示。

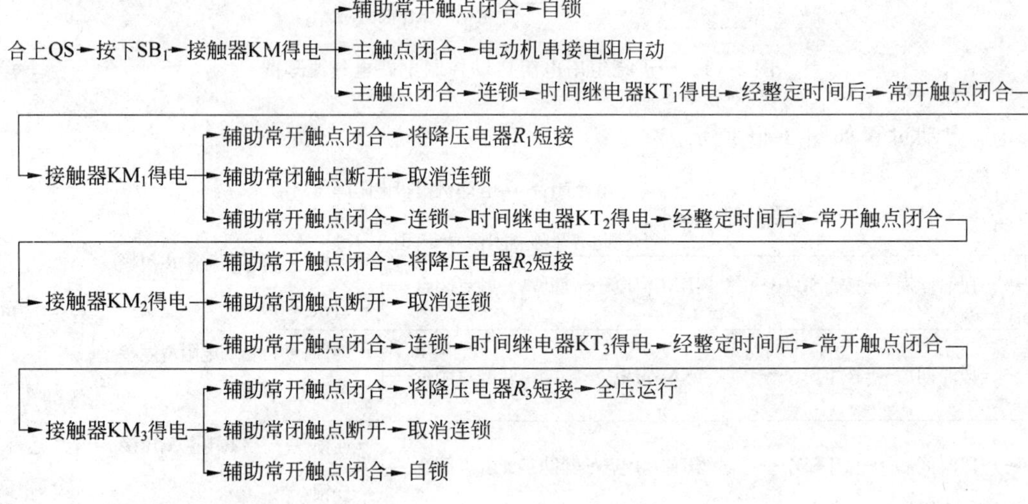


图 3-46 启动过程

**2. 转子电路串接频敏变阻器启动**

绕线式异步电动机转子串电阻的启动方法，由于在启动过程中逐渐切除转子电阻，在切除的瞬间电流及转矩会突然增大，产生一定的机械冲击力。如果想减小电流的冲击，必须增加电阻的级数，这将使控制线路复杂，工作不可靠，而且启动电阻体积较大。

频敏变阻器的阻抗能够随着电动机转速的上升、转子电流频率的减小而自动减小，所以它是绕线式异步电动机较为理想的一种启动装置，常用于较大容量的绕线式异步电动机的启动控制。图 3-47 所示为绕线式异步电动机转子串接频敏变阻器启动控制线路。

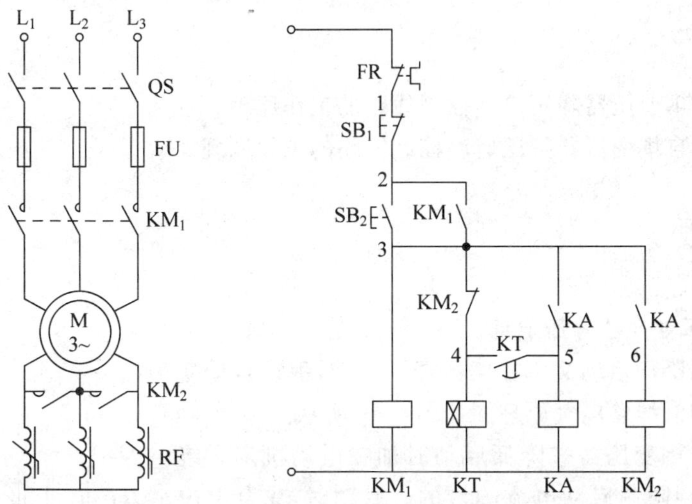


图 3-47 绕线式异步电动机转子串接频敏变阻器启动控制电路

其控制过程如图 3-48 所示。

按下$SB_2$→接触器$KM_1$得电→
- →$KM_1$辅助触点闭合→自锁
- →$KM_1$主触点闭合→电动机串入频敏变阻器启动
- →时间继电器KT得电→经整定时间后→辅助常开触点闭合→中间继电器KA得电→
  - →常开触点闭合→自锁
  - →常开触点闭合→连锁→接触器$KM_2$得电→
    - →常开辅助触点闭合→将频敏变阻器短路→启动结束，全压运行
    - →常闭辅助触点断开→连锁→将时间继电器KT断开

图 3-48 启动控制过程

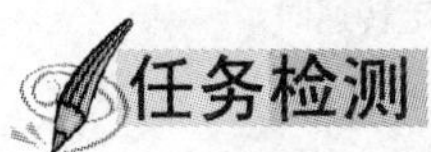

## 任务检测

按表 3-13 所示完成检测任务。

表 3-13 绕线式电动机的串接电阻降压启动控制线路检测表

| 课题 | 绕线式电动机的串接电阻降压启动控制线路 | | | | | | |
|---|---|---|---|---|---|---|---|
| 班级 | | 姓名 | | 学号 | | 日期 | |
| 简述绕线式电动机串接电阻降压启动控制线路的工作原理。 | | | | | | | |
| 指导教师(签名) | | | | 得分 | | | |

## 分任务 3.3.3 电动机的自耦变压器降压启动控制线路

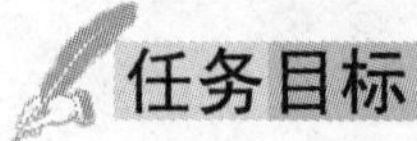

### 任务目标

(1) 掌握自耦变压器降压启动控制线路的工作原理。

(2) 能分析自耦变压器降压启动控制线路的工作原理。

### 任务过程

**1. 手动自耦变压器降压启动**

自耦变压器降压启动又称补偿器降压启动，手动自耦变压器降压启动控制线路电气原理图如图 3-49 所示。

这是利用自耦变压器来降低启动时加在电动机定子绕组上的电压，达到限制启动电流的目的。启动时，先合上电源开关 $QS_1$，将开关 $QS_2$ 掷向“启动”位置，电动机定子绕组经自耦变压器接到三相电源上，降低了定子绕组电压，限制了启动电流。当电动机转速接近额定转速时，将开关 $QS_2$ 掷向“运行”位置，切除自耦变压器，使电动机直接接在三相电源上，在额定电压下正常运行。自耦变压器的副边一般有两个抽头，可以得到不同的输出电压，通常为电源电压的 80%和 65%，可根据电动机启动时的负载大小选择启动电压。自耦变压器降压启动在大、中型电动机启动中应用较广泛。

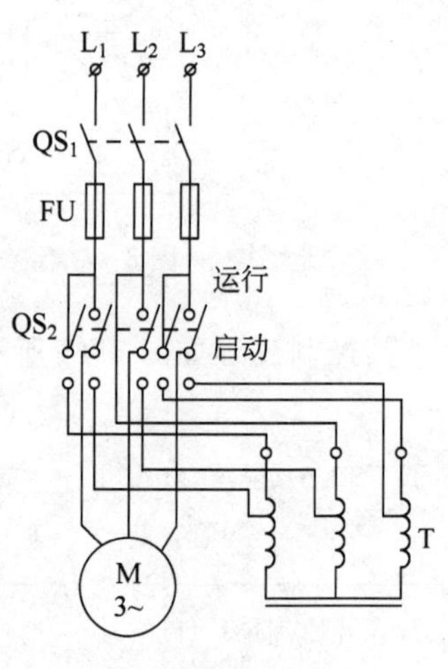


图 3-49 自耦变压器降压启动控制线路电气原理图

其启动过程归纳为如图 3-50 所示。

合上$QS_1$ → $QS_2$掷向“启动”位置 → 自耦变压器降压启动 → 开关$QS_2$掷向“运行”位置全压运行
(电动机转速接近额定转速时)

图 3-50 启动过程

**2. 时间继电器控制的自耦变压器降压启动控制电路**

图 3-51 所示为时间继电器控制的自耦变压器降压启动控制线路。

在启动时将自耦变压器接入降压，以降低启动电流，当电动机转速达到正常值后，再将自耦变压器切除。$KM_1$、$KM_2$ 为降压接触器，$KM_3$ 为正常运行接触器，KT 为时间继电器，KA 为中间继电器。

其启动过程如图 3-52 所示。

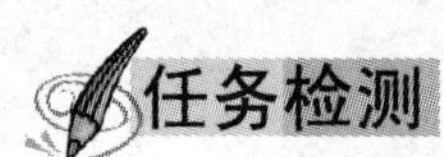

### 任务检测

按表 3-14 所示完成检测任务。

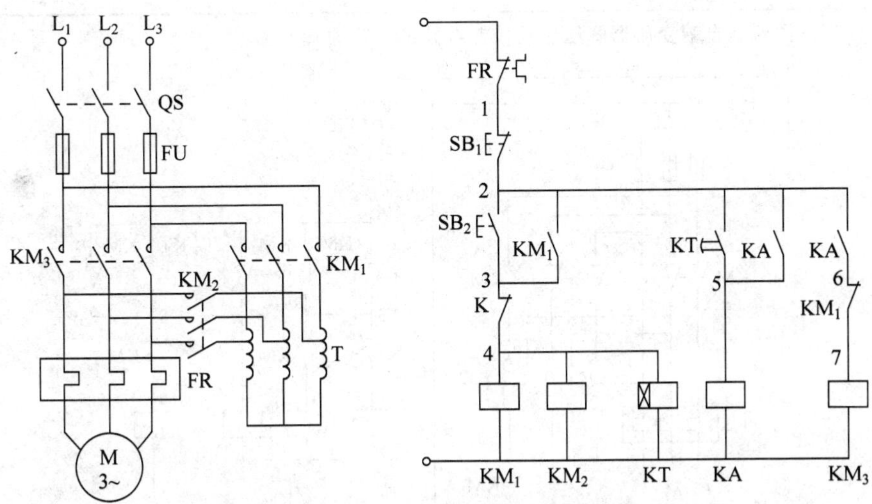


图 3-51 时间继电器控制的自耦变压器降压启动控制线路

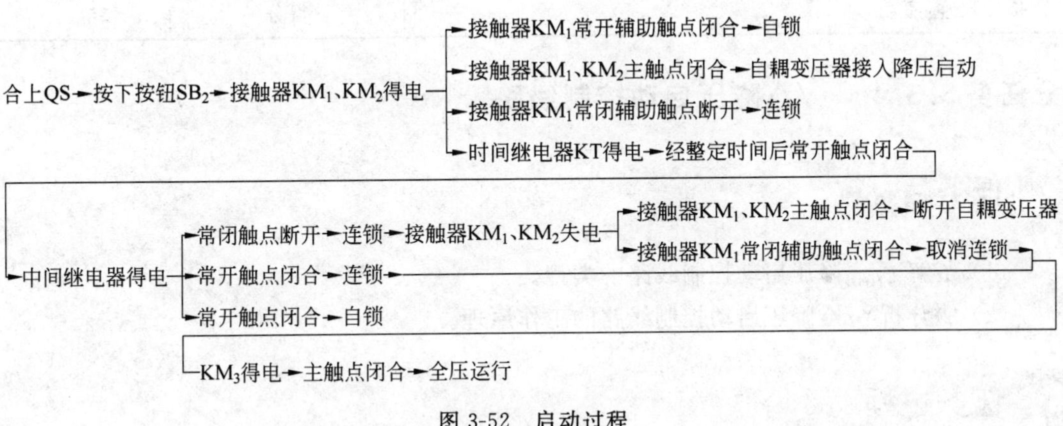


图 3-52 启动过程

**表 3-14 电动机的自耦变压器降压启动控制线路检测表**

| 课题 | 电动机的自耦变压器降压启动控制线路 | | | | | | |
|---|---|---|---|---|---|---|---|
| 班级 | | 姓名 | | 学号 | | 日期 | |

(1) 简述电动机的自耦变压器降压启动控制线路的工作原理。

续表

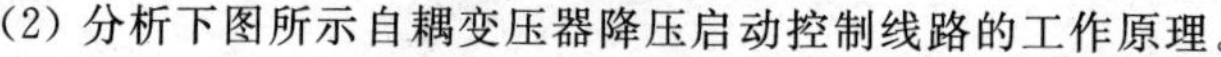

(2) 分析下图所示自耦变压器降压启动控制线路的工作原理。

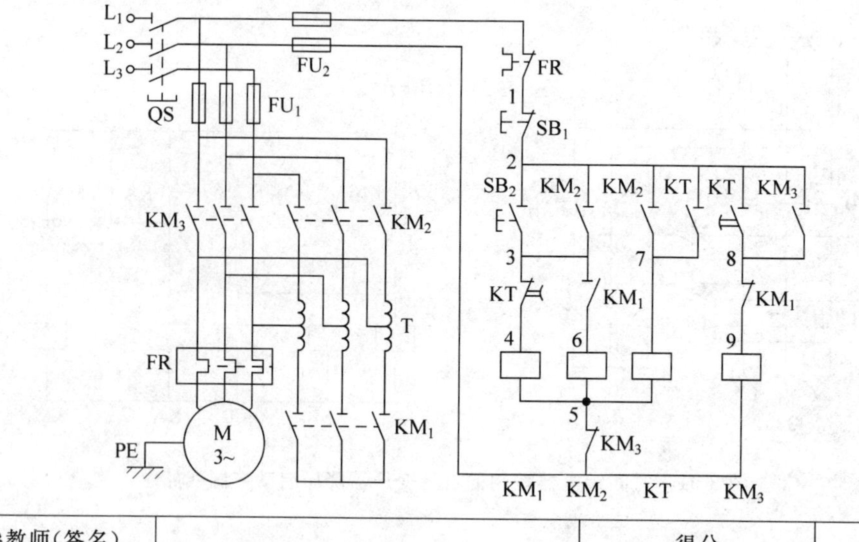


| 指导教师(签名) | | 得分 | |
|---|---|---|---|

## 分任务 3.3.4　Y/△降压启动控制线路

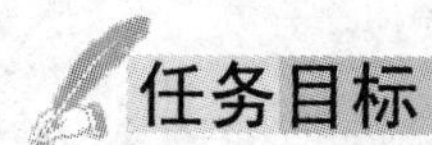

### 任务目标

(1) 了解Y/△降压启动控制线路的类型。

(2) 能分析Y/△降压启动控制线路的工作原理。

### 任务过程

**1. Y/△降压启动的工作原理**

凡是正常运行时定子绕组接成三角形的笼型异步电动机可采用Y/△降压启动方法来达到限制启动电流的目的。Y系列的笼型异步电动机 4.0kW 以上者均为三角形接法，都可以采用Y/△启动的方法，图 3-53 所示为电动机定子绕组Y/△接线示意图。

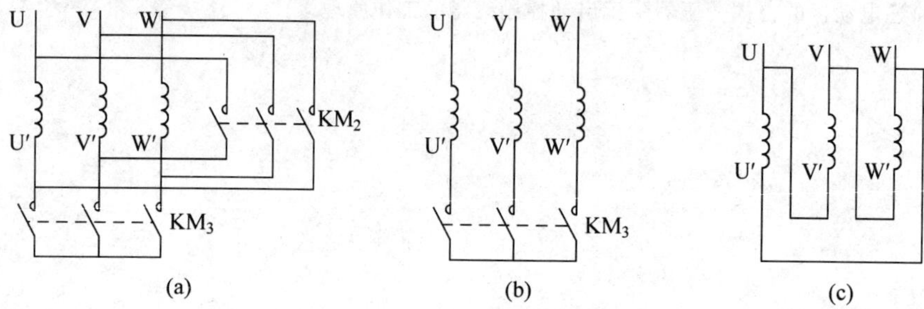


图 3-53　电动机定子绕组Y/△接线示意图

(a) Y/△接法；(b) Y形接法；(c) △形接法

当绕组接成星形接法时，每相绕组的电压为 220V，处于低压启动状态；当绕组接成三角形接法时，每相绕组的电压为 380V，处于高压运行状态。

**2. 手动Y/△降压启动**

如果电动机在正常工作时，定子绕组接成三角形接法，那么在启动时可以使用星形接法，从而达到降低定子绕组电压的目的，启动后再用三角形接法，这种降压启动方法称为Y/△降压启动。

手动Y/△降压启动控制线路电气原理图如图 3-54 所示。

启动时，先将 $QS_2$ 掷向"启动"位置，然后将电源开关 $QS_1$ 合上。这时，定子绕组被接成星形接法，加在每相绕组上的电压只是它在三角形接法的$\frac{1}{\sqrt{3}}$，电流为直接启动的$\frac{1}{3}$。当转速接近额定转速时，再将 $QS_2$ 掷向"运行"位置，电动机定子绕组换接成三角形接法，电动机在额定电压下正常运行。用Y/△降压启动时，启动电压低，启动转矩较小，只适用于轻载或空载启动。

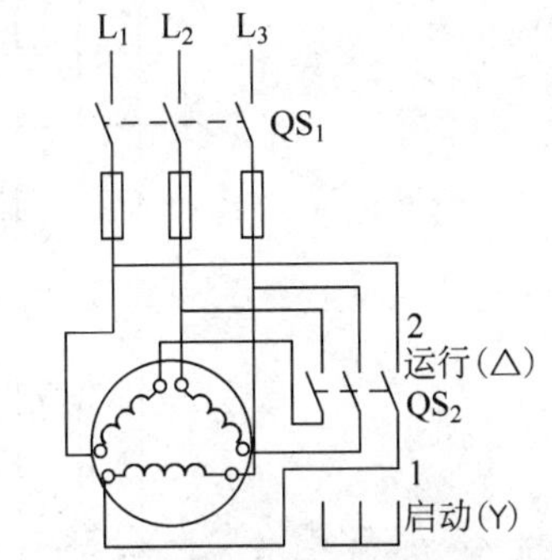

图 3-54　手动Y/△降压启动控制线路电气原理图

其启动过程如图 3-55 所示。

$QS_2$掷向"启动"位置→合上$QS_1$→电动机星形接法启动→接近额定转速时将$QS_2$掷向"运行"位置→三角形接法运行

图 3-55　启动过程

**3. 时间继电器控制的Y/△降压启动**

图 3-56 所示为笼型异步电动机时间继电器控制Y/△降压启动的控制线路电气原理图。

当合上刀开关 QS 以后，按下启动按钮 $SB_2$，接触器 $KM_1$ 线圈、$KM_3$ 线圈以及通电延时型时间继电器 KT 线圈通电，电动机接成星形启动；同时通过 $KM_1$ 的动合辅助触点自锁，时间继电器开始定时。当电动机接近于额定转速，即时间继电器 KT 延时时间已到，KT 的延时断开动断触点断开，切断 $KM_3$ 线圈电路，$KM_3$ 断电释放，其主触点和辅助触点复位；同时，KT 的延时动合触点闭合，使 $KM_2$ 线圈通电并自锁，主触点闭合，电动机接成三角形运行。时间继电器 KT 线圈也因 $KM_2$ 动断触点断开而失电，时间继电器复位，为下一次启动做好准备。图 3-56 中的 $KM_2$、$KM_3$ 动断触点是连锁控制，防止 $KM_2$、$KM_3$ 线圈同时得电而造成电源短路。

其启动过程如图 3-57 所示。

**4. 延边三角形降压启动**

采用延边三角形降压启动的电动机，每一相定子绕组有一个中间抽头，启动时将定子绕组一部分接成星形，另一部分接成三角形，如图 3-58 所示。

在电动机启动后，再将整个定子绕组接成三角形运行。当把定子绕组接成延边三角形时，每相绕组承受的电压比接成三角形时低，启动电流也要随着减小。同Y/△降压启动相比，延边三角形降压启动是将部分定子绕组做Y/△换接。可见，这种接法比Y/△降压启动时的绕组电压高，因此，启动转矩也大于Y/△降压启动方式的转矩。

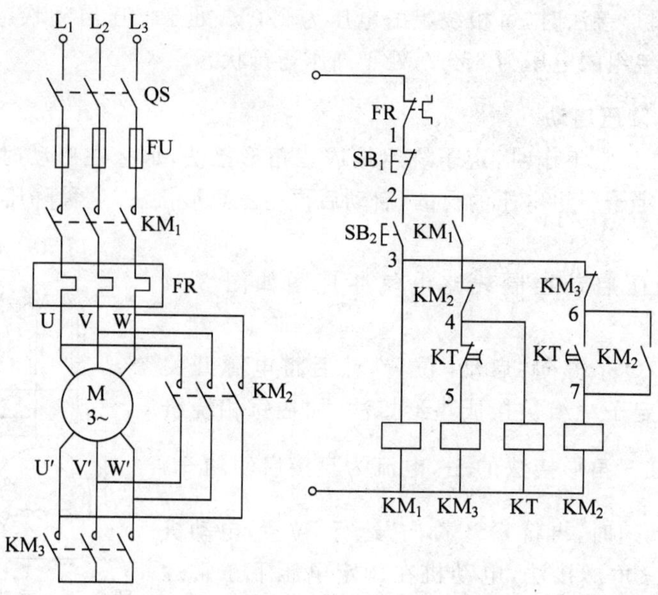


图 3-56 笼型异步电动机时间继电器控制丫/△降压启动的控制线路电气原理图

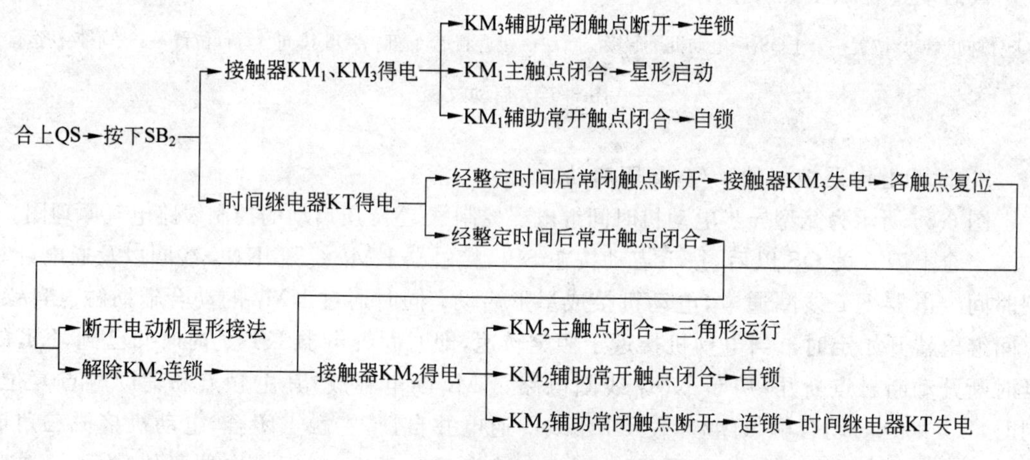


图 3-57 启动过程

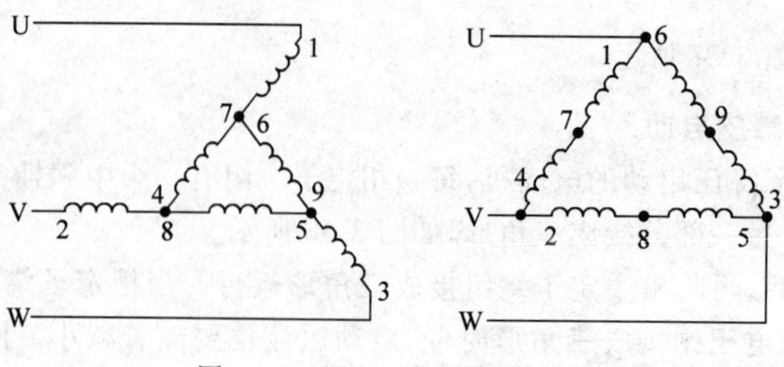


图 3-58 延边三角形降压启动

在图 3-59 所示的延边三角形降压启动控制电路中，$KM_1$ 为线路接触器，$KM_2$ 为三角形连接接触器，$KM_3$ 为延边三角形连接接触器。

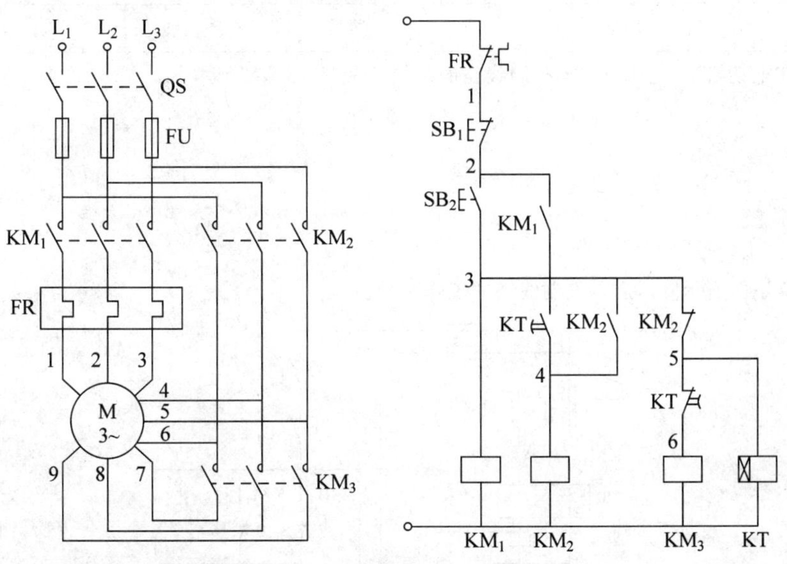


图 3-59　延边三角形降压启动控制电路

启动时，合上电源开关后，按下启动按钮 $SB_2$ 后，$KM_1$、$KM_3$ 线圈通电并自锁，此时通过 $KM_3$ 的主触点将电动机定子绕组的 6 与 7、5 与 9、4 与 8 连在一起，电动机定子绕组的 1、2、3 接线端接电源，此时电动机按延边三角形接线，同时时间继电器 KT 线圈通电，经过一段延时，当电动机转速接近额定转速时，KT 常闭触点断开，$KM_3$ 线圈断电，主触点断开，同时 KT 常开触点闭合，接触器 $KM_2$ 通电并自锁，$KM_2$ 的主触点及 $KM_1$ 的主触点将电动机定子绕组的 1 与 6、2 与 4、3 与 5 连在一起，电动机接成三角形正常运转。

其启动过程如图 3-60 所示。

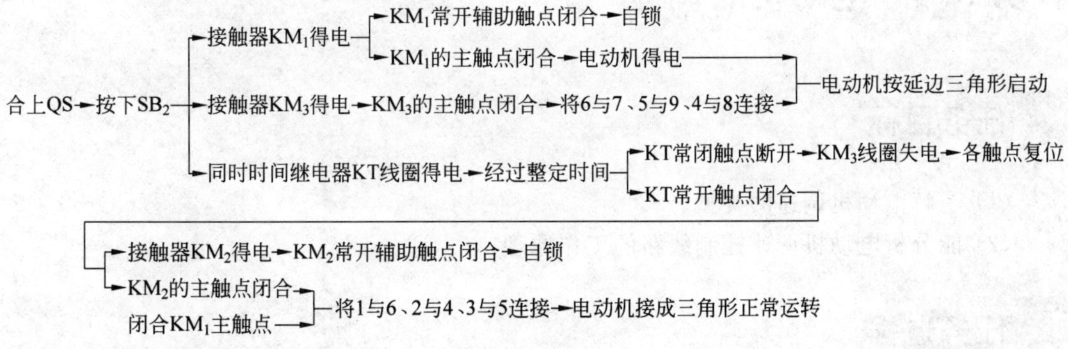


图 3-60　启动过程

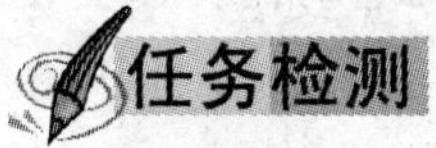

## 任务检测

按表 3-15 所示完成检测任务。

表 3-15　Y/△降压启动控制线路检测表

| 课题 | Y/△降压启动控制线路 | | | | | | |
|---|---|---|---|---|---|---|---|
| 班级 | | 姓名 | | 学号 | | 日期 | |

(1) 简述电动机Y/△降压启动控制线路的工作原理。

(2) 分析下图所示降压启动控制线路的工作原理。

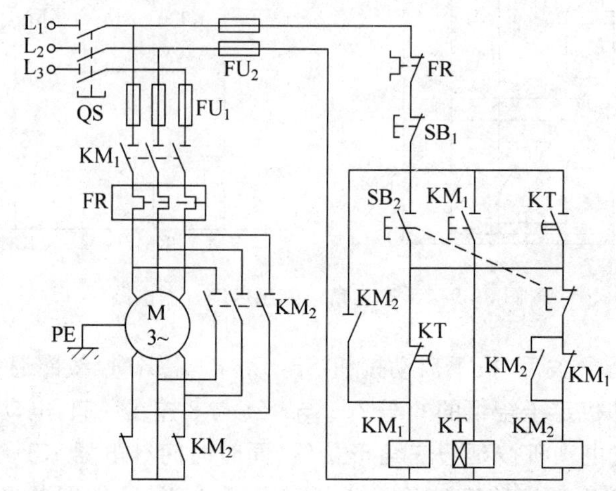


| 指导教师(签名) | | 得分 | |
|---|---|---|---|

# 任务 3.4　电动机的调速

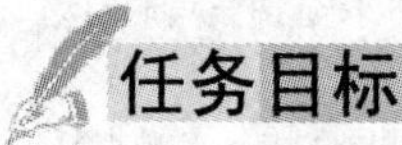

## 任务目标

(1) 了解电动机调速的类型。

(2) 能分析电动机调速控制线路的工作原理。

## 任务过程

电动机投入运行以后，有时为适应工作要求，要改变电动机转速，实现电动机转速变化的过程称为电动机的调速。

根据异步电动机转差率公式 $S=\frac{n_1-n}{n_1}\times 100\%$ 和转速公式 $n_1=\frac{60f}{p}$，有

$$n=(1-s)\frac{60f}{p}$$

可见，通过改变电源频率 $f$、定子绕组的磁极对数 $p$、转差率 $s$，都能实现电动机的调速。

(1) 变频调速

变频调速根据异步电动机的转速与电源频率成正比，用改变电动机供电频率的方法来实现电动机转速的变化，变频调速通常要求电动机的主磁通保持不变，以保证电动机转矩稳定，这就要求在改变电源频率的同时，电源电压与变化频率的比值保持不变。

变频调速的调速性能好，具有较大的调速范围，调速平滑，但必须有专门的三相调频电源设备。

(2) 变极调速

变极调速根据异步电动机的转速与磁极对数成反比，用改变磁极对数的方法来实现电动机转速的变化。变极调速只适用于笼型异步电动机，而不适用于绕线型异步电动机。

通常用改变定子绕组的接法来改变定子绕组的磁极对数，实现电动机的调速。双速异步电动机是变极调速中最常用的一种形式。图 3-61 所示是双速异步电动机定子绕组的接线图。

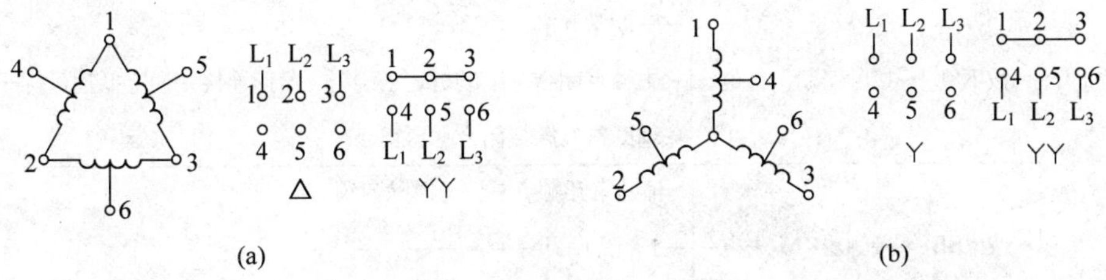


图 3-61 双速异步电动机定子绕组的接线图

(a) △/YY接法；(b) Y/YY接法

图 3-61(a)所示为双速电动机△/YY接法电路图。当绕组的 1、2、3 号出线端接电源，而使 4、5、6 号出线端悬空时，电动机绕组接成三角形，每相绕组中有两个线圈串联，成 4 个极，电动机低速运转；当把 1、2、3 号端子短接，4、5、6 号端子接电源时，则绕组为双星形，每相绕组中两个线圈并联，成两个极，电动机做高速运转。图 3-61(b)所示为双速电动机Y/YY接法电路图。

双速电动机的控制电路如图 3-62 所示。当绕组的 1、2、3 号出线端接电源，而使 4、5、6 号出线端悬空时，电动机绕组接成星形，每相绕组中有两个线圈串联，成 4 个极，电动机低速运转；当把 1、2、3 号端子短接，4、5、6 号端子接电源时，则绕组为双星形，每相绕组中两个线圈并联，成两个极，电机做高速运转。

其调速过程如图 3-63 所示。

(3) 改变转差率调速

改变转差率调速通过改变电动机的转差率，实现电动机的调速。改变电动机的电源电压或改变转子电路的电阻，都能够改变转差率，从而改变电动机的转速。

(4) 电磁调速

电磁调速利用滑差离合器的电磁作用，实现异步电动机的调速。电磁调速异步电动机

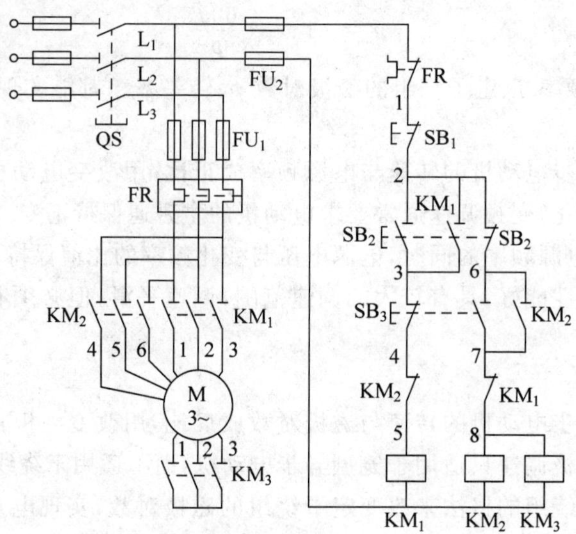


图 3-62　双速电动机的控制电路

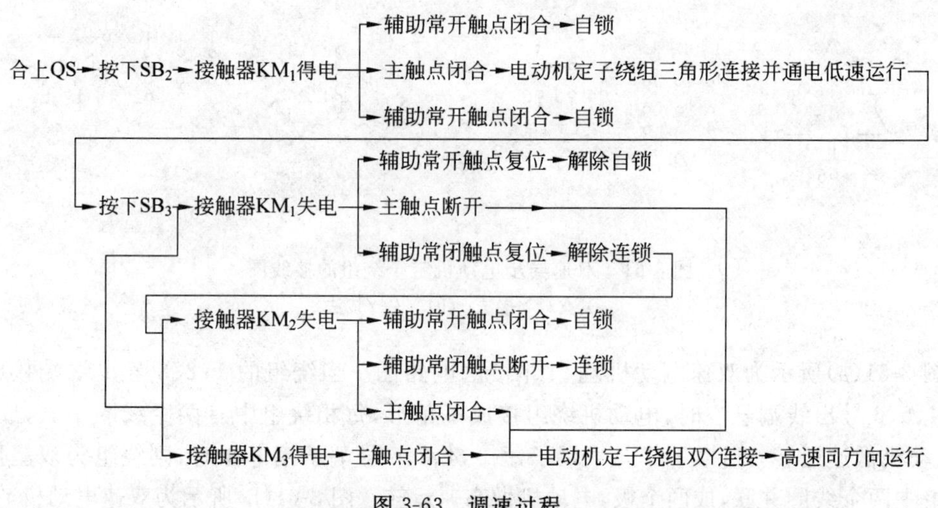


图 3-63　调速过程

由 3 部分组成，即异步电动机、滑差离合器和晶闸管控制线路。其工作原理如下。

异步电动机通过滑差离合器带动生产机械，离合器的电枢旋转时产生涡流。此涡流与由晶闸管控制的转子磁极相互作用来控制转子的转速，增大晶闸管的激励电流，转速增加；反之，转速减慢。电磁调速异步电动机工作可靠，调速范围广，得到广泛应用，缺点是效率较低。

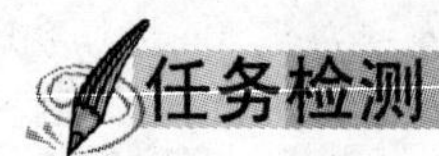

## 任务检测

按表 3-16 所示完成检测任务。

表 3-16 电动机的调速检测表

<table>
<tr><td>课题</td><td colspan="7">电动机的调速</td></tr>
<tr><td>班级</td><td></td><td>姓名</td><td></td><td>学号</td><td></td><td>日期</td><td></td></tr>
<tr><td colspan="8">(1) 简述电动机调速的主要类型。<br><br>(2) 分析下图所示电动机调速电路的工作原理(提示：在转换开关 SA 选择低速或高速方式后，由按钮 $SB_2$ 发令启动电动机的控制电路)。<br>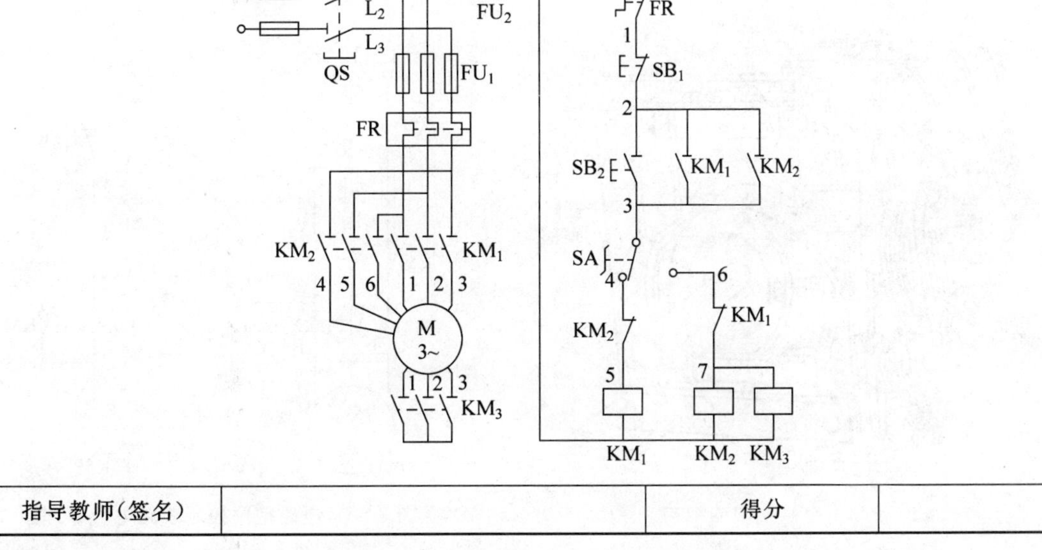<br></td></tr>
<tr><td colspan="2">指导教师(签名)</td><td colspan="3"></td><td colspan="2">得分</td><td></td></tr>
</table>

# 任务 3.5 电动机的制动

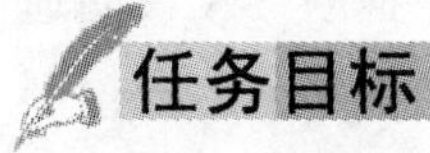

## 任务目标

(1) 了解电动机的制动类型。

(2) 能分析电动机制动控制线路的工作原理。

## 任务过程

为运行的三相异步电动机切断电源后，由于惯性的作用仍继续转动，为使电动机迅速停车所采取的措施，称为电动机的制动。异步电动机的制动分机械制动和电气制动两类。

**1. 机械制动**

电动机切断电源后，利用机械装置使其迅速停车的方法称为机械制动。电磁抱闸是机械制动应用较普遍的一种制动方式。

电磁抱闸主要由制动电磁铁和闸瓦制动器两部分构成，电磁抱闸的结构如图 3-64 所示。

制动电磁铁由铁芯、衔铁和线圈组成，分单相电磁铁和三相电磁铁两种，闸瓦制动器由闸轮、闸瓦、杠杆和弹簧等组成。其工作原理如下，电动机和电磁抱闸共用一个电源和控制电路。当电动机通电启动时，电磁铁线圈也通电，衔铁动作，克服弹簧拉力，迫使闸瓦与闸轮分离，电动机正常运行，当切断电动机电源时，电磁铁线圈同时断电，使衔铁与铁芯分离，在弹簧拉力的作用下，闸瓦紧抱闸轮，电动机被机械制动而停转。图 3-65 所示为电磁抱闸控制线路电气原理图。

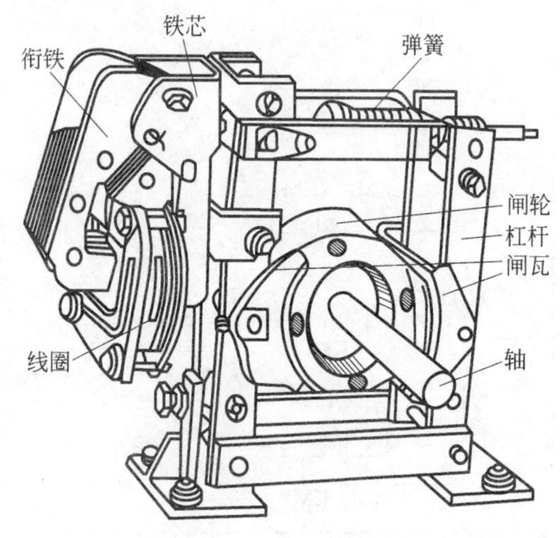

图 3-64 电磁抱闸的结构

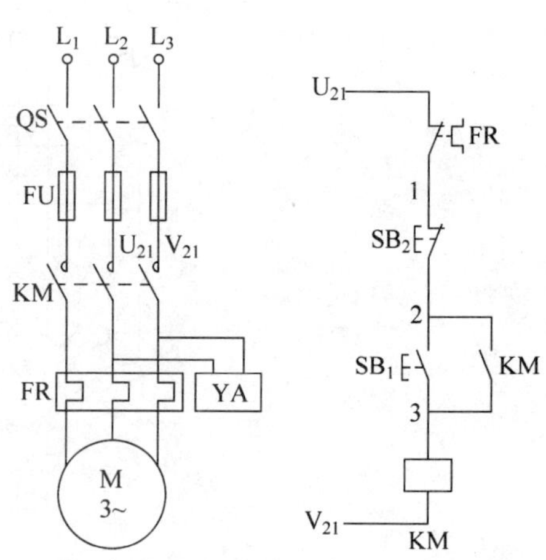

图 3-65 电磁抱闸控制线路电气原理图

根据具体工作需要，电磁抱闸可采用断电制动控制线路，如上所述，电动机电源被切断，电动机转轴就被制动，电磁抱闸也可采用通电制动控制线路，如图 3-66 所示。

通电制动控制过程如下，当电动机正常运行时电磁抱闸线圈断电，闸瓦与闸轮分离。当按下停止按钮 $SB_2$ 时，主电路断电，$SB_2$ 常开触点闭合，KM 线圈通电，电磁抱闸 YA 线圈通电，电磁抱闸制动。当松开按钮开关 $SB_2$ 时，电磁抱闸 YA 线圈断电，解除制动。这种控制电路的特点在于电动机未通电时，电动机转轴可以转动。

**2. 电气制动**

电气制动是在电动机停转的过程中，利用控制电路产生一个与电动机实际转向相反的电磁力矩，用它作为制动力矩，使电动机停止转动。常用的电气制动方法有以下几种。

1) 反接制动

反接制动是在电动机断电后，将运转中的电动机电源反接，以改变电动机定子绕组中的电源相序，使其旋转磁场反向，转子因受反向制动力矩而迅速停转。反接制动示意图如图 3-67 所示。

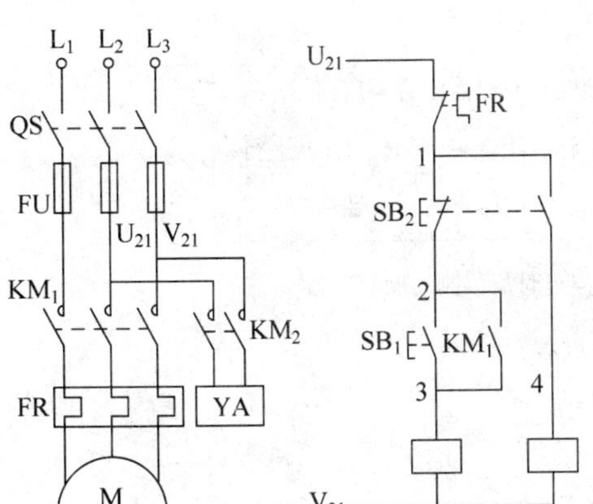


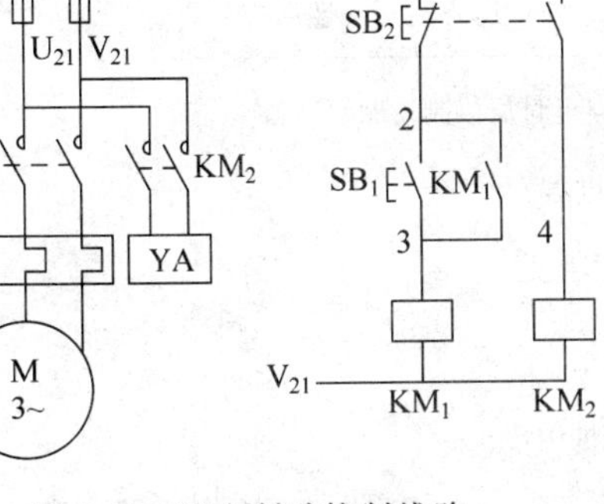


图 3-66 通电制动控制线路

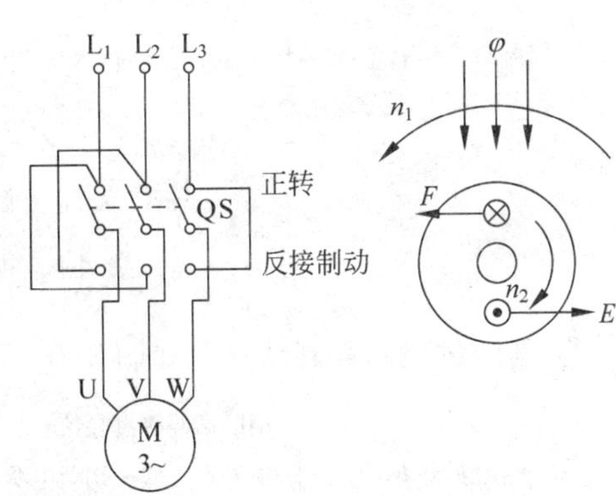


图 3-67 反接制动示意图

制动过程如下。电动机按 $n_2$ 方向正常运行，先将电源开关 QS 由“正转”位置拉下，电动机与三相电源切断，转子由于按原方向旋转，随即将 QS 置于“制动”位置，电动机与三相电源接通，同时 U、V 两相电源对调，电机转子产生与原来相反的电磁力矩，依靠这个反向力矩，使电动机迅速实现制动。

为避免电动机制动时反向转动，制动控制线路通常采用速度继电器进行自动控制，当电动机的转速接近零值时，及时切断电源，防止反转。

（1）单向反接制动控制线路

图 3-68 所示为三相笼型异步电动机单向运转、反接制动的控制线路电气原理图。

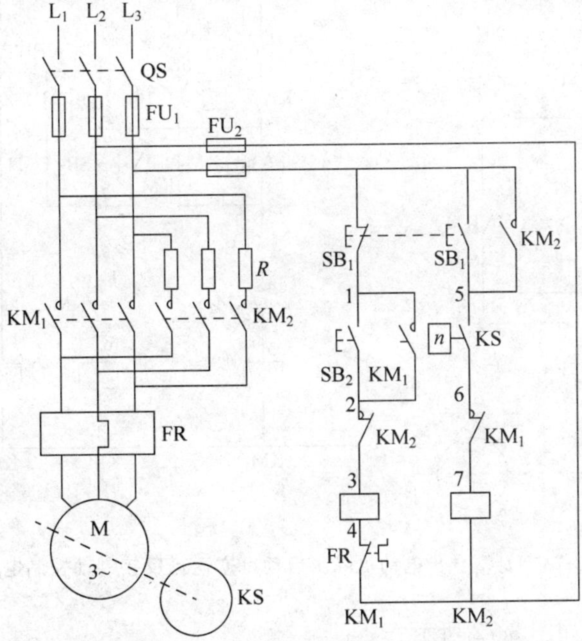


图 3-68 三相笼型异步电动机单向运转、反接制动的控制线路电气原理图

① 启动过程。其启动过程如图 3-69 所示。

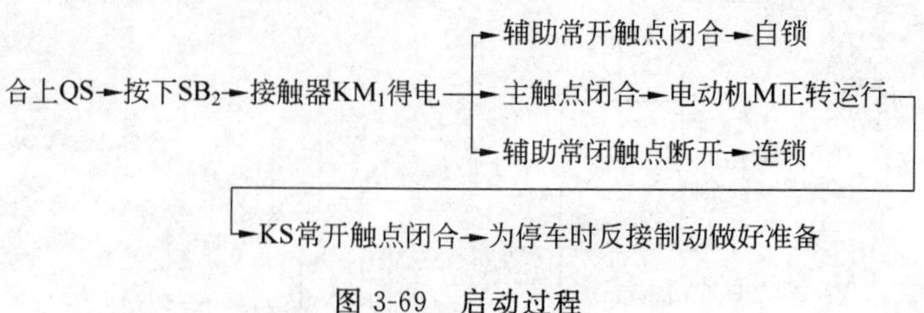


图 3-69 启动过程

② 制动过程。其制动过程如图 3-70 所示。

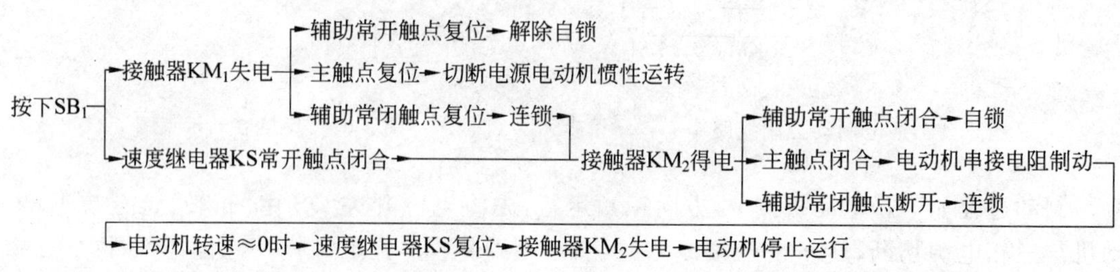


图 3-70 制动过程

(2) 电动机双向运转、反接制动控制线路

图 3-71 所示为笼型异步电动机降压启动可逆运行反接制动控制线路。

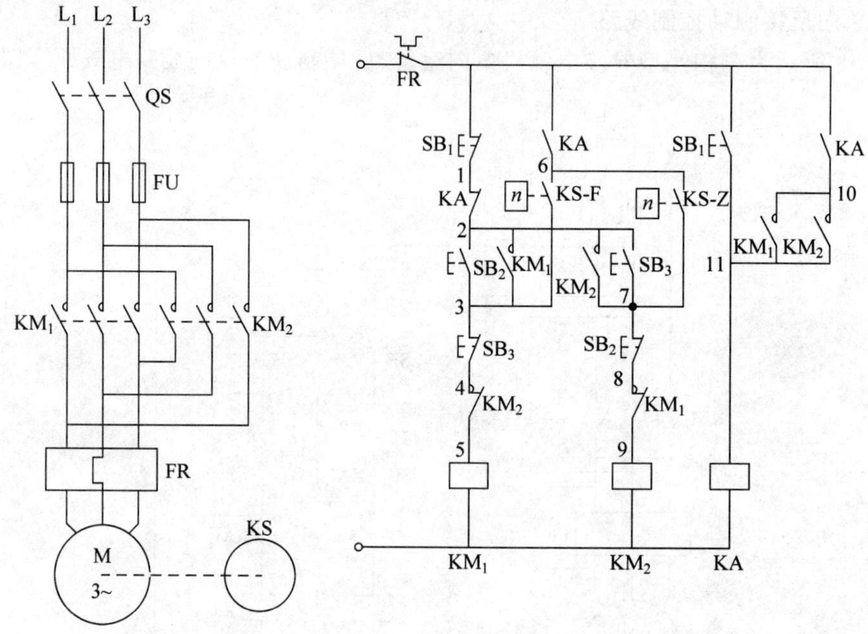


图 3-71 笼型异步电动机降压启动可逆运行反接制动控制电路

其正向启动过程如图 3-72 所示。

其正向制动过程如图 3-73 所示。

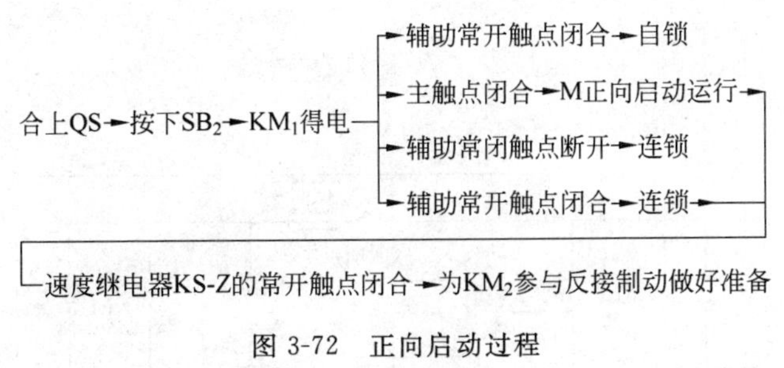


图 3-72 正向启动过程

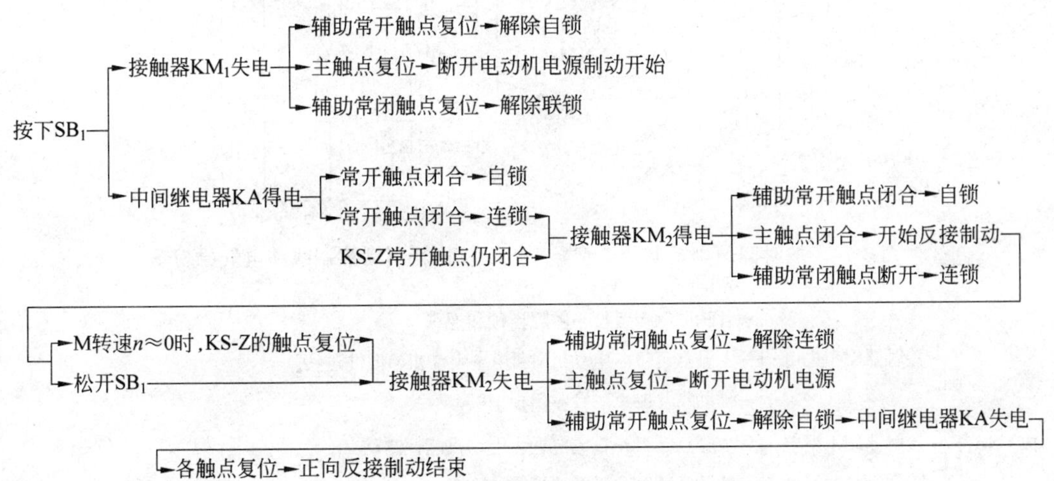


图 3-73 正向制动过程

其反向启动过程、反向制动过程参照正向的相应过程。

反接制动的优点是制动力矩大、制动迅速，但反接制动冲击强烈。

2）能耗制动

能耗制动是在电动机切断电源后，用一直流电源接入两相定子绕组，直流电源的静止磁场与转子导条的相互作用产生一个与转子惯性旋转方向相反的力矩——制动力矩，从而使电动机停止转动。图 3-74 所示为按时间原则控制的笼型异步电动机能耗制动控制线路电气原理图。

其制动过程如图 3-75 所示。

图 3-76 所示为按速度原则控制的单向运转能耗制动控制线路电气原理图。

其制动过程如图 3-77 所示。

能耗制动的特点是制动电流较小，能量损耗小，制动准确；但它需要直流电源，制动速度较慢，所以它适用于要求平稳制动的场合。

3）电容制动

电容制动是在运行的电动机切断电源后，迅速将 3 组电容器接入定子的三相绕组，从而实现电动机制动的一种方法。图 3-78 所示为电容制动原理图。

制动过程如下，电动机切断电源后，随惯性旋转的转子仍有剩磁，存在随转子转动的旋转磁场。这个磁场切割定子绕组产生感生电动势，并通过电容器形成感生电流，该电流与磁

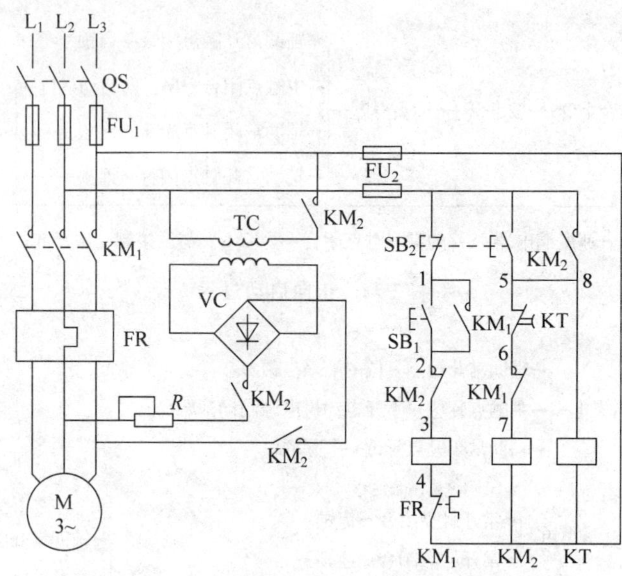


图 3-74　按时间原则控制的笼型异步电动机能耗制动控制线路电气原理图

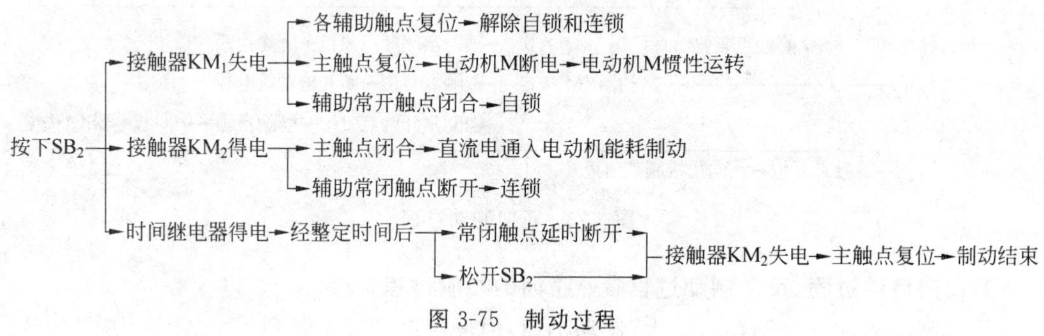


图 3-75　制动过程

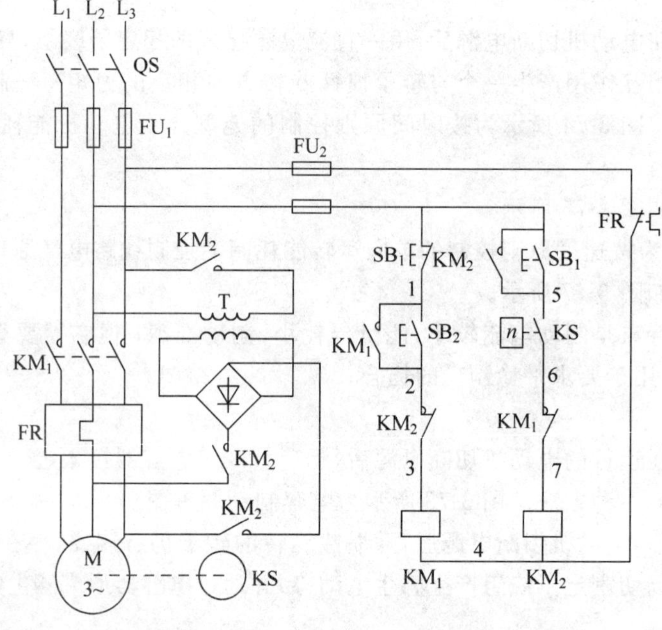


图 3-76　按速度原则控制的单向运转能耗制动控制线路电气原理图

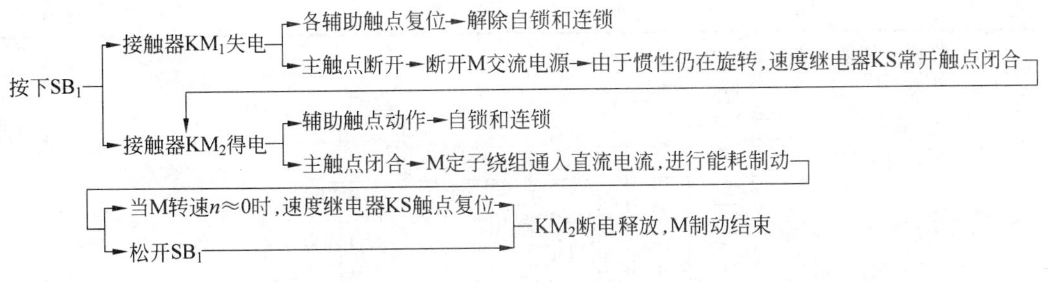


图 3-77 制动过程

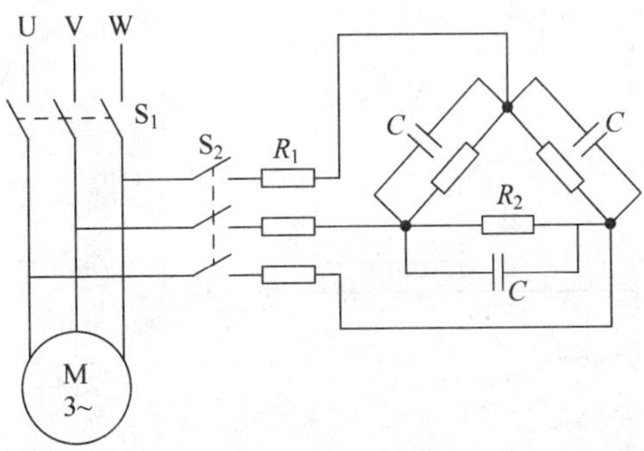


图 3-78 电容制动原理图

场相互作用，产生一个与转子旋转方向相反的转动力矩——制动力矩，使电动机迅速停转实现制动。图 3-78 中，$R_1$ 是调节电阻，用以调节制动力矩的大小；电阻 $R$ 是放电电阻。3 组电容器可以接成星形或三角形，通常采用效果较好的三角形接法。

电容制动设备简单，制动迅速，常用于 10kW 以下电动机频繁制动的场合。

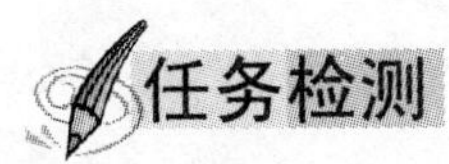

## 任务检测

按表 3-17 所示完成检测任务。

**表 3-17 电动机的制动检测表**

| 课题 | 电动机的制动 | | | | | | |
|---|---|---|---|---|---|---|---|
| 班级 | | 姓名 | | 学号 | | 日期 | |

(1) 简述电动机的制动类型。

续表

| (2) 分析下图所示能耗制动的工作原理。 | | | |
|---|---|---|---|
| 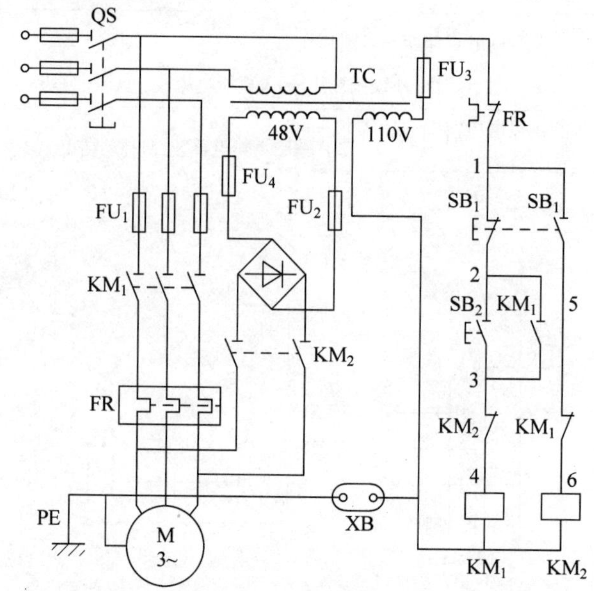 | | | |
| 指导教师(签名) | | 得分 | |

# 任务 3.6　常用车床控制线路

## 分任务 3.6.1　C620 型车床控制线路

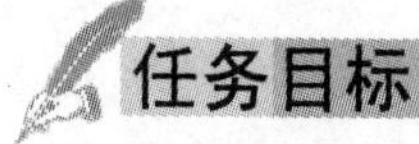

### 任务目标

(1) 了解 C620 型车床的控制线路。
(2) 能分析 C620 型车床控制线路的工作原理。

### 任务过程

**1. 电气原理图**

C620 型车床控制线路电气原理图如图 3-79 所示。其原理图与接触器自锁极其相似。

**2. 工作流程**

(1) 启动过程

合上电源开关 $QF_1$，将工件安装好以后，按下启动按钮 $SB_2$，这时控制电路通电，通电回路是：$U_{11} \to FU_2 \to SB_1 \to SB_2 \to KM \to FR_1 \to FR_2 \to FU_2 \to U_{11}$。接触器 KM 的线圈通电而铁

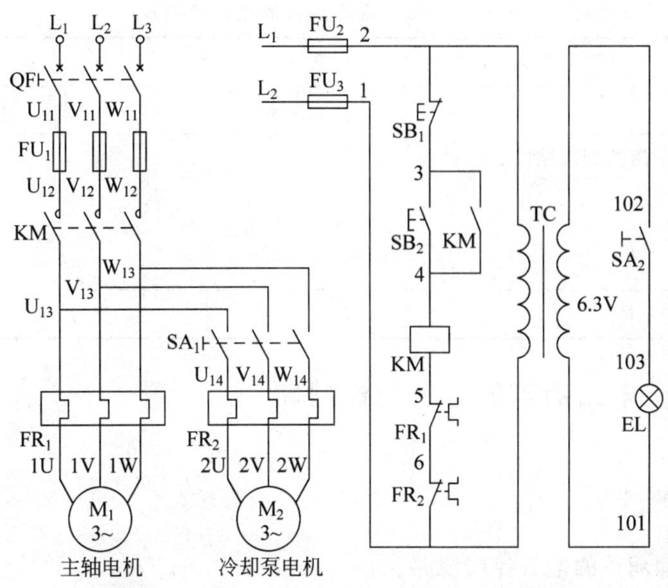


图 3-79 C620 型车床控制线路电气原理图

芯吸合，主回路中接触器 KM 的 3 个常开触点合上，主电动机 $M_1$ 得到三相交流电启动运转，同时接触器 KM 的常开辅助触点也合上，对控制回路进行自锁，保证启动按钮 $SB_2$ 松开时，接触器 KM 的线圈仍然通电。若加工时需要冷却，则拨动开关 $SA_2$，冷却泵电动机 $M_2$ 通电运转，带动冷却泵供应冷却液。启动过程如图 3-80 所示。

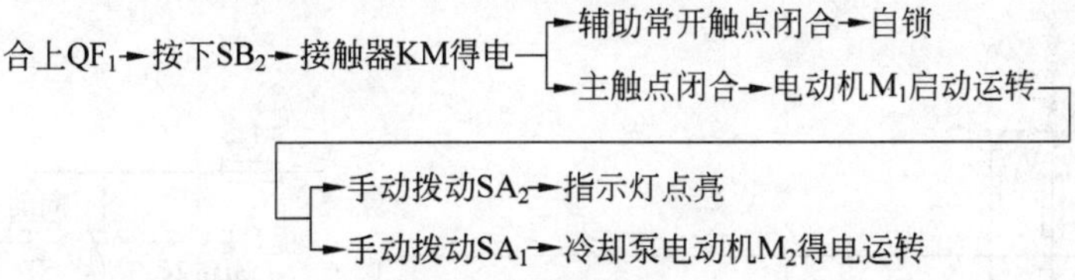

合上 $QF_1$→按下 $SB_2$→接触器KM得电→辅助常开触点闭合→自锁

合上 $QF_1$→按下 $SB_2$→接触器KM得电→主触点闭合→电动机 $M_1$ 启动运转→手动拨动 $SA_2$→指示灯点亮

合上 $QF_1$→按下 $SB_2$→接触器KM得电→主触点闭合→电动机 $M_1$ 启动运转→手动拨动 $SA_1$→冷却泵电动机 $M_2$ 得电运转

图 3-80 启动过程

(2) 停止过程

要求停车时，按下停止按钮 $SB_1$，使控制回路失电，接触器 KM 跳开，使主电路断开，电动机停止转动。停止过程归纳为如图 3-81 所示。

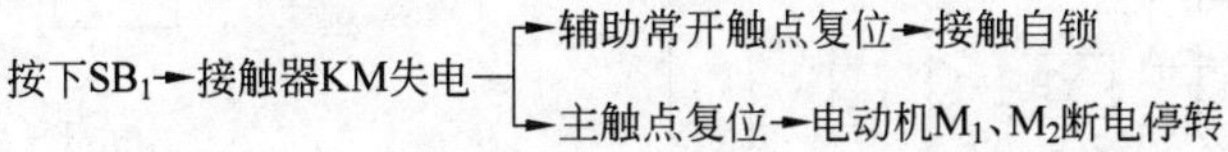

按下 $SB_1$→接触器KM失电→辅助常开触点复位→接触自锁

按下 $SB_1$→接触器KM失电→主触点复位→电动机 $M_1$、$M_2$ 断电停转

图 3-81 停止过程

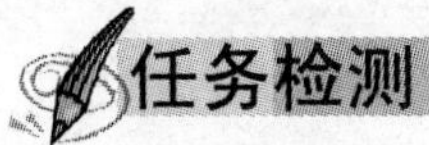

## 任务检测

按表 3-18 所示完成检测任务。

表 3-18　C620 型车床控制线路检测表

| 课题 | C620 型车床控制线路 | | | | | | |
|---|---|---|---|---|---|---|---|
| 班级 | | 姓名 | | 学号 | | 日期 | |
| 简述 C620 型车床控制线路的工作过程。 | | | | | | | |
| 指导教师(签名) | | | | 得分 | | | |

## 分任务 3.6.2　电动葫芦的电气控制线路

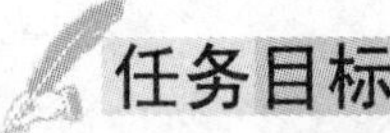

### 任务目标

(1) 了解电动葫芦的电气控制线路。

(2) 能分析电动葫芦电气控制线路的工作原理。

### 任务过程

**1. 电气原理图**

电动葫芦的电气控制线路电气原理图如图 3-82 所示。

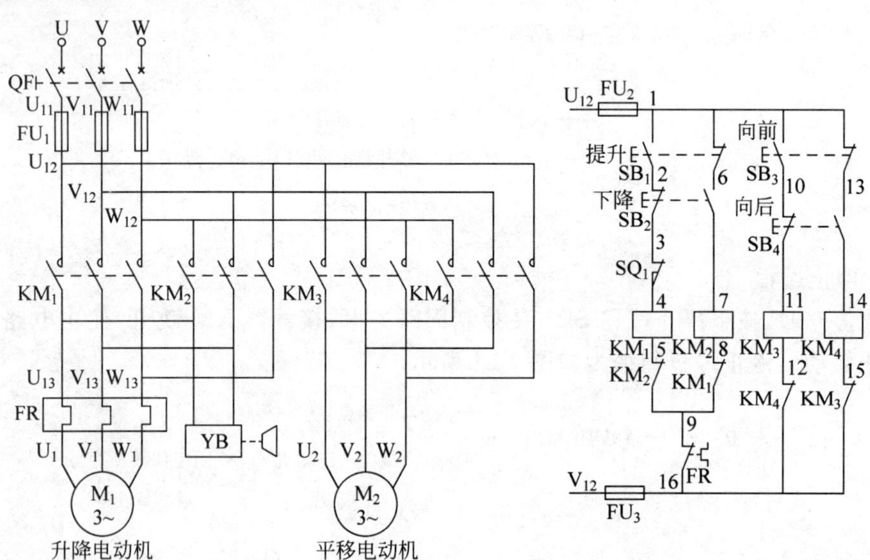


图 3-82　电动葫芦的电气控制线路电气原理图

**2. 工作流程**

(1) 提升和下放控制

按下按钮 $SB_1$，$KM_1$ 吸合，$KM_1$ 主触点闭合，电磁制动 YB 得电松闸(实验中使用电磁铁模拟电磁制动器 YB)，提升电动机 $M_1$ 转动将物件提起。

将 $SB_1$ 松开，$KM_1$ 释放，$KM_1$ 所有触点都断开，YB 失电依靠弹簧的推力使制动器抱闸，使电动机 $M_1$ 和卷筒不能再转动。

要下放物件时，将 $SB_2$ 按下，$KM_2$ 得电吸合，其主触点闭合，YB 得电松闸，电动机 $M_1$ 反转下放物件。

松开 $SB_2$，$KM_2$ 断电释放，主触点断开，YB 失电抱闸。

$SQ_1$ 为上限位开关，当提升到极限位置时，会将 $SQ_1$ 压下，其触点 $SQ_1$(3-4)断开，$KM_1$ 失电，YB 抱闸，电动机 $M_1$ 停止。

提升和下放控制如图 3-83 所示。

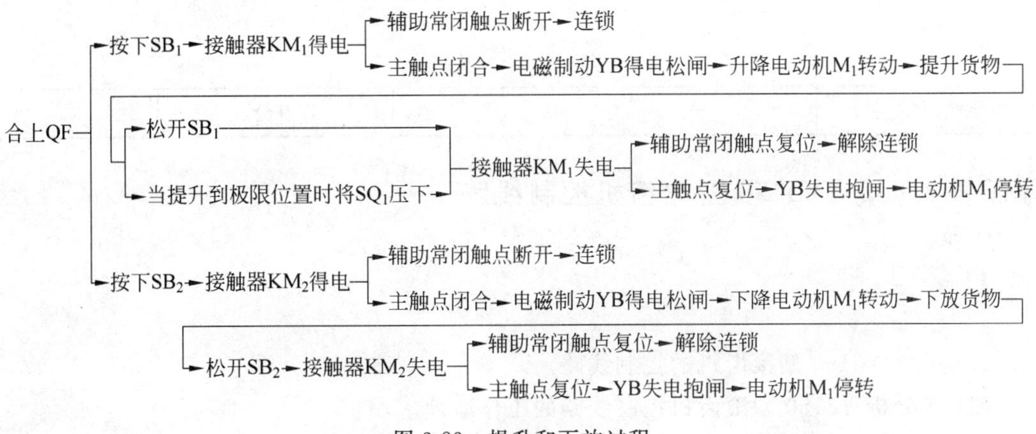


图 3-83 提升和下放过程

(2) 水平移动控制

$M_2$ 为水平移动电动机，用来水平移动搬运货物，由 $KM_3$、$KM_4$ 进行正反转控制。

按下 $SB_3$，$KM_3$ 得电吸合，电动机 $M_2$ 正转，电动葫芦沿工字梁向前做水平移动，松开 $SB_3$，$KM_3$ 释放，电动机 $M_2$ 停止，电动葫芦停止移动。

按下 SB4，$KM_4$ 得电吸合，电动机 $M_2$ 反转，电动葫芦向后做水平移动，松开 $SB_4$，$KM_4$ 释放，电动机 $M_2$ 停止，电动葫芦停止移动。

水平移动控制如图 3-84 所示。

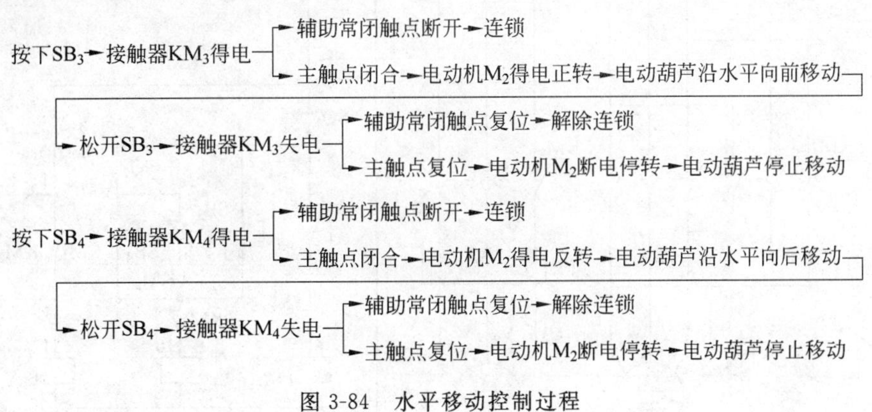


图 3-84 水平移动控制过程

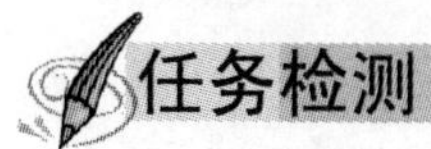

## 任务检测

按表 3-19 所示完成检测任务。

**表 3-19　电动葫芦的电气控制线路检测表**

| 课题 | 电动葫芦的电气控制线路 | | | | | | |
|---|---|---|---|---|---|---|---|
| 班级 | | 姓名 | | 学号 | | 日期 | |
| 简述电动葫芦电气控制线路的控制过程。 | | | | | | | |
| 指导教师(签名) | | | | | 得分 | | |

## 分任务 3.6.3　Y3150 型滚齿机控制线路

## 任务目标

(1) 了解 Y3150 型滚齿机的控制线路。

(2) 能分析 Y3150 型滚齿机控制线路的工作原理。

## 任务过程

**1. 电气原理图**

Y3150 型滚齿机控制线路电气原理图如图 3-85 所示。

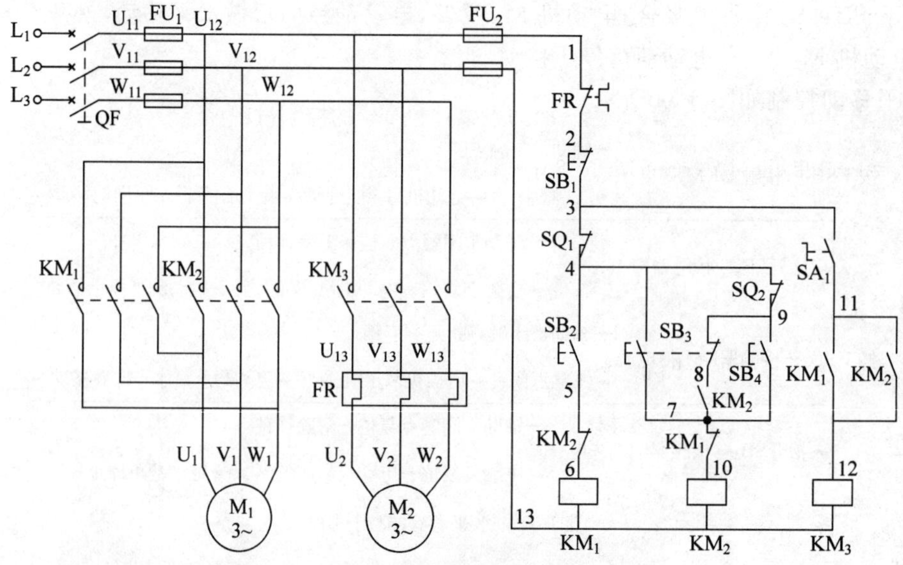


图 3-85　Y3150 型滚齿机控制线路电气原理图

**2. 工作流程**

(1) 主轴电动机 $M_1$ 的控制过程

按下启动按钮 $SB_4$，$KM_2$ 得电吸合并自锁，其主触点闭合，电动机 $M_1$ 启动运转，按下停止按钮 $SB_1$，$KM_2$ 失电释放，$M_1$ 停转。

按下点动按钮 $SB_2$，$KM_1$ 得电吸合，电动机 $M_1$ 反转，使刀架快速向下移动；松开 $SB_2$，$KM_1$ 失电释放，$M_1$ 停转。

按下点动按钮 $SB_3$，其动合触点 $SB_3$(4-7)闭合，使 $KM_2$ 得电吸合，其主触点闭合，电动机 $M_1$ 正转，使刀架快速向上移动，$SB_3$ 的动断触点 $SB_3$(9-8)断开，切断 $KM_2$ 的自锁回路；松开 $SB_3$，$KM_2$ 失电释放，电动机 $M_1$ 失电停转。

主轴电动机 $M_1$ 的控制过程如图 3-86 所示。

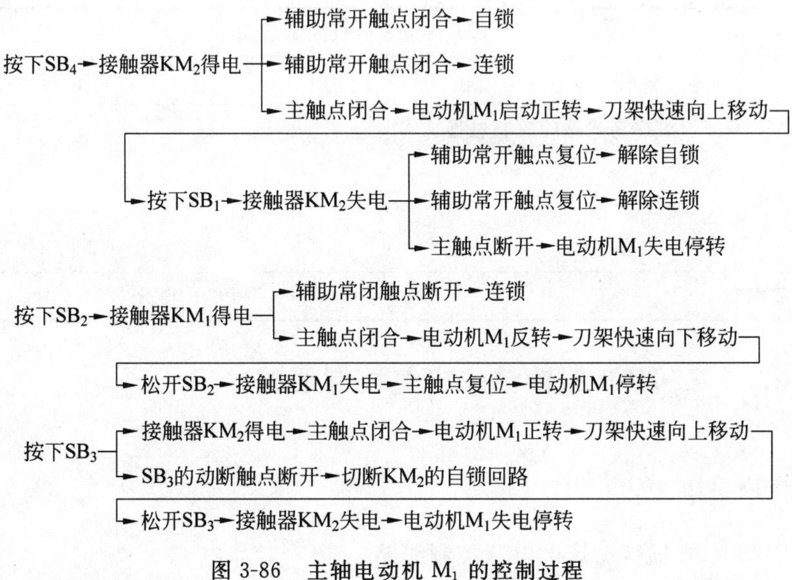


图 3-86 主轴电动机 $M_1$ 的控制过程

(2) 冷却泵电动机 $M_2$ 的控制过程

冷却泵电动机 $M_2$ 只有在主轴电动机 $M_1$ 启动后，闭合开关 $SA_1$，使 $KM_3$ 得电吸合，其主触点闭合，电动机 $M_2$ 启动，供给冷却液。冷却泵电动机 $M_2$ 的控制过程如图 3-87 所示。

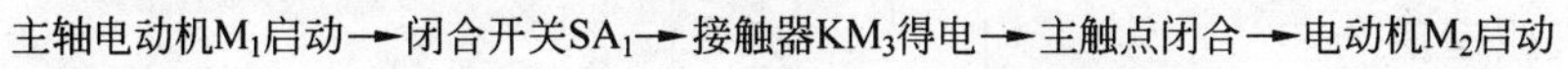

主轴电动机$M_1$启动→闭合开关$SA_1$→接触器$KM_3$得电→主触点闭合→电动机$M_2$启动

图 3-87 冷却泵电动机 $M_2$ 的控制过程

(3) 限位控制过程

在 $KM_1$ 和 $KM_2$ 线圈电路中有行程开关 $SQ_1$。$SQ_1$ 为滚刀架工作行程的极限开关，当刀架超过工作行程时，挡铁撞到 $SQ_1$，其动断触点 $SQ_1$(3-4)断开，切断 $KM_1$、$KM_2$ 的控制电路电源，使机床停车。这时若要开车，则必须先用机械手柄把滚刀架摇到使挡铁离开行程开关 $SQ_1$，让行程开关 $SQ_1$(3-4)复位闭合，然后机床才能工作。

在 $KM_2$ 线圈电路中还有行程开关 $SQ_2$。$SQ_2$ 为终点极限开关，当工件加工完毕时，装在刀架滑块上的挡铁撞到 $SQ_2$，使其动断触点(4-9)断开，使 $KM_2$ 失电释放，电动机 $M_1$ 自动停车。

限位控制过程如图 3-88 所示。

刀架超过工作行程—→撞到$SQ_1$→其动断触点断开→切断$KM_1$、$KM_2$的电源→机床停车
　　　　　　　　　→撞到$SQ_2$→其动断触点断开→切断$KM_2$的电源→电动机$M_1$停转

图 3-88 限位控制过程

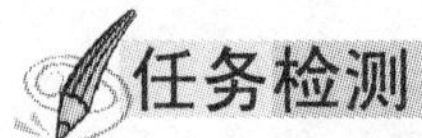

## 任务检测

按表 3-20 所示完成检测任务。

**表 3-20 Y3150 型滚齿机控制线路检测表**

| 课题 | Y3150 型滚齿机控制线路 | | | | | | |
|---|---|---|---|---|---|---|---|
| 班级 | | 姓名 | | 学号 | | 日期 | |
| 简述 Y3150 型滚齿机控制线路的控制过程。 | | | | | | | |
| 指导教师(签名) | | | | 得分 | | | |

## 分任务 3.6.4 Z3040B 摇臂钻床电气控制线路

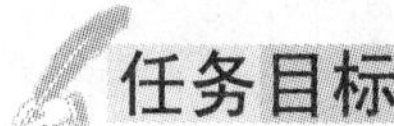

## 任务目标

(1) 了解 Z3040B 摇臂钻床的电气控制线路。

(2) 能分析 Z3040B 摇臂钻床电气控制线路的工作原理。

## 任务过程

**1. 电气原理图**

Z3040B 摇臂钻床电气控制线路电气原理图如图 3-89 所示。

**2. 工作流程**

(1) 电源接触器的控制过程

按钮 $SB_3$ 和接触器 KM 代替了电源开关的作用，所以接触器 KM 的线圈直接接在 380V 的电源上。按下按钮 $SB_3$，接触器 KM 通电吸合并自锁，机床的三相电源接通。按钮 $SB_4$ 为断开电源的按钮，按下 $SB_4$，接触器 KM 断电释放，机床电源断开。按钮 $SB_3$ 和 $SB_4$ 都是自动复位的按钮，它们与接触器 KM 配合，使机床得到了零压和欠压保护。

接触器 KM 动作以后，接触器 KM 的一个常开触点接通指示灯 $HL_1$，表示机床电源已接通。

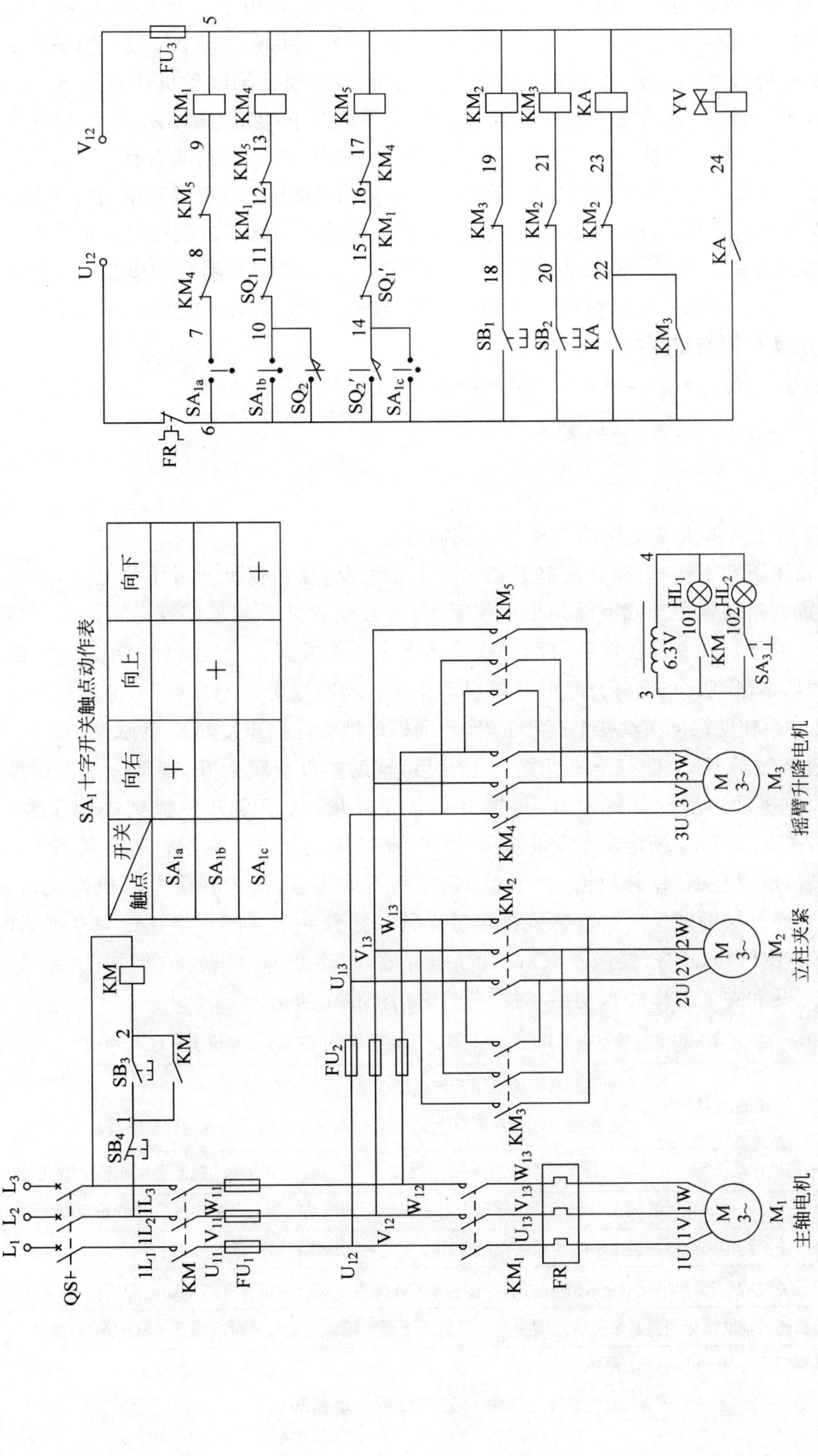

$SA_1$十字开关触点动作表

| 触点 \ 开关 | 向右 | 向上 | 向下 |
|---|---|---|---|
| $SA_{1a}$ | + | | |
| $SA_{1b}$ | | + | |
| $SA_{1c}$ | | | + |

$M_1$ 主轴电机

$M_2$ 立柱夹紧

$M_3$ 摇臂升降电机

图 3-89 Z3040B 摇臂钻床电气控制线路电气原理图

(2) 主轴电动机控制过程

主轴电动机和摇臂升降电动机控制主轴旋转和摇臂升降用十字开关操作，控制线路中的 $SA_{1a}$、$SA_{1b}$ 和 $SA_{1c}$ 是十字开关的 3 个触点。十字开关的手柄有 5 个位置。当手柄处在中间位置，所有的触点都不通，手柄向右，触点 $SA_{1a}$ 闭合，接通主轴电动机接触器 $KM_1$；手柄向上，触点 $SA_{1b}$ 闭合，接通摇臂上升接触器 $KM_4$；手柄向下，触点 $SA_{1c}$ 闭合，接通摇臂下降接触器 $KM_5$。操作形象化，不容易误操作。十字开关操作时，一次只能占有一个位置，$KM_1$、$KM_4$、$KM_5$ 3 个接触器就不会同时通电，有利于防止主轴电动机和摇臂升降电动机同时启动运行，也减少了接触器 $KM_4$ 和 $KM_5$ 的主触点同时闭合而造成短路事故的机会。但是单靠十字开关还不能完全防止 $KM_1$、$KM_4$ 和 $KM_5$ 3 个接触器的主触点同时闭合的事故。在控制线路中，将 $KM_1$、$KM_4$、$KM_5$ 3 个接触器的常闭触点进行连锁，使线路的动作更为安全、可靠。

主轴电动机控制过程如图 3-90 所示。

按下$SB_3$→接触器KM得电→触点吸合并自锁→机床的三相电源接通→$SA_1$手柄向右→触点$SA_{1a}$闭合→接触器$KM_1$得电→主轴电动机启动

图 3-90 主轴电动机控制过程

(3) 摇臂上升和夹紧工作的自动循环控制过程

摇臂钻床正常工作时，摇臂应夹紧在立柱上。因此，在摇臂上升或下降之前，必须先松开夹紧装置。当摇臂上升或下降到指定位置时，夹紧装置又必须将摇臂夹紧。本机床摇臂的松开、升(或降)、夹紧过程能够自动完成。将十字开关扳到上升位置(即向上)，触点 $SA_{1b}$ 闭合，接触器 $KM_4$ 吸合，摇臂升降电动机启动正转。这时摇臂还不会移动，电动机通过传动机构，先使一个辅助螺母在丝杠上旋转上升，辅助螺母带动行程开关 $SQ_2$，其触点 $SQ_2$(6-14)闭合，为接通接触器 $KM_5$ 做好准备。摇臂松开后，辅助螺母继续上升，带动一个主螺母沿着丝杆上升，主螺母则推动摇臂上升，摇臂升到预定高度，将十字开关扳到中间位置，触点 $SA_{1b}$ 断开，接触器 $KM_4$ 断电释放。电动机停转，摇臂停止上升。由于行程开关 $SQ_2$(6-14)仍旧闭合着，所以在 $KM_4$ 释放后，接触器 $KM_5$ 即通电吸合，摇臂升降电动机即反转，这时电动机只是通过辅助螺母使夹紧装置将摇臂夹紧。摇臂并不下降。当摇臂完全夹紧时，行程开关 $SQ_2$(6-14)即断开，接触器 $KM_5$ 就断电释放，电动机 $M_4$ 停转。

摇臂上升和夹紧工作的自动循环控制过程如图 3-91 所示。

按下$SB_3$→接触器KM得电→触点吸合并自锁→机床的三相电源接通→$SA_1$手柄向上→触点$SA_{1b}$闭合→接触器$KM_4$得电→辅助常闭触点断开→连锁；主触点闭合→摇臂上升电动机$M_3$启动→摇臂上升→摇臂不移动→通过传动机构，先使辅助螺母旋转上升→带动行程开关$SQ_2$触点闭合→为接触器$KM_5$得电做准备→摇臂松开后，辅助螺母继续上升→带动主螺母上升→主螺母则推动摇臂上升→当摇臂升到预定高度时→十字开关扳到中间位置→触点$SA_{1b}$断开→接触器$KM_4$失电→电动机停转，摇臂停止上升→行程开关$SQ_2$(6-16)仍旧闭合→$KM_4$释放后，接触器$KM_5$即得电吸合→摇臂升降电动机即反转→电动机通过辅助螺母使夹紧装置将摇臂夹紧→摇臂不下降→摇臂完全夹紧时行程开关$SQ_2$(6-14)断开→接触器$KM_5$失电→电动机$M_4$停转

图 3-91 摇臂上升和夹紧工作的自动循环控制过程

摇臂下降的过程与上述情况相同。

$SQ_1$ 是一个组合行程开关,它的两个常闭触点分别作为摇臂升降的极限位置控制,起终端保护作用。当摇臂上升或下降到极限位置时,由挡块使 $SQ_1$ 的常闭触点(10-11)或(14-15)断开,切换接触器 $KM_4$ 和 $KM_5$ 的通路,使电动机停转,从而起到了保护作用。

摇臂升降机构除了电气限位保护以外,还有机械极限保护装置,在电气保护装置失灵时,机械极限保护装置可以起保护作用。

(4) 立柱和主轴箱的夹紧控制过程

本机床的立柱分内外两层,外立柱可以围绕内立柱做360°的旋转。内外立柱之间有夹紧装置。立柱的夹紧和松开由液压装置进行,电动机拖动一台齿轮泵。电动机正转时,齿轮泵送出压力油使立柱夹紧,电动机反转时,齿轮泵送出压力油使立柱放松。

立柱夹紧电动机用按钮 $SB_1$ 和 $SB_2$ 及接触器 $KM_2$ 和 $KM_3$ 控制,$SB_1$ 和 $SB_2$ 都是自动复位的按钮。按下按钮 $SB_1$ 或 $SB_2$,$KM_2$ 或 $KM_3$ 就通电吸合,使电动机正转或反转,将立柱夹紧或放松。松开按钮,$KM_2$ 或 $KM_3$ 就断电释放,电动机即停止。

立柱的夹紧松开与主轴的夹紧松开有电气上的联动,立柱松开主轴箱也松开,立柱夹紧主轴箱也夹紧,当接触器 $KM_2$ 吸合,立柱松开时,$KM_3$ 的常开触点(6-22)闭合,中间继电器KA通电吸合并自保。KA的一个常开触点接通电磁阀YV,使液压装置将主轴箱松开。在立柱放松的整个时期内,中间继电器KA和电磁阀YV始终保持工作状态。按下按钮 $SB_1$,接触器 $KM_3$ 通电吸合,立柱被夹紧。$KM_2$ 的常闭辅助触点(22-23)断开,KA断电释放,电磁阀YV断电,液压装置将主轴箱夹紧。

在该控制线路里,不能用接触器 $KM_2$ 和 $KM_3$ 来直接控制电磁阀YV。因为电磁阀必须保持通电状态,主轴箱才能松开。如果YV断电,液压装置立即将主轴箱夹紧。$KM_2$ 和 $KM_3$ 均是点动工作方式,立柱夹紧以后就可以放开按钮,使 $KM_2$ 断电释放,这时立柱不会松开,同样当立柱松开后放开按钮,$KM_3$ 断电释放,立柱也不会再夹紧。这样,就必须用一只中间继电器KA,在 $KM_3$ 断电释放后KA仍能保持吸合,使电磁阀YV也保持通电。只有当按下 $SB_1$,使 $KM_2$ 吸合后,KA才会释放,YV才断电,主轴箱被夹紧。

立柱和主轴箱的夹紧控制过程如图3-92所示。

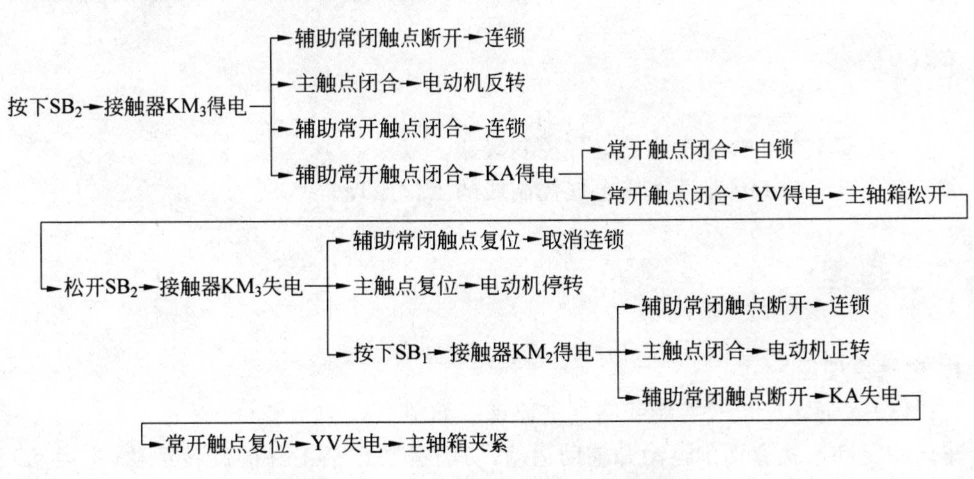


图3-92 立柱和主轴箱的夹紧控制过程

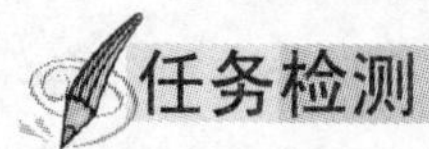

## 任务检测

按表 3-21 所示完成检测任务。

**表 3-21　Z3040B 摇臂钻床电气控制线路检测表**

| 课题 | Z3040B 摇臂钻床电气控制线路 | | | | | | |
|---|---|---|---|---|---|---|---|
| 班级 | | 姓名 | | 学号 | | 日期 | |

简述 Z3040B 摇臂钻床电气控制线路的控制过程。

(1) 主轴电动机的控制过程。

(2) 摇臂上升和夹紧工作的自动循环控制过程。

(3) 立柱和主轴箱的夹紧控制过程。

| 指导教师(签名) | | 得分 | |
|---|---|---|---|

## 分任务 3.6.5　CA6140 普通车床电气控制线路

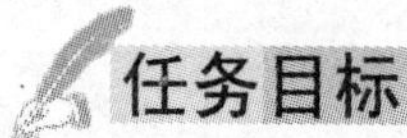

### 任务目标

(1) 了解 CA6140 普通车床的电气控制线路。
(2) 能分析 CA6140 普通车床电气控制线的工作原理。

### 任务过程

**1. 电气原理图**

CA6140 普通车床电气控制线路电气原理图如图 3-93 所示。

车床的运动形式有切削运动和辅助运动,切削运动包括工件的旋转运动(主运动)和刀具的直线进给运动(进给运动),除此之外的其他运动皆为辅助运动。

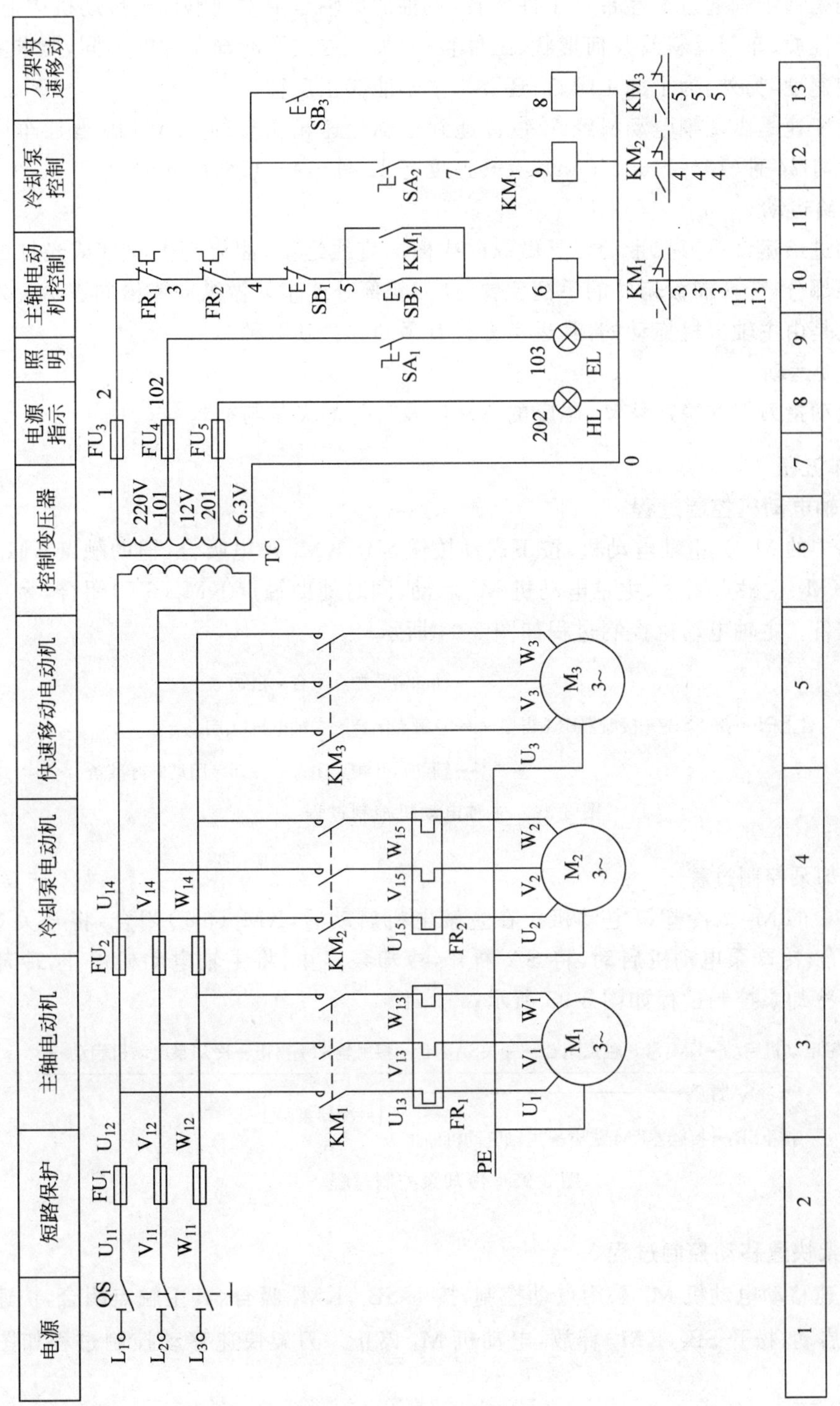


图 3-93 CA6140 普通车床电气控制线路电气原理图

(1) 主运动

主运动是指主轴通过卡盘带动工件旋转,主轴的旋轴是由主轴电机经传动机构拖动、根据工件材料性质、车刀材料及几何形状、工件直径、加工方式及冷却条件的不同,要求主轴有不同的切削速度,另外,为了加工螺钉,还要求主轴能够正反转。

主轴的变速是由主轴电动机经 V 带传递到主轴变速箱实现的,CA6140 普通车床的主轴正转速度有 24 种(10～1400r/min),反转速度有 12 种(14～1580r/min)。

(2) 进给运动

车床的进给运动是刀架带动刀具做纵向或横向直线运动,溜板箱把丝杠或光杠的转动传递给刀架部分,变换溜板箱外的手柄位置,经刀架部分使车刀做纵向或横向进给。刀架的进给运动也是由主轴电机拖动的,其运动方式有手动和自动两种。

(3) 辅助运动

辅助运动指刀架的快速移动、尾座的移动以及工件的夹紧与放松等。

**2. 工作流程**

(1) 主轴电动机控制过程

主电路中的 $M_1$ 为主轴电动机,按下启动按钮 $SB_2$,$KM_1$ 得电吸合,辅助触点 $KM_1$(4-5)闭合自锁,$KM_1$ 主触点闭合,主轴电动机 $M_1$ 启动,同时辅助触点 $KM_1$(6-7)闭合,为冷却泵启动做好准备。主轴电动机控制过程如图 3-94 所示。

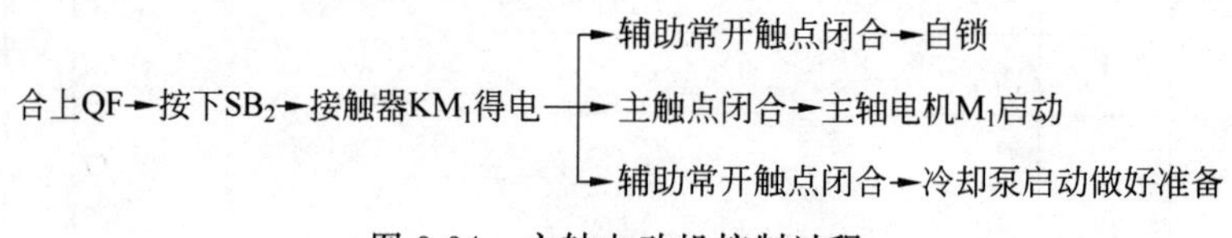


图 3-94 主轴电动机控制过程

(2) 冷却泵控制过程

主电路中的 $M_2$ 为冷却泵电动机。在主轴电机启动后,$KM_1$(6-7)闭合,将开关 SA 闭合,$KM_2$ 吸合,冷却泵电动机启动,将 SA 断开,冷却泵停止,将主轴电动机停止,冷却泵也自动停止。冷却泵控制过程如图 3-95 所示。

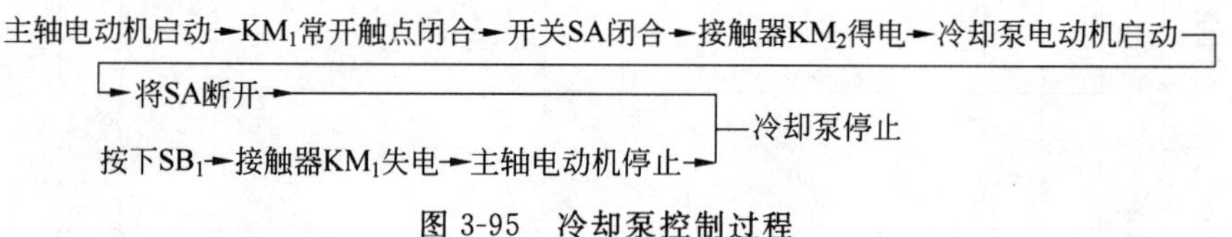


图 3-95 冷却泵控制过程

(3) 刀架快速移动控制过程

刀架快速移动电动机 $M_3$ 采用点动控制,按下 $SB_3$,$KM_3$ 吸合,其主触点闭合,快速移动电动机 $M_3$ 启动,松开 $SB_3$,$KM_3$ 释放,电动机 $M_3$ 停止。刀架快速移动控制过程如图 3-96 所示。

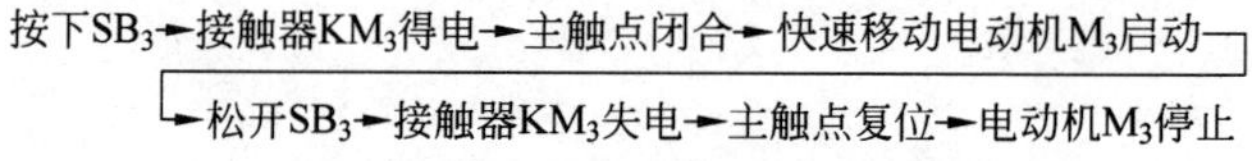

按下$SB_3$→接触器$KM_3$得电→主触点闭合→快速移动电动机$M_3$启动

→松开$SB_3$→接触器$KM_3$失电→主触点复位→电动机$M_3$停止

图 3-96 刀架快速移动控制过程

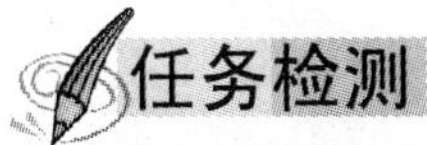

## 任务检测

按表 3-22 所示完成检测任务。

**表 3-22 CA6140 普通车床电气控制线路检测表**

| 课题 | CA6140 普通车床电气控制线路 | | | | | | |
|---|---|---|---|---|---|---|---|
| 班级 | | 姓名 | | 学号 | | 日期 | |
| 简述 CA6140 普通车床电气控制线路的控制过程。 | | | | | | | |
| 指导教师(签名) | | | | 得分 | | | |

## 分任务 3.6.6 Z35 型摇臂钻床控制线路

### 任务目标

(1) 了解 Z35 型摇臂钻床的控制线路。

(2) 能分析 Z35 型摇臂钻床控制线路的工作原理。

### 任务过程

**1. Z35 型摇臂钻床主要结构**

Z35 型摇臂钻床的外形如图 3-97 所示，其主要由底座、工作台、主轴、摇臂、主轴箱、内立柱、外立柱等部分组成。

内立柱固定不动安装在底座上，外立柱套在内立柱外，并可以绕内立柱做 360°回转，摇臂的一端套在外立柱上，借助丝杠的正转或者反转，摇臂可以沿外立柱上升或者下降，但摇臂不能和外立柱做相对回转运动，它只能跟外立柱一起绕内立柱回转。主轴箱安装在摇臂的水平导轨上，通过手轮操作可以使其沿导轨做径向移动，当需要钻削加工时，利用夹紧机构将外立柱紧固在内立柱上，将摇臂固定在外立柱上，将主轴箱固定在摇臂上。

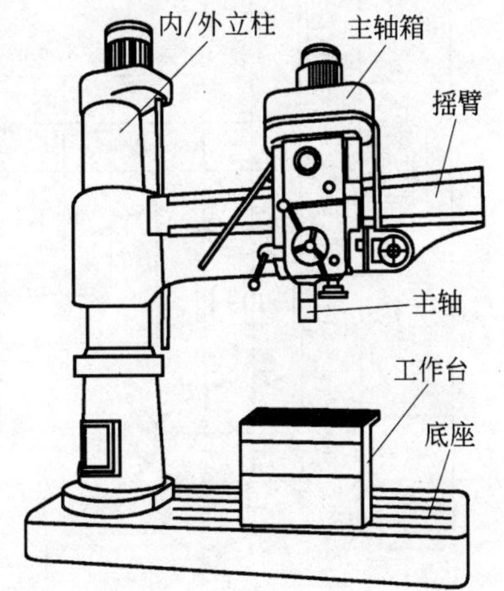


图 3-97 Z35 型摇臂钻床的外形

**2. 电气原理图**

Z35 型摇臂钻床控制线路电气原理图如图 3-98 所示。

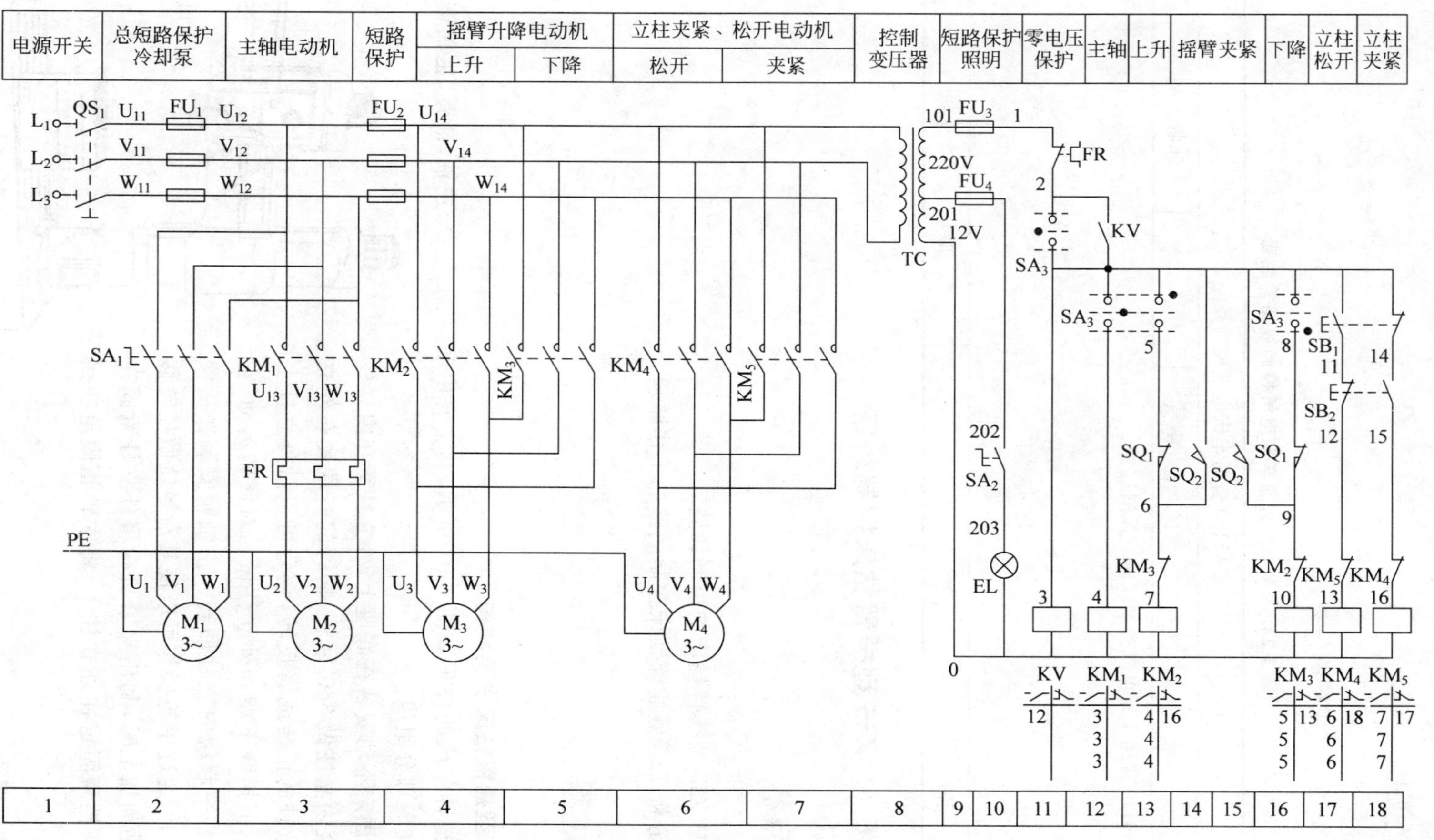


图 3-98 Z35 型摇臂钻床控制线路电气原理图

**3. 工作流程**

(1) 主轴电动机的控制

将十字开关 $SA_3$ 扳到左边，其触点(2-3)闭合，KV 得电吸合并自锁，然后将 SA 扳到右边，触点 $SA_3$(3-4)闭合，$KM_1$ 吸合，主轴电动机转动。

将十字开关 $SA_3$ 扳到中间位置，SA 的所有触点均断开，$KM_1$ 释放，主轴电动机也随之停止。

主轴电动机控制过程如图 3-99 所示。

十字开关$SA_3$扳到左边→触点(2-3)闭合→KV得电→辅助常开触点闭合→自锁→SA扳到右边→触点$SA_3$(3-4)闭合→$KM_1$得电→主触点闭合→主轴电动机转动→十字开关$SA_3$扳到中间位置→SA的所有触点均断开→$KM_1$释放→主轴电动机停转

图 3-99 主轴电动机控制过程

(2) 摇臂的升降控制和松开与夹紧

摇臂升降的松开和夹紧由机械和电气联合自动完成，要想摇臂上升，将十字开关 $SA_3$ 向上扳，触点 $SA_3$(3-5)闭合，$KM_2$ 得电吸合，摇臂升降电动机正转，但此时由于摇臂还未松开，摇臂不会马上上升，而是通过机械机构使摇臂松开，并使得开关 $SQ_2$ 的一对触点 $SQ_2$(3-9)闭合，为夹紧做好准备，摇臂松开后，摇臂开始上升，当摇臂升高到所需的位置时，将十字开关 $SA_3$ 扳到中间位置，$SA_3$ 所有触点都断开，$KM_2$ 释放，其常闭触点 $KM_2$(9-10)闭合，通过 $SQ_2$(3-9)—$KM_2$(9-10)—$KM_3$ 线圈，使 $KM_3$ 得电吸合，摇臂升降电动机反转，但摇臂此时不会下降，而是通过机械机构使摇臂夹紧，夹紧后 $SQ_2$(3-9)断开，$KM_3$ 失电释放，电动机 M3 停止，摇臂的上升过程完成。

要使摇臂下降，将十字开关向下扳，十字开关 $SA_3$(3-8)闭合，$KM_3$ 得电，电动机 $M_3$ 反转，摇臂松开并使 $SQ_2$(3-5)闭合，当摇臂下降到所需位置时，将十字开关扳到中间位置，$KM_3$ 断电，$KM_2$ 得电吸合，电动机 $M_2$ 正转将摇臂夹紧，并使 $SQ_2$(3-5)断开，$KM_2$ 失电释放，$M_2$ 停止，下降过程完成。

摇臂升降和夹紧控制过程如图 3-100 所示。

十字开关$SA_3$向上扳→触点$SA_3$(3-5)闭合→$KM_2$得电吸合→摇臂升降电动机正转→通过机械机构使摇臂松开→
- 开关$SQ_2$触点$SQ_2$(3-9)闭合→摇臂开始上升
- 十字开关$SA_3$扳到中间位置→$SA_3$所有触点断开→$KM_2$释放→常闭触点$KM_2$(9-10)闭合

→$KM_3$线圈得电吸合→摇臂升降电动机反转→机械机构使摇臂夹紧→$SQ_2$(3-9)断开→$KM_3$失电释放→电动机$M_3$停止→完成上升过程

十字开关$SA_3$向下扳→$SA_3$(3-5)闭合→$KM_3$得电→电动机$M_3$反转→
- 摇臂松开
- $SQ_2$(3-5)闭合

→当摇臂下降到所需位置时→十字开关扳到中间位置→$KM_3$断电→$KM_2$得电吸合→
- 电动机$M_2$正转
- 摇臂夹紧→$SQ_2$(3-5)断开

→$KM_2$失电释放→$M_2$停止→完成下降过程

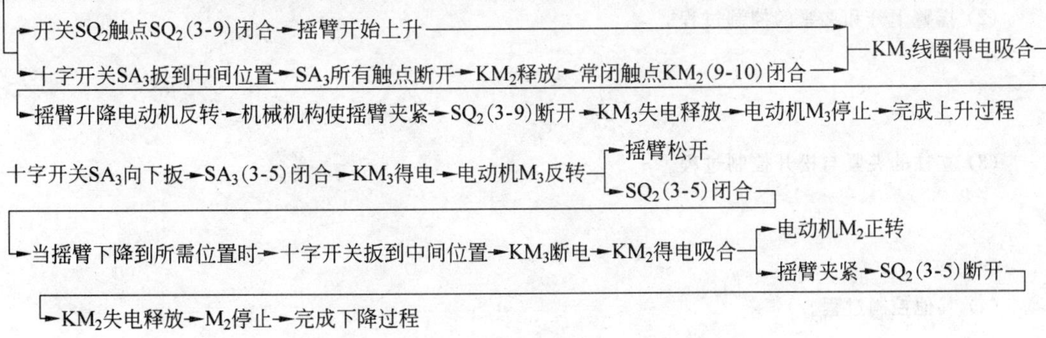

图 3-100 摇臂升降和夹紧控制过程

(3) 立柱的夹紧与松开控制

立柱的夹紧与松开是靠 $KM_4$、$KM_5$ 控制立柱松紧电动机 $M_4$ 拖动液压泵来完成的。按

下 $SB_1$，$KM_4$ 得电吸合，电动机 $M_4$ 正转，带动液压泵输出高压油，通过油路和传动机构使外立柱松开。然后松开 $SB_1$，$KM_4$ 释放，电动机 $M_4$ 停转。

按下 $SB_2$，$KM_5$ 吸合，电动机 $M_4$ 反转，在液压系统高压的推动下，将外立柱夹紧，然后松开 $SB_2$，$KM_5$ 失电释放，$M_4$ 停止。主轴箱的松开和夹紧跟立柱同时进行。

立柱的夹紧与松开控制过程如图 3-101 所示。

按下$SB_1$→$KM_4$得电吸合→电动机$M_4$正转→液压泵输出高压油；→通过油路和传动机构使外立柱松开→松开$SB_1$→$KM_4$释放→电动机$M_4$停转

按下$SB_2$→$KM_5$吸合→电动机$M_4$反转→立柱夹紧→松开$SB_2$→$KM_5$失电释放→$M_4$停转

图 3-101　立柱的夹紧与松开控制过程

(4) 冷却泵电动机的控制

冷却泵电动机由开关 $SA_1$ 直接控制，$SA_1$ 闭合，$M_1$ 转动，$SA_1$ 断开，$M_1$ 停止。

(5) 照明灯的控制

照明灯 EL 由开关 $SA_2$ 控制。

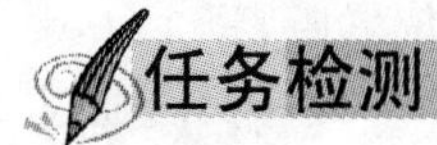

## 任务检测

按表 3-23 所示完成检测任务。

**表 3-23　Z35 型摇臂钻床控制线路检测表**

| 课题 | Z35 型摇臂钻床控制线路 | | | | | | |
|---|---|---|---|---|---|---|---|
| 班级 | | 姓名 | | 学号 | | 日期 | |

简述 Z35 型摇臂钻床控制线路的控制过程。

(1) 主轴电动机的控制过程。

(2) 摇臂上升和夹紧的控制过程。

(3) 立柱的夹紧与松开控制过程。

(4) 其他控制过程。

| 指导教师(签名) | | 得分 | |
|---|---|---|---|

## 分任务 3.6.7 20/5t 型桥式起重机电气控制线路

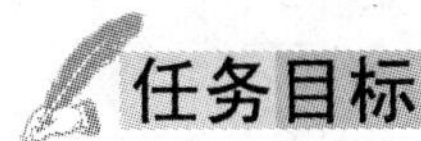

任务目标

(1) 了解 20/5t 型桥式起重机的电气控制线路。

(2) 能分析 20/5t 型桥式起重机电气控制线路的工作原理。

任务过程

**1. 20/5t 型桥式起重机主要结构**

桥式起重机的结构示意图如图 3-102 所示，主要由桥架、大车、小车、主钩和副钩组成。

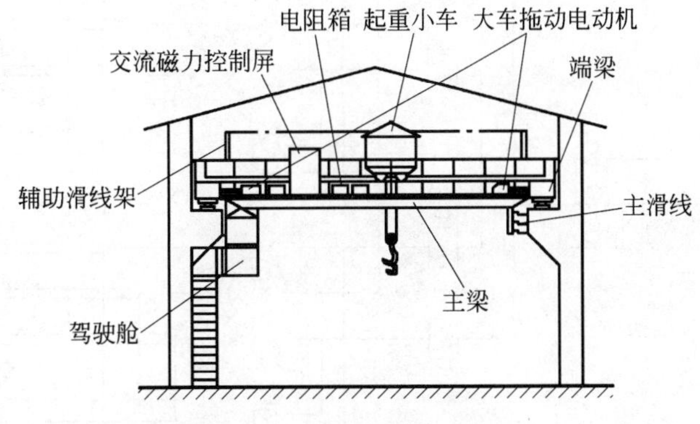


图 3-102 桥式起重机的结构示意图

**2. 电气原理图**

20/5t 型桥式起重机电气控制线路电气原理图如图 3-103 所示。

**3. 工作流程**

(1) 安全保护

桥式起重机除了使用熔断器作为短路保护，使用过电流继电器作过载、过流保护之外，还有各种用来保障维修人员安全的安全保护，如驾驶室门上的舱门安全开关 $SQ_1$，横梁两侧栏杆门上的安全开关 $SQ_2$、$SQ_3$，并设有一个紧急情况开关 $SA_1$。如图 3-104 所示，$SQ_1$、$SQ_2$、$SQ_3$ 和 $SA_1$ 常开触点串在接触器 KM 线圈电路中，只要有一个门没关好，对应的开关触点不会闭合，KM 就无法吸合；或紧急开关 $SA_1$ 没合上，KM 也无法吸合，起到安全保护的作用。

(2) 主控接触器 KM 的控制

在起重机启动之前，应将所有凸轮控制器手柄置于“0”位置，其各自串在接触器 KM 线圈通路中的触点闭合(如图 3-105 所示各开关的状态表)，将舱门、横梁栏杆门关好，使安全开关 $SQ_1$、$SQ_2$、$SQ_3$ 触头闭合，同时紧急开关 $SA_1$ 也要合上，为启动做好准备。

合上电源开关 $QS_1$，按下启动按钮 SB，接触器 KM 吸合，通过开关图可以看出此时触头 $Q_{1\text{-}10}$、$Q_{1\text{-}11}$、$Q_{2\text{-}10}$、$Q_{2\text{-}11}$、$Q_{3\text{-}15}$、$Q_{3\text{-}16}$ 均是闭合的，接触器 KM 可以通过其两副触点 KM(1-2)、KM(10-14)进行自锁。主控接触器 KM 的控制过程如图 3-106 所示。

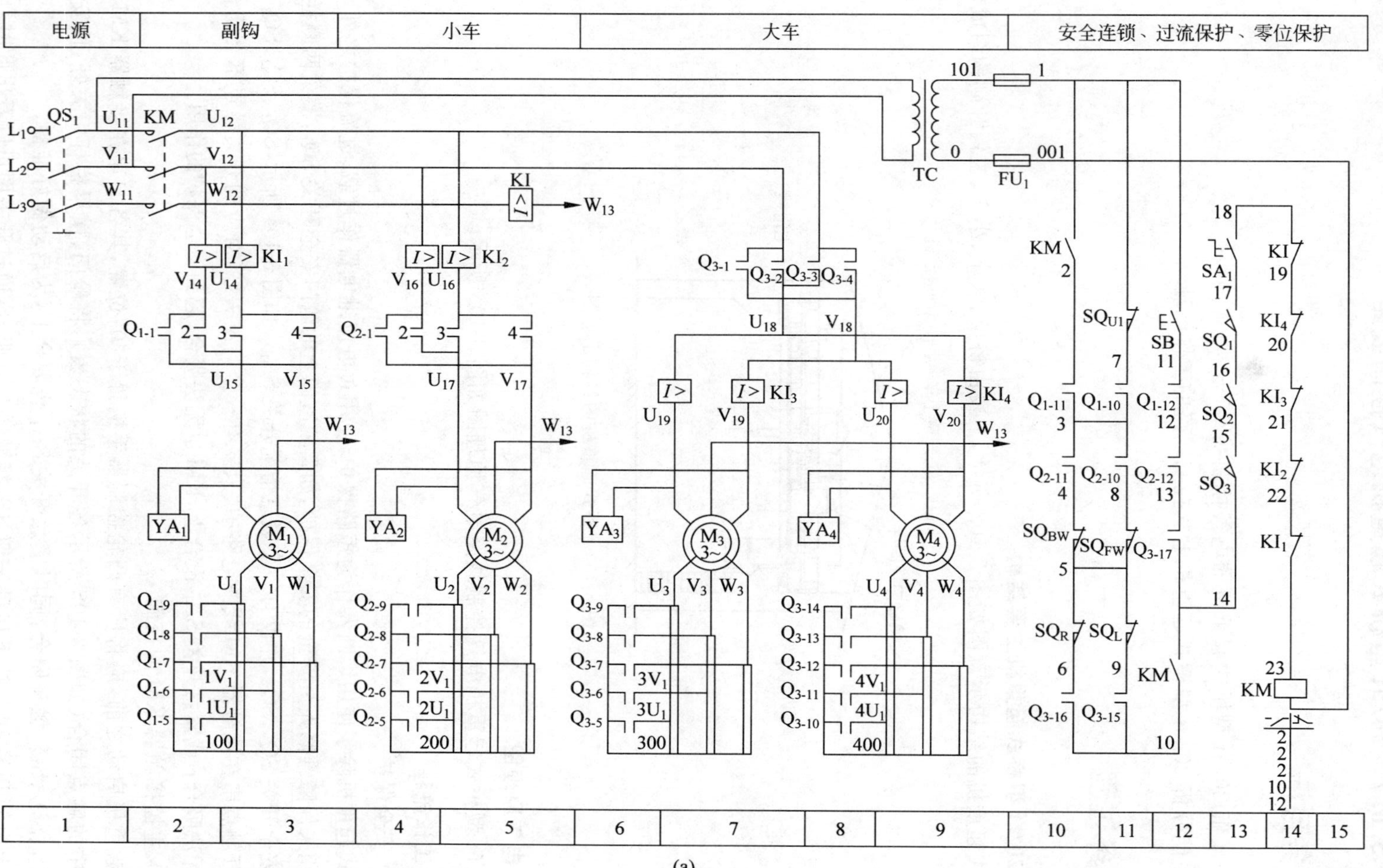


(a)

图 3-103　20/5t 型桥式起重机电气控制线路电气原理图

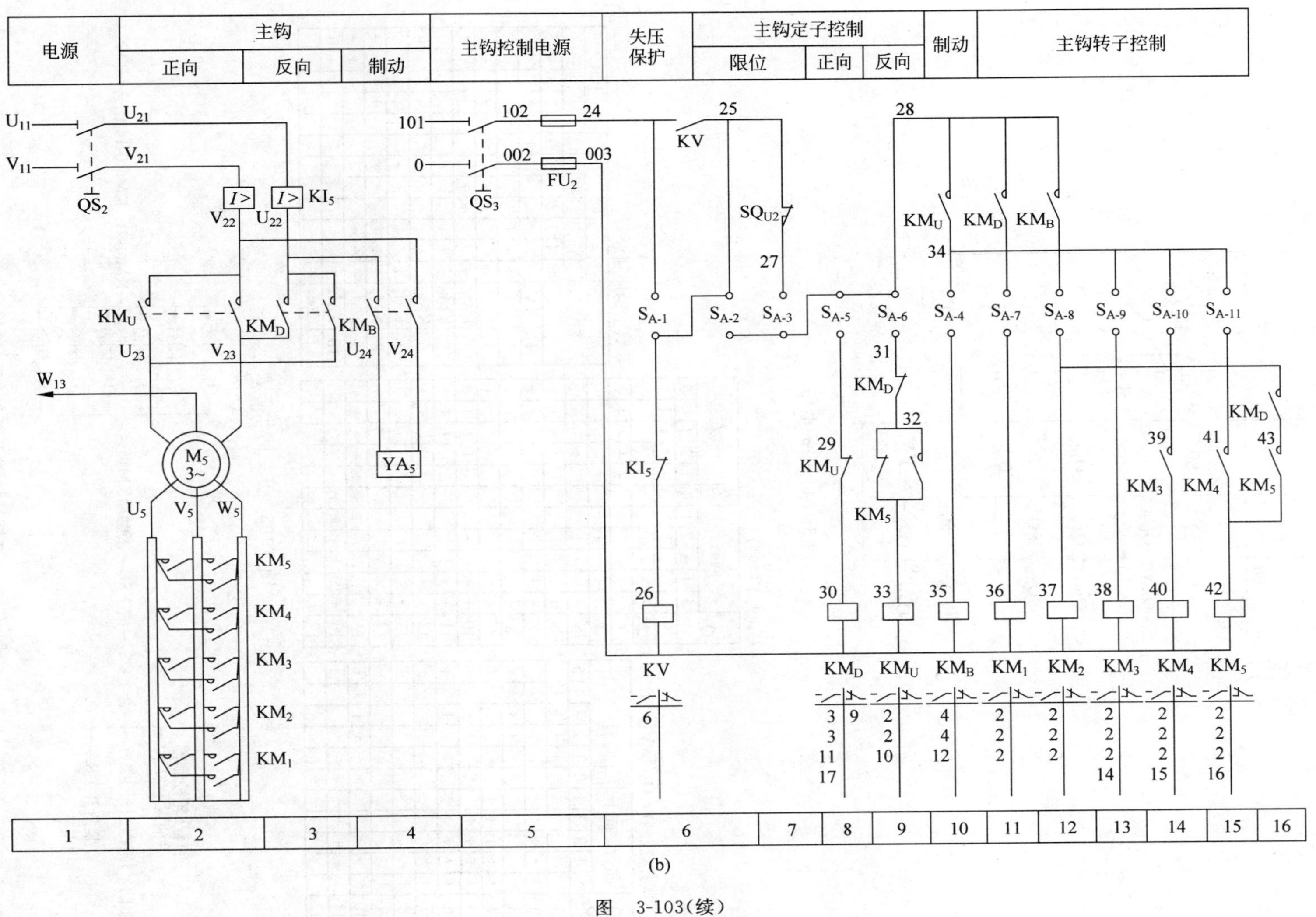
电源
主钩
正向
反向
制动
主钩控制电源
失压保护
主钩定子控制
限位
正向
反向
制动
主钩转子控制
U11
V11
U21
V21
QS2
101
0
102
002
24
003
FU2
QS3
KI5
V22
U22
KMU
KMD
KMB
U23
V23
U24
V24
W13
M5 3~
YA5
U5
V5
W5
KM5
KM4
KM3
KM2
KM1
25
KV
SQU2
27
28
34
SA-1
SA-2
SA-3
SA-5
SA-6
SA-4
SA-7
SA-8
SA-9
SA-10
SA-11
31
32
29
39
41
43
26
30
33
35
36
37
38
40
42
1
2
3
4
5
6
7
8
9
10
11
12
13
14
15
16

(b)

图 3-103（续）

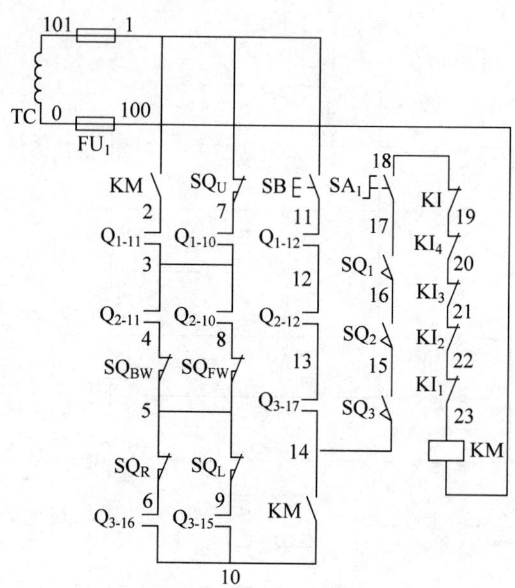


图 3-104　保护电路

$Q_1$(副钩控制)、$Q_2$(小车控制)

| $Q_1$ $Q_2$ | 向后、向下 | | | | | 零位 | 向前、向上 | | | | |
|---|---|---|---|---|---|---|---|---|---|---|---|
| | 5 | 4 | 3 | 2 | 1 | 0 | 1 | 2 | 3 | 4 | 5 |
| 1 | | | | | | | + | + | + | + | + |
| 2 | + | + | + | + | + | | | | | | |
| 3 | | | | | | | + | + | + | + | + |
| 4 | + | + | + | + | + | | | | | | |
| 5 | + | + | + | + | | | | + | + | + | + |
| 6 | + | + | + | | | | | | + | + | + |
| 7 | + | + | | | | | | | | + | + |
| 8 | + | | | | | | | | | | + |
| 9 | + | | | | | | | | | | + |
| 10 | | | | | | + | + | + | + | + | + |
| 11 | + | + | + | + | + | + | | | | | |
| 12 | | | | | | + | | | | | |

$Q_3$(大车控制)

| $Q_3$ | 向右 | | | | | 零位 | 向左 | | | | |
|---|---|---|---|---|---|---|---|---|---|---|---|
| | 5 | 4 | 3 | 2 | 1 | 0 | 1 | 2 | 3 | 4 | 5 |
| 1 | | | | | | | + | + | + | + | + |
| 2 | + | + | + | + | + | | | | | | |
| 3 | | | | | | | + | + | + | + | + |
| 4 | + | + | + | + | + | | | | | | |
| 5 | + | + | + | + | | | | + | + | + | + |
| 6 | + | + | + | | | | | | + | + | + |
| 7 | + | + | | | | | | | | + | + |
| 8 | + | | | | | | | | | | + |
| 9 | + | | | | | | | | | | + |
| 10 | + | + | + | + | | | | + | + | + | + |
| 11 | + | + | + | | | | | | + | + | + |
| 12 | + | + | | | | | | | | + | + |
| 13 | + | | | | | | | | | | + |
| 14 | + | | | | | | | | | | + |
| 15 | | | | | | + | + | + | + | + | + |
| 16 | + | + | + | + | + | + | | | | | |
| 17 | | | | | | + | | | | | |

SA(主钩控制)

| SA | | 下降 | | | | | | 零位 | 上升 | | | | |
|---|---|---|---|---|---|---|---|---|---|---|---|---|---|
| | | | 强力 | | 制动 | | | | 加速→ | | | | |
| | | 5 | 4 | 3 | 2 | 1 | C | 0 | 1 | 2 | 3 | 4 | 5 |
| 1 | KV | | | | | | | + | | | | | |
| 2 | | + | + | + | | | | | | | | | |
| 3 | | | | | + | + | + | | + | + | + | + | + |
| 4 | $KM_B$ | + | + | + | + | + | | | + | + | + | + | + |
| 5 | $KM_D$ | + | + | + | | | | | | | | | |
| 6 | $KM_U$ | | | | + | + | + | | + | + | + | + | + |
| 7 | $KM_1$ | + | + | + | | + | + | | + | + | + | + | + |
| 8 | $KM_2$ | + | + | + | | | + | | | + | + | + | + |
| 9 | $KM_3$ | + | + | | | | | | | | + | + | + |
| 10 | $KM_4$ | + | | | | | | | | | | + | + |
| 11 | $KM_5$ | + | | | | | | | | | | | + |

图 3-105　开关的状态表

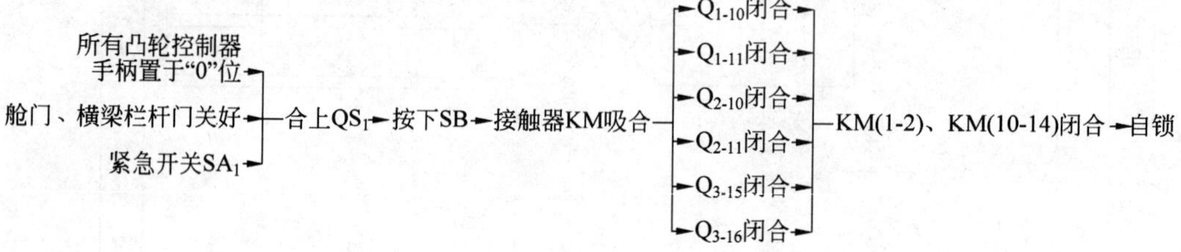


图 3-106　主控接触器 KM 的控制过程

(3) 凸轮控制器的控制

起重机的大车、小车和副钩电动机容量都比较小，一般采用凸轮控制器控制。

由于大车两头分别由两台电动机 $M_3$、$M_4$ 拖动，所以 $Q_3$ 比 $Q_1$、$Q_2$ 多 5 对常开触点，以供切除电动机 $M_4$ 转子电阻用，大车、小车和副钩控制原理基本相同，下面以副钩为例说明。

凸轮控制器 $Q_1$ 共有 12 对触点 11 个位置，中间零位，左、右两边各 5 位，4 对触点用在主电路中，用来控制电动机反转，以实现控制副钩的上升和下降；5 对触点用在转子电路中，以及用来逐级切除转子电阻，改变电动机转速，以实现副钩上升、下降的调速；3 对用在控制回路中作连锁触点。

在 KM 吸合后，总电源接通，转动凸轮控制器 $Q_1$ 的手轮到提升的"1"位置，$Q_1$ 的触点 $Q_{1-1}$、$Q_{1-3}$ 闭合，电磁制动器 $YA_1$ 得电吸合，闸刀松闸，电动机正转，由于此时 $Q_1$ 的 5 对常触点（$Q_{1-5}$、$Q_{1-6}$、$Q_{1-7}$、$Q_{1-8}$、$Q_{1-9}$）均是断开的，$M_1$ 转子串入全部的外接电阻启动 $M_1$ 以最低的转速带副钩上升，转动 $Q_1$ 的手轮，依次到提升的 2、3、4、5 挡，$Q_{1-5}$、$Q_{1-6}$、$Q_{1-7}$、$Q_{1-8}$、$Q_{1-9}$ 依次闭合，依次短接电阻，电动机 $M_1$ 的转速逐级升高。

断电或将 $Q_1$ 手轮转到"0"位时，电机 $M_1$ 断电，同时 $YA_1$ 也断电抱闸。

凸轮控制器的控制过程如图 3-107 所示。

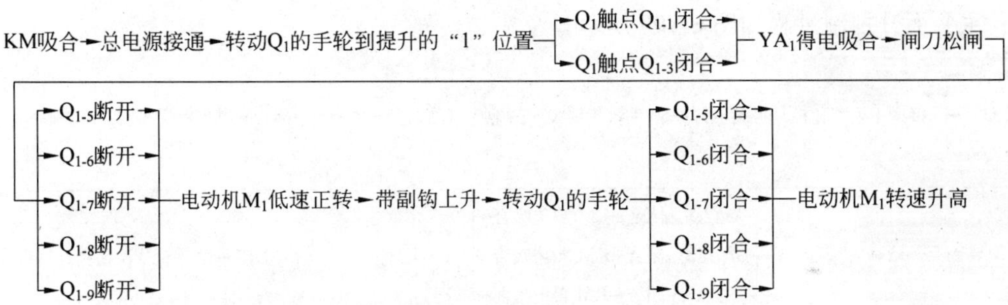


图 3-107 凸轮控制器的控制过程

(4) 主令控制器的控制

主令控制器 SA 的状态图如图 3-108 所示。

由于主钩电动机容量比较大，一般采用主令控制器配合磁力控制屏进行控制，即组合控制器控制接触器，再由接触器控制电动机。

主钩上升与凸轮控制器的工作过程基本相似，区别只在于它是通过接触器来控制。

合上 $QS_1$、$QS_2$、$QS_3$ 接通主电路和控制电路电源，将主令控制器 SA 手轮转到"0"位置，其触点 $S_{A-1}$ 闭合，继电器 KV 吸合并通过其触点 KV(24-25)自锁，为主钩电动机 M5 的启动做好准备。

当主令控制器 SA 操作手轮转到上升位置的第一挡时，其触点 $S_{A-3}$、$S_{A-4}$、$S_{A-6}$、$S_{A-7}$ 闭合，$KM_U$、$KM_B$、$KM_1$ 得电吸合，制动电磁铁松闸，电动机正转。由于 $KM_1$ 触点只短接一段电阻，电磁转矩较小，一般不起吊重物，只作预紧钢丝绳和消除齿轮间隙，当手轮依次转到上升的 2、3、4、5 位的时候，控制器触点 $S_{A-8}$～$S_{A-11}$ 相继闭合，依次使 $KM_2$、$KM_3$、$KM_4$、$KM_5$ 通电吸合，对应的转子电路逐渐短接各段电阻，提升速度逐渐增加。

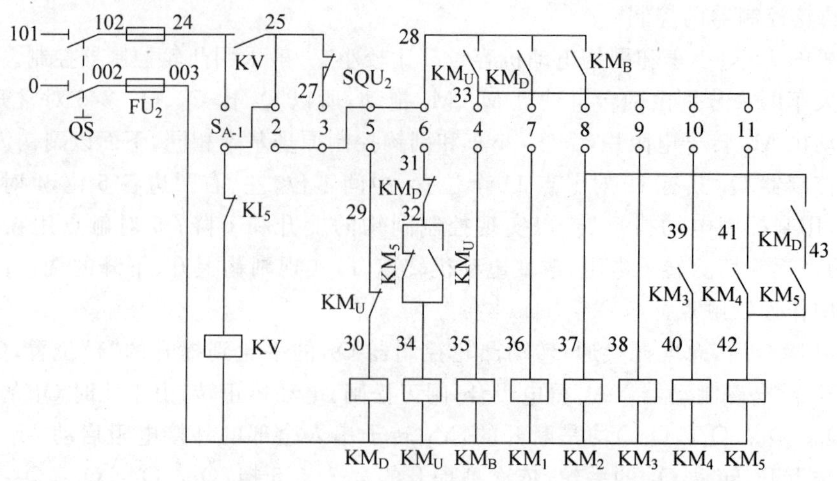


图 3-108 主令控制器 SA 的状态图

主令控制器在提升位置时，触点 $S_{A-3}$ 始终闭合，限位开关 $SQU_2$ 串入控制回路起到上升限位保护作用。

主钩上升控制过程如图 3-109 所示。

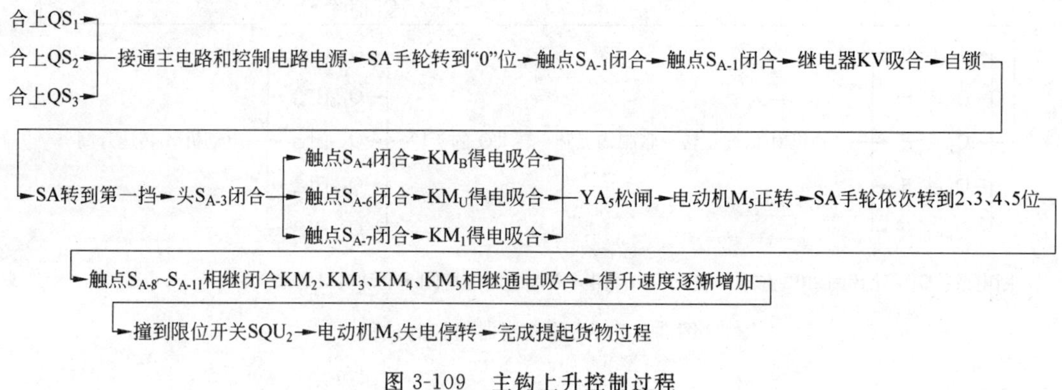


图 3-109 主钩上升控制过程

将主令控制器 SA 的手轮转到下降位置的"C"挡，其触点 $S_{A-3}$、$S_{A-6}$、$S_{A-7}$、$S_{A-8}$ 闭合，位置开关 $SQU_2$ 串入电路上限位保护，$KM_1$、$KM_U$、$KM_1$、$KM_2$ 得电吸合，电动机定子正向通电，产生一个提升力矩，但此时 $KM_B$ 未接通，制动器在抱闸，电动机不能转动，用以消除齿轮的间隙，防止下降时过大的机械冲击。

下降第 1、2 位用于重物低速下降。当操作手轮在下降第 1、2 位时，$S_{A-4}$ 闭合，$KM_B$、$YA_5$ 通电，制动器松闸，$S_{A-8}$、$S_{A-7}$ 相继断开，$KM_1$、$KM_2$ 相继释放，电动机转子电阻逐渐加入，使电动机产生的制动力矩减小，从而使电动机工作在两种不同转速的倒拉反拉制动状态。

下降第 3、4、5 位为强力下降。当操作手轮在下降第 3、4、5 位置时，$KM_D$ 和 $KM_B$ 吸合，电动机定子反向通电，同时制动器松闸，电动机产生的电磁转矩与吊钩负载力矩方向一致，强迫推动吊钩下降，适用于空钩或轻物下降，从第 3 到第 5 位，转子电阻相继切除，可获得 3 种强力下降速度。

主钩下降控制过程如图 3-110 所示。

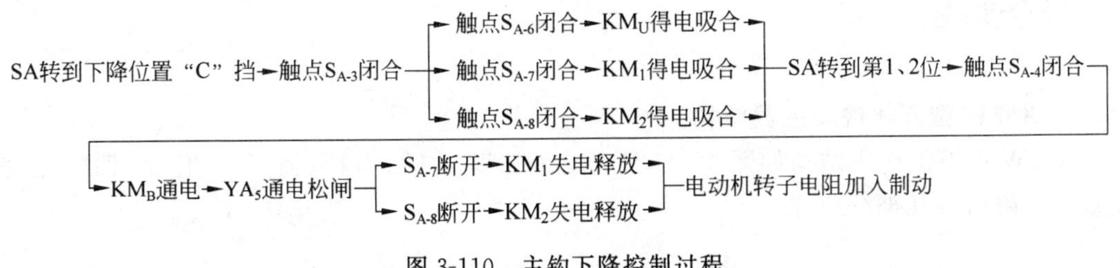


图 3-110　主钩下降控制过程

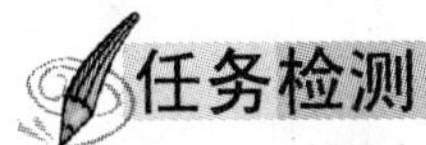

## 任务检测

按表 3-24 所示完成检测任务。

**表 3-24　20/5t 型桥式起重机电气控制线路检测表**

| 课题 | 20/5t 型桥式起重机电气控制线路 | | | | | |
|---|---|---|---|---|---|---|
| 班级 | | 姓名 | | 学号 | | 日期 | |
| 简述 20/5t 型桥式起重机电气控制线路的控制过程。<br>(1) 安全保护原理。<br>(2) 主控接触器 KM 的控制过程。<br>(3) 主钩上升与下降的控制过程。 | | | | | | | |
| 指导教师(签名) | | 得分 | | | | | |

## 分任务 3.6.8　X62W 型万能铣床电气控制线路

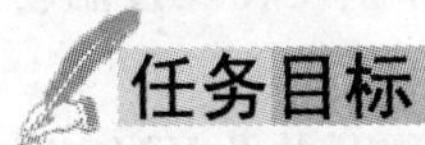

## 任务目标

(1) 了解 X62W 型万能铣床的电气控制线路。

(2) 能分析 X62W 型万能铣床电气控制线路的工作原理。

## 任务过程

**1. X62W 型万能铣床主要结构**

X62W 型万能铣床结构如图 3-111 所示，由床身、主轴、刀杆、横梁、工作台、回转盘、横溜板和升降台等几部分组成。

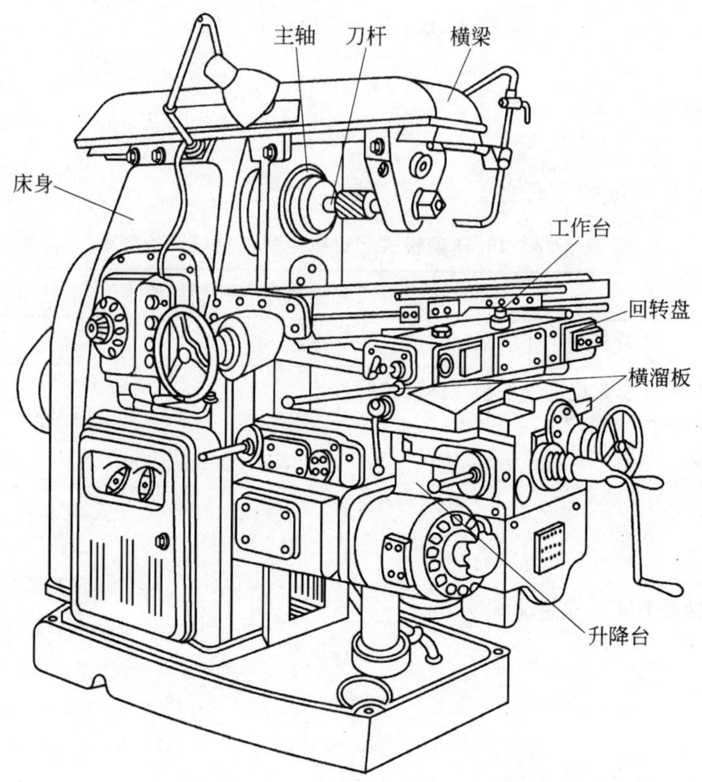


图 3-111　X62W 型万能铣床结构示意图

**2. 电气原理图**

X62W 型万能铣床电气控制线路电气原理图如图 3-112 所示。

**3. 工作流程**

主电路有 3 台电动机。$M_1$ 是主轴电动机；$M_2$ 是进给电动机；$M_3$ 是冷却泵电动机。

(1) 主轴电动机 $M_1$ 通过换相开关 $SA_5$ 与接触器 $KM_1$ 配合，能进行正反转控制，而与接触器 $KM_2$、制动电阻器 $R$ 及速度继电器配合，能实现串电阻瞬时启动和正反转反接制动控制，并能通过机械进行变速。

(2) 进给电动机 $M_2$ 能进行正反转控制，通过接触器 $KM_3$、$KM_4$ 与行程开关及 $KM_5$、牵引电磁铁 YA 配合，能实现进给变速时的瞬时冲动，6 个方向的常速进给和快速进给控制。

(3) 冷却泵电动机 $M_3$ 只能正转。

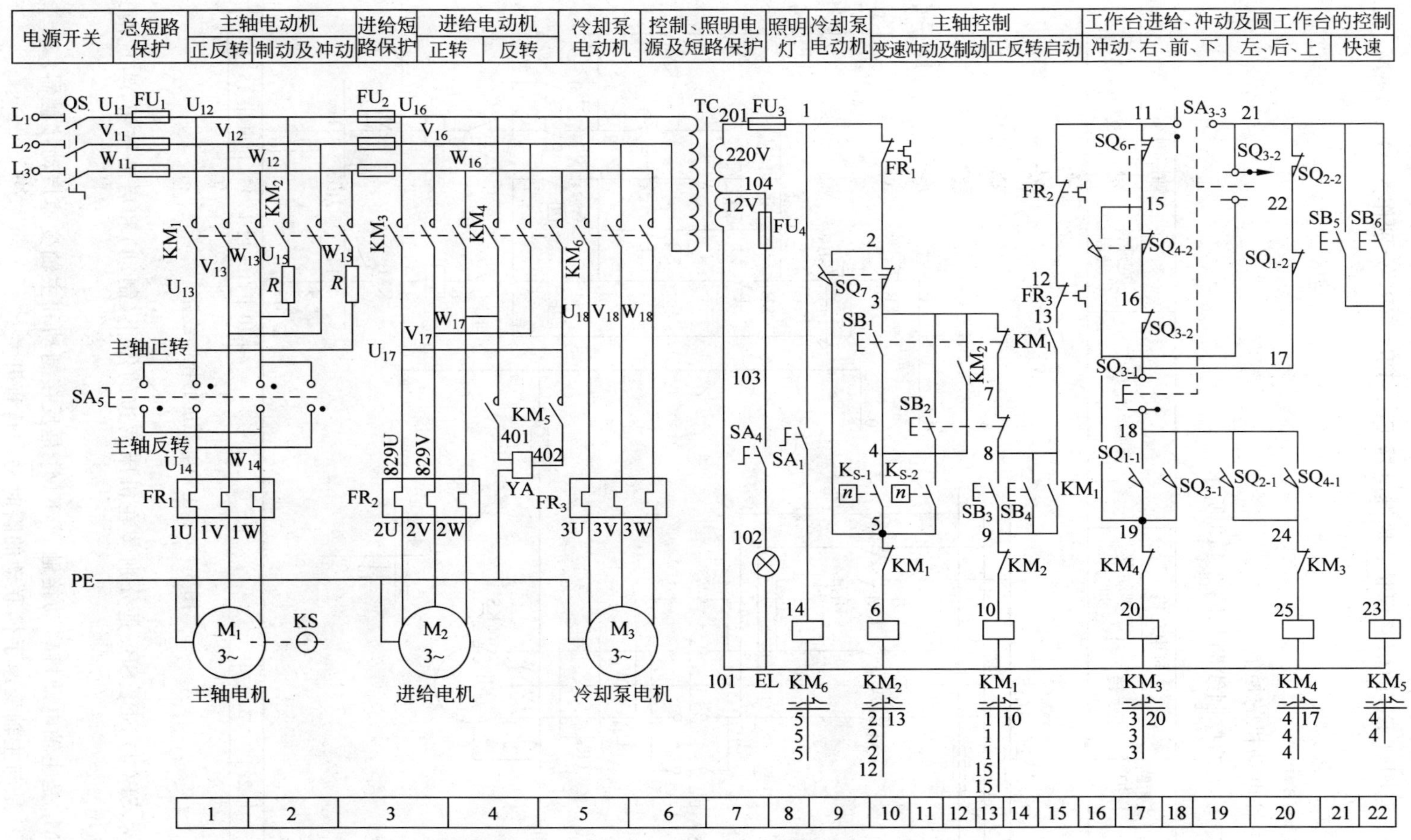


图 3-112 X62W 型万能铣床电气控制线路电气原理图

(4) 熔断器 $FU_1$ 作机床总短路保护，也兼作 $M_1$ 的短路保护；$FU_2$ 作为 $M_2$、$M_3$ 及控制变压器 TC、照明灯 EL 的短路保护；热继电器 $FR_1$、$FR_2$、$FR_3$ 分别作为 $M_1$、$M_2$、$M_3$ 的过载保护。

**4. 控制电路**

(1) 主轴电动机的控制

主轴电动机的控制线路如图 3-113 所示。

| 电源开关 | 总短路保护 | 主轴电动机 | | | 主轴控制 | |
|---|---|---|---|---|---|---|
| | | 正反转 | 制动及冲动 | | 变速冲动及制动 | 正反转启动 |

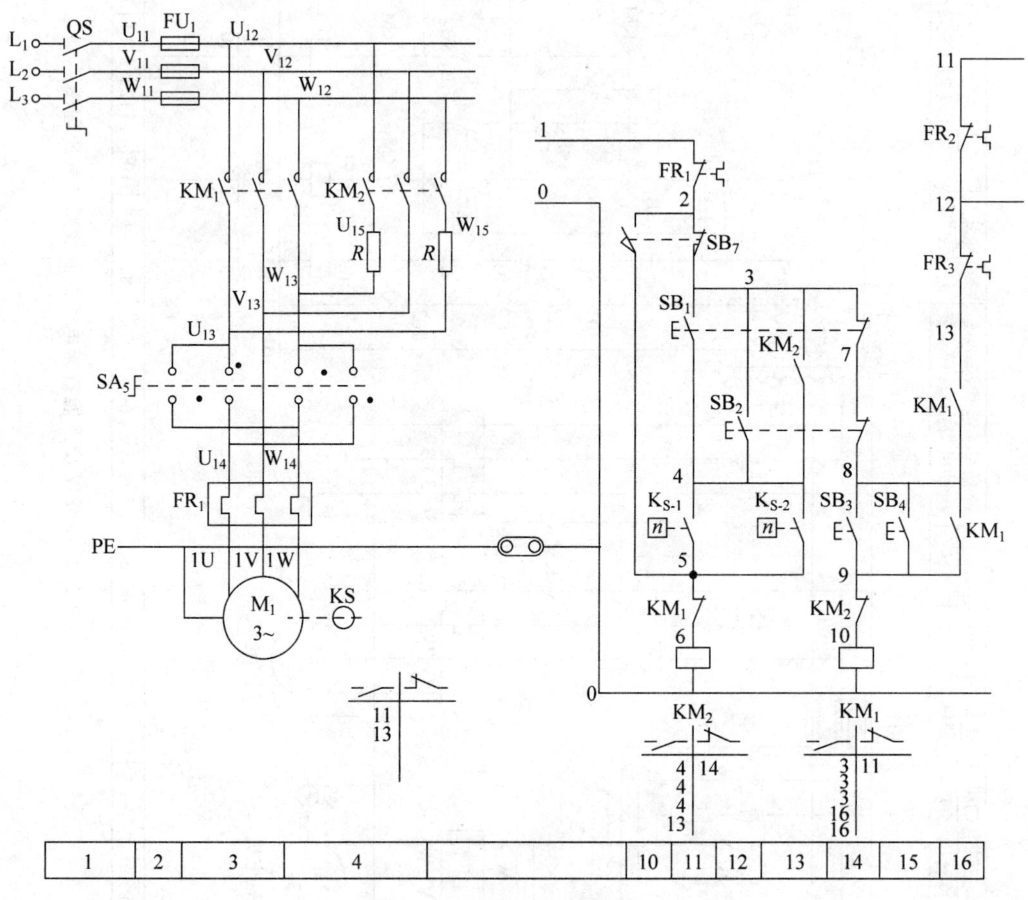


图 3-113　主轴电动机的控制线路

① $SB_1$、$SB_3$ 与 $SB_2$、$SB_4$ 是分别装在机床两边的停止(制动)和启动按钮，实现两地控制，方便操作。

② $KM_1$ 是主轴电动机启动接触器，$KM_2$ 是反接制动和主轴变速启动接触器。

③ $SQ_7$ 是与主轴变速手柄联动的瞬时动作行程开关。

④ 主轴电动机需启动时，要先将 $SA_5$ 扳到主轴电动机所需要的旋转方向，然后再按启动按钮 $SB_3$ 或 $SB_4$ 来启动电动机 $M_1$。

⑤ $M_1$ 启动后，速度继电器 KS 的一副常开触点闭合，为主轴电动机的停转制动做好准备。

⑥ 停车时，按停止按钮 $SB_1$ 或 $SB_2$ 切断 $KM_1$ 电路，接通 $KM_2$ 电路，改变 $M_1$ 的电源相序进行串电阻反接制动。当 $M_1$ 的转速低于 120r/min 时，速度继电器 KS 的一副常开触点恢复断开，切断 $KM_2$ 电路，$M_1$ 停转，制动结束。

据以上分析可写出主轴电机转动(即按 $SB_3$ 或 $SB_4$)时控制线路的通路：1—2—3—7—8—9—10—$KM_1$ 线圈—0；主轴停止与反接制动(即按 $SB_1$ 或 $SB_2$)时的通路：1—2—3—4—5—6—$KM_2$ 线圈—0。

⑦ 主轴电动机变速时的瞬动(冲动)控制，如图 3-114 所示，是利用变速手柄与冲动行程开关 $SQ_7$ 通过机械上联动机构进行控制的。

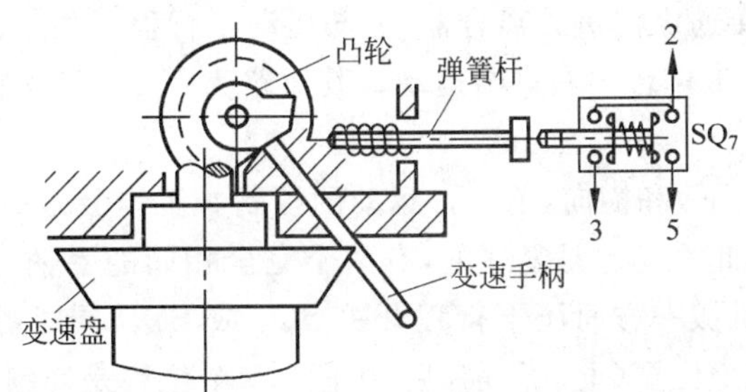


图 3-114 主轴电动机变速时的瞬动控制示意图

变速时，先下压变速手柄，然后拉到前面，当快要落到第二道槽时，转动变速盘，选择需要的转速。此时凸轮压下弹簧杆，使冲动行程 $SQ_7$ 的常闭触点先断开，切断 $KM_1$ 线圈的电路，电动机 $M_1$ 断电；同时 $SQ_7$ 的常开触点后接通，$KM_2$ 线圈得电动作，$M_1$ 被反接制动。当手柄拉到第二道槽时，$SQ_7$ 不受凸轮控制而复位，$M_1$ 停转。接着把手柄从第二道槽推回原始位置时，凸轮又瞬时压动行程开关 $SQ_7$，使 $M_1$ 反向瞬时冲动一下，以利于变速后的齿轮啮合。

但要注意，不论是开车还是停车时，都应以较快的速度把手柄推回原始位置，以免通电时间过长，引起 $M_1$ 转速过高而打坏齿轮。

(2) 工作台进给电动机的控制

工作台的纵向、横向和垂直运动都由进给电动机 $M_2$ 驱动，接触器 $KM_3$ 和 $KM_4$ 使 $M_2$ 实现正反转，用以改变进给运动方向。它的控制电路采用了与纵向运动机械操作手柄联动的行程开关 $SQ_1$、$SQ_2$ 和横向及垂直运动机械操作手柄联动的行程开关 $SQ_3$、$SQ_4$，组成复合连锁控制。即在选择 3 种运动形式的 6 个方向移动时，只能进行其中一个方向的移动，以确保操作安全，当这两个机械操作手柄都在中间位置时，各行程开关都处于未压的原始状态。

由原理图可知：$M_2$ 电动机在主轴电动机 $M_1$ 启动后才能进行工作。在机床接通电源后，将控制圆工作台的组合开关 $SA_{3-2}$(21-19)扳到断开状态，使触点 $SA_{3-1}$(17-18)和 $SA_{3-3}$(11-21)闭合，然后按下 $SB_3$ 或 $SB_4$，这时接触器 $KM_1$ 吸合，使 $KM_1$(8-12)闭合，就可进行工作台的进给控制。

① 工作台纵向(左右)运动的控制。工作台的纵向运动是由进给电动机 $M_2$ 驱动，由纵

向操纵手柄来控制。此手柄是复式的,一个安装在工作台底座的顶面中央部位,另一个安装在工作台底座的左下方。手柄位置有 3 个:向左、向右、零位。当手柄扳到向右或向左运动方向时,手柄的联动机构压下行程开关 $SQ_2$ 或 $SQ_1$,使接触器 $KM_4$ 或 $KM_3$ 动作,控制进给电动机 $M_2$ 的转向。工作台左右运动的行程,可通过调整安装在工作台两端的挡铁位置来实现。当工作台纵向运动到极限位置时,挡铁撞动纵向操纵手柄,使它回到零位,$M_2$ 停转,工作台停止运动,从而实现了纵向终端保护。

工作台向左运动:在 $M_1$ 启动后,将纵向操作手柄扳至向右位置,一方面机械接通纵向离合器,同时在电气上压下 $SQ_2$,使 $SQ_{2-2}$ 断、$SQ_{2-1}$ 通,而其他控制进给运动的行程开关都处于原始位置,此时使 $KM_4$ 吸合,$M_2$ 反转,工作台向右进给运动。其控制电路的通路为:11—15—16—17—18—24—25—$KM_4$ 线圈—0,工作台向右运动。当纵向操纵手柄扳至向左位置时,机械上仍然接通纵向进给离合器,但却压动了行程开关 $SQ_1$,使 $SQ_{1-2}$ 断、$SQ_{1-1}$ 通,使 $KM_3$ 吸合,$M_2$ 正转,工作台向右进给运动。其通路为:11—15—16—17—18—19—20—$KM_3$ 线圈—0。

② 工作台垂直(上、下)和横向(前、后)运动的控制。工作台的垂直和横向运动,由垂直和横向进给手柄操纵。此手柄也是复式的,有两个完全相同的手柄分别装在工作台左侧的前、后方。手柄的联动机械一方面压下行程开关 $SQ_3$ 或 $SQ_4$,同时能接通垂直或横向进给离合器。操纵手柄有 5 个位置(上、下、前、后、中间),5 个位置是连锁的,工作台的上下和前后的终端保护是利用装在床身导轨旁与工作台座上的挡铁,将操纵十字手柄撞到中间位置,使 $M_2$ 断电停转。

工作台向后(或者向上)运动的控制:将十字操纵手柄扳至向后(或者向上)位置时,机械上接通横向进给(或者垂直进给)离合器,同时压下 $SQ_3$,使 $SQ_{3-2}$ 断、$SQ_{3-1}$ 通,使 $KM_3$ 吸合,$M_2$ 正转,工作台向后(或者向上)运动。其通路为:11—21—22—17—18—19—20—$KM_3$ 线圈—0。工作台向后(或者向上)运动的控制:将十字操纵手柄扳至向前(或者向下)位置时,机械上接通横向进给(或者垂直进给)离合器,同时压下 $SQ_4$,使 $SQ_{4-2}$ 断、$SQ_{4-1}$ 通,使 $KM_4$ 吸合,$M_2$ 反转,工作台向前(或者向下)运动。其通路为:11—21—22—17—18—24—25—$KM_4$ 线圈—0。

③ 进给电动机变速时的瞬动(冲动)控制。变速时,为使齿轮易于啮合,进给变速与主轴变速一样,设有变速冲动环节。当需要进行进给变速时,应将转速盘的蘑菇形手轮向外拉出并转动转速盘,把所需进给量的标尺数字对准箭头,然后再把蘑菇形手轮用力向外拉到极限位置并随即推向原位,就在一次操纵手轮的同时,其连杆机构二次瞬时压下行程开关 $SQ_6$,使 $KM_3$ 瞬时吸合,$M_2$ 做正向瞬动。其通路为:11—21—22—17—16—15—19—20—$KM_3$ 线圈—0。由于进给变速瞬时冲动的通电回路要经过 $SQ_1$～$SQ_4$ 共 4 个行程开关的常闭触点,因此只有当进给运动的操作手柄都在中间(停止)位置时,才能实现进给变速冲动控制,以保证操作时的安全。同时,与主轴变速时冲动控制一样,电动机的通电时间不能太长,以防止转速过高,在变速时打坏齿轮。

④ 工作台的快速进给控制。为提高劳动生产效率,要求铣床在不作铣切加工时,工作台能快速移动。

工作台快速进给也是由进给电动机 $M_2$ 来驱动的,在纵向、横向和垂直 3 种运动形式 6 个方向上都可以实现快速进给控制。

主轴电动机启动后，将进给操纵手柄扳到所需位置，工作台按照选定的速度和方向作常速进给移动时，再按下快速进给按钮 $SB_5$（或 $SB_6$），使接触器 $KM_5$ 通电吸合，接通牵引电磁铁 YA，电磁铁通过杠杆使摩擦离合器合上，减少中间传动装置，使工作台按运动方向作快速进给运动。当松开快速进给按钮时，电磁铁 YA 断电，摩擦离合器断开，快速进给运动停止，工作台仍按原常速进给时的速度继续运动。

(3) 圆工作台运动的控制

铣床如需铣切螺旋槽、弧形槽等曲线时，可在工作台上安装圆形工作台及其传动机械，圆形工作台的回转运动也是由进给电动机 $M_2$ 传动机构驱动的。

圆工作台工作时，应先将进给操作手柄都扳到中间(停止)位置，然后将圆工作台组合开关 $SA_3$ 扳到圆工作台接通位置。此时 $SA_{3-1}$ 断、$SA_{3-3}$ 断、$SA_{3-2}$ 通。准备就绪后，按下主轴启动按钮 $SB_3$ 或 $SB_4$，则接触器 $KM_1$ 与 $KM_3$ 相继吸合。主轴电动机 $M_1$ 与进给电动机 $M_2$ 相继启动并运转，而进给电动机仅以正转方向带动圆工作台作定向回转运动。其通路为：11—15—16—17—22—21—19—20—$KM_3$ 线圈—0。由上可知，圆工作台与工作台进给有互锁，即当圆工作台工作时，不允许工作台在纵向、横向、垂直方向上有任何运动。若误操作而扳动进给运动操纵手柄(即压下 $SQ_1 \sim SQ_4$、$SQ_6$ 中任一个)，$M_2$ 即停转。

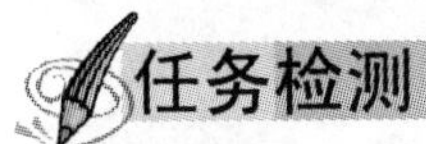

## 任务检测

按表 3-25 所示完成检测任务。

**表 3-25 X62W 型万能铣床电气控制线路检测表**

| 课题 | X62W 型万能铣床电气控制线路 | | | | | | |
|---|---|---|---|---|---|---|---|
| 班级 | | 姓名 | | 学号 | | 日期 | |

简述 X62W 型万能铣床电气控制线路的控制过程。

(1) 主轴电动机的控制过程。

(2) 工作台进给电动机的控制过程。

| 指导教师(签名) | | 得分 | |
|---|---|---|---|

## 分任务 3.6.9　M7120 型平磨机床电气控制线路

### 任务目标

(1) 了解 M7120 型平磨机床电气的控制线路。

(2) 能分析 M7120 型平磨机床电气控制线路的工作原理。

### 任务过程

**1. M7120 型平磨机床主要结构**

M7120 型平磨机床的结构如图 3-115 所示，主要由床身、工作台、电磁吸盘、砂轮箱、滑座、立柱等部分组成。

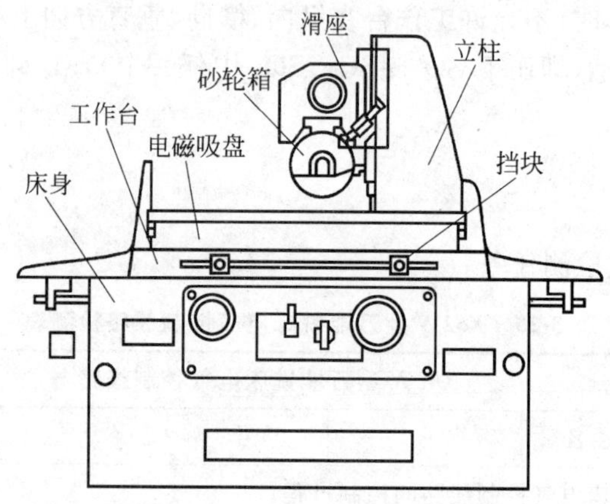


图 3-115　M7120 型平磨机床结构

在箱形床身中装有液压传动装置，以使矩形工作台在床身导轨上，通过压力油推动活塞杆做往复运动，工作台往复运动的换向是通过换向挡块碰撞床身上的液压换向开关来实现的，工作台往复行程可通过调节挡块的位置来改变。电磁吸盘安装在工作台上，以用来吸持工件。

在床身上有固定用立柱，沿立柱导轨上装有滑座，可以在立柱导轨上作上下移动，并可通过垂直进刀操作轮操纵，砂轮箱可沿滑座水平轨作横向移动。

**2. 电气原理图**

M7120 型平磨机床电气控制线路电气原理图如图 3-116 所示。

**3. 工作流程**

(1) 主电路分析

$M_1$ 为液压泵电动机，由 $KM_1$ 控制，$M_2$ 为砂轮电动机，由 $KM_2$ 控制，$M_3$ 为冷却泵电动机，在砂轮启动后同时启动，$M_4$ 为砂轮箱升降电动机，由 $KM_3$、$KM_4$ 分别控制其正转和反转。

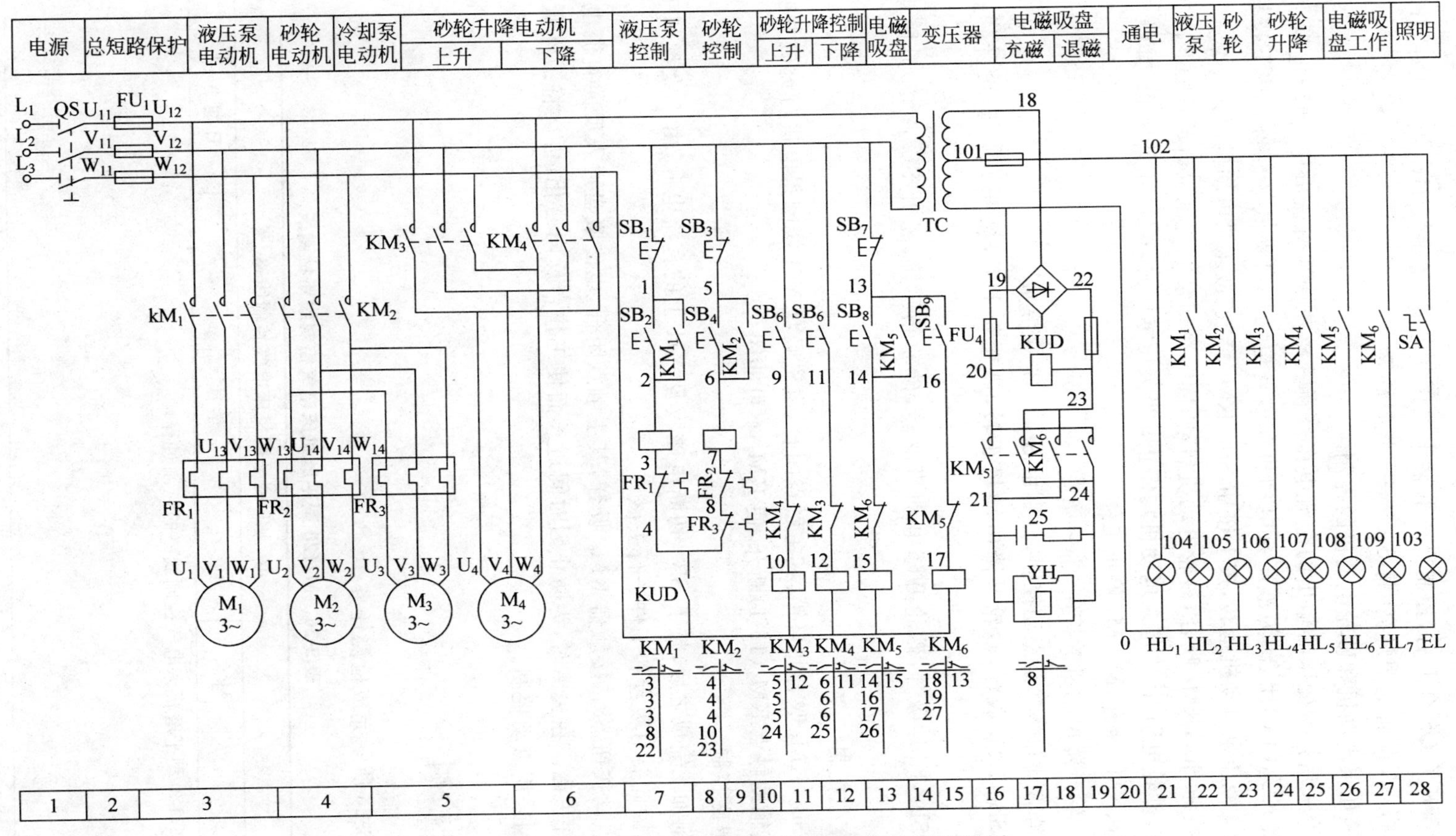


图 3-116　M7120 型平磨机床电气控制线路电气原理图

(2) 指示、照明

将电源开关 QS 合上后，控制变压器输出电压，“电源”指示灯 HL 亮，“照明”灯由开关 SA 控制，将 SA 闭合照明灯亮，将 SA 断开，照明灯灭。

(3) 液压泵电动机和砂轮电动机的控制

合上开关后控制变压器输出的交流电压经桥式整流变成直流电压，使继电器 $KU_D$ 吸合，其触点 $KU_D$(4-0)闭合，为液压泵电动机和砂轮电动机启动做好准备。按下按钮 $SB_2$，$KM_1$ 吸合；液压泵电动机运转，按下按钮 $SB_1$，$KM_1$ 释放，液压泵电动机停止。

按下按钮 $SB_4$，$KM_2$ 吸合，砂轮电动机启动，同时冷却泵电动机也启动；按下按钮 $SB_5$，$KM_2$ 释放，砂轮电动机、冷却泵电动机均停止；当欠压零压时，$KU_D$ 不能吸合，其触点(4-0)断开，$KM_1$、$KM_2$ 断开，$M_1$、$M_2$ 停止工作。

(4) 砂轮升降电动机的控制

砂轮箱的升和降都是点动控制，分别由 $SB_5$、$SB_6$ 来完成。

按下 $SB_5$，$KM_3$ 吸合，砂轮升降电动机正转，砂轮箱上升，松开 $SB_5$，砂轮升降电动机停止。

按下 $SB_6$，$KM_4$ 吸合，砂轮升降电动机反转，砂轮箱下降，松开 $SB_6$，砂轮升降电动机停止。

(5) 充磁控制

按下 $SB_8$，$KM_5$ 吸合并自锁，其主触点闭合，电磁吸盘 YH 线圈得电进行充磁并吸住工件，同时其辅助触点 $KM_5$(16-1)断开，使 $KM_6$ 不可能闭合。

(6) 退磁控制

在磨削加工完成之后，按下 $SB_7$，切断电磁吸盘 YH 上的直流电源，由于吸盘和工件上均有剩磁，因此要对吸盘和工件进行去磁。

按下点动按钮 $SB_9$，接触器 $KM_6$ 吸合，其主触点闭合，电磁吸盘通入反向直流电流，使吸盘和工件去磁。在去磁时，为防止因时间过长而使工作台反向磁化，再次将工件吸住，因而去磁控制采用点动控制。

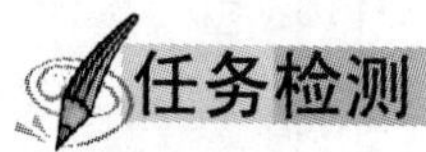

## 任务检测

按表 3-26 所示完成检测任务。

**表 3-26　M7120 型平磨机床电气控制线路检测表**

| 课题 | M7120 型平磨机床电气控制线路 | | | | | | |
|---|---|---|---|---|---|---|---|
| 班级 | | 姓名 | | 学号 | | 日期 | |
| 简述 M7120 型平磨机床电气控制线路的控制过程。 | | | | | | | |
| 指导教师(签名) | | | | 得分 | | | |

## 分任务 3.6.10 T68 型镗床电气控制线路

### 任务目标

(1) 了解 T68 型镗床的电气控制线路。

(2) 能分析 T68 型镗床电气控制线路的工作原理。

### 任务过程

**1. T68 型镗床主要结构**

T68 型镗床结构如图 3-117 所示。

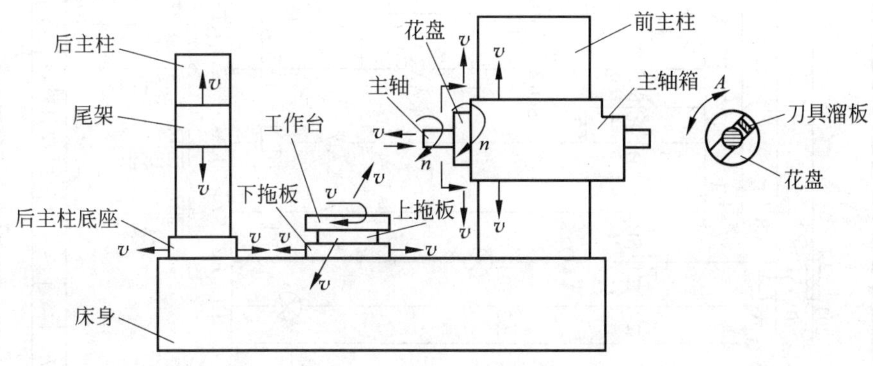


图 3-117 T68 型镗床结构

**2. 电气原理图**

T68 型镗床电气控制线路电气原理图如图 3-118 所示。

**3. 工作流程**

(1) 主电动机的启动控制

① 主电动机的点动控制。主电动机的点动有正向点动和反向点动，分别由按钮 $SB_4$ 和 $SB_5$ 控制。按下 $SB_4$，接触器 $KM_1$ 线圈通电吸合，$KM_1$ 的辅助常开触点(3-13)闭合，使接触器 $KM_4$ 线圈通电吸合，三相电源经 $KM_1$ 的主触点，电阻 $R$ 和 $KM_4$ 的主触点接通主电动机 $M_1$ 的定子绕组，接法为三角形，使电动机在低速下正向旋转。松开 $SB_4$ 主电动机断电停止。

反向点动与正向点动控制过程相似，由按钮 $SB_5$、接触器 $KM_2$、$KM_4$ 来实现。

② 主电动机的正反转控制。当要求主电动机正向低速旋转时，行程开关 $SQ_7$ 的触点(11-12)处于断开位置，主轴变速和进给变速用行程开关 $SQ_3$(4-9)、$SQ_4$(9-10)均为闭合状态。按下 $SB_2$，中间继电器 $KA_1$ 线圈通电吸合，它有 3 对常开触点，$KA_1$ 常开触点(4-5)闭合自锁；$KA_1$ 常开触点(10-11)闭合，接触器 $KM_3$ 线圈通电吸合，$KM_3$ 主触点闭合，电阻 $R$ 短接；$KA_1$ 常开触点(17-14)闭合和 $KM_3$ 的辅助常开触点(4-17)闭合，使接触器 $KM_1$ 线圈通电吸合，并将 $KM_1$ 线圈自锁。$KM_1$ 的辅助常开触点(3-13)闭合，接通主电动机低速用接触器 $KM_4$ 线圈，使其通电吸合。由于接触器 $KM_1$、$KM_3$、$KM_4$ 的主触点均闭合，故主电动机在全电压、定子绕组三角形连接下直接启动，低速运行。

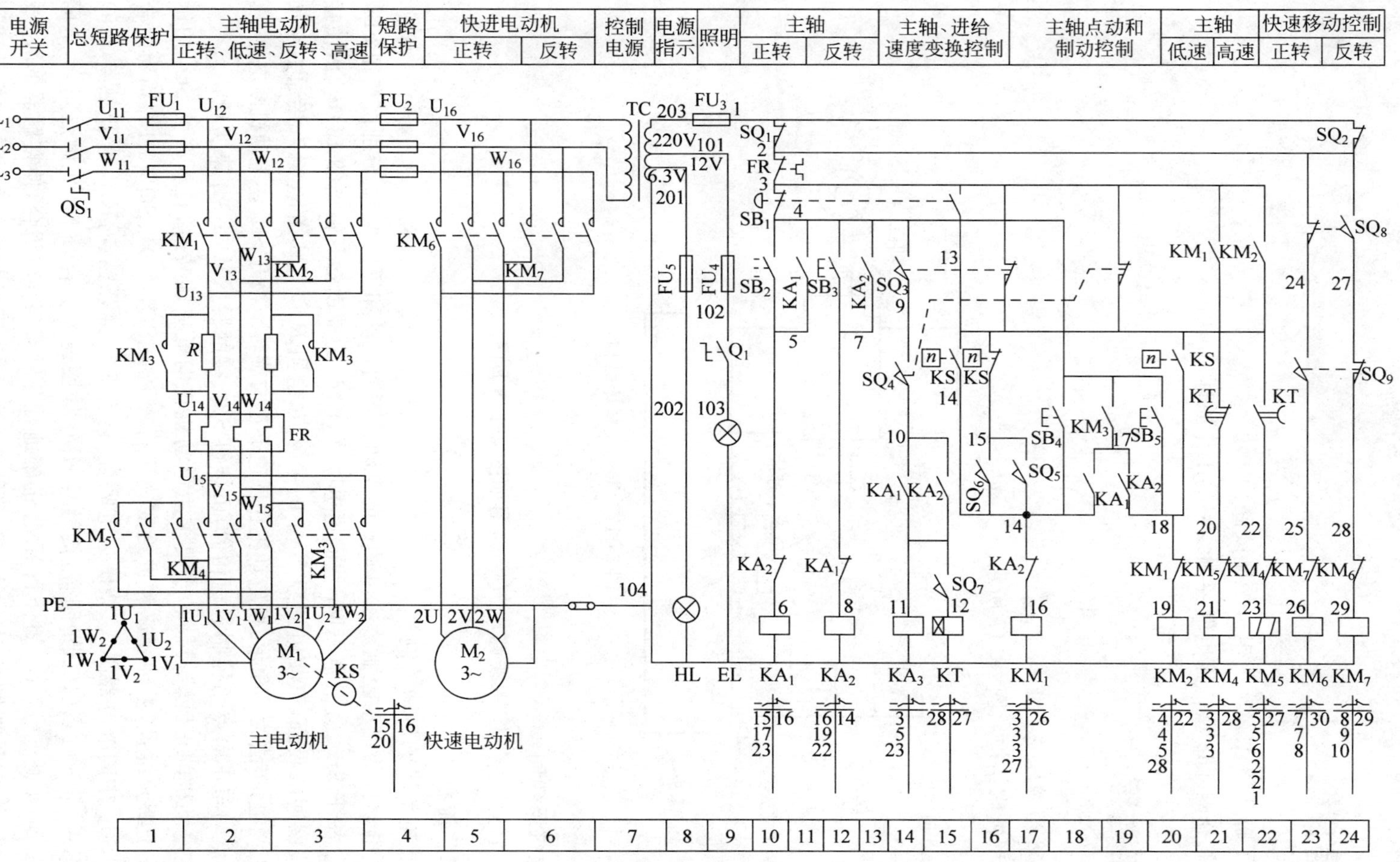


图 3-118 T68 型镗床电气控制线路电气原理图

当要求主电动机为高速旋转时，行程开关 $SQ_7$(11-12)、$SQ_3$(4-9)、$SQ_4$(9-10)均处于闭合状态。按下 $SB_2$ 后，一方面 $KA_1$、$KM_3$、$KM_1$、$KM_4$ 的线圈相继通电吸合，使主电动机在低速下直接启动；另一方面由于 $SQ_7$(11-12)的闭合，使时间继电器 KT(通电延时式)线圈通电吸合，经延时后，KT 的通电延时断开的常闭触点(13-20)断开，$KM_4$ 线圈断电，主电动机的定子绕组脱离三相电源，而 KT 的通电延时闭合的常开触点(13-22)闭合，使接触器 $KM_5$ 线圈通电吸合，$KM_5$ 的主触点闭合，将主电动机的定子绕组接成双星形后，重新接到三相电源，故从低速启动转为高速旋转。

主电动机的反向低速或高速的启动旋转过程与正向启动旋转过程相似，但是反向启动旋转所用的电器为按钮 $SB_3$，中间继电器 $KA_2$，接触器 $KM_3$、$KM_2$、$KM_4$、$KM_5$、时间继电器 KT。

(2) 主电动机的反接制动的控制

当主电动机正转时，速度继电器 KS 正转，常开触点 KS(13-18)闭合，而正转的常闭触点 KS(13-15)断开。主电动机反转时，KS 反转，常开触点 KS(13-14)闭合，为主电动机正转或反转停止时的反接制动做准备。按下停止按钮 $SB_1$ 后，主电动机的电源反接，迅速制动，转速降至速度继电器的复位转速时，其常开触点断开，自动切断三相电源，主电动机停转。具体的反接制动过程如下。

① 主电动机正转时的反接制动。设主电动机为低速正转时，电器 $KA_1$、$KM_1$、$KM_3$、$KM_4$ 的线圈通电吸合，KS 的常开触点 KS(13-18)闭合。按下 $SB_1$，$SB_1$ 的常闭触点(3-4)先断开，使 $KA_1$、$KM_3$ 线圈断电，$KA_1$ 的常开触点(17-14)断开，又使 $KM_1$ 线圈断电，一方面使 $KM_1$ 的主触点断开，主电动机脱离三相电源，另一方面使 $KM_1$(3-13)分断，使 $KM_4$ 断电；$SB_1$ 的常开触点(3-13)随后闭合，使 $KM_4$ 重新吸合，此时主电动机由于惯性转速还很高，KS(13-18)仍闭合，故使 $KM_2$ 线圈通电吸合并自锁，$KM_2$ 的主触点闭合，使三相电源反接后经电阻 $R$、$KM_4$ 的主触点接到主电动机定子绕组，进行反接制动。当转速接近零时，KS 正转常开触点 KS(13-18)断开，$KM_2$ 线圈断电，反接制动完毕。

② 主电动机反转时的反接制动。反转时的制动过程与正转制动过程相似，但是所用的电器是 $KM_1$、$KM_4$、KS 的反转常开触点 KS(13-14)。

③ 主电动机工作在高速正转及高速反转时的反接制动过程可仿上自行分析。在此仅指明，高速正转时反接制动所用的电器是 $KM_2$、$KM_4$、KS(13-18)触点；高速反转时反接制动所用的电器是 $KM_1$、$KM_4$、KS(13-14)触点。

(3) 主轴或进给变速时主电动机的缓慢转动控制

主轴或进给变速既可以在停车时进行，又可以在镗床运行中变速。为使变速齿轮更好地啮合，可接通主电动机的缓慢转动控制电路。

当主轴变速时，将变速孔盘拉出，行程开关 $SQ_3$ 常开触点 $SQ_3$(4-9)断开，接触器 $KM_3$ 线圈断电，主电路中接入电阻 $R$，$KM_3$ 的辅助常开触点(4-17)断开，使 $KM_1$ 线圈断电，主电动机脱离三相电源。所以，该机床可以在运行中变速，主电动机能自动停止。旋转变速孔盘，选好所需的转速后，将孔盘推入。在此过程中，若滑移齿轮的齿和固定齿轮的齿发生顶撞时，则孔盘不能退回原位，行程开关 $SQ_3$、$SQ_5$ 的常闭触点 $SQ_3$(3-13)、$SQ_5$(15-14)闭合，接触器 $KM_1$、$KM_4$ 线圈通电吸合，主电动机经电阻 $R$ 在低速下正向启动，接通瞬时点动电路。主电动机转动转速达某一转时，速度继电器 KS 正转常闭触点 KS(13-15)断开，接触器

$KM_1$ 线圈断电，而KS正转常开触点KS(13-18)闭合，使 $KM_2$ 线圈通电吸合，主电动机反接制动。当转速降到KS的复位转速后，则KS常闭触点KS(13-15)又闭合，常开触点KS(13-18)又断开，重复上述过程。这种间歇的启动、制动，使主电动机缓慢旋转，以利于齿轮的啮合。若孔盘退回原位，则 $SQ_3$、$SQ_5$ 的常闭触点 $SQ_3$(3-13)、$SQ_5$(15-14)断开，切断缓慢转动电路。$SQ_3$ 的常开触点 $SQ_3$(4-9)闭合，使 $KM_3$ 线圈通电吸合，其常开触点(4-17)闭合，又使 $KM_1$ 线圈通电吸合，主电动机在新的转速下重新启动。

进给变速时的缓慢转动控制过程与主轴变速相同，不同的是使用的电器是行程开关 $SQ_4$、$SQ_6$。

(4) 主轴箱、工作台或主轴的快速移动

该机床各部件的快速移动，由快速手柄操纵快速移动电动机 $M_2$ 拖动完成的。当快速手柄扳向正向快速位置时，行程开关 $SQ_9$ 被压动，接触器 $KM_6$ 线圈通电吸合，快速移动电动机 $M_2$ 正转。同理，当快速手柄扳向反向快速位置时，行程开关 $SQ_8$ 被压动，$KM_7$ 线圈通电吸合，$M_2$ 反转。

(5) 主轴进刀与工作台连锁

为防止镗床或刀具的损坏，主轴箱和工作台的机动进给在控制电路中必须相互连锁，不能同时接通，它是由行程开关 $SQ_1$、$SQ_2$ 实现的。若同时有两种进给时，$SQ_1$、$SQ_2$ 均被压动，切断控制电路的电源，避免机床或刀具的损坏。

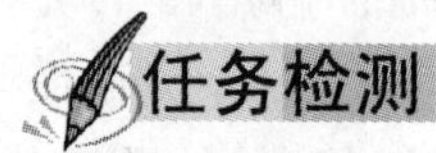

## 任务检测

按表3-27所示完成检测任务。

**表3-27 T68型镗床电气控制线路检测表**

| 课题 | T68型镗床电气控制线路 | | | | | | |
|---|---|---|---|---|---|---|---|
| 班级 | | 姓名 | | 学号 | | 日期 | |
| 简述T68型镗床电气控制线路的控制过程。 | | | | | | | |
| 指导教师(签名) | | | | 得分 | | | |

# 项目4

# 电动机控制线路安装实训

在掌握电动机各种控制线路原理的基础上，学会电动机控制线路的安装是维修电工的基本技能，电气控制线路是将各种有触点的继电器、接触器、按钮、行程开关等电气元件，按一定方式连接起来组成的控制线路。控制线路的作用是实现对电力拖动系统的启动、反向、制动和调速控制，实现对拖动系统的保护，满足生产工艺要求，实现生产加工自动化。

在本项目中，除正确安装各种控制线路外，还将学习如何根据故障现象分析故障和排除故障的方法。

## 任务 4.1 电动机常用控制线路安装工艺要求

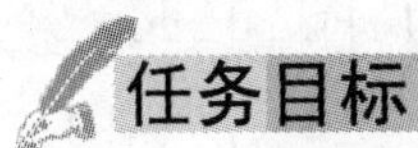

### 任务目标

(1) 熟悉电动机控制线路的安装步骤。

(2) 了解电气控制线路板的安装工艺要求。

### 任务过程

**1. 电气控制线路安装步骤**

(1) 熟悉电气原理

电动机控制线路是由一些电气元件按一定的控制关系连接而成的。这种控制关系反映在电气原理图上。为了能顺利地安装接线、检查调试和排除线路故障，必须认真阅读原理图。要看懂原理图中各电气元件的控制管理和连接顺序；分析线路控制动作特点，以便确定检查线路的步骤方法；明确电气元件数目、种类、规格；对于较复杂的电路还要看懂是由哪些部分组成的，分析它们对应的逻辑关系。

(2) 合理布置电气元件

在了解和掌握电气原理图的基础上，安装前对电气元件位置进行合理的布置，以方便绘制电气元件接线图。安排元器件时，可以将元器件用方框的形式来表示，并在方框内注明元器件的文字符号。

要求各电气元件布局合理、整齐。布局时，主电路的电气元件处于线路图左侧，从上而下依次是电源进线、熔断器、接触器、热保护继电器(包括其他继电器)、端子排、电动机等；辅助线路(控制线路)的电气元件位于右侧，从上而下依次是电源进线、熔断器、按钮等。图 4-1 所示是Y/△降压启动控制线路实物元件布局。图 4-2 所示是方框布置。

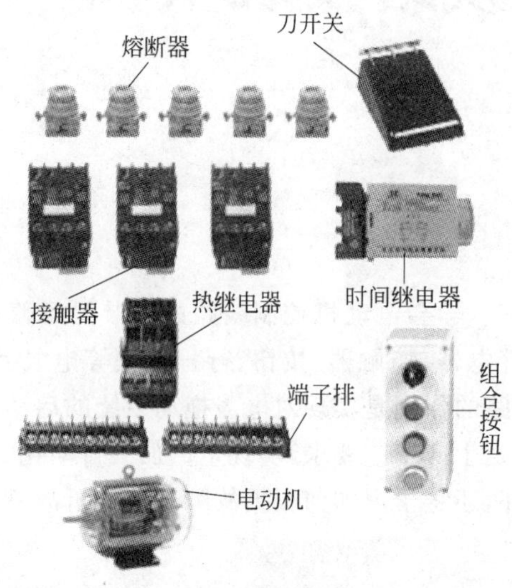


图 4-1 实物布置

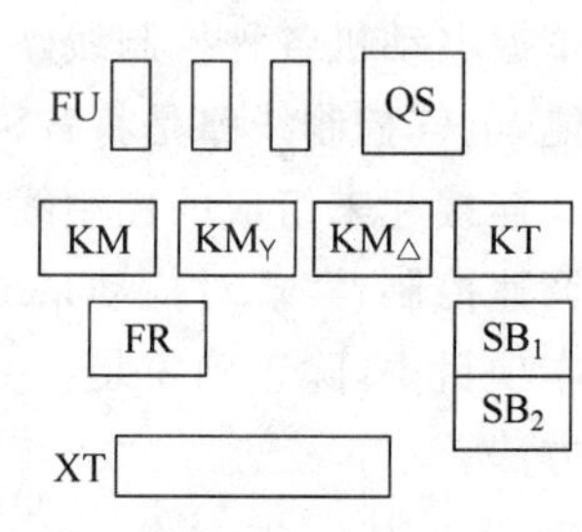


图 4-2 方框布置

(3) 绘制电气安装图

电气原理图是为方便阅读和分析控制原理而用“展开法”绘制的，并不反映电气元件的结构、体积和安装位置。为了具体安装接线、检查电路和排除故障，必须根据电气原理图，绘制安装接线图(简称接线图)。图 4-3 所示是电动机点动控制线路接线安装图。

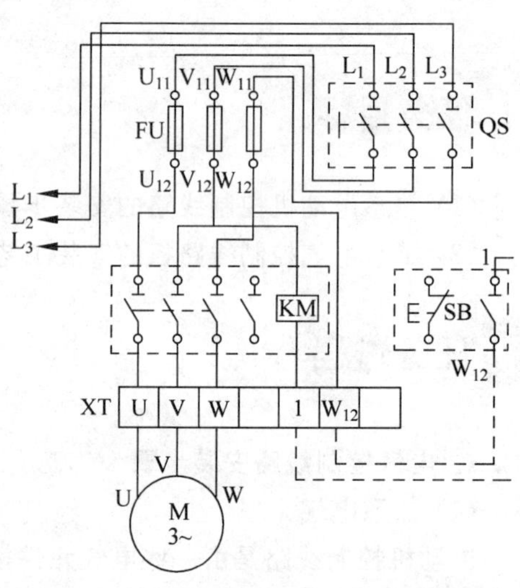


图 4-3 电动机点动控制线路接线安装图

在接线图中，各电气元件都要按照在安装底板(或电气控制箱、控制柜)中的实际安装位置绘出；元件所占据的面积按它的实际尺寸依照统一的比例绘制；一个元件的所有部件应画在一起，并用虚线框起来。各电气元件的位置关系依据安装底板的面积大小、比例及连接线的顺序来决定，并注意不得违反安装规程。

绘制接线图时应注意以下几点。

① 接线图中各电气元件的图形符号和文字符号必须与电气原理图中的一致，并符合国家标准。

② 各电气元件凡是需要接线的部件端子都应绘出，并且一定要标注端子编号；各接线端子的编号必须与电气原理图上相应的线号一致；同一根导线上连接的所有端子的编号应相同。

③ 安装底板(或电器控制箱、控制柜)内外的电气元件之间的连线,应通过接线端子排进行连接。

④ 走向相邻的导线可以绘成一股线。

⑤ 绘制好的接线图应对照电气原理图仔细核对,防止错画、漏画,避免给制作线路或试车运行过程造成麻烦。

如果觉得绘制上述接线图太复杂,可以用断线图和编号图表示。图 4-4 所示是三相异步电动机定子串电阻减压启动自动控制线路断线图。图 4-5 所示是双重连锁的三相异步电动机正反转控制线路编号图。

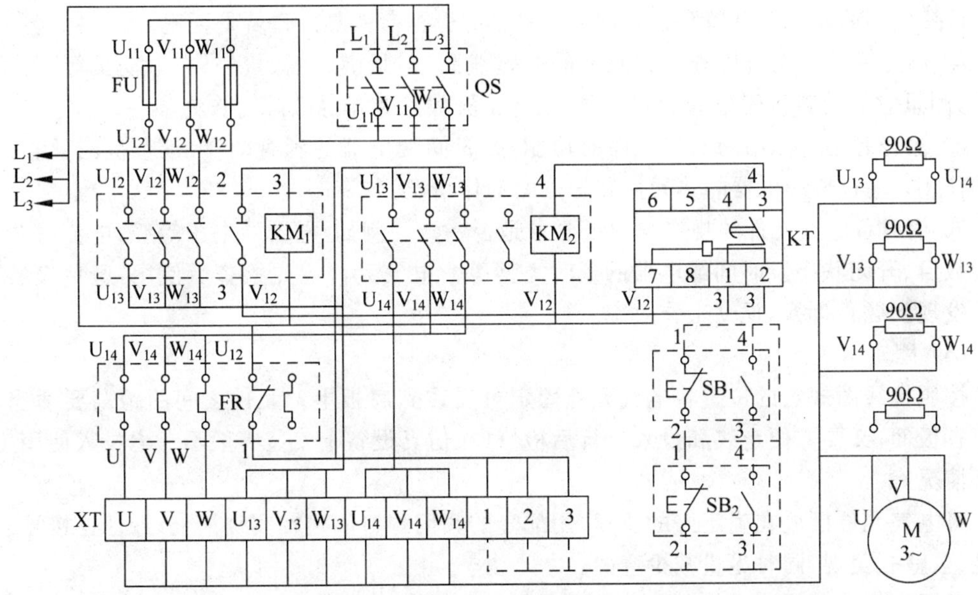


图 4-4　三相异步电动机定子串电阻减压启动自动控制线路断线图

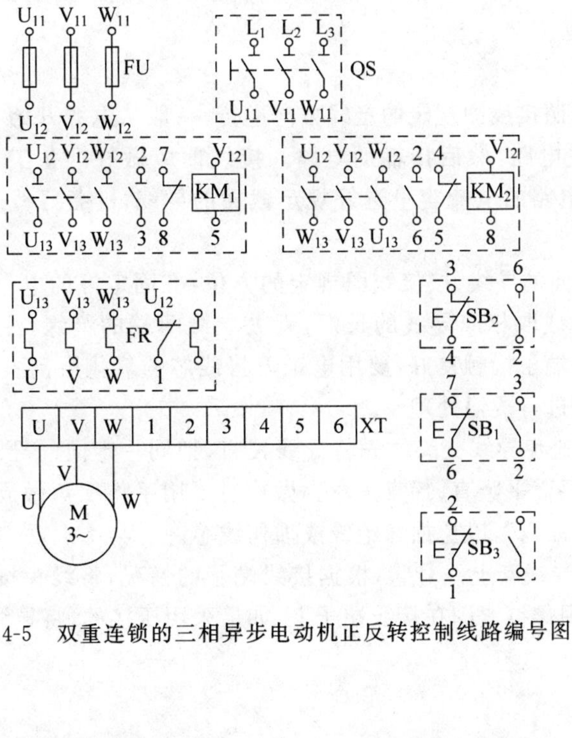

图 4-5　双重连锁的三相异步电动机正反转控制线路编号图

(4) 检查电气元件

安装接线前应对所用的电气元件逐个进行检查,避免电气元件故障与线路错接、漏接造成的故障混在一起。对电气元件的检查主要包括以下几个方面。

① 电气元件外观是否清洁完整;外观有无碎裂;零部件是否齐全有效;各接线端子及紧固件有无缺失、生锈等现象。

② 电气元件的触点有无熔焊粘连、变形、严重氧化、锈蚀等现象;触点的闭合、分断动作是否灵活;触点的开距、超程是否符合标准;接触压力弹簧是否有效。

③ 电气元件的电磁结构和传动部件动作是否灵活;有无衔铁卡住、吸合位置不正等现象;新品使用前应拆开并清除铁芯端的防锈油;检查衔铁复位弹簧是否正常。

④ 用万用表或电桥检查所有元件的电磁线圈(包括继电器、接触器、电动机等)的通断情况,测量它们的直流阻值并做好记录,以备检查线路和排除故障时作为参考。

⑤ 检查有延时作用的电气元件的功能,如时间继电器的延时动作、延时范围及整定机构的作用;检查热继电器的热元件和触点的动作情况。

⑥ 核对各电气元件的规格与图纸要求是否一致。例如,电器的电压等级、电流容量、触点的数目、开闭状态及时间继电器的延时类型等。电气元件应先检查后使用,避免安装、接线后发现问题再拆换,提高工作效率。

(5) 固定电气元件

按照接线图规定的位置将电气元件固定再安装到底板上。元件之间的距离要适当,既要节省板面,又要方便走线和投入运行后检修(在仿真设备上安装一般不考虑投入使用生产运行情况)。

将电气元件摆放在确定好的位置,用配套的紧固螺钉固定在实训板上,保证连接导线横平竖直、整齐美观,同时尽量减少弯曲。

用螺钉将熔断器 FU、开关 QS 及端子排 XT 等器件安装到网孔板上,图 4-6 所示为熔断器在实训板上的安装示意图。其他电气元件可采用类似的方法安装。

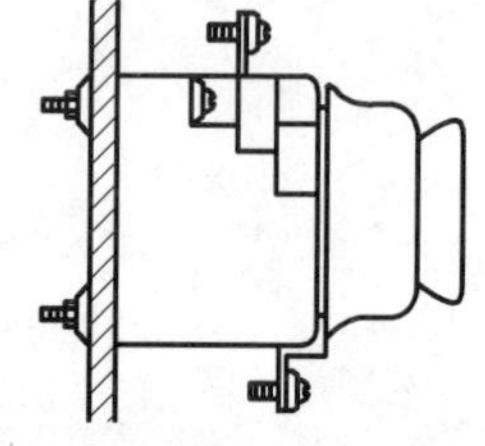

图 4-6 安装示意图

(6) 照图接线

接线时,严格按照接线图规定的走线方向进行,一般从电源开始按顺序接线,先接主电路,然后接辅助电路。接线前应做好准备工作,按主电路、辅助电路的电流容量选好规定截面的导线,准备好线号管。

① 选择适当截面的导线,按接线图规定的方位,在固定好的电气元件之间测量距离确定所需导线的长度,截取相应导线的长短,剥去导线两端的绝缘(注意绝缘剥离时不要过长)。为保证导线与端子接触良好,要用电工刀将线芯的氧化层刮去;使用多股导线时,将线头绞紧,必要时可进行烫锡处理。

② 走线应尽量避免导线交叉。先将导线校直,把同一走向的导线汇成一束,依次弯向所需的方向。走线要横平竖直、拐直角弯。做线时要用手将拐角做成 90°的"慢弯",不要用尖嘴钳将导线做成"死弯",以免损坏绝缘或损伤线芯。

③ 将成型好的导线套上线号管,根据接线端子的情况,将线头按接线端旋紧的方向弯成圆环状(羊眼)。用螺钉紧固在接线端子上,如果采用压接的,将导线头缠紧插入压接螺钉

(或压接片)下旋紧螺钉。

(7) 检查线路

装接完成后,必须经过认真检查才能通电运行,以防止错接、漏接等造成线路不能动作,甚至发生短路事故。检查按以下步骤进行。

① 核对接线。对照电气原理图、接线图,从三相电源开始逐段核对接线的线号,排除漏接、错接现象。重点检查辅助线路中易接错处的线号,还应核对同一根导线的两端是否错号。

② 检查端子接线是否牢靠。检查所有端子上的接线接触情况,用手一一摇动、拉拨端子上的接线,不允许有松脱现象。

③ 万用表检查。在未通电前,用手动模拟电器操作动作,用万用表检查线路的通断情况,主要根据线路控制动作来确定测量点。

控制线路的一般检查方法如下。

a. 先断开辅助电路,检查主电路。选择万用表的 $R\times100\Omega$ 电阻挡,将表棒分别跨接于“$L_1$”-“$W_1$”(或“$L_2$”-“$V_1$”或“$L_3$”-“$U_1$”)上电气元件的两端及相邻两个元器件的连接导线,检查其通断;在检查隔离开关、接触器触点、热继电器触点时,要手动按下或合上电气元件进行检查。

b. 然后断开主电路,检查辅助线路。可以将万用表的表棒接在控制线路的电源输入端,手动按下启动按钮、接触器、热继电器、时间继电器,看电路通断情况;也可以从电源输入的一端开始,逐一检查各电气元件或导线的通断,需要时也同样手动按下启动按钮、接触器、热继电器、时间继电器,看电路通断情况。

c. 当具有自锁、连锁时,要注意检查自锁、连锁控制情况是否良好;检查与设备联动的电气元件(如行程开关、速度继电器)等动作的正确与可靠。

④ 试车与调整。为保证学习者的安全,通电试车必须在指导教师的监护下进行。试车前应清点工具,清除安装板上的线头等杂物,装好接触器的灭弧罩,安装熔断器等。

a. 空载做试验。先切除主电路,装上控制电路熔断器,接通三相电源,在线路不带负载(电动机)时通电操作,以检查辅助线路的工作是否正常。检查各按钮,观察它们对接触器、继电器的控制;检查自锁、连锁控制;用绝缘棒操作行程开关或限位开关控制作用等。同时注意观察电器动作的灵活性,细听电器动作后运行时有无较大噪声、振动等。

b. 带负荷试车。控制线路经空载操作无误后,切断电源,装好主电路熔断器,接上电动机,接通电源,启动电动机并观察电动机的启动和运行。

特别提醒的是在启动电动机后,应做好停止电动机准备,如发现电动机启动困难、发出噪声及线圈过热等异常现象,应立即停车。

**2. 电气控制线路板安装的要求**

(1) 安装时的要求

板上安装的所有电气控制器件的名称、型号、工作电压性质和数值、信号灯及按钮的颜色等,都应正确无误,安装要牢固,在醒目处应贴上各器件的文字符号。

(2) 连接导线要采用规定的颜色

① 接地保护导线(PE)必须采用黄绿双色。

② 动力电路的中线(N)和中间线(M)必须是浅蓝色。

③ 交流和直流动力电路应采用黑色。

④ 交流控制电路采用红色。

⑤ 直流控制电路采用蓝色。

(3) 导线的绝缘和耐压要求

每一根连接导线在接近端子处的线头上必须套上标有线号的套管；进行控制板内部布线，要求走线横平竖直、整齐、合理，接点不得松动；进行控制板外部布线，对于可移动的导线应放适当的余量，使绝缘套管(或金属软管)在运动时不承受拉力，接地线和其他导线接头，同样应套上标有线号的套管。

(4) 安装时按钮的相对位置及颜色

① "停止"按钮应置于"启动"按钮的下方或左侧，当用两个"启动"按钮控制相反方向时，"停止"按钮可装在中间。

② "停止"和"急停"用红色，"启动"用绿色，"启动"和"停止"交替动作的按钮用黑色、白色或灰色，点动按钮用黑色，复位按钮用蓝色，当复位按钮带有"停止"作用时则需用红色。

(5) 安装后(在接通电源前的)质量检验

① 再次检查控制线路中各元器件的安装是否正确和牢靠，各个接线端子是否连接牢固，线头上的线号是否同电气原理图相符合，绝缘导线的颜色是否符合规定，保护导线是否已可靠连接。

② 短接主电路、控制电路，用500V兆欧表测量与保护电路导线之间的绝缘电阻应不得小于2MΩ。

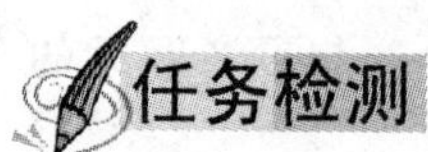

## 任务检测

按表4-1所示完成检测任务。

**表4-1 电动机常用控制线路安装工艺要求检测表**

| 课题 | 电动机常用控制线路安装工艺要求 | | | | | | |
|---|---|---|---|---|---|---|---|
| 班级 | | 姓名 | | 学号 | | 日期 | |
| (1) 简述电动机控制线路的安装步骤。<br><br>(2) 电气控制线路板安装的要求有哪些？ | | | | | | | |
| 指导教师(签名) | | | | 得分 | | | |

# 任务 4.2　电动机常用控制线路故障检测

## 任务目标

（1）了解故障点检测的方法。

（2）只能正确使用故障检测方法检测控制电路。

## 任务过程

任何线路或设备经一段时间的使用，都会产生一些故障，根据故障现象进行检测和分析是排除故障时必须进行的一项工作。

动力设备的故障检测与判断的方法主要有电阻测量法、电压测量法和逐步短路法等几种。

**1. 电阻测量法**

电阻测量法是在故障检测和判断中使用最多的一种方法。它主要是利用万用表的电阻挡（欧姆挡），对电路的通断进行检测，从而判断故障发生的位置。图 4-7 是电阻测量法的示意图。

（1）利用万用表的电阻挡，逐一测量“0”与“1”、“2”、……间或“9”与“8”、“7”、……间的阻值。阻值较小表明电路接通，属于正常；如果电阻很大，表明对应被测两点之间存在开路故障。

（2）当测量到“0”与“3”、“6”或“9”与“2”时，由于按钮 $SB_1$、$SB_2$ 本身是断开的，应当手动按下按钮或接触器后再测。

（3）测量注意事项

用电阻法测量各点之间的电阻值时，应注意以下几点。

① 测量前检查万用表的量程是否恰当，并进行欧姆调零（电调零）。

② 测量前务必检查电源已经切断，切忌带电操作；否则会损坏万用表或造成触电事故。

③ 测量电路不能与其他电路或者负载并联；否则测量结果不准确。

④ 测量时不仅测量不同编号之间的电阻，还应测量同一编号之间的电阻值，如“1”与“1”、“2”与“2”、……，也就是连接线的通断，如图 4-8 所示。

⑤ 为了提高测量的速度，有时不必按数字依次进行，可以先测量数字差距较大的两个点之间的电阻，如“9”与“4”，如果阻值较小，表明这两点之间连接正常，故障在这两点以外；如果电阻较大，表明这两点之间连接不正常，故障在这两点之间。

**2. 电压测量法**

电压测量法是利用加上电源电压后，用万用表的交流电压挡对电路进行测量，从而判断故障位置的一种测量方法。图 4-9 是电压测量示意图，测量时应按下启动按钮。

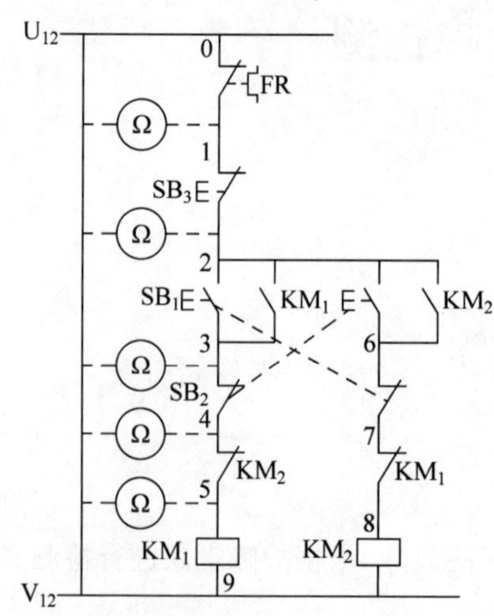

图 4-7　电阻测量法的示意图

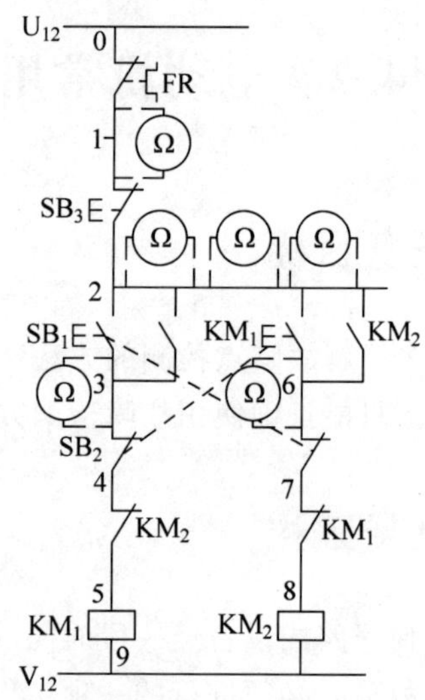

图 4-8　连接线通断的测量

由于是带电测量,测量时务必注意安全,以防触电。

(1) 利用万用表的电压挡,逐一测量"$U_{12}$"与"1"、"2"、……间或"$V_{12}$"与"8"、"7"、……间的电压值。电压为零表明电路接通,属于正常;如果电压很大,表明对应被测两点之间存在开路故障。

(2) 测量时不仅测量不同编号之间的电压,还应测量同一编号之间的电阻值,如"1"与"1"、"2"与"2"等,也就是连接线的通断。同理,当电压为零表明电路接通,属于正常;如果电压很大,表明对应被测两点之间存在开路故障。

**3. 逐步短路法**

这种方法是在电源供电正常的情况下,利用一绝缘短路线,强制使故障电路接通的一种方法。图 4-10 是操作示意图。

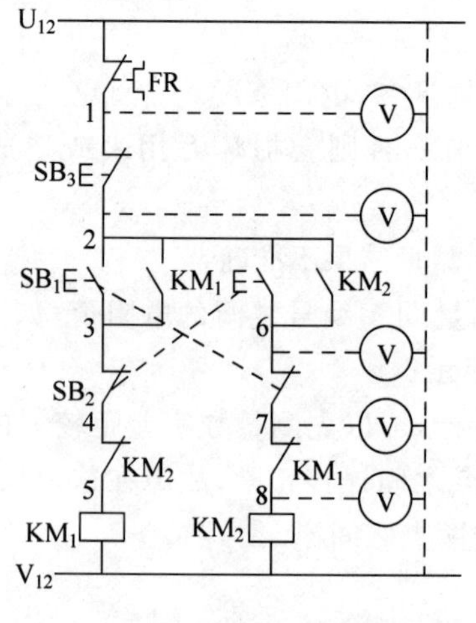

图 4-9　电压测量示意图

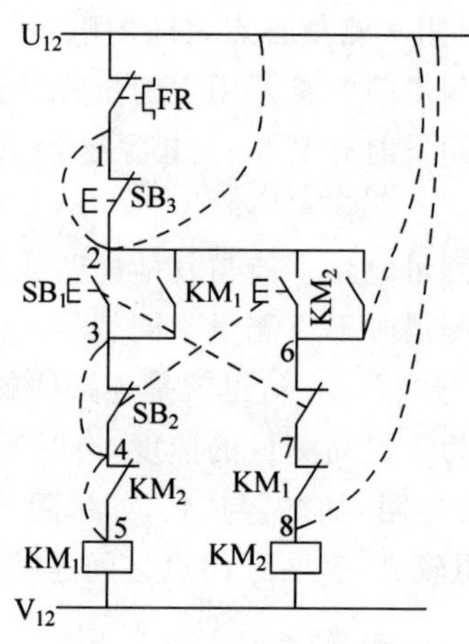

图 4-10　操作示意图

由于是带电操作，测量时应务必遵循以下要求。

(1) 连接短路线前将电源切断，待短路线连接后再通电。

(2) 将短路线连接在相同编号或相邻编号的两点之间，连接后按下启动按钮，如继电器吸合，表明被短接的两点之间有断路故障；否则表明故障点在被短路两点之外。

(3) 为了提高速度，可以将短接线跨接在两个编号差距较大的两点之间，但是要注意不要将线圈短路；否则将造成短路而产生事故。

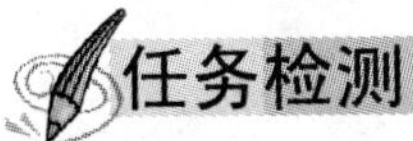

任务检测

按表 4-2 所示完成检测任务。

**表 4-2　电动机常用控制线路故障检测检测表**

| 课题 | 电动机常用控制线路故障检测 | | | | | | |
|---|---|---|---|---|---|---|---|
| 班级 | | 姓名 | | 学号 | | 日期 | |
| 简述电动机控制线路故障的检测方法。 | | | | | | | |
| 指导教师(签名) | | | | 得分 | | | |

# 任务 4.3　电动机全压启动控制线路安装实训

## 分任务 4.3.1　直接启动控制线路安装实训

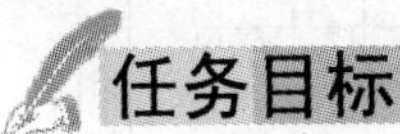

任务目标

(1) 掌握直接启动控制线路的原理。

(2) 能正确安装直接启动控制线路，能检测直接启动控制线路并排除故障。

任务过程

**1. 电气原理图**

直接启动控制线路电气原理图如图 4-11 所示。

**2. 实训所需电气元件**

实训所需电气元件明细表见表 4-3。

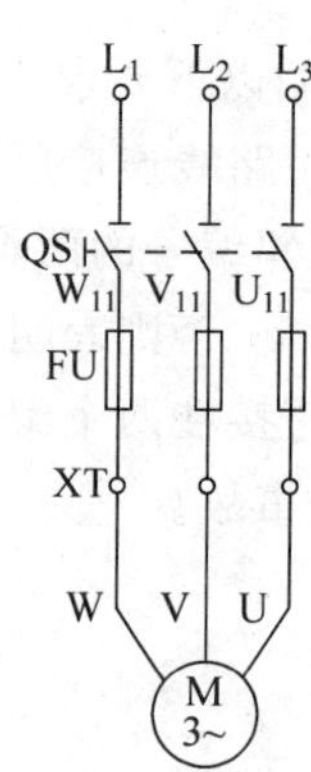


图 4-11　直接启动控制线路电气原理图

**表 4-3　实训所需电气元件明细表**

| 代号 | 名　称 | 型　号 | 规　格 | 数量 |
|---|---|---|---|---|
| QS | 低压断路器 | DZ108-20/10-F | 脱扣器整定电流 0.64～1A | 1 只 |
| FU | 螺旋式熔断器 | RL1-15 | 配熔体 3A | 3 只 |
| XT | 接线端子排 | JF5 | AC660V 25A | 5 位 |
| M | 三相异步电动机 | | $U_N$380V(Y) $I_N$0.53A $P_N$160W | 1 台 |

**3. 实训步骤**

(1) 按图 4-12 所示布置电气元件。在实训安装板上安装熔断器 FU、开关 QS 及端子排 XT 等器件,其中熔断器 FU 安装时要把下接线座接上面,并注意 FU 之间保持合理的间隔,开关 QS 装在板的右上方。

(2) 按图 4-13 所示连接电气线路,电动机 M 固定在桌面上,安装的动力电路采用黑色接线,保护导线 PE 采用黄绿双色线,线头上套上标有线号的套管,在元器件的醒目处贴上文字符号,$L_1$、$L_2$、$L_3$ 这 3 个插头分别插进电源插座。

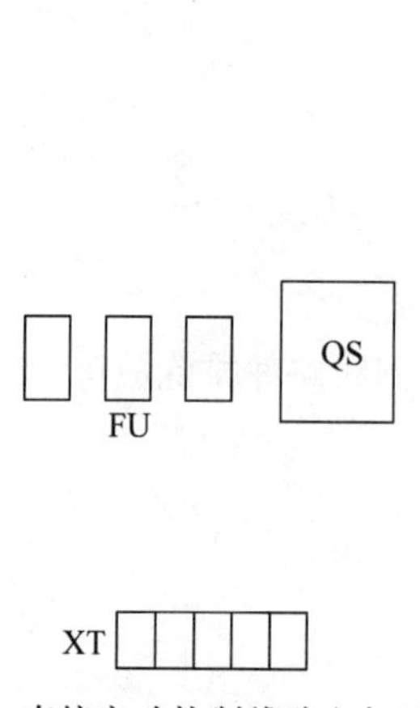


图 4-12　直接启动控制线路电气元件布置

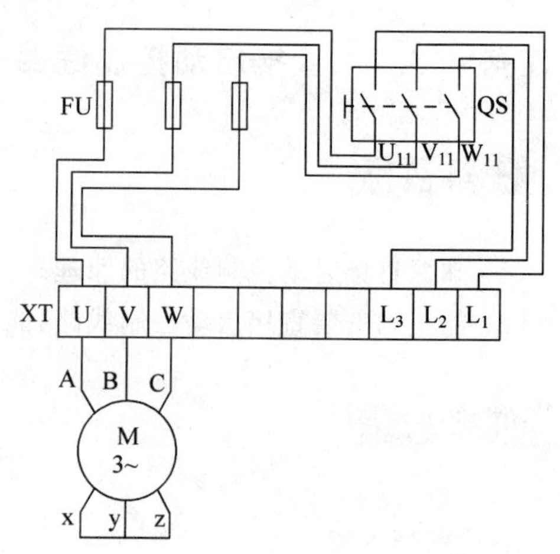


图 4-13　直接启动控制线路接线

(3) 安装完成后,用万用表检测线路安装质量(参见本项目任务 4.2)。

(4) 确认安装牢固接线无误后,先接通三相总电源,再合上 QS 开关,电动机应正常启动和平稳运转。

(5) 若熔丝熔断(可看到熔心顶盖弹出)则应“分”断电源,检查分析并排除故障后才可重新“合”电源。

**4. 控制线路故障现象与分析**

控制线路故障现象与分析见表 4-4。

**表 4-4 控制线路故障现象与分析**

| 故障现象 | 故障分析 |
|---|---|
| 合上开关后,电动机“嗡嗡”响,启动不起来 | 熔丝熔断;电源电压缺相;电动机绕组一相断路;电动机接线端脱落一相 |
| 合上开关后,熔丝立即熔断 | 开关至电动机线路短路或接地;电动机接线盒内接线端脱落造成短路或接地;电机绕组相间短路或接地 |
| 开关转到“运行”位置时,电动机无任何反应也不启动,测量三相电压完全正常 | 开关已损坏 |
| 开关转到“断开”位置时,电动机不停,还照常运行 | 开关已损坏 |

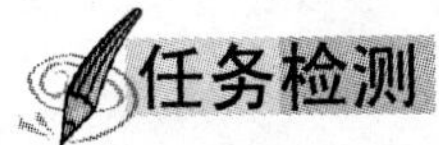


按表 4-5 所示完成检测任务。

**表 4-5 直接启动控制线路安装实训检测表**

<table>
<tr><td>课题</td><td colspan="7">直接启动控制线路安装实训</td></tr>
<tr><td>班级</td><td></td><td>姓名</td><td></td><td>同组成员</td><td></td><td></td><td></td></tr>
<tr><td colspan="2">实训名称</td><td colspan="2"></td><td>时间</td><td colspan="3">年 月 日</td></tr>
<tr><td>实训线路<br>实物接线图</td><td colspan="4">FU QS<br>XT U V W<br>U V W<br>M 3~</td><td>实训中产生的问题排除记录</td><td colspan="2"></td></tr>
<tr><td>内 容</td><td>配分</td><td colspan="6">评 分 标 准</td></tr>
<tr><td>安装元件</td><td>15</td><td colspan="6">(1) 元器件安装不合理,每只扣 3 分<br>(2) 损坏元器件,每只扣 10 分</td></tr>
<tr><td>布线</td><td>35</td><td colspan="6">(1) 接点松动,每处扣 1 分<br>(2) 布线不合理,扣 5 分<br>(3) 接线错误,扣 5 分</td></tr>
<tr><td>通电试车</td><td>50</td><td colspan="6">(1) 第 1 次试车不成功,扣 20 分<br>(2) 第 2 次试车不成功,扣 30 分<br>(3) 第 3 次试车不成功,扣 50 分</td></tr>
<tr><td>安全操作</td><td colspan="7">违反安全文明操作规程,损坏工具、仪表等扣 20～50 分</td></tr>
<tr><td>综合评价</td><td colspan="7"></td></tr>
<tr><td colspan="2">指导教师(签名)</td><td colspan="3"></td><td>得分</td><td colspan="2"></td></tr>
</table>

## 分任务 4.3.2　点动控制线路安装实训

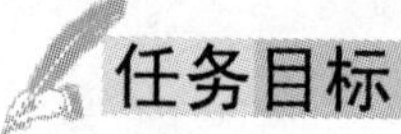

### 任务目标

(1) 掌握点动控制线路的原理。

(2) 能正确安装点动控制线路，能检测点动控制线路并排除故障。

### 任务过程

**1. 电气原理图**

点动控制线路电气原理图如图 4-14 所示。

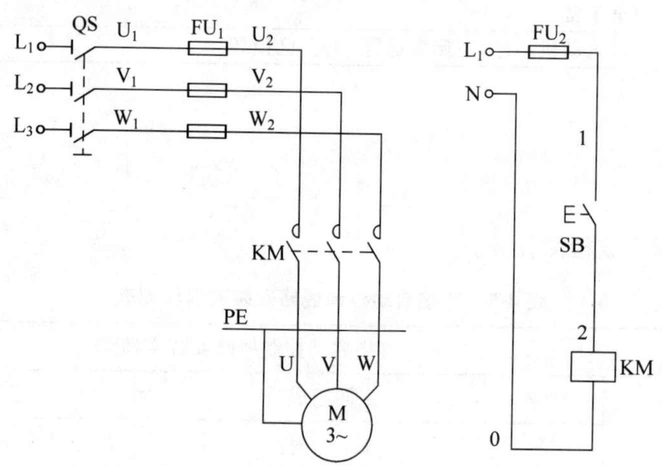


图 4-14　点动控制线路电气原理图

**2. 实训所需电气元件**

实训所需电气元件明细表见表 4-6。

**表 4-6　实训所需电气元件明细表**

| 代号 | 名　称 | 型　号 | 规　格 | 数量 |
|---|---|---|---|---|
| QS | 低压断路器 | DZ108-20/10-F | 脱扣器整定电流 0.64～1A | 1 只 |
| FU | 螺旋式熔断器 | RL1-15 | 配熔体 3A | 3 只 |
| KM | 交流接触器 | CJX4-093Q | 线圈 AC380V | 1 只 |
| SB | 按钮开关 | LAY16 | 一常开一常闭自动复位 | 1 只 |
| XT | 接线端子排 | JF5 | AC660V 25A | 10 位 |
| M | 三相异步电动机 | | $U_N$380V(Y)$I_N$0.53A $P_N$160W | 1 台 |

**3. 实训步骤**

(1) 按图 4-15 所示布置电气元件。在实训板上分别装上熔断器 FU、开关 QS、接触器

KM、按钮 SB 及端子排 XT(其中熔断器 FU 安装时把下接线座(中心端)接上面)。

(2) 按图 4-16 所示连接电气线路。安装动力电路的接线采用黑色,控制电路采用红色。在图 4-16 中,实线表示明配线,虚线表示暗配线(即接线端子的接线先从端子下面的孔穿出,在板后接按钮 SB)。

(3) 安装完成后,用万用表检测线路安装质量(参见本项目任务 4.2)。

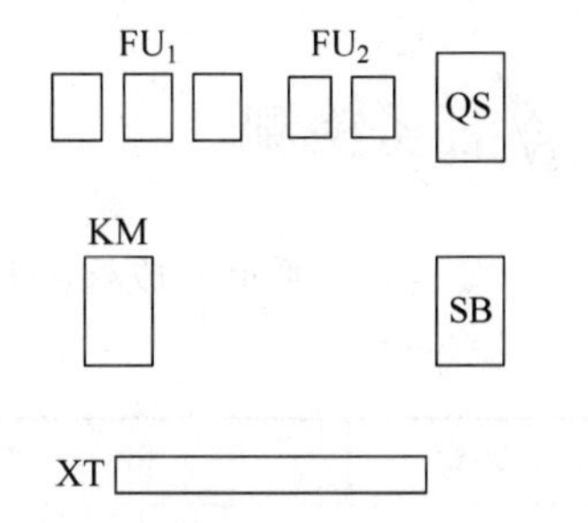


图 4-15 点动控制线路电气元件布置

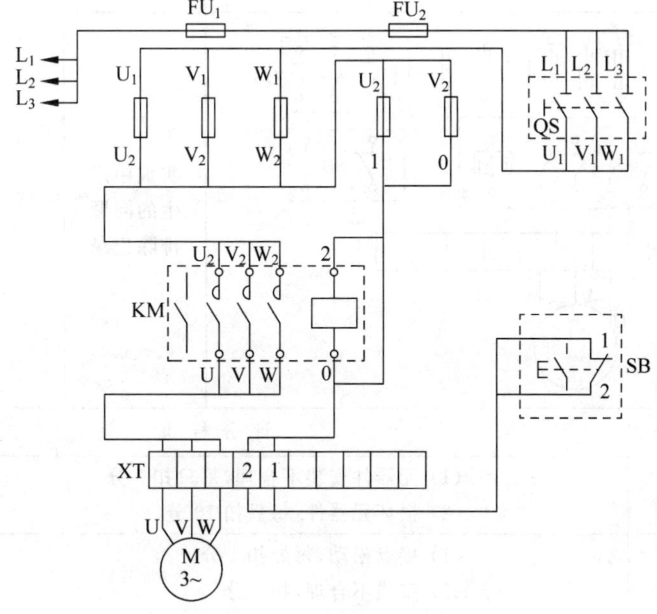


图 4-16 点动控制线路接线

(4) 检查接线无误后,接通交流电源,合上开关 QS,此时电动机不转,按下按钮 SB,电动机即可启动,松开按钮电动机即停转。

(5) 若电动机不能点动控制或熔丝熔断等故障,则应"分"断电源,分析排除故障后使之正常工作。

### 4. 控制线路故障现象与分析

控制线路故障现象与分析见表 4-7。

**表 4-7 控制线路故障现象与分析**

| 故 障 现 象 | 故 障 分 析 |
|---|---|
| 按下 SB 后接触器吸不住,发出"嗒塔"响声 | 弹簧脱位,机械运动受阻,铁芯吸合不到位 |
| 按下 SB 后接触器发出有节奏的振荡声,电动机转速也不稳定 | 接触器铁芯截面端部短路,铜环开路或丢失 |
| 交流接触器电磁交流声过大,"嗡嗡"响 | 接触器铁芯衔铁行程距离太大,铁芯吸合不实;短路环开裂 |
| 按下 SB 后,电机不启动,没有响声 | 检查电源电压;SB 接错;接触器线圈控制回路开 |

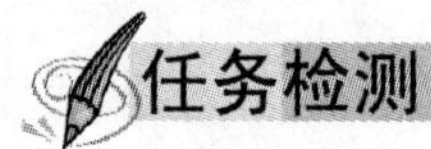

## 任务检测

按表 4-8 所示完成检测任务。

**表 4-8 点动控制线路安装实训检测表**

<table>
<tr><td>课题</td><td colspan="7">点动控制线路安装实训</td></tr>
<tr><td>班级</td><td></td><td>姓名</td><td></td><td>同组成员</td><td></td><td></td><td></td></tr>
<tr><td colspan="2">实训名称</td><td colspan="2"></td><td>时间</td><td colspan="3">年 月 日</td></tr>
<tr><td>实训电路<br>实物接线图</td><td colspan="3">FU1 FU2 QS KM E SB XT U V W M 3~</td><td colspan="2">实训中产<br>生的问题<br>排除记录</td><td colspan="2"></td></tr>
<tr><td>内　容</td><td>配分</td><td colspan="6">评 分 标 准</td></tr>
<tr><td>安装元件</td><td>15</td><td colspan="6">(1) 元器件安装不合理,每只扣 3 分<br>(2) 损坏元器件,每只扣 10 分</td></tr>
<tr><td>布线</td><td>35</td><td colspan="6">(1) 接点松动,每处扣 1 分<br>(2) 布线不合理,扣 5 分<br>(3) 接线错误,扣 5 分</td></tr>
<tr><td>通电试车</td><td>50</td><td colspan="6">(1) 第 1 次试车不成功,扣 20 分<br>(2) 第 2 次试车不成功,扣 30 分<br>(3) 第 3 次试车不成功,扣 50 分</td></tr>
<tr><td>安全操作</td><td colspan="7">违反安全文明操作规程,损坏工具、仪表等扣 20～50 分</td></tr>
<tr><td>综合评价</td><td colspan="7"></td></tr>
<tr><td colspan="2">指导教师(签名)</td><td colspan="3"></td><td>得分</td><td colspan="2"></td></tr>
</table>

## 分任务 4.3.3 接触器自锁控制线路安装实训

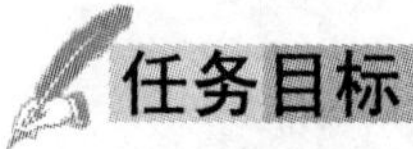

### 任务目标

(1) 掌握接触器自锁控制线路的原理。

(2) 能正确安装接触器自锁控制线路,能检测接触器自锁控制线路并排除故障。

## 任务过程

当电动机需要长时间连续运转时，采用这种控制方式。自锁是指当电动机启动运转后，松开启动按钮，控制电路仍保持接通，电动机继续运转。只有按下停止按钮后，控制电路断电才停止运转。

### 1. 电气原理图

接触器自锁控制线路电气原理图如图 4-17 所示。

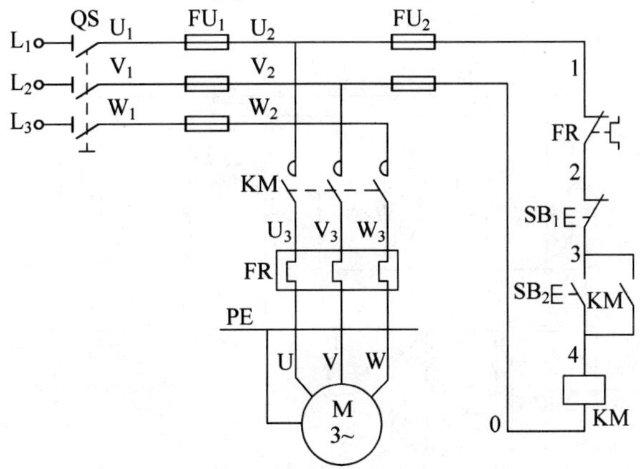


图 4-17　接触器自锁控制线路电气原理图

### 2. 实训所需电气元件

实训所需电气元件明细表见表 4-9。

**表 4-9　实训所需电气元件明细表**

| 代　号 | 名　　称 | 型　　号 | 规　　格 | 数量 |
|---|---|---|---|---|
| QS | 低压断路器 | DZ108-20/10-F | 脱扣器整定电流 0.64～1A | 1只 |
| FU | 螺旋式熔断器 | RL1-15 | 配熔体 3A | 3只 |
| KM | 交流接触器 | CJX4-093Q | 线圈 AC380V | 1只 |
| $SB_1$、$SB_2$ | 按钮开关 | LAY16 | | 2只 |
| XT | 接线端子排 | JF5 | AC660V 25A | 10位 |
| M | 三相异步电动机 | | $U_N$380(Y) $I_N$0.53A $P_N$160W | 1台 |
| FR | 热继电器 | JRS4-09305d | 整定电流 0.64～1A | 1只 |

### 3. 实训步骤

(1) 按图 4-18 所示布置电气元件。在实训板上分别牢固地安装上熔断器 FU、开关 QS、接触器 KM、热继电器 FR、按钮 $SB_1$、$SB_2$ 及端子排 XT 等器件。

(2) 按图 4-19 所示连接电气线路。接线时动力电路用黑色线，控制电路用红色线；启动按钮 $SB_1$ 用绿色并装在 $SB_2$ 的上面，停止按钮 $SB_2$ 用红色；实线表示明配线，虚线表示装在板后为暗配线。

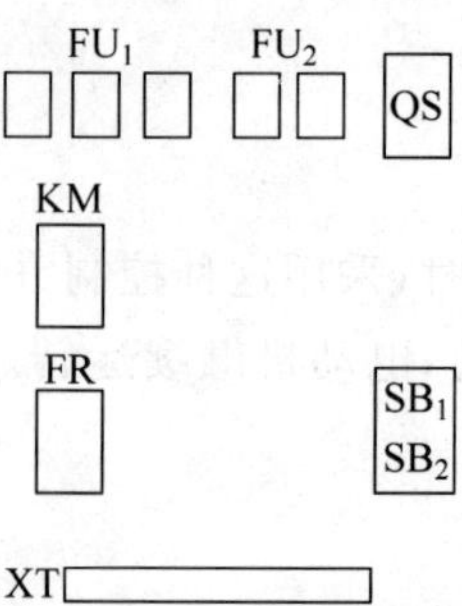


图 4-18 接触器自锁控制线路电气元件布置

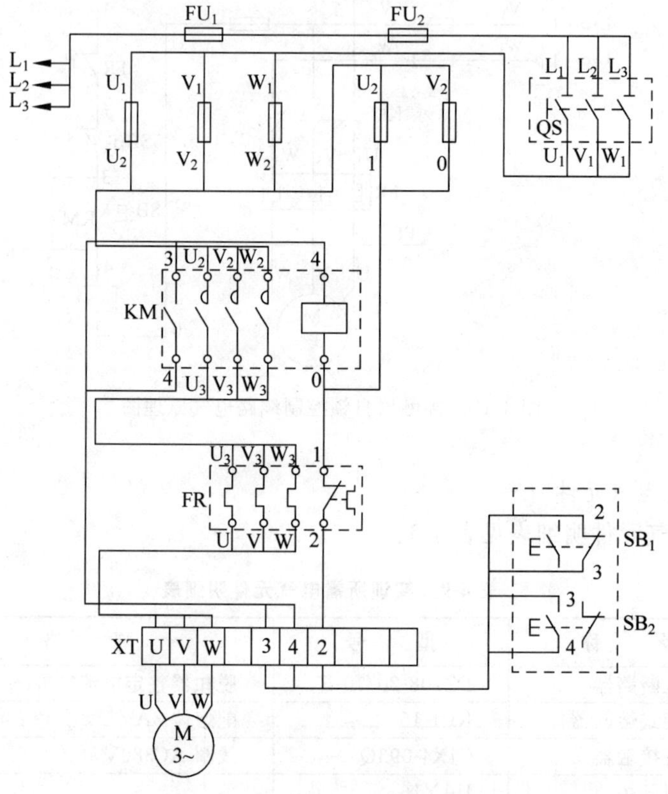


图 4-19 接触器自锁控制线路接线

(3) 安装完成后，用万用表检测线路安装质量(参见本项目任务 4.2)。

(4) 确认接线正确后，接通交流电源 $L_1$、$L_2$、$L_3$ 并合上开关 QS，按下 $SB_1$，电动机应启动并连续转动，按下 $SB_2$ 电动机应停转。

(5) 若按下 $SB_1$ 电动机启动运转后，电源电压降到 320V 以下或电源断电，则接触器 KM 的主触点会断开，电动机停转。再次恢复电压为 380V(允许±10%波动)，电动机应不会自行启动——具有欠压或失压保护。

(6) 如果电动机转轴卡住而接通交流电源，则在几秒内热继电器应动作断开加在电动机上的交流电源(注意不能超过 10s，否则电动机过热会冒烟导致损坏)。

#### 4. 控制线路故障现象与分析

控制线路故障现象与分析见表 4-10。

**表 4-10 控制线路故障现象与分析**

| 故障现象 | 故障分析 |
|---|---|
| 合上隔离开关 QS,按下启动按钮 $SB_1$,KM 动作,松开后 KM 立即复位 | 按下启动按钮 $SB_1$,KM 动作,说明控制线路正常,松开后,KM 复位,说明自锁功能不正常——KM 自锁触点接触不良、接线有断路或误将常开自锁接成常闭自锁 |
| 合上隔离开关 QS,在未按下启动按钮 $SB_1$ 时,电动机立即得电启动运转;按下停止按钮 $SB_2$ 后,电动机停转,但是松开停止按钮 $SB_2$ 后,电动机又得电启动运转 | 故障现象中停止按钮 $SB_2$ 能正常工作,而启动按钮 $SB_1$ 不起作用。启动按钮 $SB_1$ 上并联着接触器自锁触点 KM,从原理分析可以知道,其原因可能是 $SB_2$ 下端的 1 号线直接接在 KM 的上端 3 号接线处 |
| 合上隔离开关 QS,接触器剧烈振动(振动频率较低,为 10～20Hz),主触点严重起弧,电动机时转时停,按下停止按钮 $SB_2$,KM 立即释放 | 故障现象表明启动按钮 $SB_1$ 不起作用,而停止按钮有停止控制功能,说明接线有错,而且与上例相似。接触器振动频率较低,不是由于电源电压过低(50Hz)或短路环(100Hz)引起,所以怀疑是自锁接错——将常开触点误接成常闭触点 |
| 合上隔离开关 QS,按下启动按钮 $SB_1$,KM 不动作,检查线路无错误;检查电源,三相电压正常,线路无接触不良 | 根据故障现象和对电路的检查,怀疑问题在电气元件上,如按钮的触点、接触器线圈、热继电器触点有断路点 |

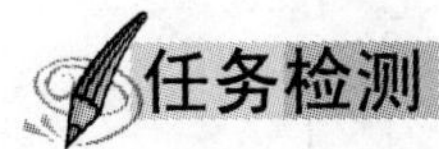

## 任务检测

按表 4-11 所示完成检测任务。

**表 4-11 接触器自锁控制线路安装实训检测表**

<table>
<tr><td>课题</td><td colspan="7">接触器自锁控制线路安装实训</td></tr>
<tr><td>班级</td><td></td><td>姓名</td><td></td><td>同组成员</td><td></td><td></td><td></td></tr>
<tr><td>实训名称</td><td colspan="2"></td><td>时间</td><td colspan="4">年 月 日</td></tr>
<tr><td>实训电路<br>实物接线图</td><td colspan="3">FU1 FU2 QS<br>KM SB1<br>FR SB2<br>XT<br>U V W<br>M 3~</td><td>实训中产<br>生的问题<br>排除记录</td><td colspan="3"></td></tr>
</table>

续表

| 内　容 | 配分 | 评 分 标 准 | | |
|---|---|---|---|---|
| 安装元件 | 15 | (1) 元器件安装不合理,每只扣3分<br>(2) 损坏元器件,每只扣10分 | | |
| 布线 | 35 | (1) 接点松动,每处扣1分<br>(2) 布线不合理,扣5分<br>(3) 热继电器未整定或错误,扣5分<br>(4) 接线错误,扣5分 | | |
| 通电试车 | 50 | (1) 第1次试车不成功,扣20分<br>(2) 第2次试车不成功,扣30分<br>(3) 第3次试车不成功,扣50分 | | |
| 安全操作 | 违反安全文明操作规程,损坏工具、仪表等扣20～50分 | | | |
| 综合评价 | | | | |
| 指导教师(签名) | | | 得分 | |

# 任务 4.4　电动机正反转控制线路安装实训

## 分任务 4.4.1　倒顺开关控制正反转线路安装实训

### 任务目标

(1) 掌握倒顺开关控制正反转线路的原理。

(2) 能正确安装倒顺开关控制正反转线路,能检测倒顺开关控制正反转线路并排除故障。

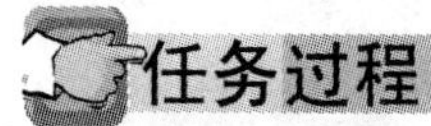

### 任务过程

**1. 电气原理图**

倒顺开关控制正反转线路电气原理图如图4-20所示。

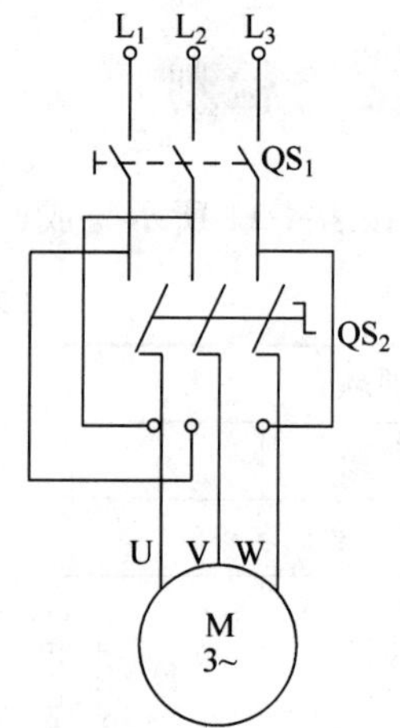


图4-20　倒顺开关控制正反转线路电气原理图

**2. 实训所需电气元件**

实训所需电气元件见表4-12。

表4-12　电气元件明细表

| 代　号 | 名　　称 | 型　　号 | 规　　格 | 数量 | 备　注 |
|---|---|---|---|---|---|
| $QS_1$ | 低压断路器 | DZ108-20/10-F | 脱扣器整定电流0.63～1A | 1只 | |
| $QS_2$ | 倒顺开关 | KO3-15 | | 1只 | |
| XT | 接线端子排 | JF5 | AC660V 25A | 5位 | |
| M | 三相笼型异步电动机 | | $U_N$380V(Y) $I_N$0.53A $P_N$160W | 1台 | |

**3. 实训步骤**

(1) 按图 4-21 所示布置电气元件。在实训板上装上低压断路器 $QS_1$，倒顺开关 $QS_2$ 及端子接线排 XT。

(2) 按图 4-22 所示连接线路，用黑色线按接线图的要求接好线。图中虚线为暗配线(导线从端子排下面的孔穿出，在板后接线)。

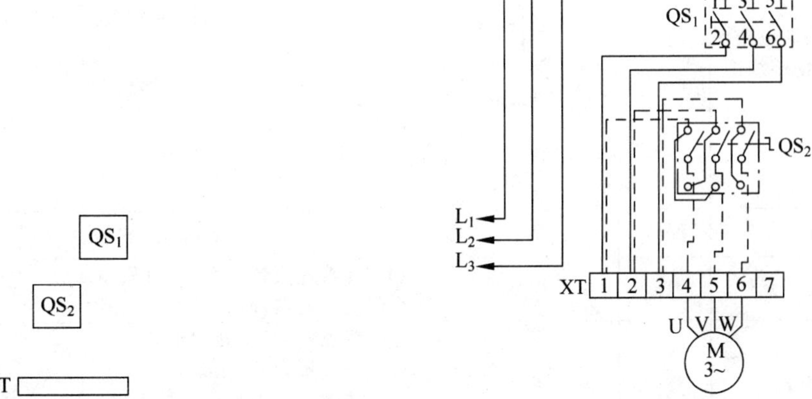


图 4-21　倒顺开关控制正反转线路电气元件布置

图 4-22　倒顺开关控制正反转线路接线

(3) 安装完成后，用万用表检测线路安装质量(参见本项目任务 4.2)。

(4) 将 $QS_1$ 打在断开位置，$QS_2$ 的手柄扳到“停”位置。

(5) 接通交流电源，$QS_2$ 扳到正转(开关置于“顺转”位置)状态时，电机即启动正转，若要使电机反转，则应把 $QS_2$ 扳到“停”位置，使电机先停转，然后将手柄扳到反转(开关置于“倒转”位置)，则电机应启动反转。

(6) 若不能正常工作，则应分析排除故障，使线路能正常工作。

**4. 控制线路故障现象与分析**

控制线路故障现象与分析见表 4-13。

**表 4-13　控制线路故障现象与分析**

| 故障现象 | 故障分析 |
|---|---|
| 合上 $QS_1$，转动 $QS_2$ 到“正转”与“反转”位置，电动机均不转动 | 三相电源未连接；倒顺开关接触不良 |
| 合上 $QS_1$，转动 $QS_2$ 到“正转”位置，电动机不转动，转动 $QS_2$ 到“反转”位置，电动机转动 | 倒顺开关与上静触点接线不良；开关损坏 |
| 合上 $QS_1$，转动 $QS_2$ 到“正转”位置，电动机转动，转动 $QS_2$ 到“反转”位置，电动机不转动 | 倒顺开关与下静触点接线不良；开关损坏 |

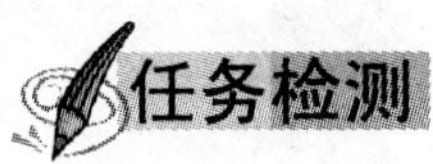

## 任务检测

按表 4-14 所示完成检测任务。

**表 4-14 倒顺开关控制正反转线路安装实训检测表**

<table>
<tr><td>课题</td><td colspan="6">倒顺开关控制正反转线路安装实训</td></tr>
<tr><td>班级</td><td></td><td>姓名</td><td></td><td>同组成员</td><td></td><td></td></tr>
<tr><td colspan="2">实训名称</td><td colspan="2"></td><td>时间</td><td colspan="2">年 月 日</td></tr>
<tr><td>实训电路<br>实物接线图</td><td colspan="3">QS$_1$ 1 3 5 2 4 6<br>QS$_2$<br>XT 1 2 3 4 5 6 7<br>U V W<br>M 3~</td><td>实训中产<br>生的问题<br>排除记录</td><td colspan="2"></td></tr>
<tr><td>内 容</td><td>配分</td><td colspan="5">评 分 标 准</td></tr>
<tr><td>安装元件</td><td>15</td><td colspan="5">(1) 元器件安装不合理,每只扣 3 分<br>(2) 损坏元器件,每只扣 10 分</td></tr>
<tr><td>布线</td><td>35</td><td colspan="5">(1) 接点松动,每处扣 1 分<br>(2) 布线不合理,扣 5 分<br>(3) 热继电器未整定或错误,扣 5 分<br>(4) 接线错误,扣 5 分</td></tr>
<tr><td>通电试车</td><td>50</td><td colspan="5">(1) 第 1 次试车不成功,扣 20 分<br>(2) 第 2 次试车不成功,扣 30 分<br>(3) 第 3 次试车不成功,扣 50 分</td></tr>
<tr><td>安全操作</td><td colspan="6">违反安全文明操作规程,损坏工具、仪表等扣 20～50 分</td></tr>
<tr><td>综合评价</td><td colspan="6"></td></tr>
<tr><td colspan="2">指导教师(签名)</td><td colspan="3"></td><td>得分</td><td></td></tr>
</table>

## 分任务 4.4.2 接触器连锁正反转控制线路安装实训

### 任务目标

(1) 掌握接触器连锁正反转控制线路的原理。

(2) 能正确安装接触器连锁正反转控制线路,能检测接触器连锁正反转控制线路并排除故障。

### 任务过程

**1. 电气原理图**

接触器连锁正反转控制线路电气原理图如图 4-23 所示。

**2. 实训所需电气元件**

实训所需电气元件明细表见表 4-15。

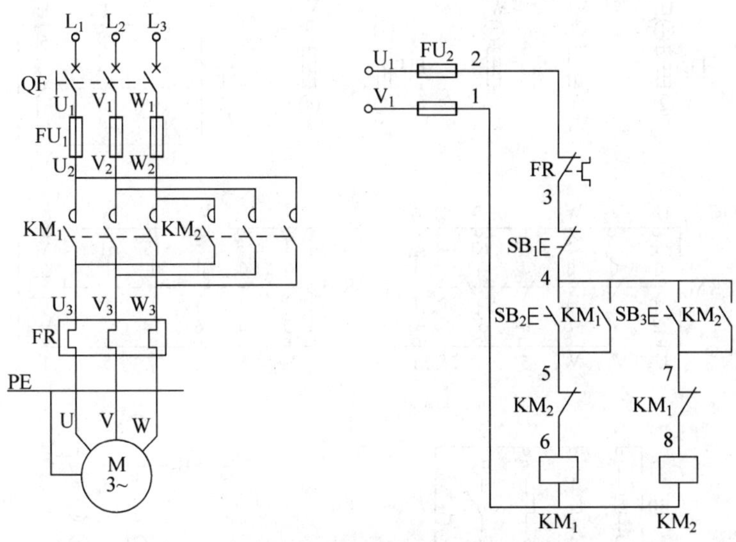


图 4-23 接触器连锁正反转控制线路电气原理图

**表 4-15 实训所需电气元件明细表**

| 代 号 | 名 称 | 型 号 | 规 格 | 数量 | 备 注 |
|---|---|---|---|---|---|
| QF | 低压断路器 | DZ108-20/10-F | 脱扣器整定电流 0.64～1A | 1只 | |
| $FU_1$ | 螺旋式熔断器 | RL1-15 | 配熔体 3A | 3只 | |
| $FU_2$ | 瓷插式熔断器 | RT14-20 | 配熔体 3A | 2只 | |
| $KM_1$、$KM_2$ | 交流接触器 | CJX4-093Q | 线圈 AC380V | 2只 | |
| FR | 热继电器 | JRS4-09305d | 整定电流 0.64～1A | 1只 | 整定电流 0.63A |
| $SB_1$、$SB_2$、$SB_3$ | 按钮开关 | LAY16 | 一常开一常闭自动复位 | 3只 | $SB_2$、$SB_3$ 用绿色，$SB_1$ 用红色 |
| XT | 接线端子排 | JF5 | AC660V 25A | 10位 | |
| M | 三相异步电动机 | | $U_N$380V $I_N$0.53A $P_N$160W | 1台 | |

**3. 实训步骤**

(1) 按图 4-24 所示布置电气元件。在实训板上牢固地安装上 QS、$FU_1$、$FU_2$、$KM_1$、$KM_2$、FR、$SB_1$、$SB_2$、$SB_3$ 及 XT 等器件。

(2) 按图 4-25 所示连接电气线路。

(3) 安装完成后，用万用表检测线路安装质量（参见本项目任务 4.2）。

(4) 仔细检查确认接线无误后，接通交流电源，按下 $SB_2$，电动机应正转（电动机右侧的轴伸端为顺时针转，若不符合转向要求，可停机，换接电动机定子绕组任意两个接线即可）。

FU　QF　$KM_1$　$KM_2$　$SB_1$　$SB_3$　$SB_2$　FR　XT

图 4-24 接触器连锁正反转控制线路电气元件布置

(5) 按下 $SB_3$，电动机仍应正转。

(6) 如要电动机反转，应先按 $SB_1$，使电动机停转，然后再按 $SB_3$，则电动机反转。

(7) 若不能正常工作，则应分析并排除故障，使线路能正常工作。

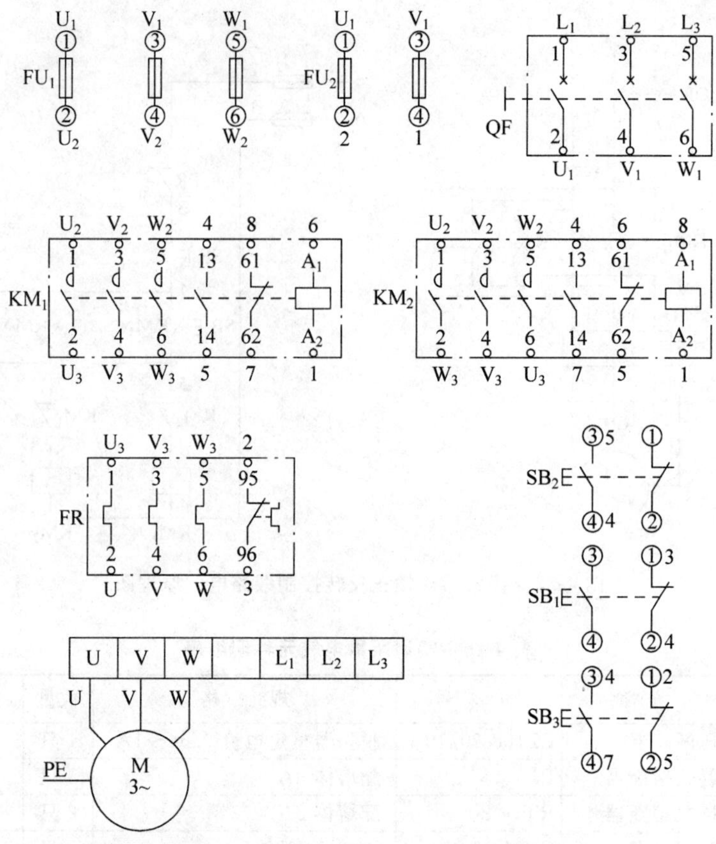


图 4-25　接触器连锁正反转控制线路接线

## 4. 控制线路故障现象与分析

控制线路故障现象与分析见表 4-16。

表 4-16　控制线路故障现象与分析

| 故障现象 | 故障分析 |
| --- | --- |
| 合上隔离开关 QS,按下启动按钮 $SB_2$ 时 KM 不动作,而同时按下 $SB_1$ 和 $SB_2$ 时,$KM_2$ 动作正常,松开 $SB_1$,则 $KM_2$ 释放 | 根据故障现象,说明按下 $SB_2$ 时,控制线路未给 $KM_2$ 线圈供电,而按下 $SB_1$ 时却给 KM 线圈供电动作,所以故障是由于误将停止按钮 $SB_1$ 的常闭触点接成常开触点 |
| 合上隔离开关 QS,按下启动按钮 $SB_1$、$SB_2$ 时 $KM_1$、$KM_2$ 动作正常,但是电动机转向不变 | 两只启动按钮对正反转接触器控制作用正常,说明控制线路接线无误,而电动机转向不变说明反向操作时,电源的相序没有改变,检查 $KM_2$ 主触点接线即可 |
| 合上隔离开关 QS,按下启动按钮 $SB_2$ 时,$KM_2$ 动作且电动机启动运转,但是松开 $SB_2$ 后,$KM_2$ 立即释放,电动机停转;操作 $SB_1$ 时 $KM_1$ 动作且电动机启动反向旋转,但是松开 $SB_1$ 后,$KM_1$ 立即释放,电动机停转 | 两只启动按钮的控制以及电动机的转向均符合要求,但是自锁功能均不起作用,而接触器辅助触点同时损坏的可能性很小,故怀疑是启动按钮自锁有问题——常开、常闭触点错误或接线错误 |
| 合上隔离开关 QS,交替操作 $SB_1$、$SB_2$ 均正常,但是几次后控制线路突然不工作,启动按钮失效 | 几次操作,电动机工作均正常,说明控制线路和主线路都准确,电气功能也正常。怀疑是由于电动机几次频繁正反转操作,电动机反复启动,绕组电流过大,使热继电器保护断路动作,切断了控制线路 |

续表

| 故障现象 | 故障分析 |
|---|---|
| 合上隔离开关 QS，操作 $SB_1$，接触器 $KM_1$ 剧烈振动，主触点严重起弧，电动机时转时停，松开后 $KM_1$ 立即释放；操作 $SB_2$ 时与 $SB_1$ 相同 | 由于两只按钮分别控制 $KM_1$、$KM_2$，而且都可以启动电动机，表明主线路正常，故障是由控制线路引起的，从接触器的振荡现象来看，怀疑是自锁、连锁线路有问题——误将连锁触点接到自锁的线路中，使接触器频繁得电、失电而造成 |

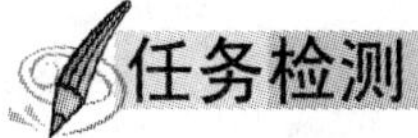

## 任务检测

按表 4-17 所示完成检测任务。

**表 4-17 接触器连锁正反转控制线路安装实训检测表**

<table>
<tr><td>课题</td><td colspan="7">接触器连锁正反转控制线路安装实训</td></tr>
<tr><td>班级</td><td></td><td>姓名</td><td></td><td>同组成员</td><td></td><td></td><td></td></tr>
<tr><td colspan="2">实训名称</td><td colspan="2"></td><td>时间</td><td colspan="3">年 月 日</td></tr>
<tr><td>实训电路实物接线图</td><td colspan="4"></td><td>实训中产生的问题排除记录</td><td colspan="2"></td></tr>
<tr><td>内 容</td><td>配分</td><td colspan="6">评 分 标 准</td></tr>
<tr><td>安装元件</td><td>15</td><td colspan="6">(1) 元器件安装不合理，每只扣 3 分<br>(2) 损坏元器件，每只扣 10 分</td></tr>
<tr><td>布线</td><td>35</td><td colspan="6">(1) 接点松动，每处扣 1 分<br>(2) 布线不合理，扣 5 分<br>(3) 热继电器未整定或错误，扣 5 分<br>(4) 接线错误，扣 5 分</td></tr>
<tr><td>通电试车</td><td>50</td><td colspan="6">(1) 第 1 次试车不成功，扣 20 分<br>(2) 第 2 次试车不成功，扣 30 分<br>(3) 第 3 次试车不成功，扣 50 分</td></tr>
<tr><td>安全操作</td><td colspan="7">违反安全文明操作规程，损坏工具、仪表等扣 20～50 分</td></tr>
<tr><td>综合评价</td><td colspan="7"></td></tr>
<tr><td colspan="2">指导教师(签名)</td><td colspan="3"></td><td>得分</td><td colspan="2"></td></tr>
</table>

## 分任务 4.4.3　按钮连锁正反转控制线路安装实训

### 任务目标

(1) 掌握按钮连锁正反转控制线路的原理。

(2) 能正确安装按钮连锁正反转控制线路,能检测按钮连锁正反转控制线路并排除故障。

### 任务过程

**1. 电气原理图**

按钮连锁正反转控制线路电气原理图如图 4-26 所示。

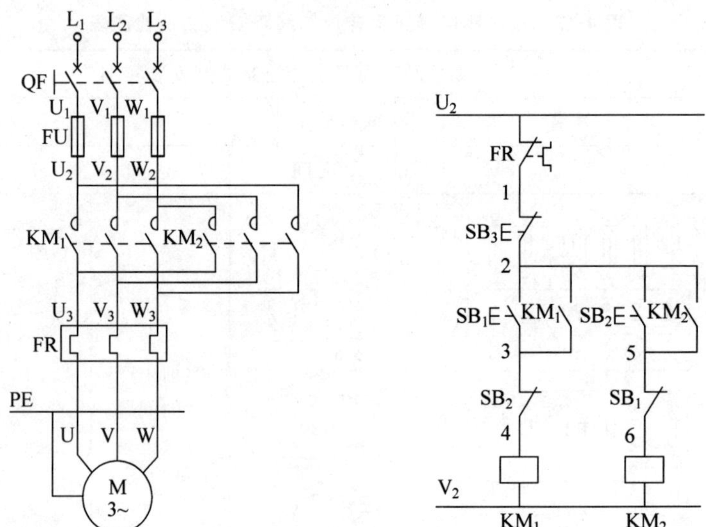


图 4-26　按钮连锁正反转控制线路电气原理图

**2. 实训所需电气元件**

实训所需电气元件明细表见表 4-18。

表 4-18　实训所需电气元件明细表

| 代　号 | 名　　称 | 型　　号 | 规　　格 | 数量 | 备　　注 |
|---|---|---|---|---|---|
| QF | 低压断路器 | DZ108-20/10-F | 脱扣器整定电流 0.64～1A | 1 只 | |
| FU | 螺旋式熔断器 | RL1-15 | 配熔体 3A | 3 只 | |
| $KM_1$、$KM_2$ | 交流接触器 | CJX4-093Q | 线圈 AC380V | 2 只 | |
| FR | 热继电器 | JRS4-09305d | 整定电流 0.64～1A | 1 只 | 整定电流 0.63A |
| $SB_1$、$SB_2$、$SB_3$ | 按钮开关 | LAY16 | 一常开一常闭自动复位 | 3 只 | $SB_2$、$SB_3$ 用绿色,$SB_1$ 用红色 |
| XT | 接线端子排 | JF5 | AC660V 25A | 10 位 | |
| M | 电动机 | | $U_N$380V $I_N$0.53A $P_N$160W | 1 台 | |

**3. 实训步骤**

(1) 按图 4-27 所示布置电气元件。在实训板上牢固地安装上 QS、$FU_1$、$FU_2$、$KM_1$、$KM_2$、FR、$SB_1$、$SB_2$、$SB_3$ 及 XT 等器件。

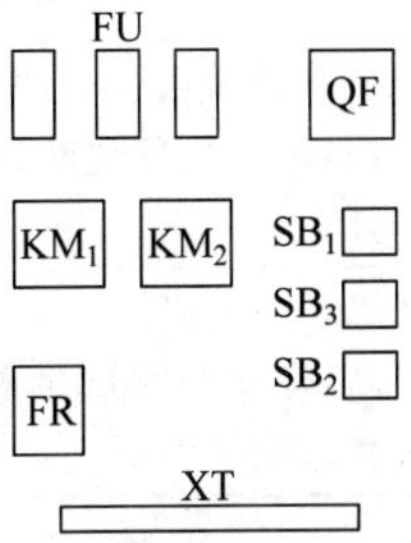

(2) 按图 4-28 所示连接电气线路。

(3) 安装完成后,用万用表检测线路安装质量(参见本项目任务 4.2)。

(4) 仔细检查确认接线无误后,接通交流电源,按下 $SB_1$,电动机应正转(电动机右侧的轴伸端为顺时针转,若不符合转向要求可停机,换接电动机定子绕组任意两个接线即可)。

(5) 按下 $SB_2$,则电动机反转。

图 4-27　按钮连锁正反转控制线路电气元件布置

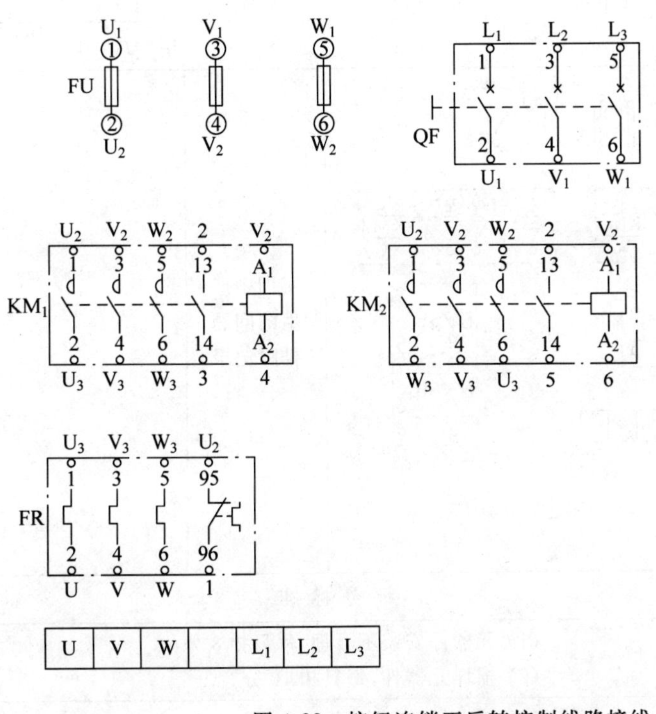


图 4-28　按钮连锁正反转控制线路接线

(6) 按下 $SB_3$,电动机应停转。

(7) 若不能正常工作,则应分析并排除故障,使线路能正常工作。

**4. 控制线路故障现象与分析**

控制线路故障现象与分析参见表 4-19。

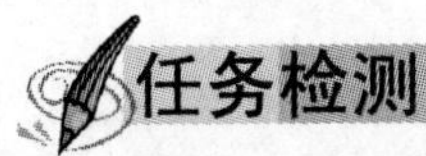

## 任务检测

按表 4-20 所示完成检测任务。

**表 4-19　控制线路故障现象与分析**

| 故障现象 | 故障分析 |
|---|---|
| 电动机在正转运行中，突然按下 $SB_2$ 反转按钮后换向，$FU_1$ 立即烧断且接触器主触点熔住分断不开 | 在按下 $SB_2$ 换向时，主回路短路，因 $KM_1$ 铁芯锈蚀，易产生剩磁，未能释放，$KM_2$ 又得电吸合，造成电源短路 |
| 电动机正反转启动正常。但运行后，电动机温升很高，经检查测试主电路没有任何问题，但测试相电流不平衡 | 这种故障多属于电动机内部有匝间短路、接头不良，或是重绕后的电动机匝数及导线规格不对 |

**表 4-20　按钮连锁正反转控制线路安装实训检测表**

<table>
<tr><td>课题</td><td colspan="5">按钮连锁正反转控制线路安装实训</td></tr>
<tr><td>班级</td><td></td><td>姓名</td><td></td><td>同组成员</td><td></td></tr>
<tr><td colspan="2">实训名称</td><td></td><td>时间</td><td colspan="2">年　月　日</td></tr>
<tr><td>实训电路实物接线图</td><td colspan="2">FU<sub>1</sub> FU<sub>2</sub> QS KM<sub>1</sub> KM<sub>2</sub> FR SB<sub>2</sub> SB<sub>1</sub> SB<sub>3</sub> XT U V W M 3~</td><td>实训中产生的问题排除记录</td><td colspan="2"></td></tr>
<tr><td>内　容</td><td>配分</td><td colspan="4">评分标准</td></tr>
<tr><td>安装元件</td><td>15</td><td colspan="4">(1) 元器件安装不合理，每只扣 3 分<br>(2) 损坏元器件，每只扣 10 分</td></tr>
<tr><td>布线</td><td>35</td><td colspan="4">(1) 接点松动，每处扣 1 分<br>(2) 布线不合理，扣 5 分<br>(3) 热继电器未整定或错误，扣 5 分<br>(4) 接线错误，扣 5 分</td></tr>
<tr><td>通电试车</td><td>50</td><td colspan="4">(1) 第 1 次试车不成功，扣 20 分<br>(2) 第 2 次试车不成功，扣 30 分<br>(3) 第 3 次试车不成功，扣 50 分</td></tr>
<tr><td>安全操作</td><td colspan="5">违反安全文明操作规程，损坏工具、仪表等扣 20～50 分</td></tr>
<tr><td>综合评价</td><td colspan="5"></td></tr>
<tr><td colspan="2">指导教师(签名)</td><td colspan="2"></td><td>得分</td><td></td></tr>
</table>

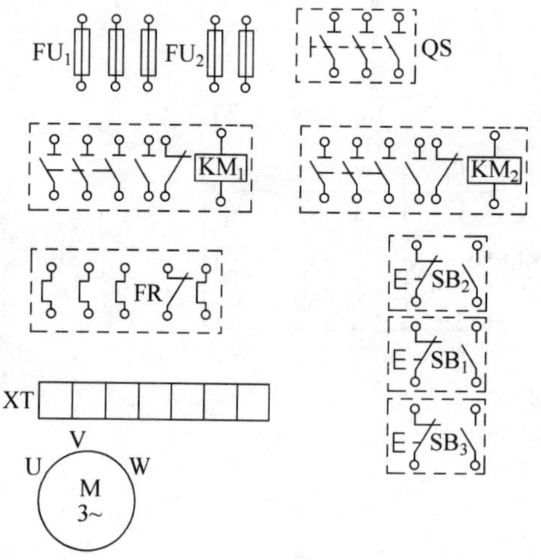

## 分任务 4.4.4 按钮接触器双重连锁正反转控制线路安装实训

### 任务目标

(1) 掌握按钮接触器双重连锁正反转控制线路的原理。
(2) 能正确安装按钮接触器双重连锁正反转控制线路。
(3) 能检测按钮接触器双重连锁正反转控制线路并排除故障。

### 任务过程

**1. 电气原理图**

按钮接触器双重连锁正反转控制线路电气原理图如图 4-29 所示。

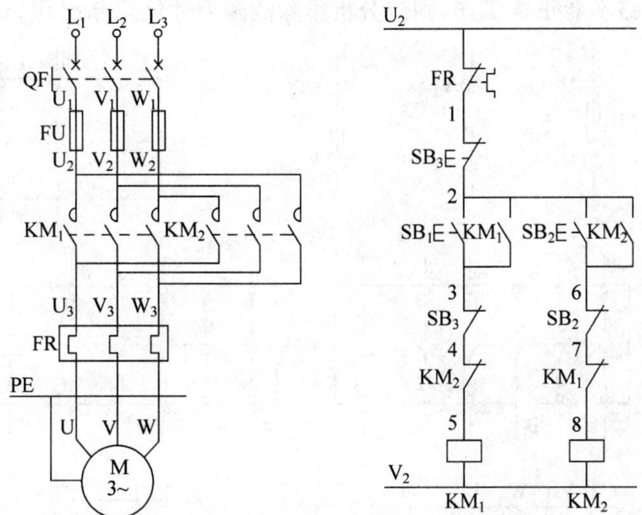


图 4-29 按钮接触器双重连锁正反转控制线路电气原理图

**2. 实训所需电气元件**

实训所需电气元件明细表见表 4-21。

表 4-21 实训所需电气元件明细表

| 代 号 | 名 称 | 型 号 | 规 格 | 数量 | 备 注 |
|---|---|---|---|---|---|
| QF | 低压断路器 | DZ108-20/10-F | 脱扣器整定电流 0.64～1A | 1 只 | |
| FU | 螺旋式熔断器 | RL1-15 | 配熔体 3A | 3 只 | |
| $KM_1$、$KM_2$ | 交流接触器 | CJX4-093Q | 线圈 AC380V | 2 只 | |
| FR | 热继电器 | JRS4-09305d | 整定电流 0.64～1A | 1 只 | 整定电流 0.63A |
| $SB_1$、$SB_2$、$SB_3$ | 按钮开关 | LAY16 | | 3 只 | $SB_2$、$SB_1$ 用绿色，$SB_3$ 用红色 |
| XT | 接线端子排 | JF5 | AC660V 25A | 10 位 | |
| M | 三相异步电动机 | | $U_N$380V(Y) $I_N$0.53A $P_N$160W | 1 台 | |

**3. 实训步骤**

(1) 按图 4-30 所示布置电气元件。在实训板上分别装上 QS、FU、$KM_1$、$KM_2$、FR、$SB_1$、$SB_3$、$SB_2$、XT 等器件。

(2) 按图 4-31 所示连接电气线路。

(3) 安装完成后,用万用表检测线路安装质量(参见本项目任务 4.2)。

(4) 经检查接线牢固和无误后,按下 $SB_1$,电动机应正转。

(5) 松开 $SB_1$,再按下 $SB_2$,电动机应从正转状态变为反转状态。

(6) 按下 $SB_3$,电动机应停转。

(7) 按下 $SB_2$,电动机应反转;松开 $SB_2$,再按下 $SB_1$,电动机应从反转状态变为正转状态。

(8) 若控制线路不能正常工作,则应分析排除故障后才能重新操作。

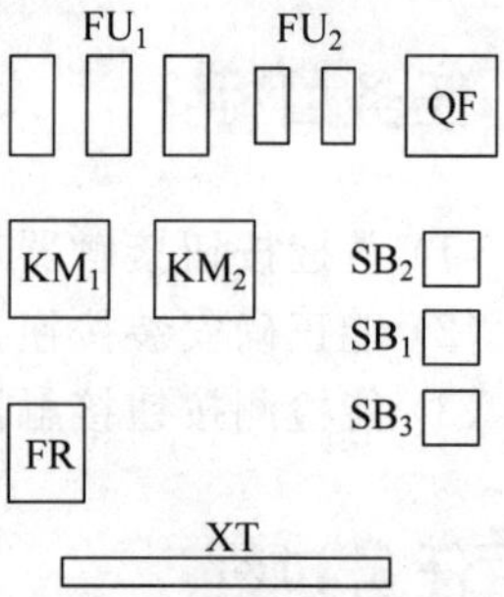

$FU_1$ $FU_2$

QF

$KM_1$ $KM_2$

$SB_2$

$SB_1$

$SB_3$

FR

XT

图 4-30 按钮接触器双重连锁正反转控制线路电气元件布置

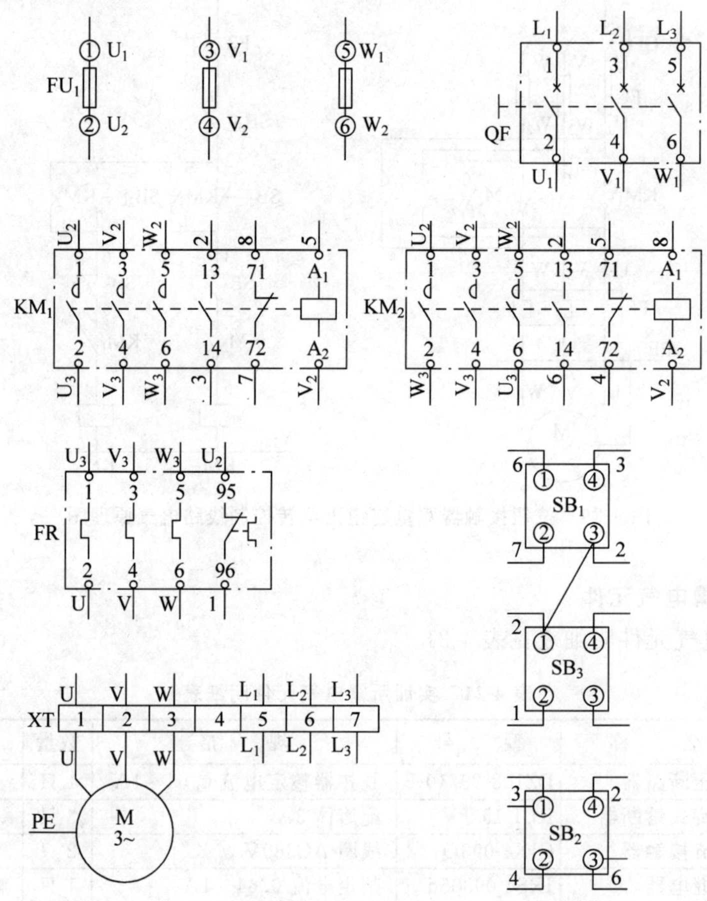


图 4-31 按钮接触器双重连锁正反转控制线路接线

**4. 控制线路故障现象与分析**

控制线路故障现象与分析见表 4-22。

**表 4-22　控制线路故障现象与分析**

| 故障现象 | 故障分析 |
|---|---|
| 按下正转启动按钮，接触器不吸合，电机不转 | 控制回路电源 $L_1$、$L_3$ 没有，两相熔断器接触不良或熔丝熔断，常闭按钮接触不良，热继电器常闭触点接触不良，线圈断路，$KM_2$ 常闭触点接触不良 |
| 按下反转启动按钮，接触器不吸合，电机不转 | 控制回路电源 $L_1$、$L_3$ 没有，两相熔断器接触不良或熔丝熔断，常闭按钮接触不良，热继电器常闭触点接触不良，线圈断路，$KM_1$ 常闭触点接触不良 |
| 合上电源开关，正转接触器吸合，电机正转 | 线圈线与火线接错，启动按钮 $SB_1$ 常开触点错接成常闭触点，$KM_1$ 自锁常开触点错接成常闭触点 |
| 合上电源开关，反转接触器吸合，电机反转 | 线圈线与火线接错，启动按钮 $SB_2$ 常开触点错接成常闭触点，$KM_2$ 自锁常开触点错接成常闭触点 |
| 按下正转启动按钮，接触器吸合，电机转动，抬手后电机停转，没有自锁 | 线圈线与自锁线接错，$KM_1$ 自锁触点接触不良，自锁线断线 |
| 按下反转启动按钮，接触器吸合，电机转动，抬手后电机停转，没有自锁 | 线圈线与自锁线接错，$KM_2$ 自锁触点接触不良，自锁线断线 |
| 电源短路，熔丝熔断 | 没有将正转线圈或反转线圈接入电路中，造成无负荷短路 |
| 接触器吸合，电机不转 | 电源 $L_2$ 没电，中间相熔丝断或熔断器接触不良，交流接触器三相接触不良，热继电器主电路断路 |
| 电机有正转没有反转 | $KM_1$ 常闭触点可能断路，$SB_1$ 的常闭触点接触不良 |
| 电机有反转没有正转 | $KM_2$ 常闭触点可能断路，$SB_2$ 的常闭触点接触不良 |

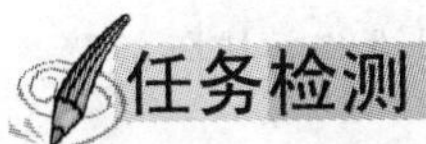

## 任务检测

按表 4-23 所示完成检测任务。

**表 4-23　按钮接触器双重连锁正反转控制线路安装实训检测表**

<table>
<tr><td>课题</td><td colspan="7">按钮接触器双重连锁正反转控制线路安装实训</td></tr>
<tr><td>班级</td><td></td><td>姓名</td><td></td><td>同组成员</td><td></td><td></td><td></td></tr>
<tr><td>实训名称</td><td colspan="2"></td><td>时间</td><td colspan="4">年　月　日</td></tr>
<tr><td>实训电路实物接线图</td><td colspan="3">FU　QF<br>KM1　KM2<br>FR　SB2　SB1　SB3<br>XT<br>U　V　W<br>M 3~</td><td>实训中产生的问题排除记录</td><td colspan="3"></td></tr>
</table>

续表

| 内　容 | 配分 | 评 分 标 准 |
|---|---|---|
| 安装元件 | 15 | (1) 元器件安装不合理,每只扣 3 分<br>(2) 损坏元器件,每只扣 10 分 |
| 布线 | 35 | (1) 接点松动,每处扣 1 分<br>(2) 布线不合理,扣 5 分<br>(3) 热继电器未整定或错误,扣 5 分<br>(4) 接线错误,扣 5 分 |
| 通电试车 | 50 | (1) 第 1 次试车不成功,扣 20 分<br>(2) 第 2 次试车不成功,扣 30 分<br>(3) 第 3 次试车不成功,扣 50 分 |
| 安全操作 | 违反安全文明操作规程,损坏工具、仪表等扣 20～50 分 | |
| 综合评价 | | |
| 指导教师(签名) | | 得分 |

## 分任务 4.4.5　正反转点动、启动控制线路安装实训

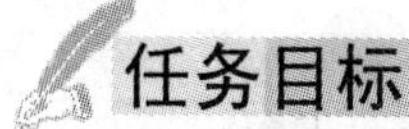

### 任务目标

(1) 掌握正反转点动、启动控制线路的原理。

(2) 能正确安装正反转点动、启动控制线路,能检测正反转点动、启动控制线路并排除故障。

### 任务过程

**1. 电气原理图**

正反转点动、启动控制线路电气原理图如图 4-32 所示。

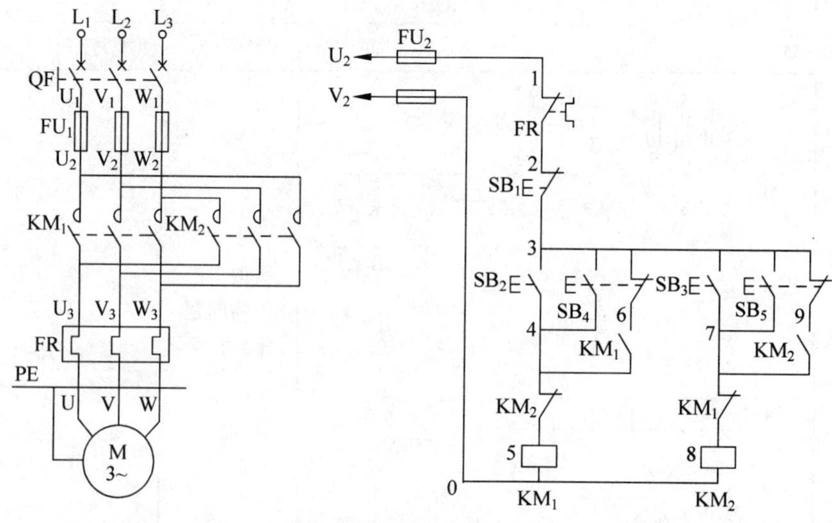


图 4-32　正反转点动、启动控制线路电气原理图

**2. 实训所需电气元件**

实训所需电气元件明细表见表 4-24。

**表 4-24　实训所需电气元件明细表**

| 代　号 | 名　　称 | 型　　号 | 数量 | 备　　注 |
|---|---|---|---|---|
| QF | 低压断路器 | DZ108-20/10-F | 1只 | |
| $FU_1$ | 螺旋式熔断器 | RL1-15 | 3只 | 装熔芯 3A |
| $FU_2$ | 直插式熔断器 | RT14-20 | 1只 | 装熔芯 2A |
| $KM_1$、$KM_2$ | 交流接触器 | LC1-K0910Q7 | 2只 | 线圈 AC380V |
| FR | 热继电器 | LR2-D1305N/0.63～1A | 1只 | |
| $SB_1$～$SB_5$ | 按钮开关 | LAY16 | 5只 | 2绿2红1黑 |
| M | 三相笼型异步电动机 | | 1台 | 380V/Y |

**3. 实训步骤**

(1) 按图 4-33 所示布置电气元件。

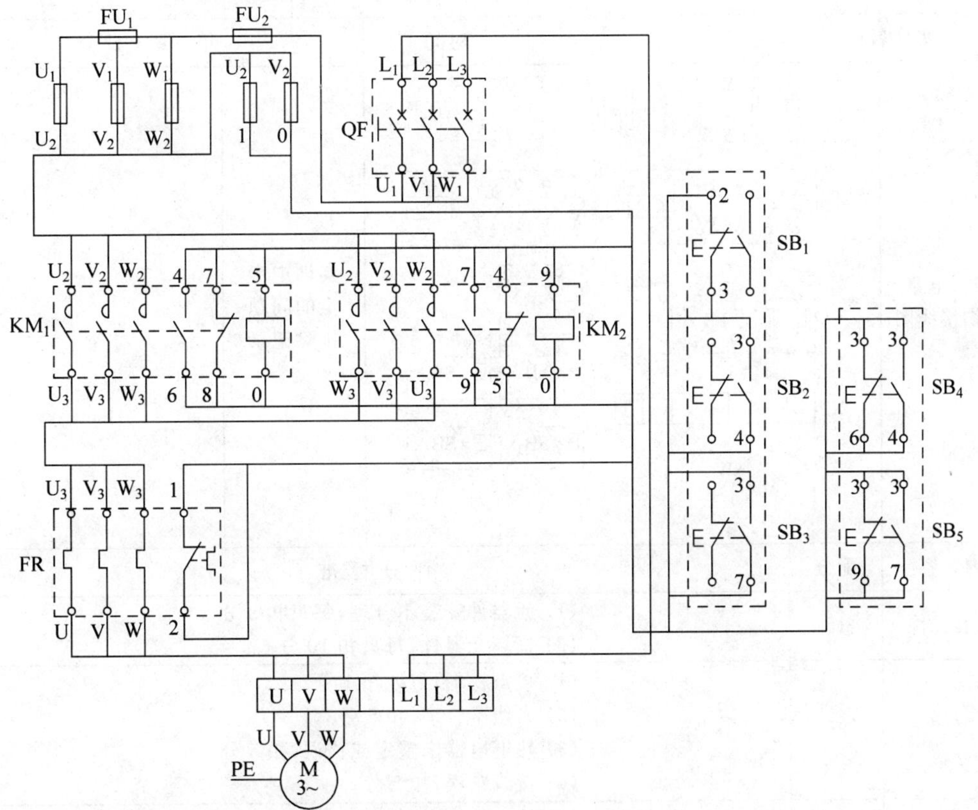


图 4-33　正反转点动、启动控制线路电气元件布置与线路连接

(2) 按图 4-33 所示连接电气线路。

(3) 安装完成后,用万用表检测线路安装质量(参见本项目任务 4.2)。

(4) 确认接线正确后,接通交流电源,按下 $SB_2$,接触器 $KM_1$ 吸合并自锁,电机正转。

(5) 按下 $SB_1$,再按 $SB_3$,电机应反转。

(6) 按下 $SB_1$,电机应停转。

(7) 按下 $SB_4$ 电机正转,松开 $SB_4$ 电机停止。

(8) 按下 $SB_5$ 电机反转,松开 $SB_5$ 电机停止。

(9) 若不能正常工作,则应分析并排除故障。

**4. 控制线路故障现象与分析**

控制线路故障现象与分析参见分任务 4.3.2 和分任务 4.4.2。

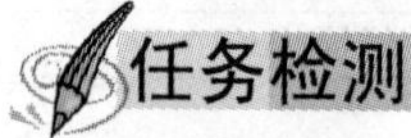

## 任务检测

按表 4-25 所示完成检测任务。

**表 4-25　正反转点动、启动控制线路安装实训检测表**

<table>
<tr><td>课题</td><td colspan="7">正反转点动、启动控制线路安装实训</td></tr>
<tr><td>班级</td><td></td><td>姓名</td><td></td><td>同组成员</td><td></td><td></td><td></td></tr>
<tr><td>实训名称</td><td colspan="2"></td><td colspan="2">时间</td><td colspan="3">年　月　日</td></tr>
<tr><td>实训电路实物接线图</td><td colspan="3">FU1 FU2 QF<br>KM1 KM2<br>FR<br>SB2 SB1 SB4 SB3 SB5<br>XT<br>U V W M 3~</td><td>实训中产生的问题排除记录</td><td colspan="3"></td></tr>
<tr><td>内　容</td><td>配分</td><td colspan="6">评 分 标 准</td></tr>
<tr><td>安装元件</td><td>15</td><td colspan="6">(1) 元器件安装不合理,每只扣 3 分<br>(2) 损坏元器件,每只扣 10 分</td></tr>
<tr><td>布线</td><td>35</td><td colspan="6">(1) 接点松动,每处扣 1 分<br>(2) 布线不合理,扣 5 分<br>(3) 热继电器未整定或错误,扣 5 分<br>(4) 接线错误,扣 5 分</td></tr>
<tr><td>通电试车</td><td>50</td><td colspan="6">(1) 第 1 次试车不成功,扣 20 分<br>(2) 第 2 次试车不成功,扣 30 分<br>(3) 第 3 次试车不成功,扣 50 分</td></tr>
<tr><td>安全操作</td><td colspan="7">违反安全文明操作规程,损坏工具、仪表等扣 20～50 分</td></tr>
<tr><td>综合评价</td><td colspan="7"></td></tr>
<tr><td colspan="2">指导教师(签名)</td><td colspan="3"></td><td>得分</td><td colspan="2"></td></tr>
</table>

# 任务 4.5　电动机顺序启动控制线路安装实训

## 分任务 4.5.1　手动顺序控制线路安装实训

### 任务目标

(1) 掌握手动顺序控制线路的原理。

(2) 能正确安装手动顺序控制线路,能检测手动顺序控制线路并排除故障。

### 任务过程

**1. 电气原理图**

手动顺序控制线路电气原理图如图 4-34 所示。

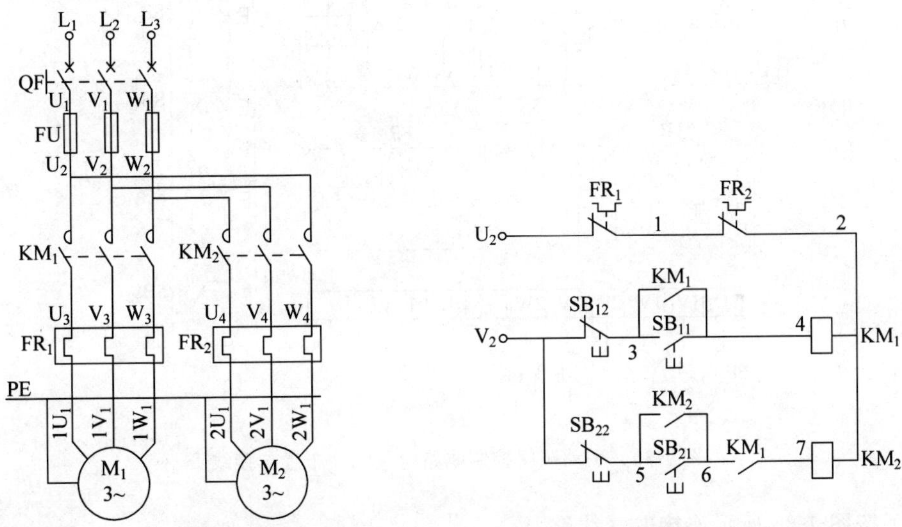


图 4-34　手动顺序控制线路电气原理图($M_1$ 先启动,$M_2$ 后启动;$M_2$ 先停或同时停)

**2. 实训所需电气元件**

实训所需电气元件明细表见表 4-26。

**表 4-26　实训所需电气元件明细表**

| 代　号 | 名　称 | 型　号 | 规　格 | 数量 | 备　注 |
|---|---|---|---|---|---|
| QF | 低压断路器 | DZ108-20/10-F | 0.63～1A | 1只 | |
| FU | 螺旋式熔断器 | RL1-15 | 配熔体 3A | 3只 | |
| $KM_1$、$KM_2$ | 交流接触器 | LC1-K0910Q7 | 线圈 AC380V | 2只 | |
| $FR_1$、$FR_2$ | 热继电器 | LR2-K0306 | 整定电流 0.63A | 2只 | |

续表

| 代 号 | 名 称 | 型 号 | 规 格 | 数量 | 备 注 |
|---|---|---|---|---|---|
| $SB_{11}$、$SB_{12}$、$SB_{21}$、$SB_{22}$ | 按钮开关 | LAY16 | | 4只 | $SB_{11}$、$SB_{21}$用绿色，$SB_{12}$、$SB_{22}$用红色 |
| $M_1$、$M_2$ | 三相笼型异步电动机 | WDJ24<br>WDJ24-1 | $U_N$380V(Y) | 2台 | |

**3. 实训步骤**

(1) 按图4-35所示布置电气元件。

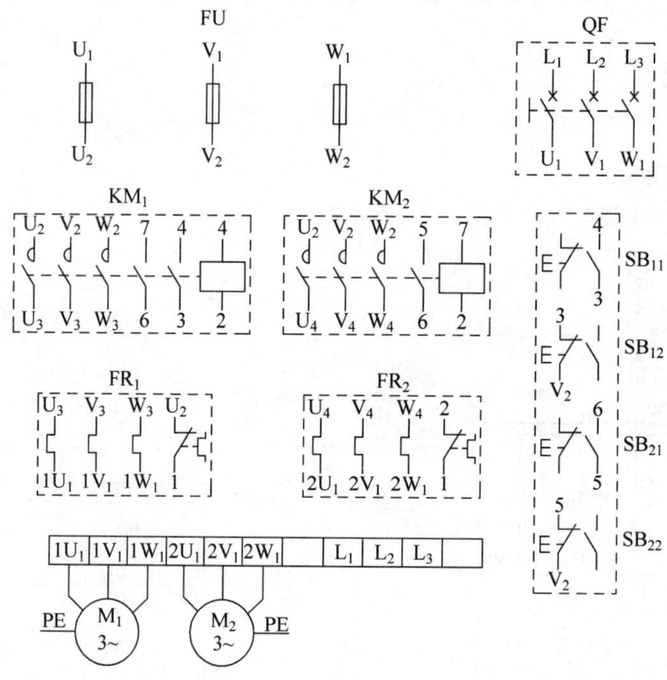


图4-35 手动顺序控制线路电气元件布置与接线

(2) 按图4-35所示连接电气线路。

(3) 安装完成后，用万用表检测线路安装质量(参见本项目任务4.2)。

(4) 经检查安装牢固与接线无误后，操作者可接通交流电源自行操作，若动作过程不符合要求或出现不正常，则应分析并排除故障，使控制线路能正常工作。

**4. 控制线路故障现象与分析**

控制线路故障现象与分析见表4-27。

**表4-27 控制线路故障现象与分析**

| 故障现象 | 故障分析 |
|---|---|
| 合上隔离开关QS，电动机能顺序启动正常，按下$SB_{12}$，电动机$M_1$、$M_2$同时停止。但是如果按下$SB_{22}$，电动机$M_2$无法独立停止 | 根据现象可以判定启动正常，问题在于与停止按钮$SB_{22}$相关的电路，一般是该停止按钮被自锁给锁定，使它失去应有的功能 |

续表

| 故障现象 | 故障分析 |
|---|---|
| 合上隔离开关 QS，按下 $SB_{11}$，$KM_1$ 动作正常，但是按下 $SB_{21}$ 时，$KM_2$ 不能得电动作；但是如果未按 $SB_{11}$ 而是直接按 $SB_{21}$，$KM_2$ 却能正常工作 | 根据现象说明电路正常，而且在 $SB_{11}$ 操作之前，$SB_{12}$ 控制却正常，说明接线有误，误将常开连锁接成了常闭连锁 |
| 合上隔离开关 QS，按下 $SB_{11}$，$KM_1$ 动作正常，按 $SB_{21}$，$KM_2$ 动作正常，但是松开 $SB_{21}$，$KM_2$ 失电 | 故障现象说明 $SB_{21}$ 的自锁 $KM_2$ 有问题，自锁接错 |

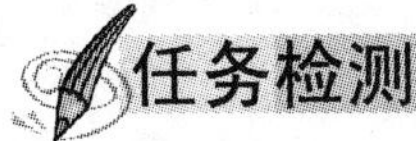

## 任务检测

按表 4-28 所示完成检测任务。

**表 4-28　手动顺序控制线路安装实训检测表**

<table>
<tr><td>课题</td><td colspan="7">手动顺序控制线路安装实训</td></tr>
<tr><td>班级</td><td></td><td>姓名</td><td></td><td>同组成员</td><td></td><td></td><td></td></tr>
<tr><td colspan="2">实训名称</td><td colspan="2"></td><td>时间</td><td colspan="3">年　月　日</td></tr>
<tr><td>实训电路实物接线图</td><td colspan="4">FU　QS　KM₁　KM₂　SB₁₁　SB₁₂　SB₂₁　SB₂₂　FR₁　FR₂　XT　M₁ 3~　M₂ 3~</td><td colspan="2">实训中产生的问题排除记录</td><td></td></tr>
<tr><td>内　容</td><td>配分</td><td colspan="6">评 分 标 准</td></tr>
<tr><td>安装元件</td><td>15</td><td colspan="6">(1) 元器件安装不合理，每只扣 3 分<br>(2) 损坏元器件，每只扣 10 分</td></tr>
<tr><td>布线</td><td>35</td><td colspan="6">(1) 接点松动，每处扣 1 分<br>(2) 布线不合理，扣 5 分<br>(3) 热继电器未整定或错误，扣 5 分<br>(4) 接线错误，扣 5 分</td></tr>
<tr><td>通电试车</td><td>50</td><td colspan="6">(1) 第 1 次试车不成功，扣 20 分<br>(2) 第 2 次试车不成功，扣 30 分<br>(3) 第 3 次试车不成功，扣 50 分</td></tr>
<tr><td>安全操作</td><td colspan="7">违反安全文明操作规程，损坏工具、仪表等扣 20～50 分</td></tr>
<tr><td>综合评价</td><td colspan="7"></td></tr>
<tr><td colspan="2">指导教师(签名)</td><td colspan="3"></td><td>得分</td><td colspan="2"></td></tr>
</table>

## 分任务 4.5.2 自动顺序控制线路安装实训

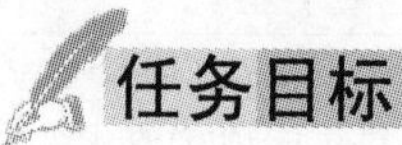

### 任务目标

（1）掌握自动顺序控制线路的原理。

（2）能正确安装自动顺序控制线路，能检测自动顺序控制线路并排除故障。

### 任务过程

**1. 电气原理图**

自动顺序控制线路电气原理图如图 4-36 所示。

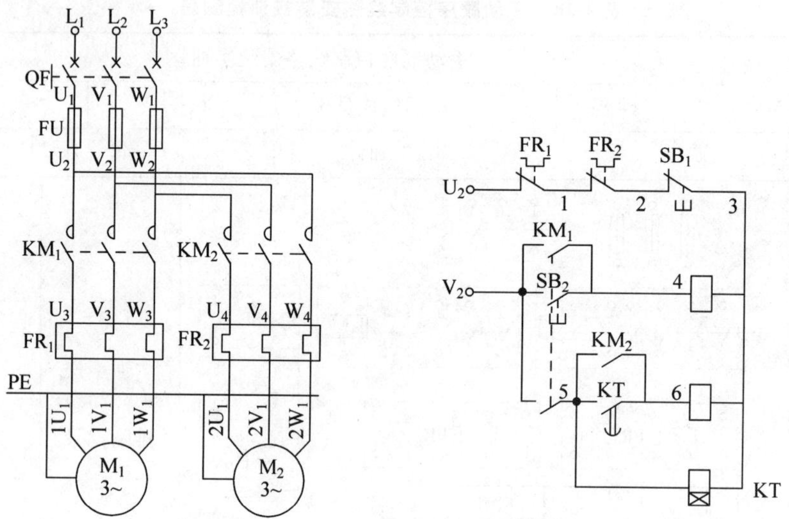


图 4-36 自动顺序控制线路电气原理图（$M_1$ 先启动，$M_2$ 后启动；同时停止）

**2. 实训所需电气元件**

实训所需电气元件明细表见表 4-29。

**表 4-29 实训所需电气元件明细表**

| 代 号 | 名 称 | 型 号 | 规 格 | 数量 | 备 注 |
|---|---|---|---|---|---|
| QF | 低压断路器 | DZ108-20/10-F | 0.63～1A | 1 只 | |
| FU | 螺旋式熔断器 | RL1-15 | 配熔体 3A | 3 只 | |
| $KM_1$、$KM_2$ | 交流接触器 | LC1-K0910Q7 | 线圈 AC380V | 2 只 | |
| KT | 时间继电器 | ST3PA-B | 线圈 AC380V | 1 只 | |
| $FR_1$、$FR_2$ | 热继电器 | LR2-K0306 | 整定电流 0.63A | 2 只 | |

续表

| 代　号 | 名　　称 | 型　　号 | 规　　格 | 数量 | 备　注 |
|---|---|---|---|---|---|
| $SB_1$、$SB_2$ | 按钮开关 | LAY16 | | 2只 | $SB_1$ 为红色，$SB_2$ 为绿色 |
| $M_1$、$M_2$ | 三相笼型异步电动机 | WDJ24、WDJ24-1 | $U_N$380V(Y) | 2台 | |

**3. 安装与接线**

(1) 按图4-37所示布置电气元件。

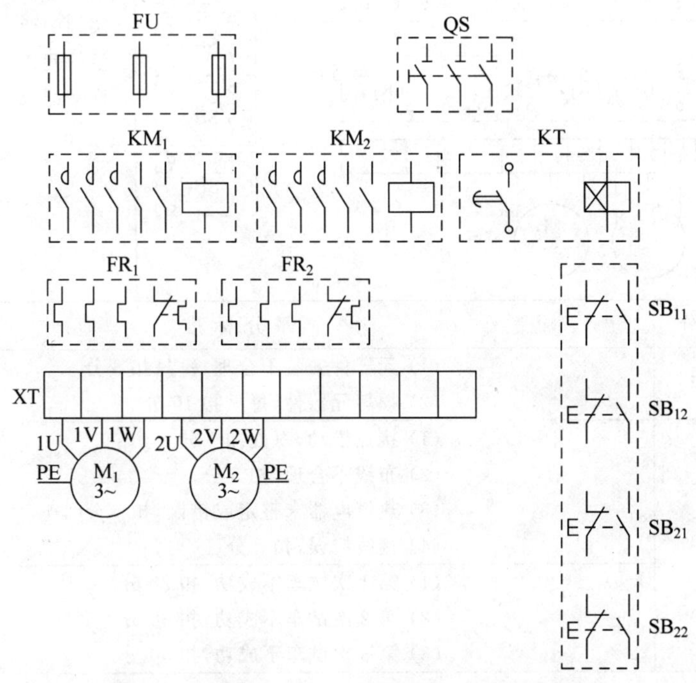


图4-37　自动顺序控制线路电气元件布置与接线

(2) 按图4-37所示连接电气线路。

(3) 按下 $SB_2$，$KM_1$ 线圈得电吸合，使电动机 $M_1$ 启动运转，触点 $KM_1$ 闭合，时间继电器 KT 通电开始延时，经过一段时间的延时，时间继电器 KT 的触点闭合，$KM_2$ 线圈得电吸合并自锁，其主触点接通电动机 $M_2$ 电路，$M_2$ 启动运转。

(4) 启动完成后，只要按下 $SB_1$，$M_1$、$M_2$ 都停机。

(5) 若出现不正常故障，则应分析并排除，使之正常工作。

**4. 控制线路故障现象与分析**

控制线路故障现象与分析见表4-27。

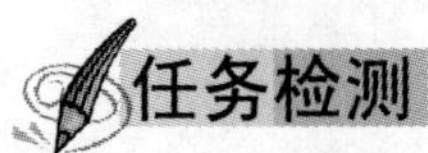

## 任务检测

按表4-30所示完成检测任务。

**表 4-30 自动顺序控制线路安装实训检测表**

<table>
<tr><td>课题</td><td colspan="7">自动顺序控制线路安装实训</td></tr>
<tr><td>班级</td><td></td><td>姓名</td><td></td><td>同组成员</td><td></td><td></td><td></td></tr>
<tr><td colspan="2">实训名称</td><td colspan="2"></td><td>时间</td><td colspan="3">年 月 日</td></tr>
<tr><td>实训电路实物接线图</td><td colspan="4">FU QS KM$_1$ KM$_2$ SB$_{11}$ SB$_{12}$ SB$_{21}$ SB$_{22}$ FR$_1$ FR$_2$ XT M$_1$ 3~ M$_2$ 3~</td><td>实训中产生的问题排除记录</td><td colspan="2"></td></tr>
<tr><td>内 容</td><td>配分</td><td colspan="6">评 分 标 准</td></tr>
<tr><td>安装元件</td><td>15</td><td colspan="6">(1) 元器件安装不合理,每只扣 3 分<br>(2) 损坏元器件,每只扣 10 分</td></tr>
<tr><td>布线</td><td>35</td><td colspan="6">(1) 接点松动,每处扣 1 分<br>(2) 布线不合理,扣 5 分<br>(3) 热继电器未整定或错误,扣 5 分<br>(4) 接线错误,扣 5 分</td></tr>
<tr><td>通电试车</td><td>50</td><td colspan="6">(1) 第 1 次试车不成功,扣 20 分<br>(2) 第 2 次试车不成功,扣 30 分<br>(3) 第 3 次试车不成功,扣 50 分</td></tr>
<tr><td>安全操作</td><td colspan="7">违反安全文明操作规程,损坏工具、仪表等扣 20～50 分</td></tr>
<tr><td>综合评价</td><td colspan="7"></td></tr>
<tr><td colspan="2">指导教师(签名)</td><td colspan="3"></td><td>得分</td><td colspan="2"></td></tr>
</table>

# 任务 4.6 电动机降压启动控制线路安装实训

## 分任务 4.6.1 Y/△降压启动控制线路安装实训

### 任务目标

(1) 掌握Y/△降压启动控制线路的原理。

(2) 能正确安装Y/△降压启动控制线路,能检测Y/△降压启动控制线路并排除故障。

## 任务过程

**1. 电气原理图**

Y/△降压启动控制线路电气原理图如图 4-38 所示。

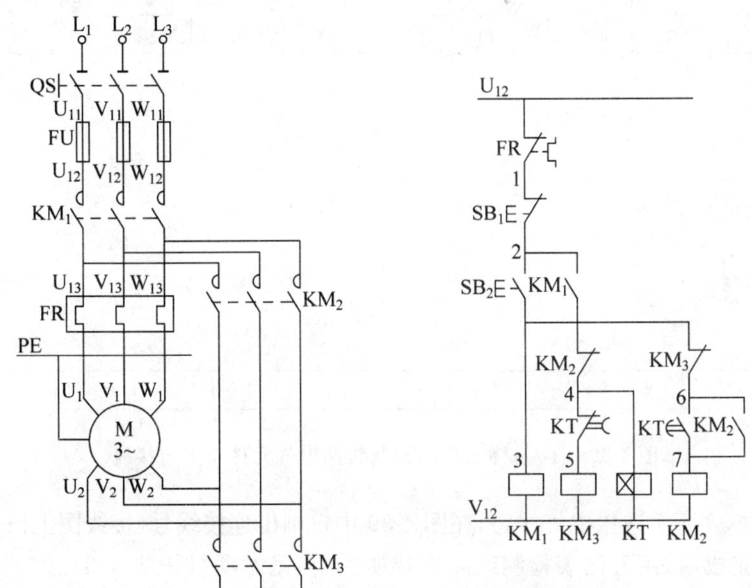


图 4-38 Y/△降压启动控制线路电气原理图

**2. 实训所需电气元件**

实训所需电气元件明细表见表 4-31。

**表 4-31 实训所需电气元件明细表**

| 代 号 | 名 称 | 型 号 | 规 格 | 数量 | 备 注 |
|---|---|---|---|---|---|
| QS | 低压断路器 | DZ108-20/10-F | 脱扣器整定电流 0.64～1A | 1只 | |
| FU | 螺旋式熔断器 | RL1-15 | 配熔体 3A | 3只 | |
| $KM_1$、$KM_Y$、$KM_\triangle$ | 交流接触器 | CJX4-093Q | 线圈 AC380V | 3只 | $KM_Y$、$KM_\triangle$各加FX-11 辅助触点 |
| FR | 热继电器 | JRS4-09305d | 整定电流 0.64～1A | 1只 | |
| $SB_1$、$SB_2$ | 按钮开关 | LAY16 | 一常开一常闭自动复位 | 2只 | $SB_1$ 用绿色，$SB_2$ 用红色 |
| KT | 通电延时时间继电器 | ST3PA-B | 二常开二常闭 | 1只 | |
| XT | 接线端子排 | JF5 | AC660V 25A | 10位 | |
| M | 三相异步电动机 | | $U_N$380V(△) $I_N$0.45A $P_N$160W | 1台 | |

**3. 实训步骤**

(1) 按图 4-39 所示布置电气元件，在实训板上牢固地安装上 QS、FU、KM、$KM_Y$、$KM_\triangle$、FR、$SB_1$、$SB_2$、KT、XT 等器件。

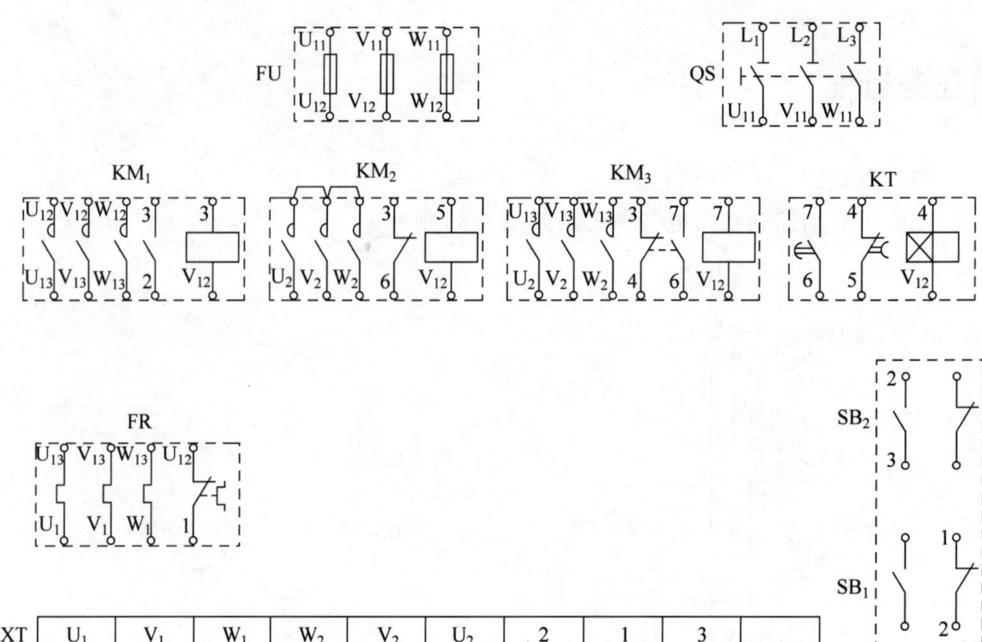


图 4-39 Y/△降压启动控制线路电气元件布置与接线

(2) 按图 4-39 所示连接电气线路,在图 4-39 中仅画出连接线号(接线图上没画连接线)。

(3) 安装完成后,用万用表检测线路安装质量(参见本项目任务 4.2)。

(4) 确认接线正确后,可接通交流电源,合上开关 QS,确认接线正确后,可接通交流电源,"合"开关 QF,按下 $SB_1$,控制线路的动作过程应按原理所述。

(5) 若操作中发现有不正常现象,应断开电源分析排除后重新操作。

**4. 控制线路故障现象与分析**

控制线路故障现象与分析见表 4-32。

**表 4-32 控制线路故障现象与分析**

| 故障现象 | 故障分析 |
| --- | --- |
| 线路经万用表检查动作无误,进行空载操作运行时,按下 $SB_1$ 后 KT、$KM_1$、$KM_2$、$KM_3$ 得电动作,而延时过 5s 线路无转换动作 | 由分析可知,故障是由于时间继电器的延时触点未动作引起的。由于按下 $SB_1$ 时 KT 得电动作,所以怀疑 KT 的电磁铁位置不正,造成延时器不工作 |
| 启动时,电动机得电,转速上升,经 1s 左右时间电动机忽然发出"嗡嗡"声并伴有转速下降,继而断电停转 | 尽管Y/△降压启动方式可以降低电动机启动时的冲击电流,但是启动电流仍可以达到电动机额定电流的 2～3 倍。开始电动机启动状态正常,表明电源在开始时正常,继而电动机忽然发出"嗡嗡"声是由于缺相引起的,怀疑熔断器的额定电流过小,启动时一相熔断器的熔丝熔断使电动机缺相运行 |
| 启动时正常,转换成△接法运行时,电动机发出异响且转速急剧下降,随之熔断器动作,电动机断电停转 | Y形接法启动正常表明电源及电动机绕组正常,转换成△接法运行时电动机转速急剧下降,与电动机反接制动现象相似,怀疑△接法时电源相序错误,使电动机绕组电流值大于全压直接启动电流,因此熔断器熔丝熔断 |

## 任务检测

按表 4-33 所示完成检测任务。

**表 4-33 Y/△降压启动控制线路安装实训检测表**

<table>
<tr><td>课题</td><td colspan="6">Y/△降压启动控制线路安装实训</td></tr>
<tr><td>班级</td><td></td><td>姓名</td><td></td><td>同组成员</td><td></td><td></td></tr>
<tr><td colspan="2">实训名称</td><td colspan="2"></td><td>时间</td><td colspan="2">年 月 日</td></tr>
<tr><td>实训电路实物接线图</td><td colspan="4">FU 1 3 5 / 2 4 6；QS 1 3 5 / 2 4 6；KM 1 3 5 13 $A_1$ / 2 4 6 14 $A_2$；$KT_Y$ 1 3 5 71 $A_1$ / 2 4 6 72 $A_2$；$KT_\triangle$ 1 3 5 13 71 A1 / 2 4 6 14 72 A2；KT 6 5 4 3 / 7 8 1 2；FR 1 3 5 95 / 2 4 6 96；XT 1 2 3 4 5 6 7 8 9；$SB_1$ 2 4 / 1 3；$SB_2$ 2 4 / 1 3</td><td>实训中产生的问题排除记录</td><td></td></tr>
<tr><td>内 容</td><td>配分</td><td colspan="5">评 分 标 准</td></tr>
<tr><td>安装元件</td><td>15</td><td colspan="5">(1) 元器件安装不合理，每只扣 3 分<br>(2) 损坏元器件，每只扣 10 分</td></tr>
<tr><td>布线</td><td>35</td><td colspan="5">(1) 接点松动，每处扣 1 分<br>(2) 布线不合理，扣 5 分<br>(3) 热继电器未整定或错误，扣 5 分<br>(4) 接线错误，扣 5 分</td></tr>
<tr><td>通电试车</td><td>50</td><td colspan="5">(1) 第 1 次试车不成功，扣 20 分<br>(2) 第 2 次试车不成功，扣 30 分<br>(3) 第 3 次试车不成功，扣 50 分</td></tr>
<tr><td>安全操作</td><td colspan="6">违反安全文明操作规程，损坏工具、仪表等扣 20～50 分</td></tr>
<tr><td>综合评价</td><td colspan="6"></td></tr>
<tr><td colspan="2">指导教师(签名)</td><td colspan="2"></td><td>得分</td><td colspan="2"></td></tr>
</table>

## 分任务 4.6.2 串接电阻降压启动手动控制线路安装实训

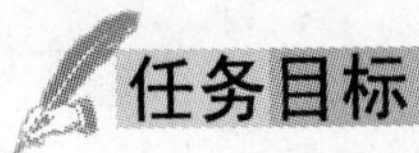

## 任务目标

(1) 掌握串接电阻降压启动手动控制线路的原理。

(2) 能正确安装串接电阻降压启动手动控制线路，能检测串接电阻降压启动手动控制线路并排除故障。

## 任务过程

**1. 电气原理图**

串接电阻降压启动手动控制线路电气原理图如图 4-40 所示。

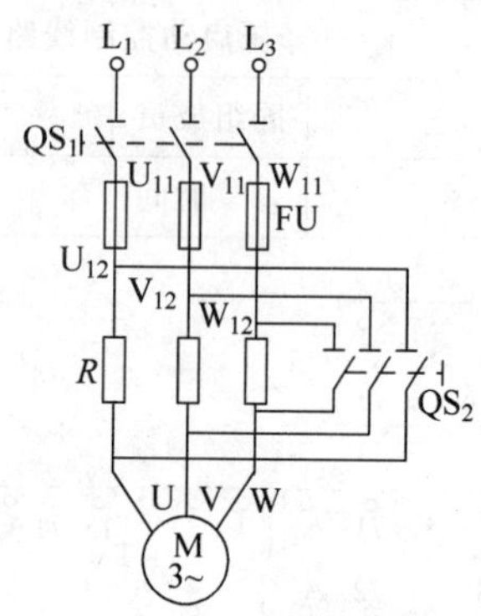


图 4-40 串接电阻降压启动手动控制线路电气原理图

**2. 实训所需电气元件**

实训所需电气元件明细表见表 4-34。

**表 4-34 实训所需电气元件明细表**

| 代 号 | 名 称 | 型 号 | 规 格 | 数量 | 备 注 |
|---|---|---|---|---|---|
| $QS_1$ | 低压断路器 | DZ108-20/10-F | 脱扣器整定电流 0.63～1A | 1 只 | |
| FU | 螺旋式熔断器 | RL1-15 | 配熔体 3A | 3 只 | |
| $QS_2$ | 转换开关 | KNG3-1 | 220V 2A | 1 只 | |
| XT | 接线端子排 | JF5 | AC660V 25A | 10 位 | |
| M | 三相笼型异步电动机 | | $U_N$380V (Y) $I_N$0.53A $P_N$160W | 1 台 | |
| $R$ | 可调电阻箱 | | 90Ω 1.3A | 3 箱 | |

**3. 实训步骤**

(1) 按图 4-41 所示布置电气元件,在实训板上牢固地安装 QS、FU、KM、$KM_Y$、$KM_\triangle$、FR、$SB_1$、$SB_2$、KT、XT 等器件。

(2) 按图 4-41 所示连接电气线路。

(3) 安装完成后,用万用表检测线路安装质量(参见本项目任务 4.2)。

(4) 确认接线正确后,先把开关 $QS_1$、$QS_2$ 放在断开位置,接通交流电源,“合”开关 $QS_1$,电机降压启动,电机启动转速升高后,合 $QS_2$,将电阻 $R$ 短接。

(5) 然后停机,$QS_2$ 仍在“合”位置,合 $QS_1$ 使电动机全压直接启动。

(6) 若操作中有不正常现象,应停机并分析排除后才可接通电源使电动机正常工作。

**4. 控制线路故障现象与分析**

控制线路故障现象与分析见表 4-27。

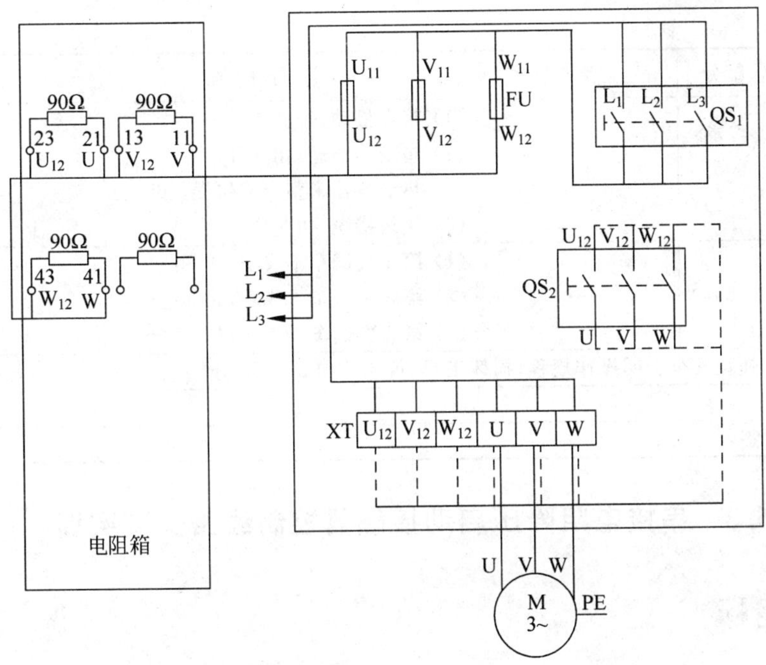


图 4-41　串接电阻降压启动手动控制线路电气元件布置与接线

## 任务检测

按表 4-35 所示完成检测任务。

**表 4-35　串接电阻降压启动手动控制线路安装实训检测表**

<table>
<tr><td>课题</td><td colspan="7">串接电阻降压启动手动控制线路安装实训</td></tr>
<tr><td>班级</td><td></td><td>姓名</td><td></td><td>同组成员</td><td></td><td></td><td></td></tr>
<tr><td colspan="2">实训名称</td><td colspan="2"></td><td>时间</td><td colspan="3">年　月　日</td></tr>
<tr><td>实训电路实物接线图</td><td colspan="5">90Ω 90Ω 23 21 13 11 90Ω 90Ω 43 41 电阻箱 FU QS1 QS2 XT</td><td>实训中产生的问题排除记录</td><td></td></tr>
<tr><td>内　容</td><td>配分</td><td colspan="6">评 分 标 准</td></tr>
<tr><td>安装元件</td><td>15</td><td colspan="6">(1) 元器件安装不合理,每只扣 3 分<br>(2) 损坏元器件,每只扣 10 分</td></tr>
</table>

续表

| 内　容 | 配分 | 评 分 标 准 | |
|---|---|---|---|
| 布线 | 35 | (1) 接点松动,每处扣 1 分<br>(2) 布线不合理,扣 5 分<br>(3) 热继电器未整定或错误,扣 5 分<br>(4) 接线错误,扣 5 分 | |
| 通电试车 | 50 | (1) 第 1 次试车不成功,扣 20 分<br>(2) 第 2 次试车不成功,扣 30 分<br>(3) 第 3 次试车不成功,扣 50 分 | |
| 安全操作 | 违反安全文明操作规程,损坏工具、仪表等扣 20～50 分 | | |
| 综合评价 | | | |
| 指导教师(签名) | | 得分 | |

## 分任务 4.6.3　串接电阻降压启动接触器控制线路安装实训

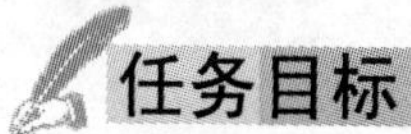

### 任务目标

(1) 掌握串接电阻降压启动接触器控制线路的原理。

(2) 能正确安装串接电阻降压启动接触器控制线路,能检测串接电阻降压启动接触器控制线路并排除故障。

### 任务过程

**1. 电气原理图**

串接电阻降压启动接触器控制线路电气原理图如图 4-42 所示。

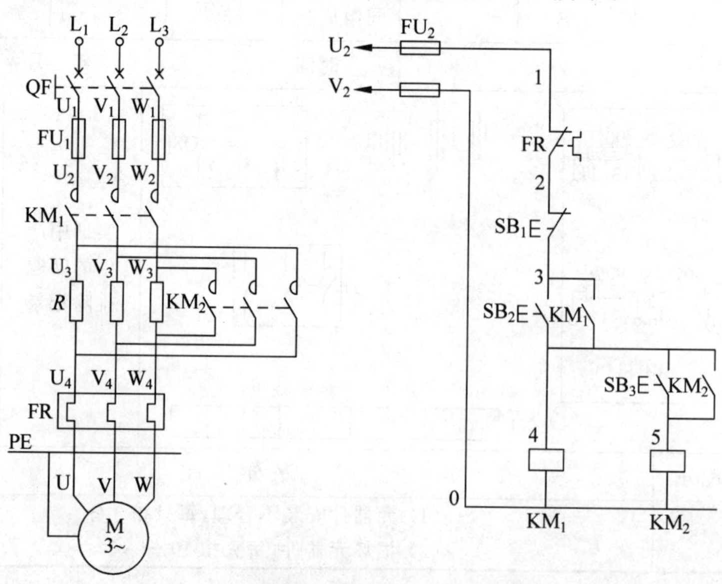


图 4-42　串接电阻降压启动接触器控制线路电气原理图

**2. 实训所需电气元件**

实训所需电气元件明细表见表 4-36。

**表 4-36 实训所需电气元件明细表**

| 代 号 | 名 称 | 型 号 | 数量 | 备 注 |
|---|---|---|---|---|
| QF | 低压断路器 | DZ108-20/10-F | 1 只 | |
| $FU_1$ | 螺旋式熔断器 | RL1-15 | 3 只 | 装熔芯 3A |
| $FU_2$ | 直插式熔断器 | RT14-20 | 2 只 | 装熔芯 2A |
| $KM_1$、$KM_2$ | 交流接触器 | LC1-K0910Q7 | 2 只 | 线圈 AC380V |
| FR | 热继电器 | LR2-K0306 | 1 只 | |
| $SB_1$ | 按钮开关 | LAY16 | 1 只 | 红色 |
| $SB_2$、$SB_3$ | 按钮开关 | LAY16 | 1 只 | 绿色 |
| $R$ | 电阻 | 75Ω/75W | 3 只 | |
| M | 三相笼型异步电动机 | | 1 台 | 380V/Y |

**3. 实训步骤**

(1) 按图 4-43 所示布置电气元件，将各个电气元件固定在实训板上。

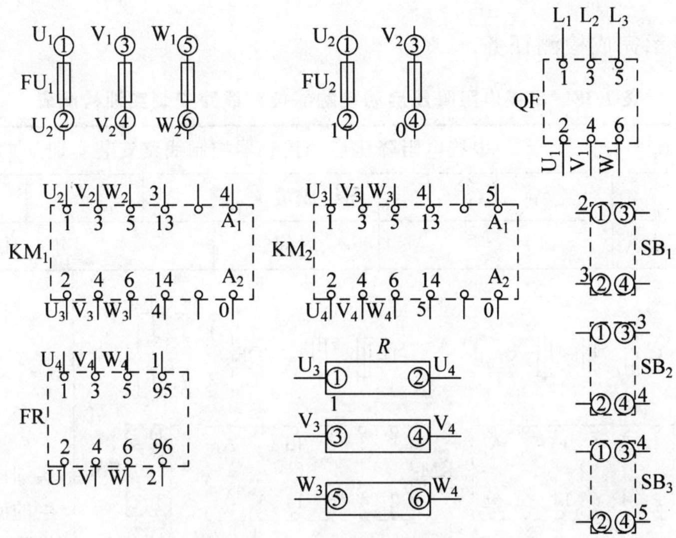

图 4-43 串接电阻降压启动接触器控制线路电气元件布置与接线

(2) 按图 4-41 所示进行电气线路连接。

(3) 安装完成后，用万用表检测线路安装质量(参见本项目任务 4.2)。

(4) 确认接线无误后，合上电源开关 QF，按下启动按钮 $SB_2$，接触器 $KM_1$ 线圈通电并通过 $KM_1$(3-4)自锁，$KM_1$ 主触点闭合，但此时 $KM_2$ 线圈没有通电吸合，这时电动机定子绕组中串有电阻 $R$，进行降压启动。

(5) 经一段时间(3～5s)后，按下按钮 $SB_3$，$KM_2$ 线圈得电吸合并自锁，主触点闭合，将启动电阻 $R$ 短接，电动机便处在额定电压下全压运转。

(6) 按下按钮 $SB_1$，$KM_1$、$KM_2$ 断电释放，电动机停止。

**4. 控制线路故障现象与分析**

控制线路故障现象与分析见表 4-37。

**表 4-37 控制线路故障现象与分析**

| 故障现象 | 故障分析 |
| --- | --- |
| 启动电流为额定电流的 5～7 倍，但电源电压、电动机很正常 | 启动电阻选配得太小，没有达到降低启动电流的目的 |
| 启动电阻选得合适，电源电压正常，但启动时，启动电流太小，而且缓慢无力 | 误将△电动机当成Y电动机，启动时电动机绕组已经降压，电路中又串电阻降压，形成两级降压启动，所以启动转矩太小了，难以启动 |
| 按下 $SB_3$ 后转换为全压运行时，$KM_2$ 产生强烈电磁噪声 | 磁系统歪斜或铁芯卡住不能吸合 |
| | 极面生锈或异物吸入铁芯极面 |
| | 铁芯极面过度磨损不平 |
| | 短路环断裂 |

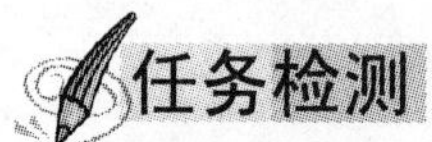


按表 4-38 所示完成检测任务。

**表 4-38 串接电阻降压启动接触器控制线路安装实训检测表**

<table>
<tr><td>课题</td><td colspan="7">串接电阻降压启动接触器控制线路安装实训</td></tr>
<tr><td>班级</td><td></td><td>姓名</td><td></td><td>同组成员</td><td></td><td></td><td></td></tr>
<tr><td colspan="2">实训名称</td><td colspan="2"></td><td>时间</td><td colspan="3">年 月 日</td></tr>
<tr><td>实训电路实物接线图</td><td colspan="5">FU1 FU2 QF 1 3 5 2 4 6<br>KM1 1 3 5 13 A1 2 4 6 14 A2<br>KM2 1 3 5 13 A1 2 4 6 14 A2<br>SB1 ①③ ②④ SB2 ①③ ②④ SB3 ①③ ②④<br>FR 1 3 5 95 2 4 6 96<br>R ① ② ③ ④ ⑤ ⑥</td><td>实训中产生的问题排除记录</td><td></td></tr>
<tr><td>内 容</td><td>配分</td><td colspan="6">评 分 标 准</td></tr>
<tr><td>安装元件</td><td>15</td><td colspan="6">(1) 元器件安装不合理，每只扣 3 分<br>(2) 损坏元器件，每只扣 10 分</td></tr>
</table>

续表

| 内　容 | 配分 | 评 分 标 准 |
|---|---|---|
| 布线 | 35 | (1) 接点松动,每处扣 1 分<br>(2) 布线不合理,扣 5 分<br>(3) 热继电器未整定或错误,扣 5 分<br>(4) 接线错误,扣 5 分 |
| 通电试车 | 50 | (1) 第 1 次试车不成功,扣 20 分<br>(2) 第 2 次试车不成功,扣 30 分<br>(3) 第 3 次试车不成功,扣 50 分 |
| 安全操作 | 违反安全文明操作规程,损坏工具、仪表等扣 20～50 分 | |
| 综合评价 | | |
| 指导教师(签名) | | 得分 |

## 分任务 4.6.4　串接电阻降压启动时间继电器控制线路安装实训

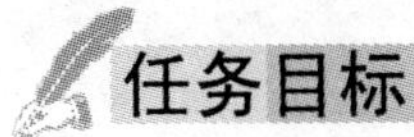


(1) 掌握串接电阻降压启动时间继电器控制线路的原理。

(2) 能正确安装串接电阻降压启动时间继电器控制线路,能检测串接电阻降压启动时间继电器控制线路并排除故障。

### 任务过程

**1. 电气原理图**

串接电阻降压启动时间继电器控制线路电气原理图如图 4-44 所示。

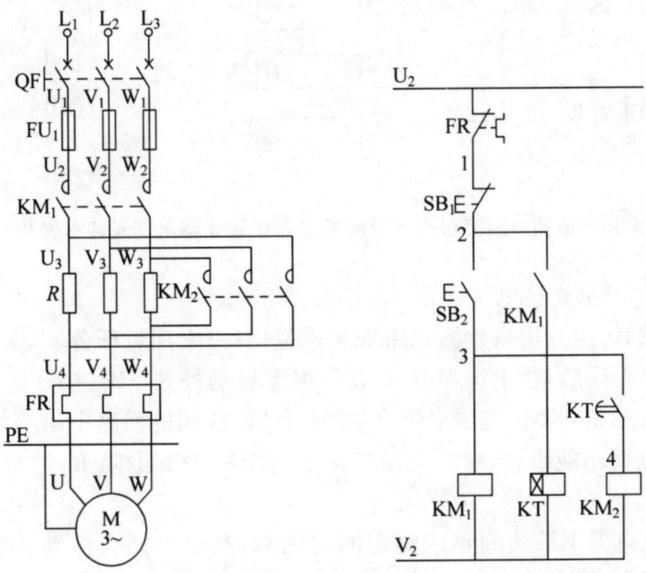


图 4-44　串接电阻降压启动时间继电器控制线路电气原理图

**2. 实训所需电气元件**

实训所需电气元件明细表见表 4-39。

**表 4-39 实训所需电气元件明细表**

| 代 号 | 名 称 | 型 号 | 数量 | 备 注 |
|---|---|---|---|---|
| QF | 低压断路器 | DZ108-20/10-F | 1只 | |
| $FU_1$ | 螺旋式熔断器 | RL1-15 | 3只 | 装熔芯 3A |
| $KM_1$、$KM_2$ | 交流接触器 | LC1-K0910Q7 | 2只 | 线圈 AC380V |
| KT | 时间继电器 | ST3PA-B(0～60s) | 1只 | 线圈 AC380V |
| FR | 热继电器 | LR2-K0306 | 1只 | |
| $SB_1$ | 按钮开关 | LAY16 | 1只 | 红色 |
| $SB_2$ | 按钮开关 | LAY16 | 1只 | 绿色 |
| M | 三相笼型异步电动机 | | 1台 | 380V/△ |

**3. 实训步骤**

(1) 按图 4-45 所示布置电气元件，将各个电气元件固定在实训板上。

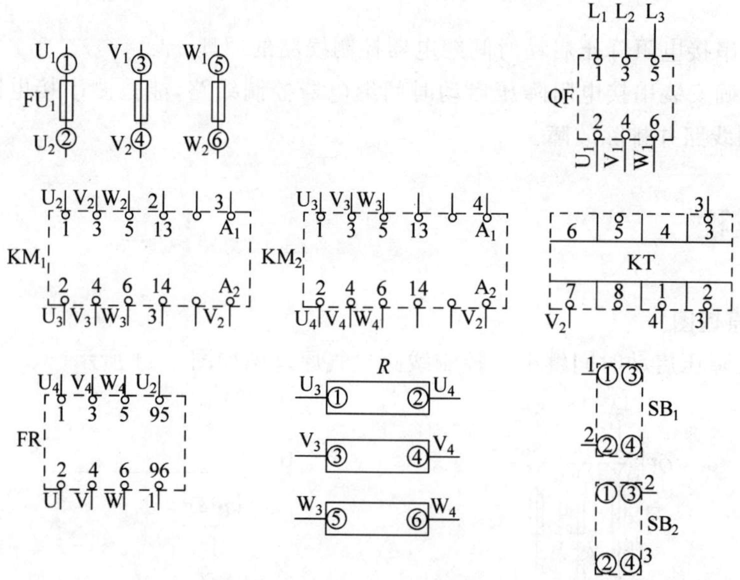


图 4-45 串接电阻降压启动时间继电器控制线路电气元件布置与接线

(2) 按图 4-45 所示连接电气线路。

(3) 安装完成后，用万用表检测线路安装质量(参见本项目任务 4.2)。

(4) 确认接线无误后，合上电源开关 QF，按下启动按钮 $SB_2$，接触器 $KM_1$ 与时间继电器 KT 的线圈同时通电，$KM_1$ 主触点闭合，由于 $KM_2$ 线圈的回路中串有时间继电器 KT 延时闭合的动合触点而不能吸合，这时电动机定子绕组中串有电阻 $R$，进行降压启动，电动机的转速逐步升高。

(5) 当时间继电器 KT 达到预定整定的时间后，其延时闭合的动合触点闭合，$KM_2$ 吸合，$KM_2$ 主触点闭合，将启动电阻 $R$ 短接，电动机在额定电压下全压运转，通常 KT 的延时时间为 4～8s。

(6) 按下按钮 $SB_1$，$KM_1$、$KM_2$ 断电释放，电动机停止。

**4. 控制线路故障现象与分析**

控制线路故障现象与分析见表 4-40。

**表 4-40　控制线路故障现象与分析**

| 故 障 现 象 | 故 障 分 析 |
|---|---|
| 启动后，大约经过 1min 后才能短接电阻 | 时间继电器整定时调得太长 |
| 在启动过程中，热继电器多次动作，造成不能启动 | 降压电阻选得太小，启动电流超过热继电器保护整定值 |
| | 热继电器选用的保护范围太小 |
| 在启动过程中发现 $KM_1$ 和 KT 均已动作，电机启动，但不能转换为全压运行 | $KM_2$ 线圈控制回路开路 |
| | $KM_2$ 线圈断路 |
| | KT 延时闭合点失灵 |
| 在启动过程中，发现时间继电器 KT 不能动作，电动机也不能转换成全压运行 | KT 线圈断路 |
| | KT 线圈控制回路由 $KM_1$ 自锁点至 $KM_1$、KT、$KM_2$ 公共接点有开路 |
| | 时间继电器吸合衔铁被卡住 |

## 任务检测

按表 4-41 所示完成检测任务。

**表 4-41　串接电阻降压启动时间继电器控制线路安装实训检测表**

| 课题 | 串接电阻降压启动时间继电器控制线路安装实训 | | | | | | |
|---|---|---|---|---|---|---|---|
| 班级 | | 姓名 | | 同组成员 | | | |
| 实训名称 | | | 时间 | | 年　月　日 | | |
| 实训电路实物接线图 | $FU_1$；QF（1 3 5 / 2 4 6）；$KM_1$（1 3 5 13 $A_1$ / 2 4 6 14 $A_2$）；$KM_2$（1 3 5 13 $A_1$ / 2 4 6 14 $A_2$）；KT（6 5 4 3 / 7 8 1 2）；FR（1 3 5 95 / 2 4 6 96）；R（①② ③④ ⑤⑥）；$SB_1$（①③ ②④）；$SB_2$（①③ ②④） | | | | | 实训中产生的问题排除记录 | |

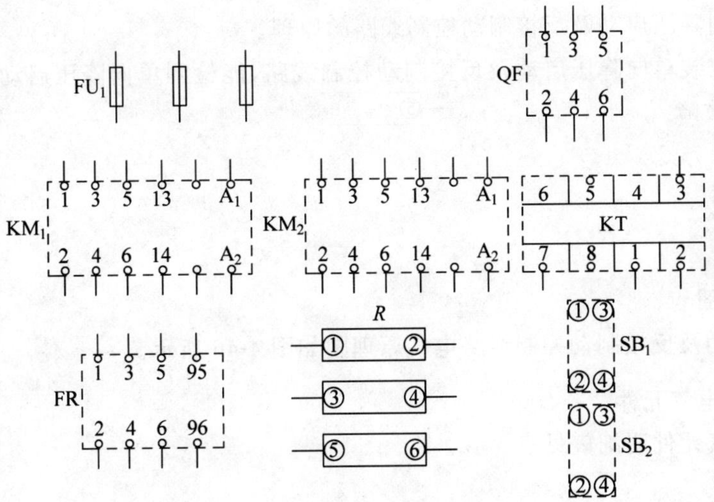

续表

<table>
<tr><th>内　容</th><th>配分</th><th colspan="3">评 分 标 准</th></tr>
<tr><td>安装元件</td><td>15</td><td colspan="3">(1) 元器件安装不合理,每只扣 3 分<br>(2) 损坏元器件,每只扣 10 分</td></tr>
<tr><td>布线</td><td>35</td><td colspan="3">(1) 接点松动,每处扣 1 分<br>(2) 布线不合理,扣 5 分<br>(3) 热继电器未整定或错误,扣 5 分<br>(4) 接线错误,扣 5 分</td></tr>
<tr><td>通电试车</td><td>50</td><td colspan="3">(1) 第 1 次试车不成功,扣 20 分<br>(2) 第 2 次试车不成功,扣 30 分<br>(3) 第 3 次试车不成功,扣 50 分</td></tr>
<tr><td>安全操作</td><td colspan="4">违反安全文明操作规程,损坏工具、仪表等扣 20～50 分</td></tr>
<tr><td>综合评价</td><td colspan="4"></td></tr>
<tr><td>指导教师(签名)</td><td colspan="2"></td><td>得分</td><td></td></tr>
</table>

# 任务 4.7　电动机制动控制线路安装实训

## 分任务 4.7.1　单向降压启动及反接制动控制线路安装实训

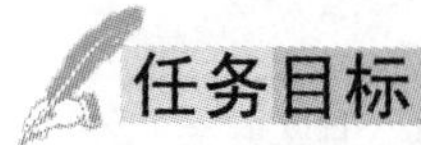

### 任务目标

(1) 掌握单向降压启动及反接制动控制线路的原理。

(2) 能正确安装单向降压启动及反接制动控制线路,能检测单向降压启动及反接制动控制线路并排除故障。

### 任务过程

**1. 电气原理图**

单向降压启动及反接制动控制线路电气原理图如图 4-46 所示。

**2. 实训所需电气元件**

实训所需电气元件明细表见表 4-42。

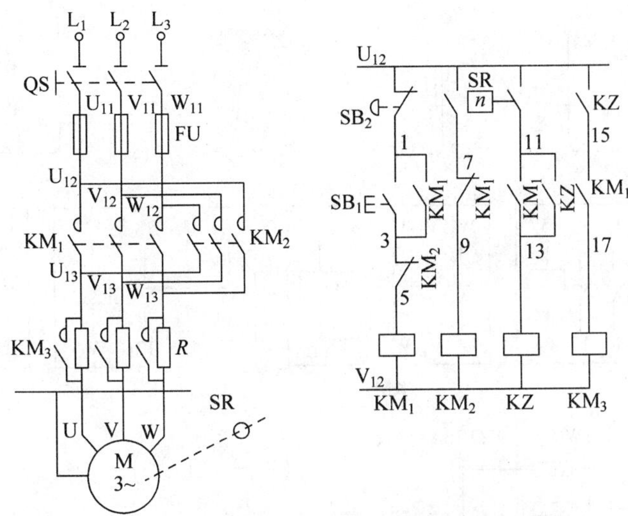


图 4-46 单向降压启动及反接制动控制线路电气原理图

**表 4-42 实训所需电气元件明细表**

| 代　　号 | 名　　称 | 型　　号 | 规　　格 | 数量 | 备　　注 |
|---|---|---|---|---|---|
| QS | 低压断路器 | DZ108-20/10-F | 脱扣器整定电流 0.63～1A | 1 只 | |
| FU | 螺旋式熔断器 | RL1-15 | 配熔体 3A | 3 只 | |
| $KM_1$、$KM_2$、KZ | 交流接触器 | CJX4-093Q | 线圈 AC380V | 3 只 | |
| $SB_1$、$SB_2$ | 按钮开关 | LAY16 | 一常开一常闭自动复位 | 2 只 | $SB_1$ 用绿色，$SB_2$ 用红色 |
| XT | 接线端子排 | JF5 | AC660V 25A | 12 位 | |
| M | 三相笼型异步电动机 | | $U_N$380V(Y)<br>$I_N$0.53A $P_N$160W | 1 台 | |
| SR | 速度继电器 | JFZO | | 1 只 | |
| *R* | 可调电阻箱 | | 90Ω/1.3A×4<br>900Ω/0.41×2 | 1 箱 | 用 90Ω/1.3A 3 只 |

**3. 实训步骤**

(1) 按图 4-47 所示布置电气元件，将各个电气元件固定在实训板上。

(2) 按图 4-47 所示进行电气线路连接。

(3) 安装完成后，用万用表检测线路安装质量(参见本项目任务 4.2)。

(4) 确认接线无误后，合上电源开关 QF，按下按钮 $SB_1$，接触器 $KM_1$ 线圈得电，$KM_1$ 主、副触点动作，电动机启动。当速度上升到一定数值后，速度继电器 SR 常开触点闭合，接触器 KZ 线圈得电，触点动作自锁并为制动做好准备。

(5) 按下按钮 $SB_2$，接触器 $KM_1$ 线圈失电，$KM_1$ 主、副触点复位，接触器 $KM_2$ 线圈得电，$KM_2$ 主、副触点动作，电动机接入反接制动电压。当速度降低到一定数值后，速度继电器 SR 常开触点闭合，接触器 KZ 线圈得电，触点复位，接触器 $KM_3$ 线圈失电，制动结束。

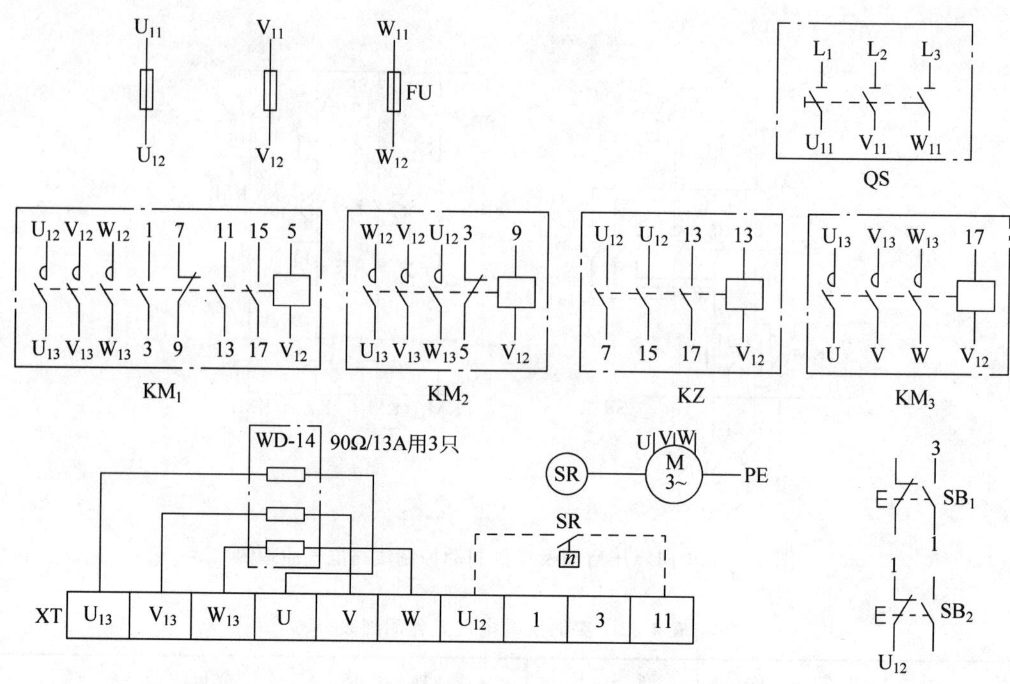


图 4-47 单向降压启动及反接制动控制线路电气元件布置与接线

### 4. 控制线路故障现象与分析

控制线路故障现象与分析见表 4-43。

**表 4-43 控制线路故障现象与分析**

| 故障现象 | 故障分析 |
| --- | --- |
| 按下停止按钮 $SB_2$ 电动机不制动，反而反转起来，松开 $SB_2$ 后缓慢停车 | SR 速度继电器在 $KM_2$ 回路中的常开触点闭合后损坏，无法断开 |
| 按下启动按钮 $SB_1$ 后，熔丝立即烧断 | 控制回路有短路处 |
| | $KM_1$ 线圈短路 |
| 运行中发现电动机有沉闷声，电机显得无力，转速下降 | 电源三相电压不平衡 |
| | 电源电压低 |
| | 电动机绕组有匝间短路 |
| 按下 $SB_1$ 按钮后，电动机不但没有启动起来，反而 $FU_1$ 三相熔丝熔断，经检查，主回路没有问题 | 速度继电器 SR 常开触点接成常闭 |
| | $KM_1$ 在 $KM_2$ 线圈回路中串接的常闭触点误接成常开 |

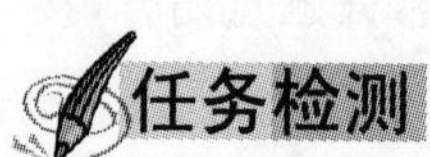


按表 4-44 所示完成检测任务。

表 4-44　单向降压启动及反接制动控制线路安装实训检测表

<table>
<tr><td>课题</td><td colspan="6">单向降压启动及反接制动控制线路安装实训</td></tr>
<tr><td>班级</td><td></td><td>姓名</td><td></td><td>同组成员</td><td></td><td></td></tr>
<tr><td>实训名称</td><td colspan="2"></td><td>时间</td><td colspan="3">年　月　日</td></tr>
<tr><td>实训电路实物接线图</td><td colspan="4"> 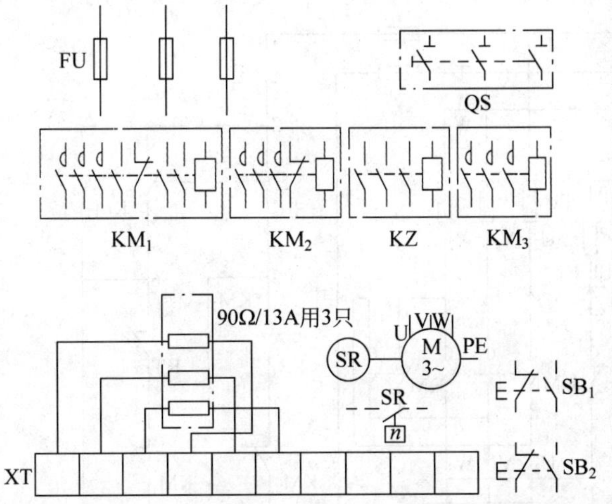FU<br>QS<br>KM₁ KM₂ KZ KM₃<br>90Ω/13A用3只<br>SR　U V W　M 3~　PE<br>SR　n<br>SB₁　SB₂<br>XT</td><td>实训中产生的问题排除记录</td><td></td></tr>
<tr><td>内　容</td><td>配分</td><td colspan="5">评 分 标 准</td></tr>
<tr><td>安装元件</td><td>15</td><td colspan="5">(1) 元器件安装不合理,每只扣 3 分<br>(2) 损坏元器件,每只扣 10 分</td></tr>
<tr><td>布线</td><td>35</td><td colspan="5">(1) 接点松动,每处扣 1 分<br>(2) 布线不合理,扣 5 分<br>(3) 热继电器未整定或错误,扣 5 分<br>(4) 接线错误,扣 5 分</td></tr>
<tr><td>通电试车</td><td>50</td><td colspan="5">(1) 第 1 次试车不成功,扣 20 分<br>(2) 第 2 次试车不成功,扣 30 分<br>(3) 第 3 次试车不成功,扣 50 分</td></tr>
<tr><td>安全操作</td><td colspan="6">违反安全文明操作规程,损坏工具、仪表等扣 20～50 分</td></tr>
<tr><td>综合评价</td><td colspan="6"></td></tr>
<tr><td>指导教师(签名)</td><td colspan="3"></td><td>得分</td><td colspan="2"></td></tr>
</table>

## 分任务 4.7.2　电动机能耗制动控制线路安装实训

### 任务目标

(1) 掌握电动机能耗制动控制线路的原理。

(2) 能正确安装电动机能耗制动控制线路,能检测电动机能耗制动控制线路并排除故障。

## 任务过程

**1. 电气原理图**

电动机能耗制动控制线路电气原理图如图 4-48 所示。

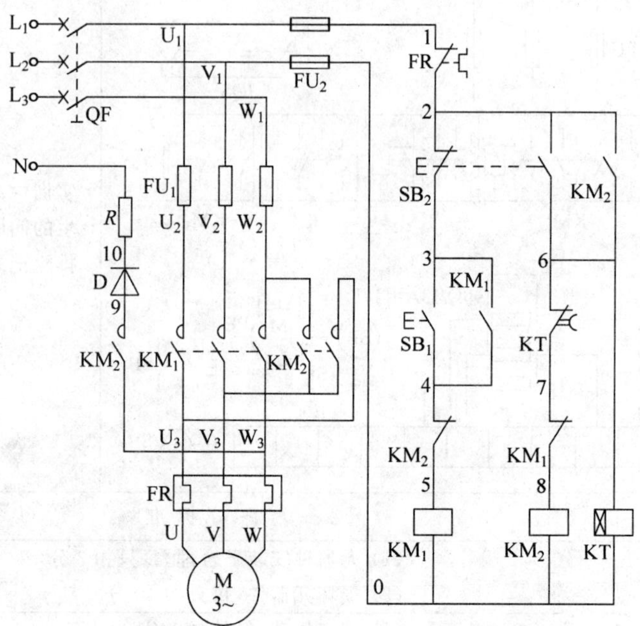


图 4-48 电动机能耗制动控制线路电气原理图

**2. 实训所需电气元件**

实训所需电气元件明细表见表 4-45。

**表 4-45 实训所需电气元件明细表**

| 代 号 | 名 称 | 型 号 | 数量 | 备 注 |
|---|---|---|---|---|
| QF | 低压断路器 | DZ108-20/10-F | 1 只 | |
| $FU_1$ | 螺旋式熔断器 | RL1-15 | 3 只 | 装熔芯 3A |
| $FU_2$ | 直插式熔断器 | RT14-20 | 2 只 | 装熔芯 2A |
| $KM_1$、$KM_2$ | 交流接触器 | LC1-K0910Q7 | 2 只 | 线圈加 AC380V |
| FR | 热继电器 | LR2-K0306 | 1 只 | |
| KT | 时间继电器 | ST3PA-B(0～60s)/380V | 1 只 | |
| $SB_1$ | 按钮开关 | LAY16 | 1 只 | 红色 |
| $SB_2$ | 按钮开关 | LAY16 | 1 只 | 绿色 |
| M | 三相笼型异步电动机 | | 1 台 | 380V/Y |
| D | 二极管 | 1N5408 | 1 只 | |
| $R$ | 电阻 | 75Ω/75W | 1 只 | |

**3. 实训步骤**

(1) 按图 4-49 所示布置电气元件，将各个电气元件固定在实训板上。

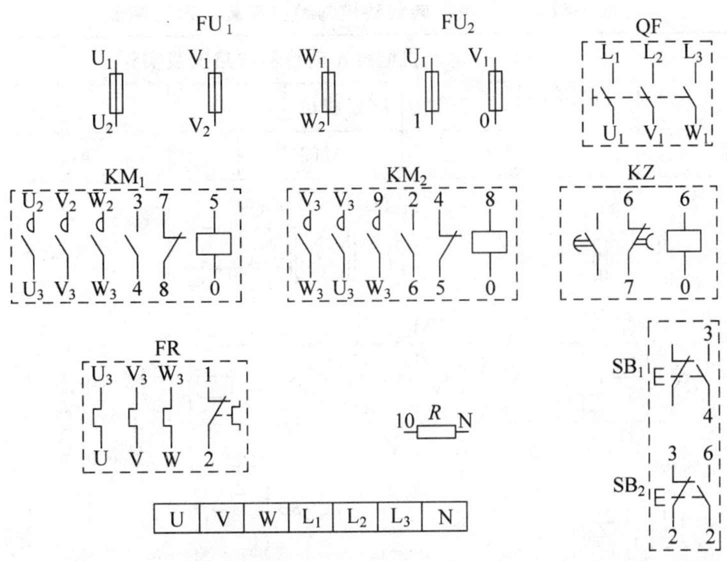


图 4-49　电动机能耗制动控制线路电气元件布置与接线

(2) 按图 4-49 所示进行电气线路连接。

(3) 安装完成后,用万用表检测线路安装质量(参见本项目任务 4.2)。

(4) 确认接线无误后,合上电源开关 QF,按下 $SB_1$,电动机启动运行。

(5) 按下 $SB_2$,$KM_1$ 线圈失电,$KM_2$、KT 线圈得电,电动机制动开始。

(6) 当 KT 整定时间结束后,$KM_2$ 线圈失电,各个触点复位,制动结束。

**4. 控制线路故障现象与分析**

控制线路故障现象与分析见表 4-46。

**表 4-46　控制线路故障现象与分析**

| 故障现象 | 故障分析 |
|---|---|
| 在电源电压正常,$FU_1$、$FU_2$ 完好的条件下,按下 $SB_1$ 启动按钮时,电动机不启动 | $KM_1$ 控制回路有开路 |
| 按下停止按钮 $SB_2$ 后,电动机没有制动,经检测二极管完好 | $KM_2$ 控制回路有开路 |
| 按下停止按钮 $SB_2$ 后,有制动表现,但松开 $SB_2$ 后,电动机慢慢停转 | KT 时间继电器串在 $KM_2$ 控制线路中的延时断开的微功开关调整的动作时间太短 |
| 按下停止按钮 $SB_2$ 后,$KM_2$ 立即动作,KT 延时断开的微动开关调整的时间也足够长,但是电动机仍在惯性旋转下停车 | 二极管断路 |
| | $KM_2$ 主触点接线有松脱 |

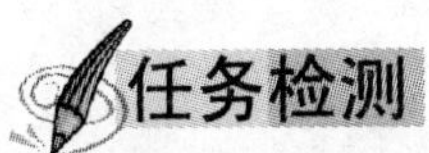
## 任务检测

按表 4-47 所示完成检测任务。

**表 4-47 电动机能耗制动控制线路安装实训检测表**

| 课题 | 电动机能耗制动控制线路安装实训 | | | | | |
|---|---|---|---|---|---|---|
| 班级 | | 姓名 | | 同组成员 | | |
| 实训名称 | | 时间 | 年 月 日 | | | |
| 实训电路实物接线图 | $FU_1$ $FU_2$ QF $KM_1$ $KM_2$ KZ FR $R$ $SB_1$ $SB_2$ | | 实训中产生的问题排除记录 | | | |

| 内 容 | 配分 | 评 分 标 准 |
|---|---|---|
| 安装元件 | 15 | (1) 元器件安装不合理,每只扣 3 分<br>(2) 损坏元器件,每只扣 10 分 |
| 布线 | 35 | (1) 接点松动,每处扣 1 分<br>(2) 布线不合理,扣 5 分<br>(3) 热继电器未整定或错误,扣 5 分<br>(4) 接线错误,扣 5 分 |
| 通电试车 | 50 | (1) 第 1 次试车不成功,扣 20 分<br>(2) 第 2 次试车不成功,扣 30 分<br>(3) 第 3 次试车不成功,扣 50 分 |
| 安全操作 | 违反安全文明操作规程,损坏工具、仪表等扣 20～50 分 | |
| 综合评价 | | |
| 指导教师(签名) | | 得分 |

# 任务 4.8 自动往返控制线路安装实训

## 分任务 4.8.1 工作台自动往返控制线路安装实训

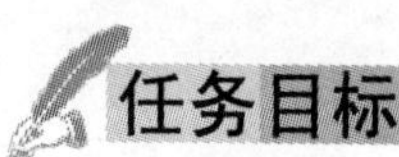

### 任务目标

(1) 掌握工作台自动往返控制线路的原理。

(2) 能正确安装工作台自动往返控制线路,能检测工作台自动往返控制线路并排除故障。

## 任务过程

**1. 电气原理图**

工作台自动往返控制线路电气原理图如图 4-50 所示。

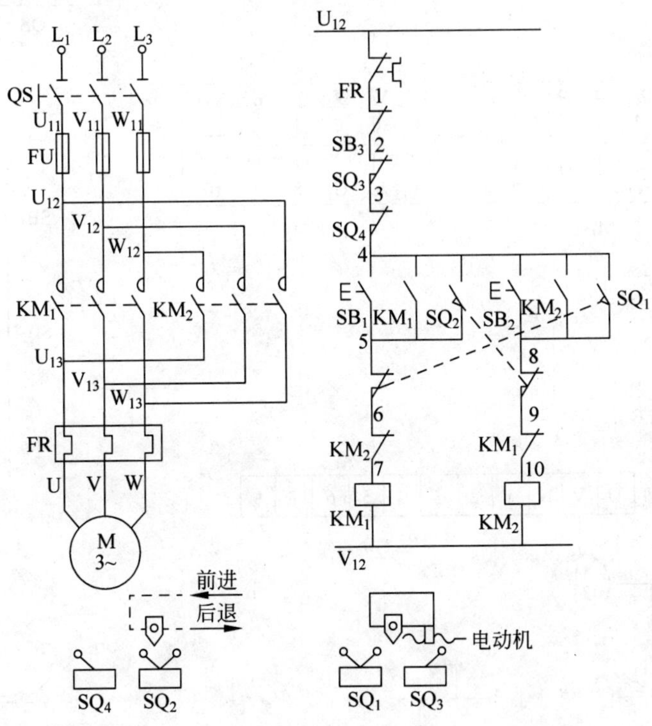


图 4-50　工作台自动往返控制线路电气原理图

**2. 实训所需电气元件**

实训所需电气元件明细表见表 4-48。

**表 4-48　实训所需电气元件明细表**

| 代　号 | 名　称 | 型　号 | 规　格 | 数量 | 备　注 |
|---|---|---|---|---|---|
| QS | 低压断路器 | DZ108-20/10-F | 脱扣器整定电流 0.64～1A | 1只 | |
| FU | 螺旋式熔断器 | RL1-15 | 配熔体 3A | 3只 | |
| $KM_1$、$KM_2$ | 交流接触器 | CJX4-093Q | 线圈 AC380V | 2只 | |
| FR | 热继电器 | JRS4-09305d | 整定电流 0.64～1A | 1只 | |
| $SB_1$、$SB_2$、$SB_3$ | 按钮开关 | LAY16 | | 3只 | |
| XT | 接线端子排 | JF5 | AC660V 25A | 25位 | $XT_1$ 装 15 位，$XT_2$ 装 10 位 |
| M | 三相异步电动机 | WD22 | $U_N$380V(Y)$I_N$0.53A $P_N$160W | 1台 | |
| $SQ_1$、$SQ_2$ | 行程开关 | LX9-222 | 触动复位 | 2只 | |
| $SQ_3$、$SQ_4$ | 行程开关 | LX9-001 | 自动复位 | 2只 | |

**3. 实训步骤**

(1) 按图 4-51 所示布置电气元件图。

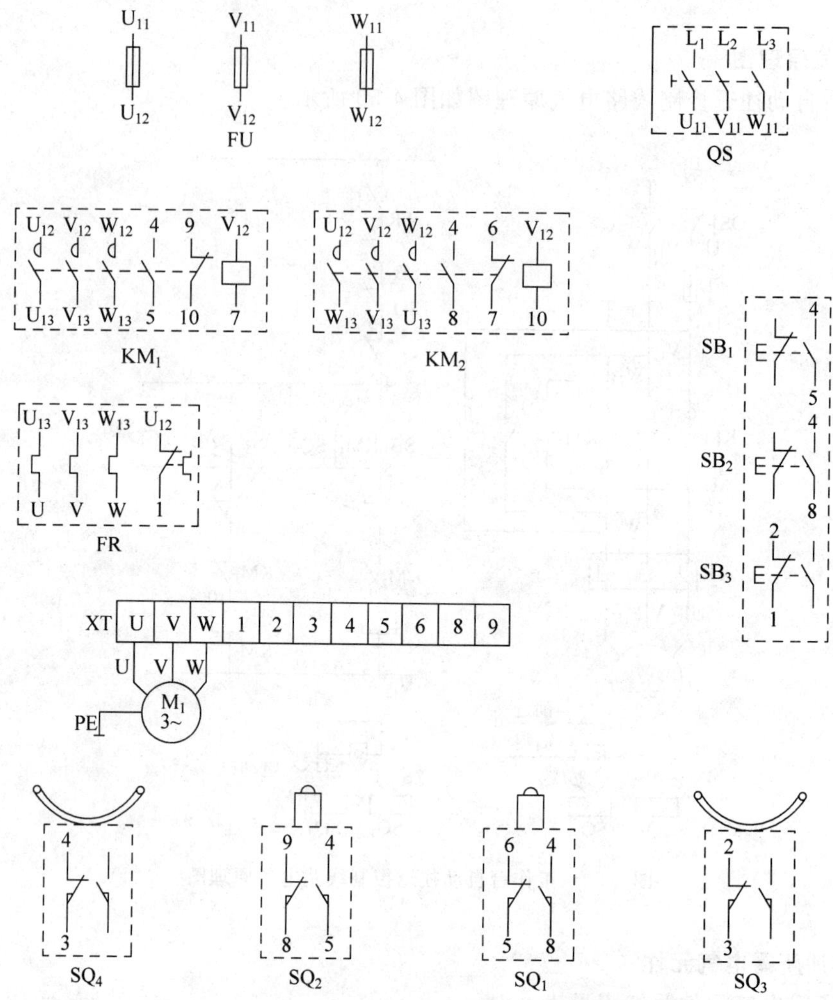


图 4-51　工作台自动往返控制线路电气元件布置与接线

(2) 按图 4-51 所示连接电气线路。

(3) 安装完成后,用万用表检测线路安装质量(参见本项目任务 4.2)。

(4) 按下 $SB_1$(或 $SB_2$),观察并调整电动机 M 为正转(模拟工作台向右移动),用手代替挡块按下 $SQ_1$,电动机先停转再反转,即可使 $SQ_1$ 自动复位(反转模拟工作台向左移动)。

(5) 用手代替挡块按下 $SQ_2$,再使其自动复位,则电动机先停转再正转。以后重复上述过程,电动机都能正常正反转。若拨动 $SQ_3$ 或 $SQ_4$ 极限位置开关则电动机应停转。

(6) 若按下 $SB_3$,或拨动 $SQ_3$ 或 $SQ_4$ 极限位置开关,则电动机应停转。

(7) 若不符合上述控制要求,则应分析并排除故障。

**4. 控制线路故障现象与分析**

控制线路故障现象与分析见表 4-49。

**表 4-49 控制线路故障现象与分析**

| 故障现象 | 故障分析 |
|---|---|
| 合上隔离开关 QS，按下 $SB_1$、$SB_2$，$KM_1$、$KM_2$ 动作，电动机发出“嗡嗡”声，不转动 | 按下 $SB_1$、$SB_2$ 能使接触器 $KM_1$、$KM_2$ 动作，说明控制线路正常。电动机不转并发出“嗡嗡”声，可以断定主线路电动机在电源缺相下运行 |
| 合上隔离开关 QS，按下 $SB_1$，工作台向右移动，当挡块碰撞 $SQ_1$ 后，工作台停止，$KM_2$ 线圈不能得电；按下 $SB_2$，$KM_2$ 得电动作，电动机运转，工作台向左移动 | 根据这一现象，说明工作台不能自动往返，问题在 $SQ_1$ 上，$SQ_1$ 常闭 5-6 号线正常，而 $SQ_1$ 常开 4-8 号线有开路故障 |
| 合上隔离开关 QS，按下 $SB_1$，工作台向右移动，当挡块碰撞 $SQ_1$ 后，工作台能自动往返向左移动，当挡块碰撞 $SQ_2$ 后，工作台继续向右移动，直到碰撞 $SQ_4$ 后工作台才停止 | 故障现象表明断路器安装正常，工作失常的原因是由于 $SQ_2$ 造成的，更换即可 |
| 合上隔离开关 QS，按下 $SB_1$、$SB_2$，$KM_1$、$KM_2$ 无反应，电动机不启动运转 | 根据这一现象可以判断，断路器有开路故障，重点应放在公共线路上 |

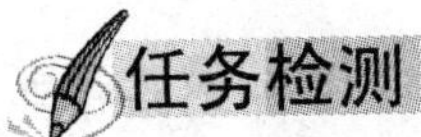

## 任务检测

按表 4-50 所示完成检测任务。

**表 4-50 工作台自动往返控制线路安装实训检测表**

<table>
<tr><td>课题</td><td colspan="7">工作台自动往返控制线路安装实训</td></tr>
<tr><td>班级</td><td></td><td>姓名</td><td></td><td>同组成员</td><td></td><td></td><td></td></tr>
<tr><td>实训名称</td><td colspan="2"></td><td>时间</td><td colspan="4">年　月　日</td></tr>
<tr><td>实训电路实物接线图</td><td colspan="4">FU　QS　$KM_1$　$KM_2$　$SB_1$　$SB_3$　$SB_2$　FR　XT　U　V　W　M 3~　$SQ_4$　$SQ_2$　$SQ_1$　$SQ_3$</td><td>实训中产生的问题排除记录</td><td colspan="2"></td></tr>
<tr><td>内　容</td><td>配分</td><td colspan="6">评分标准</td></tr>
<tr><td>安装元件</td><td>15</td><td colspan="6">(1) 元器件安装不合理，每只扣 3 分<br>(2) 损坏元器件，每只扣 10 分</td></tr>
<tr><td>布线</td><td>35</td><td colspan="6">(1) 接点松动，每处扣 1 分<br>(2) 布线不合理，扣 5 分<br>(3) 热继电器未整定或错误，扣 5 分<br>(4) 接线错误，扣 5 分</td></tr>
</table>

续表

| 内 容 | 配分 | 评 分 标 准 |
| --- | --- | --- |
| 通电试车 | 50 | (1) 第 1 次试车不成功,扣 20 分<br>(2) 第 2 次试车不成功,扣 30 分<br>(3) 第 3 次试车不成功,扣 50 分 |
| 安全操作 | 违反安全文明操作规程,损坏工具、仪表等扣 20～50 分 | |
| 综合评价 | | |
| 指导教师(签名) | | 得分 |

## 分任务 4.8.2 带点动的自动往返控制线路安装实训

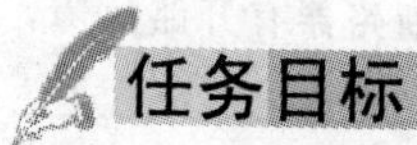

### 任务目标

(1) 掌握带点动的自动往返控制线路的原理。

(2) 能正确安装带点动的自动往返控制线路,能检测带点动的自动往返控制线路并排除故障。

### 任务过程

**1. 电气原理图**

带点动的自动往返控制线路电气原理图如图 4-52 所示。

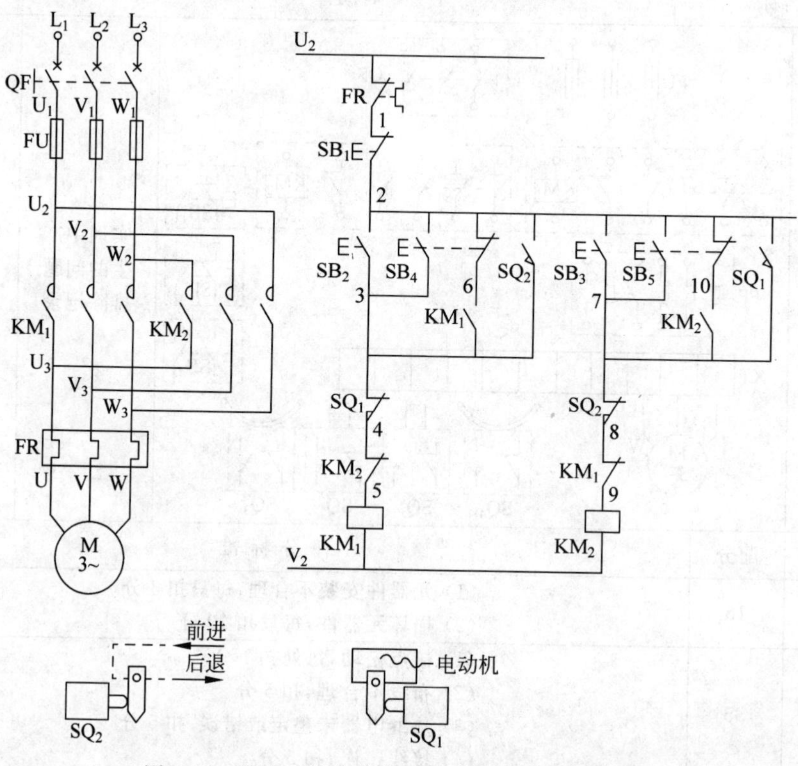


图 4-52 带点动的自动往返控制线路电气原理图

**2. 实训所需电气元件**

实训所需电气元件明细表见表 4-51。

**表 4-51 实训所需电气元件明细表**

| 代 号 | 名 称 | 型 号 | 数 量 | 备 注 |
|---|---|---|---|---|
| QF | 低压断路器 | DZ108-20/10-F | 1只 | |
| FU | 螺旋式熔断器 | RL1-15 | 3只 | 装熔芯 3A |
| $KM_1$、$KM_2$ | 交流接触器 | LC1-K0910Q7 | 2只 | 线圈 AC380V |
| FR | 热继电器 | LR2-K0306 | 1只 | |
| $SQ_1$、$SQ_2$ | 行程开关 | JW2A-11H | 2只 | 自动复位 |
| $SB_1$～$SB_5$ | 按钮开关 | LAY16 | 5只 | |
| M | 三相笼型异步电动机 | | 1台 | 380V/Y |
| $SQ_1$、$SQ_2$ | 行程开关 | LX9-222 | 2只 | 触动复位 |
| $SQ_3$、$SQ_4$ | 行程开关 | LX9-001 | 2只 | 自动复位 |

**3. 实训步骤**

(1) 按图 4-53 所示布置电气元件。

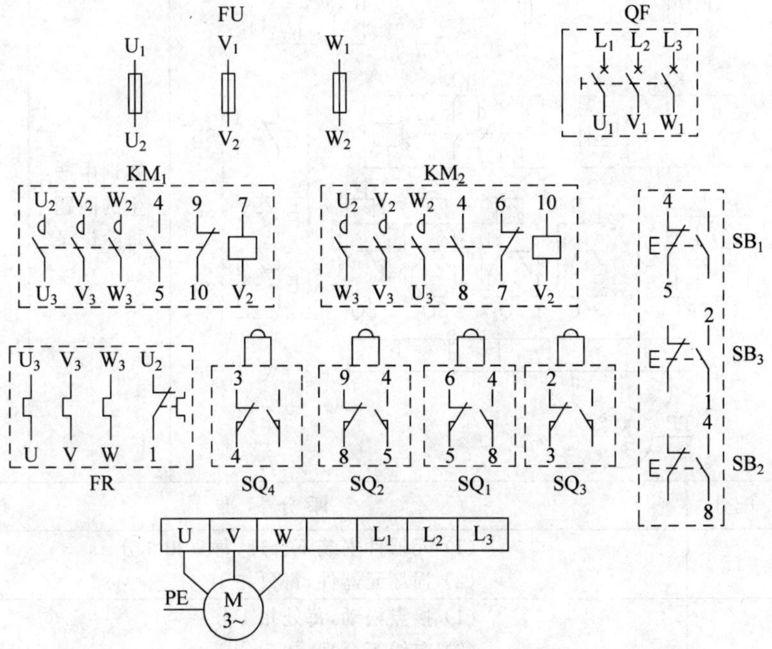

图 4-53 带点动的自动往返控制线路电气元件布置与接线

(2) 按图 4-52 所示连接控制线路。

(3) 安装完成后,用万用表检测线路安装质量(参见本项目任务 4.2)。

(4) 按下 $SB_2$,观察并调整电动机 M 为正转(模拟工作台向右移动),用手代替挡块按压 $SQ_1$ 并使其自动复位,电动机先停转再反转(反转模拟工作台向左移动)。

(5) 用手代替挡块按压 $SQ_2$ 再使其自动复位,则电动机先停转再正转。以后重复上述过程,电动机都能正常正反转。

(6) 按下 $SB_4$,$KM_1$ 吸合,电动机正转;松开 $SB_4$,$KM_1$ 释放,电动机停止。
(7) 按下 $SB_5$,$KM_2$ 吸合,电动机反转;松开 $SB_5$,$KM_2$ 释放,电动机停止。
(8) 若不符合上述控制要求,则应分析并排除故障。

**4. 控制线路故障现象与分析**

控制线路故障现象与分析见表 4-27。

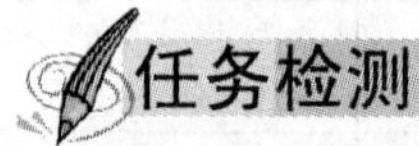

## 任务检测

按表 4-52 所示完成检测任务。

表 4-52　带点动的自动往返控制线路安装实训检测表

| 课题 | 带点动的自动往返控制线路安装实训 | | | | | | |
|---|---|---|---|---|---|---|---|
| 班级 | | 姓名 | | 同组成员 | | | |
| 实训名称 | | | | 时间 | | 年　月　日 | |
| 实训电路实物接线图 | QF FU $KM_1$ $KM_2$ $SB_1$ $SB_3$ $SB_2$ FR $SQ_4$ $SQ_2$ $SQ_1$ $SQ_3$ PE M 3~ | | | | | 实训中产生的问题排除记录 | |
| 内　容 | 配分 | 评 分 标 准 | | | | | |
| 安装元件 | 15 | (1) 元器件安装不合理,每只扣 3 分<br>(2) 损坏元器件,每只扣 10 分 | | | | | |
| 布线 | 35 | (1) 接点松动,每处扣 1 分<br>(2) 布线不合理,扣 5 分<br>(3) 热继电器未整定或错误,扣 5 分<br>(4) 接线错误,扣 5 分 | | | | | |
| 通电试车 | 50 | (1) 第 1 次试车不成功,扣 20 分<br>(2) 第 2 次试车不成功,扣 30 分<br>(3) 第 3 次试车不成功,扣 50 分 | | | | | |
| 安全操作 | 违反安全文明操作规程,损坏工具、仪表等扣 20～50 分 | | | | | | |
| 综合评价 | | | | | | | |
| 指导教师(签名) | | | | 得分 | | | |

## 分任务 4.8.3 两地控制线路安装实训

### 任务目标

(1) 掌握两地控制线路的原理。

(2) 能正确安装两地控制线路,能检测两地控制线路并排除故障。

### 任务过程

**1. 电气原理图**

两地控制线路电气原理图如图 4-54 所示。

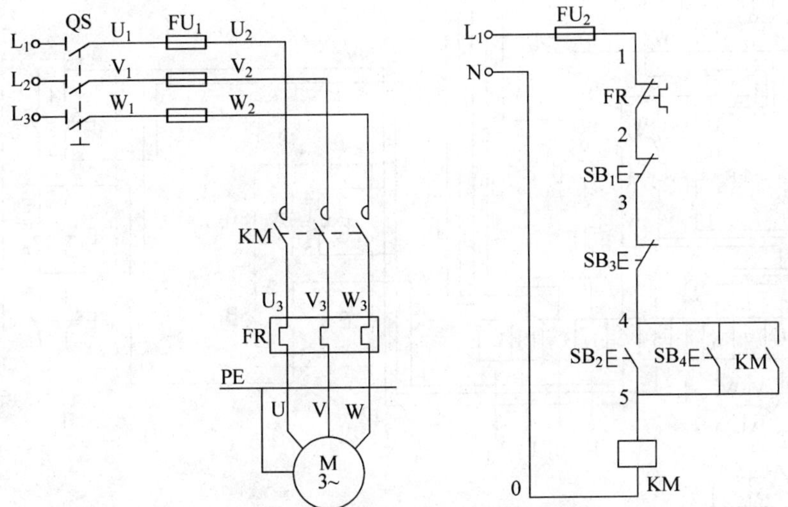


图 4-54 两地控制线路电气原理图

**2. 实训所需电气元件**

实训所需电气元件明细表见表 4-53。

**表 4-53 实训所需电气元件明细表**

| 代号 | 名称 | 型号 | 规格 | 数量 | 备注 |
|---|---|---|---|---|---|
| QS | 低压断路器 | DZ108-20/10-F | 脱扣器整定电流 0.64～1A | 1只 | |
| KM | 交流接触器 | CJX4-093 | 线圈 AC380V | 1只 | |
| FR | 热继电器 | JRS4-09305d | 整定电流 0.64～1A | 1只 | |
| $SB_{11}$、$SB_{12}$、$SB_{21}$、$SB_{22}$ | 按钮开关 | LAY16 | | 4只 | $SB_{11}$、$SB_{21}$用绿色,$SB_{12}$、$SB_{22}$用红色 |
| XT | 接线端子排 | JF5 | AC660V 25A | 10位 | |
| M | 三相异步电动机 | | $U_N$380V(Y)$I_N$0.53A $P_N$160W | 1台 | |

**3. 实训步骤**

(1) 按图 4-55 所示布置电气元件。

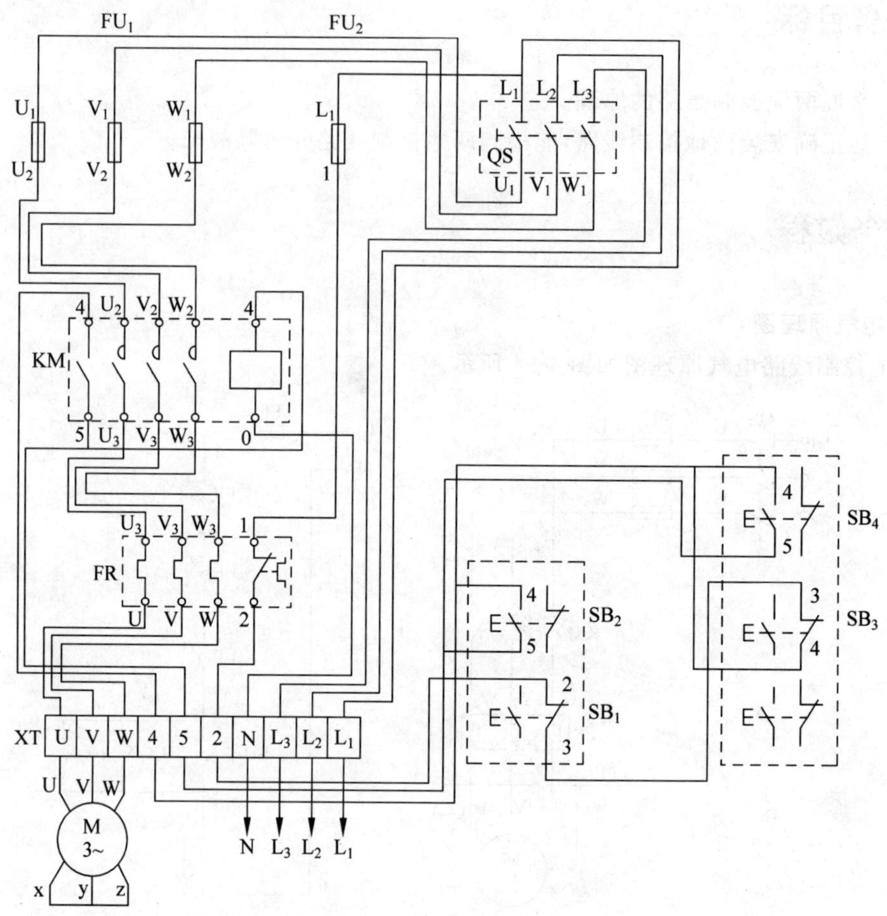


图 4-55 两地控制线路电气元件布置与接线

(2) 按图 4-55 所示连接电气线路。

(3) 安装完成后,用万用表检测线路安装质量(参见本项目任务 4.2)。

(4) 经检查接线无误后,接通交流电源并进行操作,按下 $SB_2$($SB_4$),电动机启动运转。

(5) 按下 $SB_1$($SB_3$),电动机停止运转。

(6) 若操作中出现不正常故障,则应自行分析加以排除。

**4. 控制线路故障现象与分析**

控制线路故障现象与分析见表 4-54。

**表 4-54 控制线路故障现象与分析**

| 故障现象 | 故障分析 |
|---|---|
| 合上隔离开关 QS,按下 $SB_{11}$,KM 线圈得电,电动机正常启动运转,按下 $SB_{12}$ 停止后,按下 $SB_{21}$,KM 线圈不动作,电动机不能启动运转 | 根据这一故障现象,说明主电路和公共电路正常,问题主要出在 $SB_{21}$ 控制上,且为 $SB_{21}$ 开路故障,检查该支路线路即可 |

续表

| 故障现象 | 故障分析 |
|---|---|
| 合上隔离开关 QS,按下 $SB_{11}$ 或 $SB_{21}$,电动机都能正常工作,但是按下停止按钮 $SB_{22}$,电动机却无法停止,而按下 $SB_{12}$ 电动机可以正常停止 | 根据故障现象,有一个停止按钮不能正常停止电动机。由于有一个按钮工作正常,可以判定是由于一个按钮线路接错造成——接线错位,或接触器自锁锁错对象(将 $SB_{22}$ 锁在内部) |
| 合上隔离开关 QS,按下启动按钮,电动机正常启动运转,但是工作一段时间后,电动机自行停止工作 | 根据现象可以判定主线路和控制线路均正常,问题应该是电动机负载过重,造成电流过大使热继电器保护动作 |

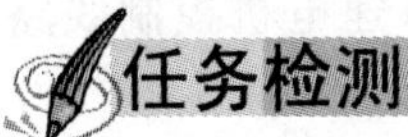

## 任务检测

按表 4-55 所示完成检测任务。

**表 4-55　两地控制线路安装实训检测表**

<table>
<tr><td>课题</td><td colspan="6">两地控制线路安装实训</td></tr>
<tr><td>班级</td><td></td><td>姓名</td><td></td><td>同组成员</td><td></td><td></td></tr>
<tr><td colspan="2">实训名称</td><td colspan="2"></td><td>时间</td><td colspan="2">年　月　日</td></tr>
<tr><td>实训电路实物接线图</td><td colspan="3">FU QS KM E SB11 E SB21 E SB12 FR E SB22 XT M 3~</td><td>实训中产生的问题排除记录</td><td colspan="2"></td></tr>
<tr><td>内　容</td><td>配分</td><td colspan="5">评分标准</td></tr>
<tr><td>安装元件</td><td>15</td><td colspan="5">(1) 元器件安装不合理,每只扣 3 分<br>(2) 损坏元器件,每只扣 10 分</td></tr>
<tr><td>布线</td><td>35</td><td colspan="5">(1) 接点松动,每处扣 1 分<br>(2) 布线不合理,扣 5 分<br>(3) 热继电器未整定或错误,扣 5 分<br>(4) 接线错误,扣 5 分</td></tr>
<tr><td>通电试车</td><td>50</td><td colspan="5">(1) 第 1 次试车不成功,扣 20 分<br>(2) 第 2 次试车不成功,扣 30 分<br>(3) 第 3 次试车不成功,扣 50 分</td></tr>
<tr><td>安全操作</td><td colspan="6">违反安全文明操作规程,损坏工具、仪表等扣 20～50 分</td></tr>
<tr><td>综合评价</td><td colspan="6"></td></tr>
<tr><td colspan="2">指导教师(签名)</td><td colspan="2"></td><td>得分</td><td colspan="2"></td></tr>
</table>

# 任务4.9 电动机双速电机控制线路安装实训

## 分任务4.9.1 接触器控制双速电机控制线路安装实训

### 任务目标

(1) 掌握接触器控制双速电机控制线路的原理。

(2) 能正确安装接触器控制双速电机控制线路,能检测接触器控制双速电机控制线路并排除故障。

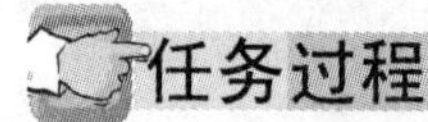

### 任务过程

**1. 电气原理图**

接触器控制双速电机的控制线路电气原理图如图4-56所示。

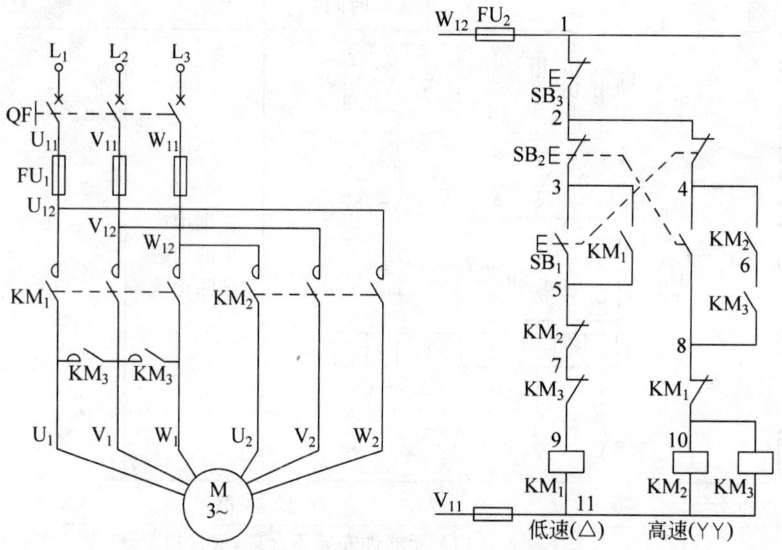


图4-56 接触器控制双速电机的控制线路电气原理图

**2. 实训所需电气元件**

实训所需电气元件明细表见表4-56。

表4-56 实训所需电气元件明细表

| 代号 | 名称 | 型号 | 规格 | 数量 | 备注 |
|---|---|---|---|---|---|
| QF | 低压断路器 | DZ108-20/10-F | 0.63～1A | 1只 | |
| $FU_1$ | 螺旋式熔断器 | RL1-15 | 配熔体3A | 3只 | |
| $FU_2$ | 直插式熔断器 | RT14-20 | 配熔体2A | 2只 | |

续表

| 代　号 | 名　称 | 型　号 | 规　　格 | 数量 | 备　　注 |
|---|---|---|---|---|---|
| $KM_1 \sim KM_3$ | 交流接触器 | LC1-K0910Q7 | | 3只 | |
| $SB_1$、$SB_2$、$SB_3$ | 按钮开关 | LAY16 | | 3只 | $SB_1$、$SB_2$ 用绿色，$SB_3$ 用红色 |
| M | 双速异步电动机 | | $U_N$380V(△/YY) | 1台 | |

**3. 实训步骤**

(1) 按图 4-57 所示布置电气元件。

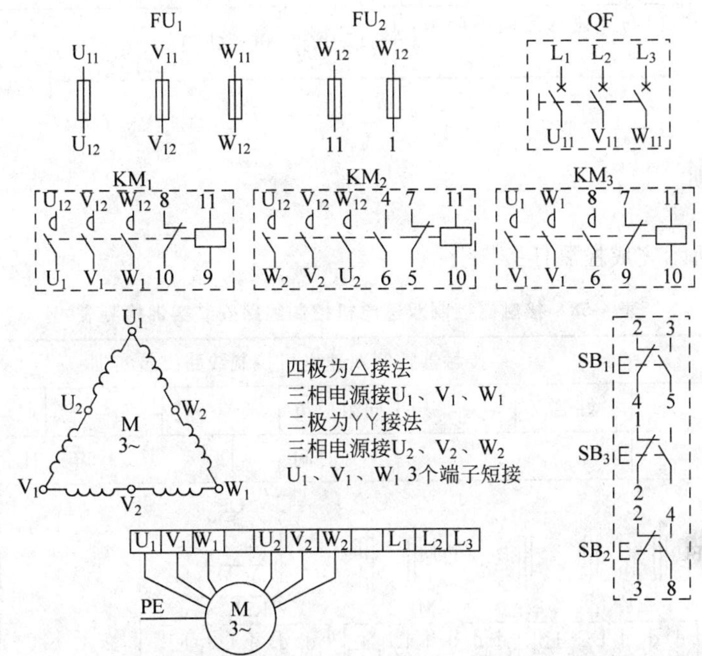


图 4-57　接触器控制双速电机的控制线路电气元件布置与接线

(2) 按图 4-57 所示连接电气线路。

(3) 安装完成后，用万用表检测线路安装质量(参见本项目任务 4.2)。

(4) 电动机绕组的 6 个端子先不接，调节通电延时时间继电器，使延时时间约 5s。再把电动机的 6 个端子接上。

(5) 确认接线无误，先合上电源开关 QF，按下低速启动按钮 $SB_1$，接触器 $KM_1$ 线圈获电，连锁触点断开，自锁触点闭合，电动机定子绕组作△连接，电动机低速运转。

(6) 如需换为高速运转，可按下高速启动按钮 $SB_2$，接触器 $KM_1$ 线圈断电释放，主触点断开，自锁触点断开、连锁触点闭合，同时接触器 $KM_2$ 和 $KM_3$ 线圈获电动作，主触点闭合，使电动机定子绕组接成双Y并联，电动机高速运转。

(7) 若出现不正常现象，则应分析并排除故障。

**4. 控制线路故障现象与分析**

控制线路故障现象与分析见表 4-57。

表 4-57　控制线路故障现象与分析

| 故障现象 | 故障分析 |
|---|---|
| 安装完毕,试车时按下 $SB_1$ 按钮后,低速启动,松开 $SB_1$ 后即停车 | $KM_1$ 接触器自锁接线脱落 |
| | 忘记接自锁控制线 |
| 安装完毕,试车时合上开关 QS 后,低速启动;按下 $SB_1$ 按钮后,低速停机,松开 $SB_1$ 后,低速再次启动;而按下 $SB_2$ 后,低速也能停机,高速不启动,松开 $SB_2$ 低速照常启动 | $SB_1$ 按钮常开点误接成常闭点,常闭点误接成常开点 |
| | $KM_2$ 或 $KM_3$ 控制回路断路,最可能的断点是 $KM_1$ 常闭触点 |
| 电动机在低速运行时,按下 $SB_2$ 按钮后,低速能停机,但高速不启动 | $SB_1$ 常闭→$SB_2$ 常开→$KM_1$ 常闭→$KM_2$ 回路中有开路 |
| 控制回路一切正常,但高低速均启动不起来,并发出"嗡嗡"声 | $FU_1$ 熔断,电源缺相 |

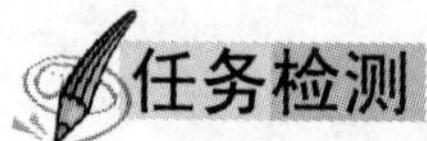


按表 4-58 所示完成检测任务。

表 4-58　接触器控制双速电机控制线路安装实训检测表

| 课题 | 接触器控制双速电机控制线路安装实训 | | | | |
|---|---|---|---|---|---|
| 班级 | | 姓名 | | 同组成员 | |
| 实训名称 | | | 时间 | | 年　月　日 |
| 实训电路实物接线图 | QF<br>$FU_1$　$FU_2$<br>$KM_1$　$KM_2$　$KM_3$<br>$U_1$　$U_2$　$W_2$　M 3~　$V_1$　$V_2$　$W_1$<br>$SB_1$　$SB_3$　$SB_2$<br>PE　M 3~ | | | 实训中产生的问题排除记录 | |
| 内容 | 配分 | 评分标准 | | | |
| 安装元件 | 15 | (1) 元器件安装不合理,每只扣 3 分<br>(2) 损坏元器件,每只扣 10 分 | | | |

续表

| 内　容 | 配分 | 评 分 标 准 | |
|---|---|---|---|
| 布线 | 35 | (1) 接点松动,每处扣1分<br>(2) 布线不合理,扣5分<br>(3) 热继电器未整定或错误,扣5分<br>(4) 接线错误,扣5分 | |
| 通电试车 | 50 | (1) 第1次试车不成功,扣20分<br>(2) 第2次试车不成功,扣30分<br>(3) 第3次试车不成功,扣50分 | |
| 安全操作 | 违反安全文明操作规程,损坏工具、仪表等扣20～50分 | | |
| 综合评价 | | | |
| 指导教师(签名) | | 得分 | |

## 分任务4.9.2　时间继电器控制双速电机控制线路安装实训

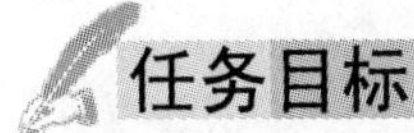

### 任务目标

(1) 掌握时间继电器控制双速电机控制线路的原理。

(2) 能正确安装时间继电器控制双速电机控制线路,能检测时间继电器控制双速电机控制线路并排除故障。

### 任务过程

**1. 电气原理图**

时间继电器控制双速电机的控制线路电气原理图如图4-58所示。

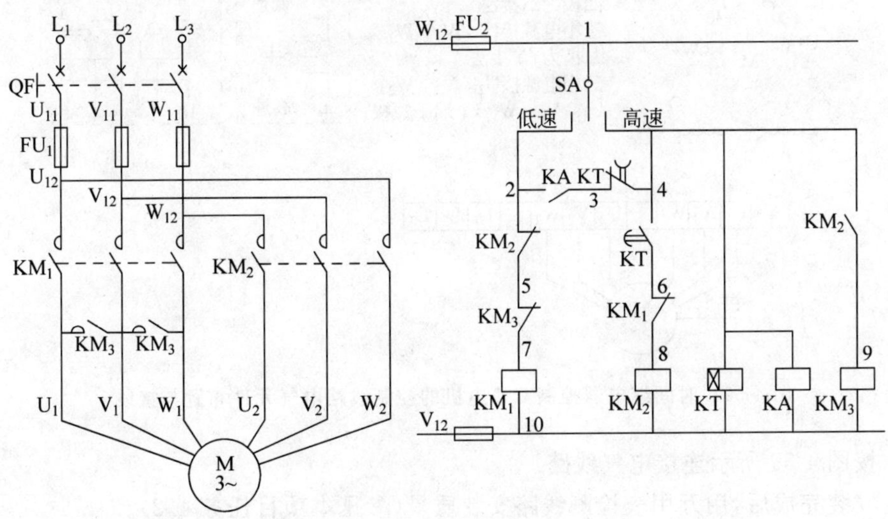


图4-58　时间继电器控制双速电机的控制线路电气原理图

**2. 实训所需电气元件**

实训所需电气元件明细表见表 4-59。

**表 4-59　实训所需电气元件明细表**

| 代　号 | 名　　称 | 型　　号 | 规　　格 | 数量 | 备　　注 |
|---|---|---|---|---|---|
| QF | 低压断路器 | DZ108-20/10-F | 脱扣器整定电流 0.64～1A | 1 只 | |
| $FU_1$ | 螺旋式熔断器 | RL1-15 | 配熔体 3A | 3 只 | |
| $FU_2$ | 瓷插式熔断器 | RT14-20 | 配熔体 3A | 2 只 | |
| $KM_1$～$KM_3$ | 交流接触器 | CJX4-093Q | 线圈 AC380V | 3 只 | |
| KT | 通电延时时间继电器 | ST3PC-B | 输入交流 AC380V | 1 只 | 一常开一常闭 |
| | 继电器方座 | PF-083A | | 1 只 | |
| SA | 转换开关 | KN1-303 | | 1 只 | 中间为完全断开 |
| XT | 接线端子排 | JF5 | AC660V 25A | 10 位 | |
| M | 双速异步电动机 | WD24 | $U_N$380V $I_N$0.6A | 1 台 | |

**3. 安装与接线**

(1) 按图 4-59 所示布置电气元件。

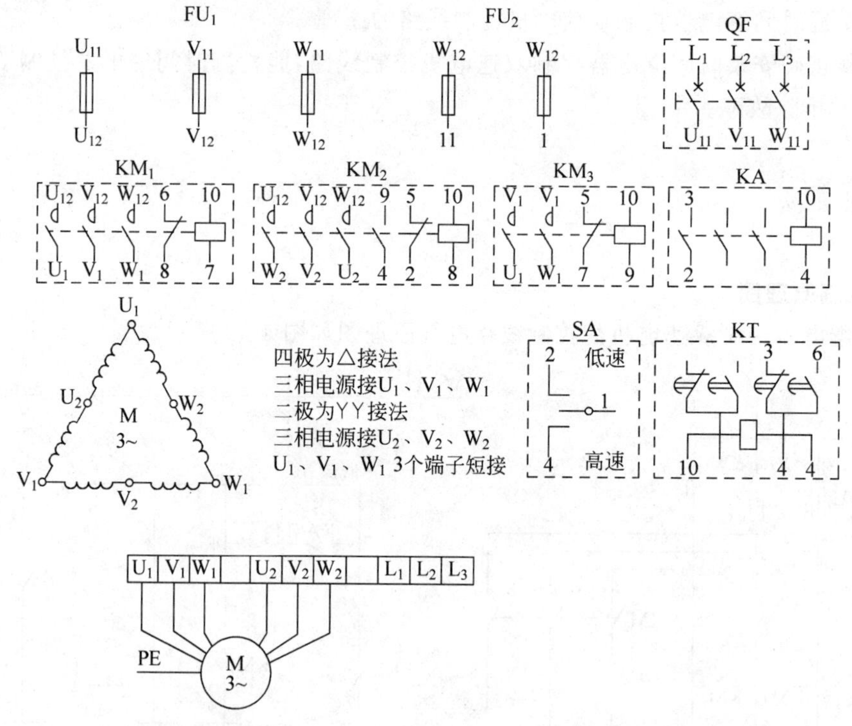


图 4-59　时间继电器控制双速电机的控制线路电气元件布置与接线

(2) 按图 4-59 所示连接电气线路。

(3) 安装完成后,用万用表检测线路安装质量(参见本项目任务 4.2)。

(4) 电动机绕组的 6 个端子先不接，调节通电延时时间继电器，使延时时间约 5s，再把电动机的 6 个端子接上。

(5) 确认接线无误，将开关 SA 扳到中间位置时电动机处于停止状态。

(6) 如把开关扳到标有“低速”的位置时，接触器 $KM_1$ 线圈获电动作，电动机定子绕组的 3 个出线端 IU、IV、IW 与电源连接，电动机定子绕组接成△以低速运转。

(7) 如把开关 SA 扳到标有“高速”的位置时，时间继电器 KT 线圈首先获电动作，它的常开触点 KT 瞬时闭合，接触器 $KM_1$ 线圈获电动作，使电动机定子绕组接成△，首先以低速启动。经过一定的整定时间，时间继电器 KT 的常闭触点延时断开，接触器 $KM_1$ 线圈断电释放，KT 常开触点延时闭合，接触器 $KM_2$ 线圈获电动作，紧接着 $KM_3$ 接触器线圈也获电动作，使电动机定子绕组被接触器 $KM_2$、$KM_3$ 的主触点换接成双丫形，以高速运转。

(8) 若出现不正常，则应分析并排除故障。

**4. 控制线路故障现象与分析**

控制线路故障现象与分析见表 4-60。

**表 4-60　控制线路故障现象与分析**

| 故障现象 | 故障分析 |
|---|---|
| SA 开关置于高速位置时，合上 QS 开关，低速直接启动，而且也不能转成高速运行 | 时间继电器 KT 快速微动开关动作，而延时断开的常闭点和延时闭合点(微动开关)均不动作，气室漏气或是微动开关损坏 |
| SA 开关置于高速位置时，合上 QS 开关低速启动正常，转成高速时，转动不正常，发出异常响声，电动机发热 | $KM_3$ 按触器线圈断路没有吸合，电动机绕组没有形成双路丫连接 |
| SA 开关置于高速位置时，合上 QS 开关低速不启动，也不能转换成高速运行 | 时间继电器 KT 线圈断路或线圈两端有一处脱落 |
| SA 开关置于高速位置时，合上 QS 开关 $FU_2$ 立即熔断 | 时间继电器线圈短路或高速控制回路接地 |
| 无论 SA 开关置于高速还是低速位置，一经合上 QS 开关后，$FU_1$ 立即熔断两相，$FU_2$ 不熔断 | 电动机两相绕组短路 |
| | 电动机接线端引线两端短路 |
| 无论 SA 开关置于高、低速任何位置，一合上 QS 开关后，总是 $L_1$ 相的 $FU_1$ 立即熔断 | 电动机接线盒内接线端脱落接地 |
| | 电动机绕组接地 |

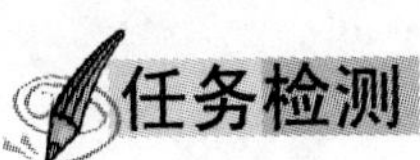


按表 4-61 所示完成检测任务。

**表 4-61 时间继电器控制双速电机控制线路安装实训检测表**

<table>
<tr><td>课题</td><td colspan="6">时间继电器控制双速电机控制线路安装实训</td></tr>
<tr><td>班级</td><td></td><td>姓名</td><td></td><td>同组成员</td><td></td><td></td></tr>
<tr><td>实训名称</td><td colspan="2"></td><td>时间</td><td colspan="3">年 月 日</td></tr>
<tr><td>实训电路实物接线图</td><td colspan="5">FU1 FU2 QF KM1 KM2 KM3 KA U1 U2 W2 M 3~ V1 V2 W1 SA 低速 高速 KT PE M 3~</td><td>实训中产生的问题排除记录</td></tr>
</table>

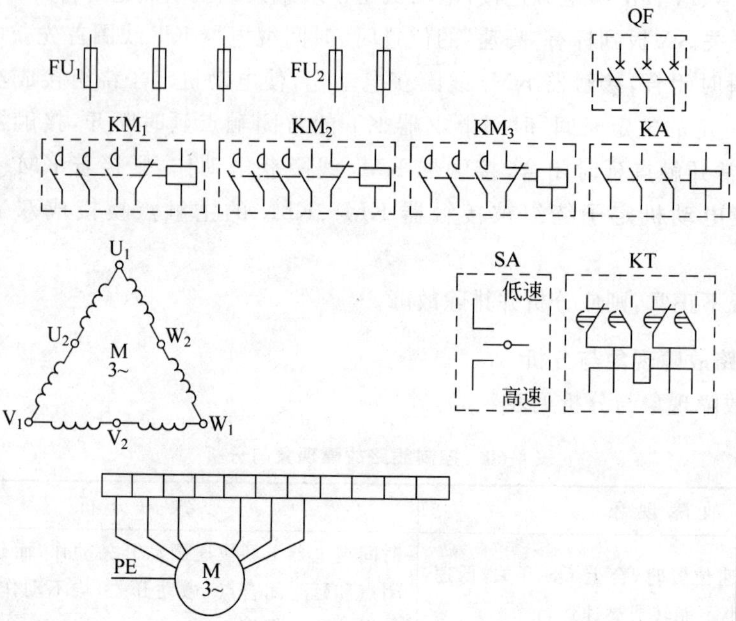

| 内 容 | 配分 | 评分标准 |
|---|---|---|
| 安装元件 | 15 | (1) 元器件安装不合理,每只扣 3 分<br>(2) 损坏元器件,每只扣 10 分 |
| 布线 | 35 | (1) 接点松动,每处扣 1 分<br>(2) 布线不合理,扣 5 分<br>(3) 热继电器未整定或错误,扣 5 分<br>(4) 接线错误,扣 5 分 |
| 通电试车 | 50 | (1) 第 1 次试车不成功,扣 20 分<br>(2) 第 2 次试车不成功,扣 30 分<br>(3) 第 3 次试车不成功,扣 50 分 |
| 安全操作 | 违反安全文明操作规程,损坏工具、仪表等扣 20～50 分 | |
| 综合评价 | | |

| 指导教师(签名) | | 得分 | |
|---|---|---|---|

# 项目5

# 可编程序控制器基础

可编程序控制器是一种新型通用工业控制装置。它采用计算机技术，取代传统的继电接触器控制系统，不仅能实现逻辑控制、顺序控制、定时、计数等功能，还能像微型计算机一样进行数值运算、数据处理、模拟量 PID 控制及联网通信等，广泛应用于工业的各个领域，与数控机床、工业机器人并称为当代工业自动化的三大支柱，并已扩展到楼宇自动化、家庭自动化、商业、公用事业、测试设备和农业等领域。可编程序控制器(Programmable Controller)本来应简称为 PC，为了与个人计算机(Personal Computer)的简称 PC 相区别，因此将它简称为 PLC(Programmable Logic Controller，可编程序逻辑控制器)。

## 任务 5.1　认识可编程序控制器

### 任务目标

(1) 了解可编程序控制器的特点。

(2) 了解 PLC 的分类方法。

(3) 了解 PLC 各部分的作用和工作方式。

### 任务过程

**1. 可编程序控制器的外形**

S7-200 系列是西门子(SIEMENS)公司的小型单元 PLC(微型可编程序控制器)将 CPU 和输入/输出一体化，使应用更方便。为了满足用户的不同要求，S7-200 系列有多种不同的型号可供选择。另外，有多种特殊功能模块可供选择。它拥有无可匹敌的速度、高级的功能、逻辑选件及定位控制等特点，图 5-1 所示是 PLC 的外形。

图 5-1　FX2N 系列 PLC 的外形

**2. 可编程序控制器的特点**

1) 可靠性高

PLC采用计算机技术，在硬件和软件中采取了一系列屏蔽、滤波、隔离、无触点、精选元器件等抗干扰措施，能适应各种恶劣的工作环境，可靠性高，寿命长，抗干扰能力强。目前PLC整机平均无故障工作时间一般可达20000～50000h，甚至更高。此外，PLC还具有很强的自诊断功能，可以迅速、方便地检查判断故障，维护方便。

2) 编程简单

PLC是从继电接触器控制系统基础上发展起来的，按照电气控制线路设计思想，其编程语言面向现场，面向用户，尤其是采用类似继电接触器控制系统的梯形图编程语言，编程简单，易学易懂。

3) 通用性好

PLC采用软件编程来代替继电接触器控制的硬连线，由各种组件灵活组合成不同的控制系统，以满足不同的控制要求。同一台PLC只要改变软件就可实现控制不同的对象或不同的控制要求。加上PLC通信能力的增强及人机界面技术的发展，使用PLC组成各种控制系统变得非常容易。

4) 应用广泛

PLC发展到今天，已经形成了大、中、小各种规模的系列化产品，广泛应用于各种规模的工业控制场合。除了逻辑处理功能外，现代PLC具有完善的数据运算能力，可用于各种数字控制领域。近年来，随着PLC功能单元的大量涌现，使PLC渗透到了位置控制、温度控制等各种工业控制中。

(1) 工业

① 开关量控制，如逻辑、定时、计数、顺序等。

② 模拟量控制，部分PLC或功能模块具有PID控制功能，可实现过程控制。

③ 监控，用PLC可构成数据采集和处理的监控系统。

④ 建立工业网络，为适应复杂的控制任务且节省资源，可采用单级网络或多级分布式控制系统。

(2) 其他行业

可编程序控制器在国防和民用行业的应用也日益广泛，如建筑、环保、家用电器等。

5) 体积小

PLC是专为工业控制设计的专用计算机，其结构紧凑，体积小，质量轻，容易装入机械内部，是实现机电一体化的理想控制设备。

**3. PLC的分类**

PLC产品种类繁多，其规格和性能也各不相同。对PLC的分类，通常根据其结构形式的不同、功能的差异和I/O点数的多少等进行大致分类。

(1) 按结构形式分类

根据PLC的结构形式，可将PLC分为整体式和模块式两类。

① 整体式PLC。整体式PLC是将电源、CPU、I/O接口等部件都集中装在一个机箱内，具有结构紧凑、体积小、价格低的特点。小型PLC一般采用这种整体式结构。整体式

PLC由不同I/O点数的基本单元(又称主机)和扩展单元组成。基本单元内有CPU、I/O接口、与I/O扩展单元相连的扩展口,以及与编程器或EPROM写入器相连的接口等。扩展单元内只有I/O和电源等,没有CPU。基本单元和扩展单元之间一般用扁平电缆连接。整体式PLC一般还可配备特殊功能单元,如模拟量单元、位置控制单元等,使其功能得以扩展。

② 模块式PLC。模块式PLC是将PLC各组成部分,分别做成若干个单独的模块,如CPU模块、I/O模块、电源模块(有的含在CPU模块中)及各种功能模块。模块式PLC由框架或基板和各种模块组成。模块装在框架或基板的插座上。这种模块式PLC的特点是配置灵活,可根据需要选配不同规模的系统,而且装配方便,便于扩展和维修。大、中型PLC一般采用模块式结构。

还有一些PLC将整体式和模块式的特点结合起来,构成叠装式PLC。叠装式PLC的CPU、电源、I/O接口等也是各自独立的模块,但它们之间是靠电缆进行连接,并且各模块可以一层层地叠装。这样,不但系统可以灵活配置,还可做得体积小巧。

(2) 按功能分类

根据PLC所具有的功能不同,可将PLC分为低档、中档、高档3类。

① 低档PLC具有逻辑运算、定时、计数、移位以及自诊断、监控等基本功能,还可有少量模拟量输入/输出、算术运算、数据传送和比较、通信等功能。主要用于逻辑控制、顺序控制或少量模拟量控制的单机控制系统。

② 中档PLC除具有低档PLC的功能外,还具有较强的模拟量输入/输出、算术运算、数据传送和比较、数制转换、远程I/O、子程序、通信联网等功能。有些还可增设中断控制、PID控制等功能,适用于复杂控制系统。

③ 高档PLC除具有中档机的功能外,还增加了带符号算术运算、矩阵运算、位逻辑运算、平方根运算及其他特殊功能函数的运算、制表及表格传送功能等。高档PLC机具有更强的通信联网功能,可用于大规模过程控制或构成分布式网络控制系统,实现工厂自动化。

(3) 按I/O点数分类

根据PLC的I/O点数的多少,可将PLC分为小型、中型和大型3类。

① 小型PLC。I/O点数为256点以下的为小型PLC。其中,I/O点数小于64点的为超小型或微型PLC。

② 中型PLC。I/O点数为256点以上、2048点以下的为中型PLC。

③ 大型PLC。I/O点数为2048以上的为大型PLC。其中,I/O点数超过8192点的为超大型PLC。

在实际中,一般PLC功能的强弱与其I/O点数的多少是相互关联的,即PLC的功能越强,其可配置的I/O点数越多。因此,通常所说的小型、中型、大型PLC,除指其I/O点数不同外,同时也表示其对应功能为低档、中档、高档。

**4. PLC的结构及各部分的作用**

PLC的类型繁多,功能和指令系统也不尽相同,但结构与工作原理则大同小异,通常由主机、输入/输出接口、电源、编程器、扩展器接口和外部设备接口等几个主要部分组成。PLC的硬件系统结构如图5-2所示。

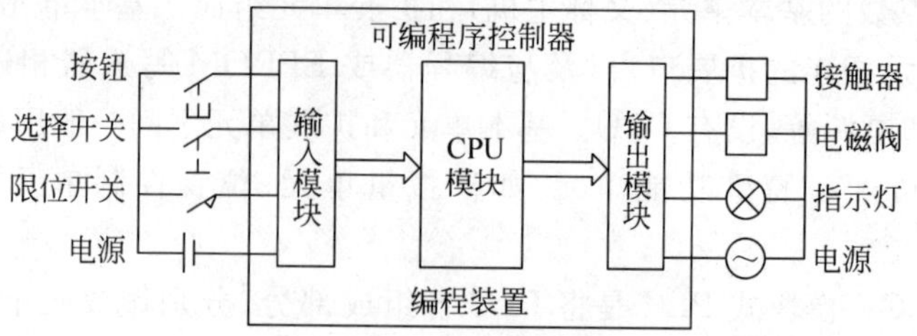

图 5-2　PLC 的硬件系统结构

(1) 主机

主机部分包括中央处理器(CPU)、系统程序存储器和用户程序及数据存储器。CPU 是 PLC 的核心,它用以运行用户程序、监控输入/输出接口状态、作出逻辑判断和进行数据处理,即读取输入变量、完成用户指令规定的各种操作,将结果送到输出端,并响应外部设备(如编程器、计算机、打印机等)的请求以及进行各种内部判断等。

中央处理单元(CPU)一般由控制器、运算器和寄存器组成,这些电路都集成在一个芯片上。CPU 的主要功能如下。

① 从存储器中读取指令。

② 执行指令。

③ 顺序取指令。

④ 处理中断。

PLC 的内部存储器有两类:一类是系统程序存储器,主要存放系统管理和监控程序及对用户程序作编译处理的程序,系统程序已由厂家固定,用户不能更改;另一类是用户程序及数据存储器,主要存放用户编制的应用程序及各种暂存数据和中间结果。

(2) 输入/输出(I/O)接口

I/O 接口是 PLC 与输入/输出设备连接的部件。输入接口接收输入设备(如按钮、传感器、触点、行程开关等)的控制信号。输出接口是将主机经处理后的结果通过功放电路去驱动输出设备(如接触器、电磁阀、指示灯等)。I/O 接口一般采用光耦合电路,以减少电磁干扰,从而提高了可靠性。I/O 点数即输入/输出端子数是 PLC 的一项主要技术指标,通常小型机有几十个点,中型机有几百个点,大型机将超过千点。

通常 PLC 的输入类型可以是直流、交流和交直流。输入电路的电源可由外部供给,有的也可由 PLC 内部提供。图 5-3 和图 5-4 所示为一种型号 PLC 的直流和交流输入接口电路,采用的是外接电源。

图 5-3 描述了一个输入点的接口电路。其输入电路的一次电路与二次电路用光耦合器相连,当行程开关闭合时,输入电路和一次电路接通,上面的发光管用于对外显示,同时光耦合器中的发光管使三极管导通,信号进入内部电路,此输入点对应的位由 0 变为 1,即输入映像寄存器的对应位由 0 变为 1。

(3) 电源

在图 5-2 中,电源是指为 CPU、存储器、I/O 接口等内部电子电路工作所配置的直流开关稳压电源,通常也为输入设备提供直流电源。

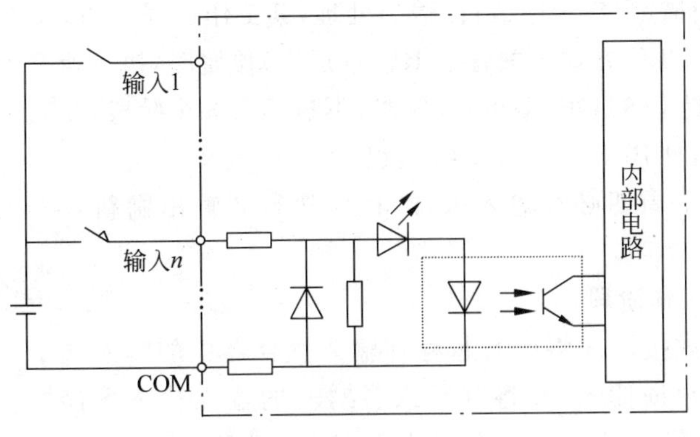


图 5-3 直流输入电路

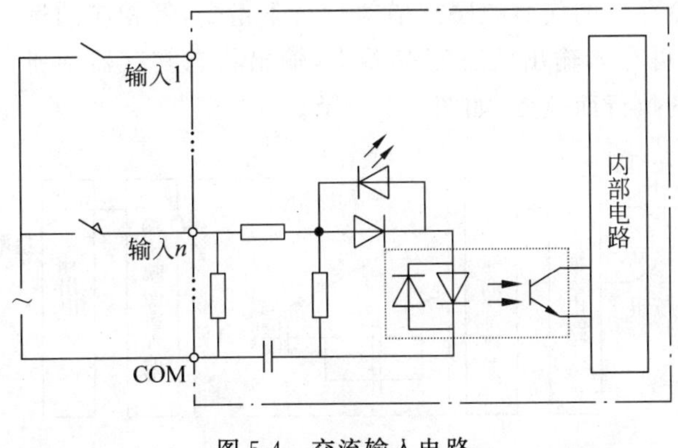


图 5-4 交流输入电路

(4) 编程器

编程器是 PLC 的外部编程设备，用户可通过编程器输入、检查、修改、调试程序或监视 PLC 的工作情况。也可以通过专用的编程电缆线将 PLC 与计算机连接起来，并利用编程软件进行计算机编程和监控。

(5) 输入/输出扩展单元

I/O 扩展接口用于将扩充外部输入/输出端子数的扩展单元与基本单元(即主机)连接在一起。

(6) 外部设备接口

此接口可将编程器、打印机、条码扫描仪、变频器等外部设备与主机相连，以完成相应的操作。

**5. PLC 的工作方式**

PLC 是采用“顺序扫描，不断循环”的方式进行工作的，即在 PLC 运行时，CPU 根据用户按控制要求编制好并存于用户存储器中的程序，按指令步序号(或地址号)做周期性循环扫描，如无跳转指令，则从第 1 条指令开始逐条顺序执行用户程序，直到程序结束。然后重新返回第 1 条指令，开始下一轮新的扫描。在每次扫描过程中，还要完成对输入信号的采样和对输出状态的刷新等工作。

PLC 采用循环扫描工作方式，这个工作过程一般包括 5 个阶段：内部处理、与编程器等的通信处理、输入扫描、用户程序执行、输出处理,其工作过程如图 5-5 所示。

在图 5-5 中,当 PLC 方式开关置于 RUN(运行)位置时,执行所有阶段;当方式开关置于 STOP(停止)位置时,不执行后 3 个阶段,此时可进行通信处理,如对 PLC 联机或离线编程。

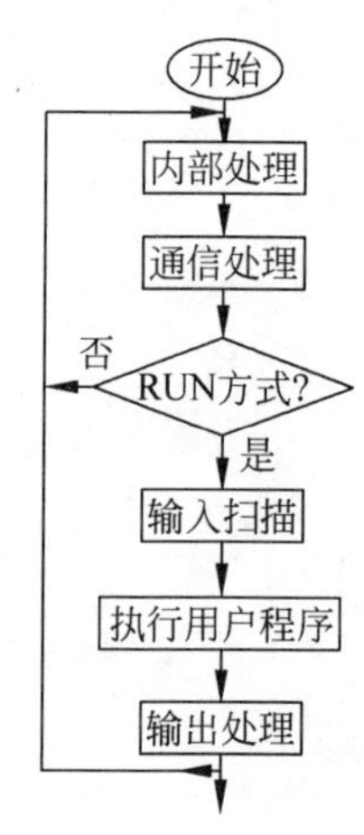

图 5-5 工作原理框图

PLC 的扫描一个周期必经输入采样、程序执行和输出刷新 3 个阶段。

(1) PLC 输入采样阶段

首先以扫描方式按顺序将所有暂存在输入锁存器中的输入端子的通断状态或输入数据读入,并将其写入各对应的输入状态寄存器中,即刷新输入。随即关闭输入端口,进入程序执行阶段。

(2) PLC 程序执行阶段

按用户程序指令存放的先后顺序扫描执行每条指令,经相应的运算和处理后,其结果再写入输出状态寄存器中,输出状态寄存器中所有的内容随着程序的执行而改变,如图 5-6 所示。

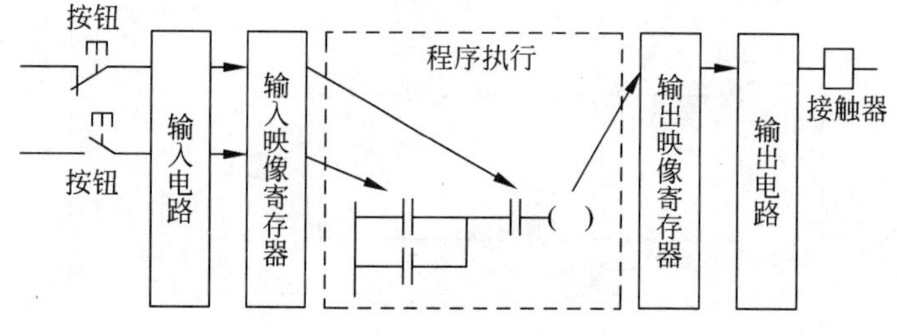

图 5-6 程序执行原理框图

(3) 输出刷新阶段

当所有指令执行完毕,输出状态寄存器的通断状态在输出刷新阶段送至输出锁存器中,并通过一定的方式(继电器、晶体管或晶闸管)输出,驱动相应输出设备工作。

**6. 可编程序控制器的主要性能指标**

可编程序控制器的性能指标较多,与构建可编程序控制器控制系统关系较直接的性能指标有以下几种。

(1) 输入/输出(I/O)点数

I/O 点数是可编程序控制器组成控制系统时所能输入/输出信号的最大数量,表示可编程序控制器组成系统时可能的最大规模。它与继电器触点个数相对应。总点数中,输入点数与输出点数总是按一定比例设置,往往是输入点数大于输出点数,且输入与输出点不能相互替代。

(2) 应用程序存储容量

应用程序存储容量是指用户程序存储器的容量,通常用 K 字(KW)、K 字节(KB)或 K 位表示。约定 16 位二进制数为 1 个字,每 1024 个字为 1K 字。中、小型可编程序控制器的存储容量一般在 64K 以下,大型 PLC 的存储容量已达 64K 字以上。编程时,通常对于一般的逻辑操作指令,每条指令占 1 个字,计时、计数和移位指令占 2 个字,对于一般的数据操作指令，每条指令占 2 个字。有的用户程序存储器容量用编程的步来表示，每编 1 条语句为 1 步。

(3) 编程语言

可编程序控制器常用的编程语言有梯形图、语句表、控制系统流程图及计算机通用语言等。目前使用最多的是前两种，不同的 PLC 可能采用不同的语言。

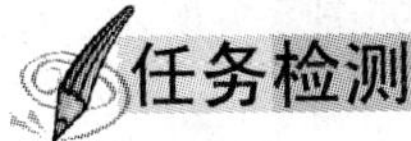

## 任务检测

按表 5-1 所示完成检测任务。

表 5-1　认识可编程序控制器检测表

| 课题 | 认识可编程序控制器 | | | | | |
|---|---|---|---|---|---|---|
| 班级 | | 姓名 | | 学号 | | 日期 | |

(1) 可编程序控制器有哪些主要特点？

(2) 简述 PLC 的分类方法。

(3) 简述 PLC 各部分的作用和工作方式。

| 备注 | | 教师签名 | 年　月　日 |
|---|---|---|---|

# 任务 5.2　PLC 控制系统与电气控制系统的比较

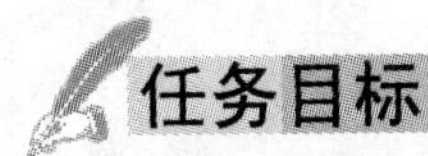

## 任务目标

(1) 了解电气控制系统与 PLC 控制系统的异同。

(2) 掌握如何将电气控制转换为 PLC 控制。

## 任务过程

**1. 电气控制系统与PLC控制系统**

(1) 电气控制系统的组成

任何一个电气控制系统,都是由输入部分、输出部分和控制部分组成,如图5-7所示。

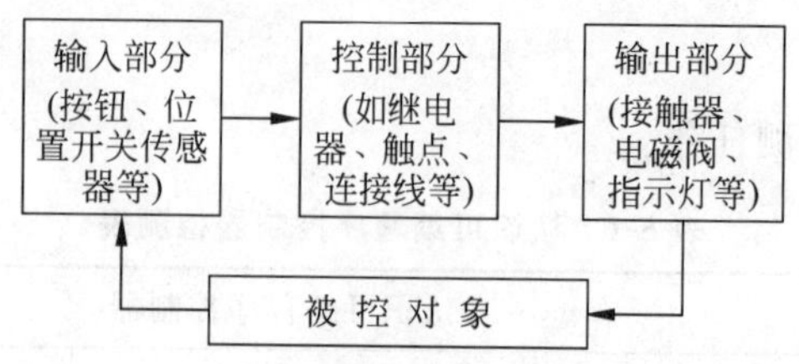


图5-7 电气控制系统的组成

其中,输入部分是由各种输入设备,如按钮、位置开关及传感器等组成;控制部分是按照控制要求设计的,由若干继电器及触点构成的具有一定逻辑功能的控制电路;输出部分是由各种输出设备,如接触器、电磁阀、指示灯等执行元件组成。电气控制系统是根据操作指令及被控对象发出的信号,由控制电路按规定的动作要求决定执行什么动作或动作的顺序,然后驱动输出设备去实现各种操作。由于控制电路是采用硬接线将各种继电器及触点按一定的要求连接而成,所以接线复杂且故障点多,同时不易灵活改变。

(2) PLC控制系统的组成

由PLC构成的控制系统也是由输入、输出和控制3部分组成,如图5-8所示。

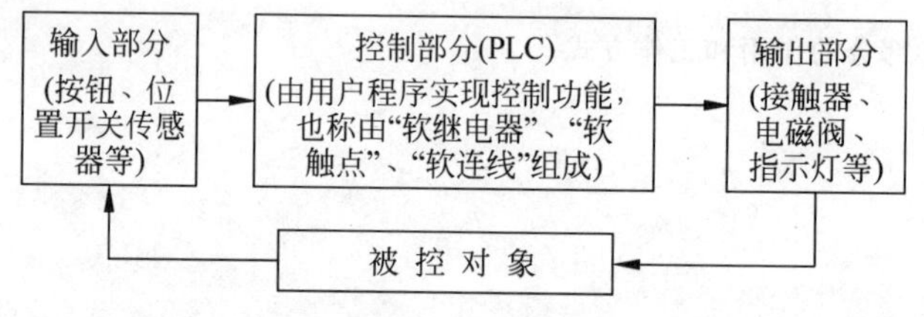


图5-8 PLC控制系统的组成

从图5-8中可以看出,PLC控制系统的输入、输出部分和电气控制系统的输入、输出部分基本相同,但控制部分是采用“可编程”的PLC,而不是实际的继电器线路。因此,PLC控制系统可以方便地通过改变用户程序,以实现各种控制功能,从根本上解决了电气控制系统控制电路难以改变的问题。同时,PLC控制系统不仅能实现逻辑运算,还具有数值运算及过程控制等复杂的控制功能。

(3) PLC的等效电路

从上述比较可知,PLC的用户程序(软件)代替了继电器控制电路(硬件)。因此,对于使用者来说,可以将PLC等效成许多各种各样的“软继电器”和“软连线”的集合,而用户程序就是用“软连线”将“软继电器”及其“软触点”按一定要求连接起来的“控制电路”。

为了更好地理解这种等效关系,下面通过一个例子来说明。图5-9所示为三相异步电动机单向启动运行的电气控制系统。其中，由输入设备 $SB_1$、$SB_2$、FR 的触点构成系统的输入部分，由输出设备 KM 构成系统的输出部分。

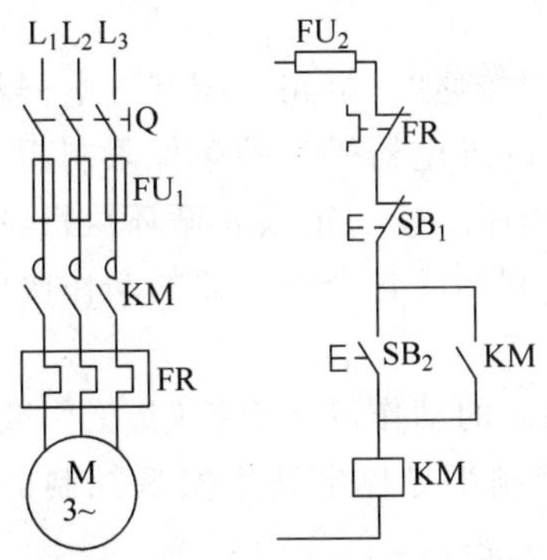

图 5-9 三相异步电动机单向启动运行的电气控制系统

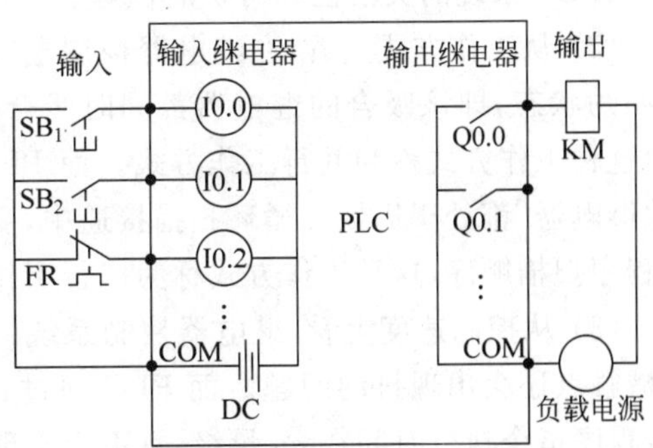

图 5-10 PLC 的等效电路

如果用 PLC 来控制这台三相异步电动机，组成一个 PLC 控制系统，根据上述分析可知，系统主电路不变，只要将输入设备 $SB_1$、$SB_2$、FR 的触点与 PLC 的输入端连接，输出设备 KM 线圈与 PLC 的输出端连接，就构成了 PLC 控制系统的输入、输出硬件线路，如图 5-10 所示。

而控制部分的功能则由 PLC 的用户程序来实现，其等效电路如图 5-11 所示。

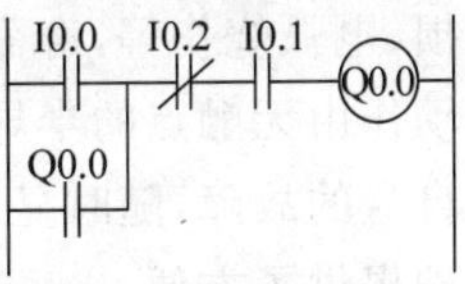

图 5-11 等效电路

图 5-10 中，输入设备 $SB_1$、$SB_2$、FR 与 PLC 内部的"软继电器"I0.0、I0.1、I0.2 的"线圈"对应，由输入设备控制相对应的"软继电器"的状态，即通过这些"软继电器"将外部输入设备状态变成 PLC 内部的状态，这类"软继电器"称为输入继电器；同理，输出设备 KM 与 PLC 内部的"软继电器"Q0.0 对应，由"软继电器"Q0.0 状态控制对应的输出设备 KM 的状态，即通过这些"软继电器"将 PLC 内部状态输出，以控制外部输出设备，这类"软继电器"称为输出继电器。

因此，PLC 用户程序要实现的是：如何用输入继电器 I0.0、I0.1、I0.2 来控制输出继电器 Q0.0。当控制要求复杂时，程序中还要采用 PLC 内部的其他类型的"软继电器"，如辅助继电器、定时器、计数器等，以达到控制要求。

要注意的是，PLC 等效电路中的继电器并不是实际的物理继电器，它实质上是存储器单元的状态。单元状态为"1"，相当于继电器接通；单元状态为"0"，则相当于继电器断开。因此，称这些继电器为"软继电器"。

**2. PLC 控制系统与电气控制系统的区别**

PLC 控制系统与电气控制系统相比，有许多相似之处，也有许多不同。不同之处主要在以下几个方面。

(1) 从控制方法上看，电气控制系统控制逻辑采用硬件接线，利用继电器机械触点的串联或并联等组合成控制逻辑，其连线多且复杂、体积大、功耗大，系统构成后，想再改变或增加功能较为困难。另外，继电器的触点数量有限，所以电气控制系统的灵活性和可扩展性受到很大限制。而 PLC 采用了计算机技术，其控制逻辑是以程序的方式存放在存储器中，要改变控制逻辑只需改变程序,因而很容易改变或增加系统功能。系统连线少、体积小、功耗小,而且 PLC 的"软继电器"实质上是存储器单元的状态,所以"软继电器"的触点数量是无限的,PLC 系统的灵活性和可扩展性好。

(2) 从工作方式上看,在继电器控制电路中,当电源接通时,电路中所有继电器都处于受制约状态,即该吸合的继电器都同时吸合,不该吸合的继电器受某种条件限制而不能吸合,这种工作方式称为并行工作方式。而 PLC 的用户程序是按一定顺序循环执行,所以各"软继电器"都处于周期性循环扫描接通中,受同一条件制约的各个继电器的动作次序决定于程序扫描顺序,这种工作方式称为串行工作方式。

(3) 从控制速度上看,继电器控制系统依靠机械触点的动作以实现控制,工作频率低,机械触点还会出现抖动问题。而 PLC 通过程序指令控制半导体电路来实现控制的,速度快,程序指令执行时间在 $\mu s$ 量级,且不会出现触点抖动问题。

(4) 从定时和计数控制上看,电气控制系统采用时间继电器的延时动作进行时间控制,时间继电器的延时时间易受环境湿度和温度变化的影响,定时精度不高。而 PLC 采用半导体集成电路作定时器,时钟脉冲由晶体振荡器产生,精度高,定时范围宽,用户可根据需要在程序中设定定时值,修改方便,不受环境的影响,且 PLC 具有计数功能,而电气控制系统一般不具备计数功能。

(5) 从可靠性和可维护性上看,由于电气控制系统使用了大量的机械触点,其存在机械磨损、电弧烧伤等,寿命短,系统的连线多,所以可靠性和可维护性较差。而 PLC 大量的开关动作由无触点的半导体电路来完成,其寿命长、可靠性高,PLC 还具有自诊断功能,能查出自身的故障,随时显示给操作人员,并能动态地监视控制程序的执行情况,为现场调试和维护提供了方便。

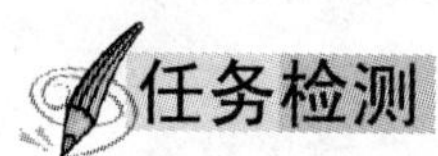

## 任务检测

按表 5-2 所示完成检测任务。

**表 5-2 PLC 控制系统与电气控制系统的比较检测表**

| 课题 | PLC 控制系统与电气控制系统的比较 | | | | | | |
|---|---|---|---|---|---|---|---|
| 班级 | | 姓名 | | 学号 | | 日期 | |

(1) 简述电气控制系统与 PLC 控制系统的异同。

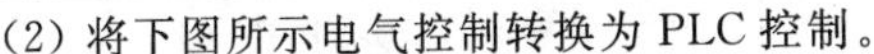

续表

| (2) 将下图所示电气控制转换为 PLC 控制。 | | | |
|---|---|---|---|
| 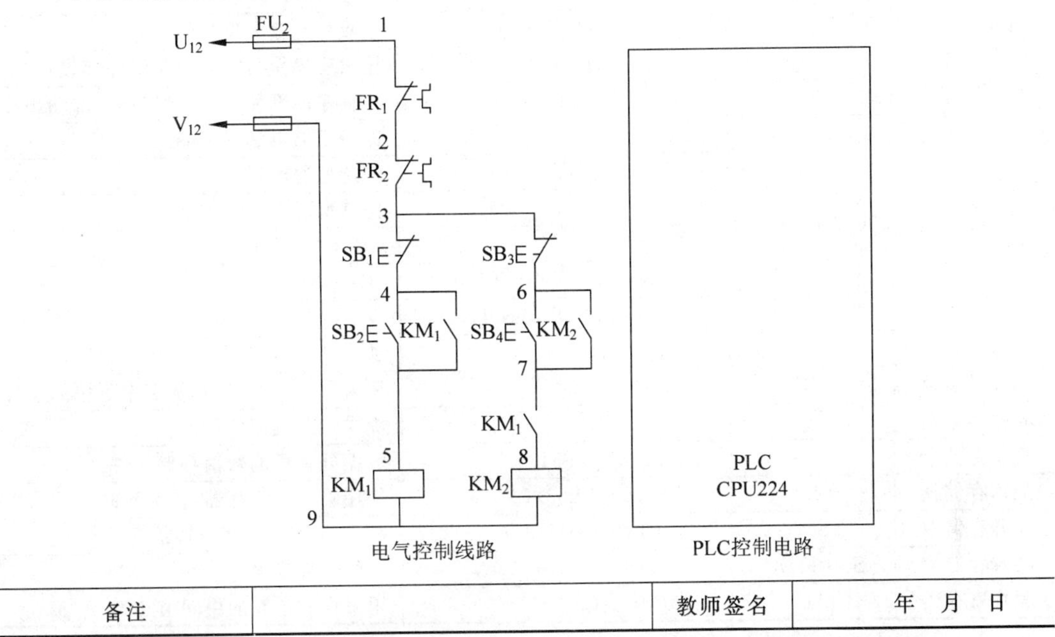  电气控制线路　　PLC控制电路 | | | |
| 备注 | | 教师签名 | 年　月　日 |

# 任务 5.3　可编程序控制器的编程元件

## 任务目标

(1) 了解可编程序控制器的编程元件及其功能。

(2) 掌握 PLC 基本编程语言。

## 任务过程

### 1. 可编程序控制器

可编程序控制器是采用软件编制程序来实现控制要求的。编程时要使用到各种编程元件，它们可提供无数个常开和常闭触点。编程元件是指输入继电器、输出继电器、辅助继电器、定时器、计数器、通用寄存器、数据寄存器及特殊功能继电器等。

可编程序控制器内部这些继电器的作用和继电接触控制系统中使用的继电器十分相似，也有“线圈”与“触点”，但它们不是“硬”继电器，而是 PLC 存储器的存储单元。当写入该单元的逻辑状态为“1”时，则表示相应继电器线圈通电，其常开触点闭合，常闭触点断开。所以，内部的这些继电器称为“软”继电器。

S7-200 系列 CPU224、CPU226 部分编程元件的编号范围与功能说明如表 5-3 所示。

表 5-3 编程元件的编号范围与功能说明

| 元件名称 | 符 号 | 编 号 范 围 | 功 能 说 明 |
|---|---|---|---|
| 输入寄存器 | I | I0.0～I1.5 共 14 点 | 接收外部输入设备的信号 |
| 输出寄存器 | Q | Q0.0～Q1.1 共 10 点 | 输出程序执行结果并驱动外部设备 |
| 位存储器 | M | M0.0～M31.7 | 在程序内部使用,不能提供外部输出 |
| 定时器 | 256(T0～T255) | T0,T64 | 保持型通电延时 1ms |
| | | T1～T4,T65～T68 | 保持型通电延时 10ms |
| | | T5～T31,T69～T95 | 保持型通电延时 100ms |
| | | T32,T96 | ON/OFF 延时 1ms |
| | | T33～T36,T97～T100 | ON/OFF 延时 10ms |
| | | T37～T63,T101～T255 | ON/OFF 延时 100ms |
| 计数器 | C | C0～C255 | 加法计数器,触点在程序内部使用 |
| 高速计数器 | HC | HC0～HC5 | 用来累计比 CPU 扫描速率更快的事件 |
| 顺控继电器 | S | S0.0～S31.7 | 提供控制程序的逻辑分段 |
| 变量存储器 | V | VB0.0～VB5119.7 | 数据处理用的数值存储元件 |
| 局部存储器 | L | LB0.0～LB63.7 | 使用临时的寄存器,作为暂时存储器 |
| 特殊存储器 | SM | SM0.0～SM549.7 | CPU 与用户之间交换信息 |
| 特殊存储器 | SM(只读) | SM0.0～SM29.7 | 接收外部信号 |
| 累加寄存器 | AC | AC0～AC3 | 用来存放计算的中间值 |

(1) 输入寄存器(I)

可编程序控制器的输入端子是从外部开关接收信号的窗口,可编程序控制器内部与输入端子连接的输入寄存器 I 是用光电隔离的电子继电器,相当于输入继电器,它们的编号与接线端子编号一致(按八进制输入),线圈的通电或断电只取决于 PLC 外部触点的状态。内部有常开/常闭两种触点供编程时随时使用,且使用次数不限。输入电路的时间常数一般小于 10ms。各基本单元都是八进制输入的地址,输入为 I0.0～I1.5,共 14 点,它们一般位于机器的上端。

(2) 输出寄存器(Q)

可编程序控制器的输出端子是向外部负载输出信号的窗口。输出寄存器的线圈由程序控制,输出寄存器的外部输出主触点接到 PLC 的输出端子上供外部负载使用,其余常开/常闭触点供内部程序使用,相当于输出继电器。输出寄存器的电子常开/常闭触点使用次数不限。输出电路的时间常数是固定的。各基本单元都是八进制输出,输出为 Q0.0～Q1.1,共 10 点,它们一般位于机器的下端。

(3) 位存储器(M)

可编程序控制器内有很多的位存储器(M),相当于辅助继电器,其线圈与输出继电器一样,由 PLC 内各"软"元件的触点驱动。辅助继电器也称中间继电器,它没有向外的任何联系,只供内部编程使用。它的电子常开/常闭触点使用次数不受限制,但是,这些触点不能直接驱动外部负载,外部负载的驱动必须通过输出继电器来实现。在 S7-200 中普遍采用 M0.0～M31.7,共 316 点辅助继电器,其地址号按十进制编号。

(4) 定时器(T)

在可编程序控制器内的定时器是根据时钟脉冲的累积形式,当所计时间达到设定值时,其输出触点动作，时钟脉冲有 1ms、10ms、100ms。定时器可以用用户程序存储器内的常数 $K$ 作为设定值，也可以用数据寄存器(D)的内容作为设定值。

(5) 计数器(C)

S7-200 中的 16 位计数器，是 16 位二进制加法计数器，它是在计数信号的上升沿进行计数，它有两个输入，一个用于复位，另一个用于计数。每一个计数脉冲上升沿使原来的数值减 1，当现时值减到零时停止计数，同时触点闭合。直到复位控制信号的上升沿输入时触点才断开，设定值又写入，再进入计数状态。

**2. 基本编程语言**

PLC 是专门为工业生产过程的自动控制而开发的通用控制器，其编程语言采用面向控制过程，面向用户的简单 PLC 编程语言，有梯形图、指令语句表、功能图等。

(1) 梯形图

梯形图是按照继电接触器控制设计思想开发的一种图形语言，它沿用了继电器的触点、线圈、串并联等术语和图形符号，并增加了一些继电接触器控制没有的符号，如图 5-12 所示。

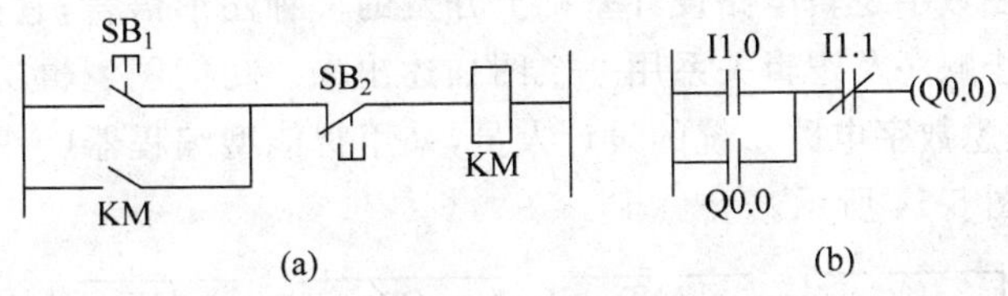


图 5-12　梯形图

(a) 电气控制线路；(b) PLC 梯形图

这些图形符号称为编程元件，每一个编程元件对应地有一个编号。不同厂家的 PLC，其编程元件数量及编号方法各不相同，但基本的元件及功能相差不大。继电接触器控制电路图中部分符号和 PLC 梯形图符号对照表见表 5-4。

**表 5-4　继电接触器控制电路图中部分符号和 PLC 梯形图符号对照表**

| 符号名称 | 继电接触器控制电路图符号 | 梯形图符号 |
|---|---|---|
| 常开触点 | | |
| 常闭触点 | | |
| 线圈 | | 或 |

梯形图与控制电路图相呼应，形象、直观、实用，是 PLC 的主要编程语言，使用非常广泛。

(2) 指令语句表

指令语句表类似于计算机的汇编语言，用指令的助记符进行编程。一般的 PLC 可以使用梯形图编程，也可以使用指令语句表编程，并且梯形图和指令语句表可以相互转换，是一种应用较多的编程语言，如图 5-13 所示。

指令语句表由若干条指令语句组成，每条语句表示给 CPU 的一个操作指令。PLC 的每一个功能由一条或几条指令语句来实现。指令语句相当于梯形图中的编程元件，是指令语句表程序的最小编程元素。

| 步序 | 指令 | 器件号 | 步序 | 指令 | 器件号 |
|---|---|---|---|---|---|
| 0 | LD | I0.0 | 5 | = | Q0.3 |
| 1 | AN | I0.1 | 6 | = | Q0.4 |
| 2 | 0 | I0.2 | 7 | AN | I0.5 |
| 3 | A | I0.3 | 8 | = | Q0.5 |
| 4 | ON | I0.4 | | | |

图 5-13　指令语句表

每个指令语句由操作码和操作数两部分组成。操作码用助记符表示,指示 CPU 要完成的某种操作功能,又称为编程指令,包括逻辑运算、算术运算、定时、计数、移位、传送等操作。操作数给出了操作码指定的某种操作的对象或执行操作所需的数据,通常为编程元件的编号或常数,如输入继电器、输出继电器、定时器、计数器、数据寄存器以及定时器、计数器的设定值等。

(3) 功能图

功能图是一种在数字逻辑电路设计基础上开发的一种图形语言,它把一个控制系统的各个动作功能按动作顺序及逻辑关系用一个图描述出来。功能图逻辑功能清晰,输入输出关系明确,运用于熟悉数字电路系统的设计人员,采用智能型编程器(专用图形编程器或计算机软件)编程,如图 5-14 所示。

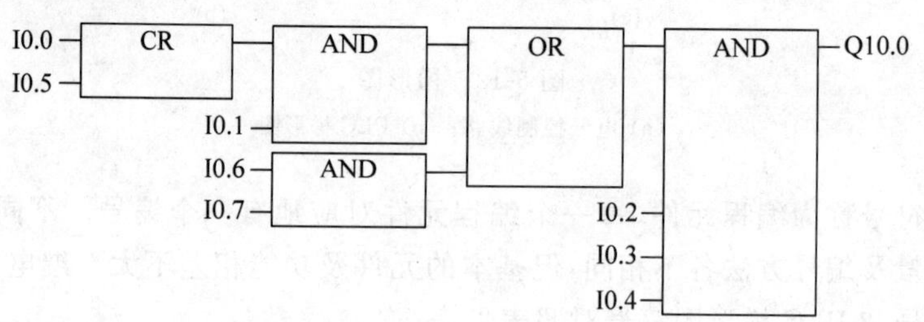


图 5-14　功能图

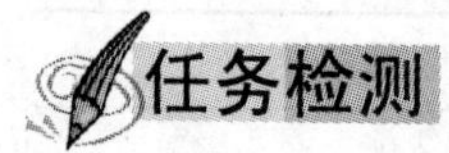

## 任务检测

按表 5-5 所示完成检测任务。

表 5-5　可编程序控制器的编程元件检测表

| 课题 | 可编程序控制器的编程元件 | | | | | | |
|---|---|---|---|---|---|---|---|
| 班级 | | 姓名 | | 学号 | | 日期 | |

(1) 简述可编程序控制器的编程元件及其功能。

续表

| (2) 简述 PLC 基本编程语言。 | | | |
|---|---|---|---|
| 备注 | | 教师签名 | 年 月 日 |

# 任务 5.4 PLC 常用逻辑命令

## 任务目标

(1) 了解 PLC 常用逻辑命令。

(2) 掌握 PLC 常用逻辑命令的使用方法和格式。

## 任务过程

可编程序控制器的生产厂家很多,不同厂家的可编程序控制器梯形图大同小异,其指令系统的内容也大致一样,但形式稍有不同。本书以 S7-200 系列可编程序控制器的指令系统为例,介绍常用指令的功能、梯形图和指令语句表的编程。

S7-200 系列指令系统非常多,这里介绍常用的基本指令。S7-200 的 SIMATIC 基本指令见表 5-6。

**表 5-6 S7-200 的 SIMATIC 基本指令表**

| 助记符 | 节点命令 | 功能说明 | 助记符 | 节点命令 | 功能说明 |
|---|---|---|---|---|---|
| LD | N | 装载(开始的常开触点) | RRB | OUT,N | 字节循环右移 $N$ 位 |
| LDN | N | 取反后装载(开始的常闭触点) | RLB | OUT,N | 字节循环左移 $N$ 位 |
| A | N | 与(串联的常开触点) | TON | T×××,TP | 通电延时定时器 |
| AN | N | 取反后与(串联的常闭触点) | TOF | T×××,TP | 断电延时定时器 |
| O | N | 或(并联的常开触点) | CTU | C×××,PV | 加计数器 |
| ON | N | 取反后或(并联的常闭触点) | CTD | C×××,PV | 减计数器 |
| EU | | 上升沿检测 | END | | 程序的条件结束 |
| ED | | 下降沿检测 | | | |
| = | N | 赋值 | STOP | | 切换到 STOP 模式 |
| S | S_BIT,N | 置位一个区域 | JMP | N | 跳到指定的标号 |
| R | S_BIT,N | 复位一个区域 | | | |
| SHRB | DATA,S_BIT,N | 移位寄存器 | ALD | | 电路块串联 |
| | | | OLD | | 电路块并联 |
| SRB | OUT,N | 字节右移 $N$ 位 | | | |
| SLB | OUT,N | 字节左移 $N$ 位 | | | |

基本指令可以用简易编程器上对应的指令键输入 PLC。每条指令由步序号、指令符和数据 3 部分组成。

步序号即指令的序号,是指令在内存中存放的地址号,由 4 位十进制数组成,从 0000 开始。

指令符即指令的助记符,是语句的操作码,常用 2～4 个英文字母组成。

数据即操作元件,是执行该指令所选用的继电器地址号或定时器、计数器设定值。下面就一些常用的指令作介绍。

**1. 标准触点指令**

LD、LDN、A、AN、O、ON 触点指令见表 5-7。

**表 5-7 标准触点指令**

| 指令 | 含　义 | 功　能 |
|---|---|---|
| LD | 动合触点指令 | 表示一个与输入母线相连的动合触点指令,即动合触点逻辑运算起始(装入常开触点) |
| LDN | 动断触点指令 | 表示一个与输入母线相连的动断触点指令,即动断触点逻辑运算起始(装入常闭触点) |
| A | 与动合触点指令 | 用于单个动合触点的串联(与常开触点) |
| AN | 与非动断触点指令 | 用于单个动断触点的串联(与常闭触点) |
| O | 或动合触点指令 | 用于单个动合触点的并联(或常开触点) |
| ON | 或非动断触点指令 | 用于单个动断触点的并联(或常闭触点) |
| NOT | 触点取非指令 | 输出反相 |
| = | 输出指令 | — |

LD、LDN、A、AN、O、ON 触点指令中变量的数据类型为布尔型。LD、LDN 两条指令用于将接点接到母线上,A、AN、O、ON 指令均可多次重复使用,但当需要对两个以上接点串联连接电路块的并联连接时,要用后述的 OLD 指令,其应用如图 5-15 所示。

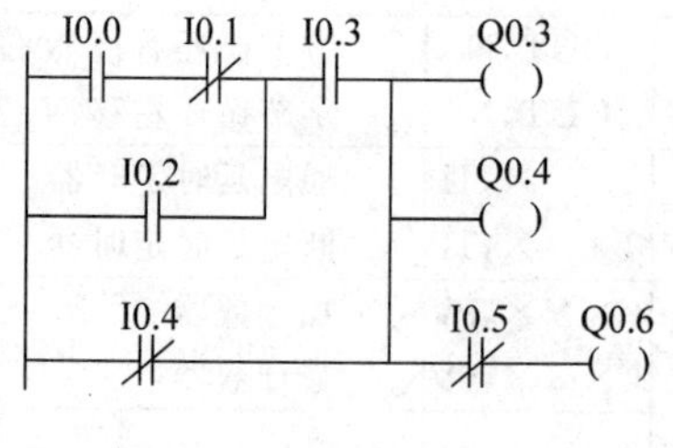


(a)

| 步序 | 指令 | 器件号 | 步序 | 指令 | 器件号 |
|---|---|---|---|---|---|
| 0 | LD | I0.0 | 5 | = | Q0.3 |
| 1 | AN | I0.1 | 6 | = | Q0.4 |
| 2 | 0 | I0.2 | 7 | AN | I0.5 |
| 3 | A | I0.3 | 8 | = | Q0.5 |
| 4 | ON | I0.4 | | | |

(b)

图 5-15 LD、LDN、A、AN、O、ON 指令应用

(a) 梯形图;(b) 指令语表

程序实例(1):本程序段用以介绍标准触点指令在梯形图、语句表和功能块图 3 种语言编程中的应用,仔细比较不同编程工具的区别与联系。其梯形图和语句表程序结构如图 5-16 所示。

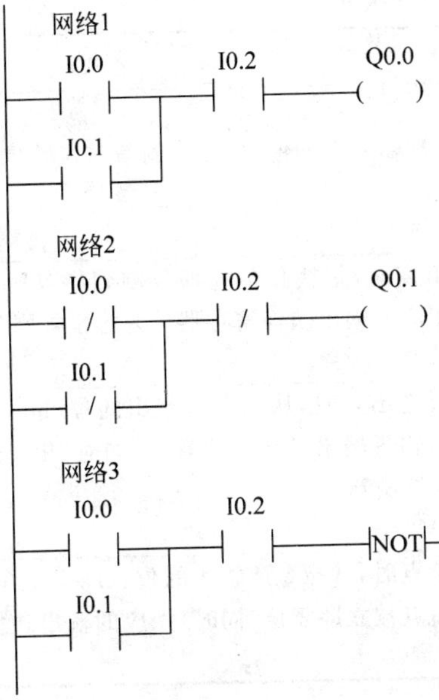

```
网络1
LD    I0.0    //装入常开触点
O     I0.1    //或常开触点
A     I0.2    //与常开触点
=     Q0.0    //输出触点

网络2
LDN   I0.0    //装入常闭触点
ON    I0.1    //或常闭触点
AN    I0.2    //与常闭触点
=     Q0.1    //

网络3
LD    I0.0    //
O     I0.1    //
A     I0.2    //
NOT           //取非，即输出反相
=     Q0.3    //
```

图 5-16　梯形图和语句表程序结构

程序实例(2)：本程序对应的功能框图如图 5-17 所示。在功能框图中，常闭触点的装入和串并联用指令盒的对应输入信号端加圆圈来表示。

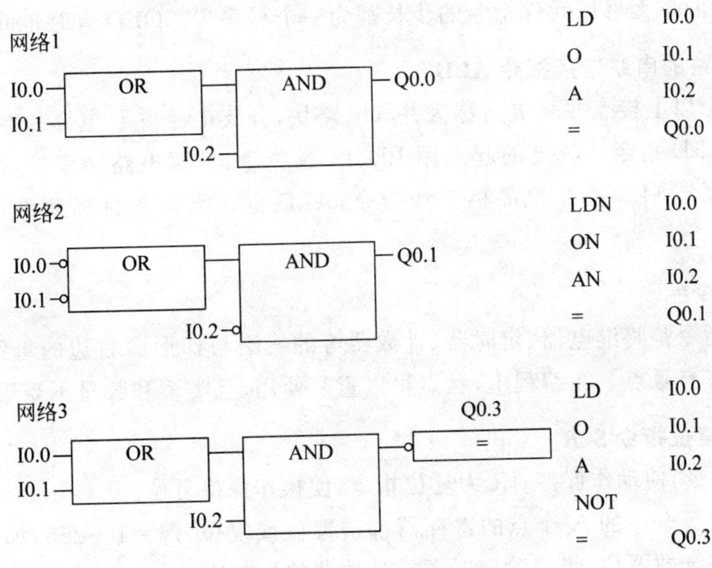


图 5-17　标准触点

**2. 立即触点指令**

在每个标准触点指令的后面加“I”。指令执行时，立即读取物理输入点的值，但是不刷新对应映像寄存器的值。

立即触点指令包括 LDI、LDNI、AI、ANI、OI 和 ONI 等。具体参见表 5-8。

表 5-8 立即触点指令及其用法

| 指令类型 | 说明 |
| --- | --- |
| 指令类型：LDI、LDNI、AI、ANI、OI、ONI<br>用法：LDI bit<br>样例：LDI I0.2 | 指令执行时，立即读取物理输入点的值，但是不刷新对应映像寄存器的值 |
| 指令类型：=I(立即输出指令)<br>用法：=I bit<br>样例：=I Q0.2 | (1) 用立即指令访问输出点时，把栈顶值立即复制到指令所指出的物理输出点，同时，相应的输出映像寄存器的内容也被刷新<br>(2) bit 只能是 Q 类型 |
| 指令类型：SI(立即置位指令)<br>用法：SI bit,N<br>样例：SI Q0.0,2 | (1) 用立即置位指令访问输出点时，从指令所指出的位(bit)开始的 *N* 个(最多为 128 个)物理输出点被立即置位，同时，相应的输出映像寄存器的内容也被刷新<br>(2) bit 只能是 Q 类型 |
| 指令类型：RI(立即复位指令)<br>用法：RI bit,N<br>样例：RI Q0.0,1 | 用立即复位指令访问输出点时，从指令所指出的位(bit)开始的 *N* 个(最多为 128 个)物理输出点被立即复位，同时，相应的输出映像寄存器的内容也被刷新 |

**3. 串联电路块的并联连接指令 OLD**

两个或两个以上的接点串联连接的电路称为串联电路块。串联电路块并联连接时，分支开始用 LD、LDN 指令，分支结束用 OLD 指令。OLD 指令与后述的 ALD 指令均为无目标元件指令，而两条无目标元件指令的步长都为一个程序步。OLD 有时也简称或块指令。

**4. 并联电路的串联连接指令 ALD**

两个或两个以上接点并联电路称为并联电路块，分支电路并联电路块与前面电路串联连接时，使用 ALD 指令。分支的起点用 LD、LDN 指令，并联电路结束后，使用 ALD 指令与前面电路串联。ALD 指令也简称与块指令，ALD 也是无操作目标元件，是一个程序步指令。

**5. 输出指令=**

输出(=)指令是将继电器、定时器、计数器等的线圈与梯形图右边的母线直接连接，线圈的右边不允许有触点。在编程中，触点可以重复使用，且类型和数量不受限制。

**6. 置位与复位指令 S、R**

S 为置位指令，使动作保持；R 为复位指令，使操作保持复位。

从指定的位置开始的 *N* 个点的寄存器都被置位或复位，*N*=1～255，如果被指定复位的是定时器位或计数器位，将清除定时器或计数器的当前值。

(1) S，置位指令。

将位存储区的指定位(位 bit)开始的 *N* 个同类存储器位置位。

用法：S bit,N

样例：S Q0.0,1

(2) R，复位指令。

将位存储区的指定位(位 bit)开始的 *N* 个同类存储器位复位。当用复位指令时，如果是对定时器T位或计数器C位进行复位，则定时器位或计数器位被复位，同时，定时器或计数器的当前值被清零。

用法：R bit,N

样例：R Q0.2,3

(3) 实例，如图5-18所示。

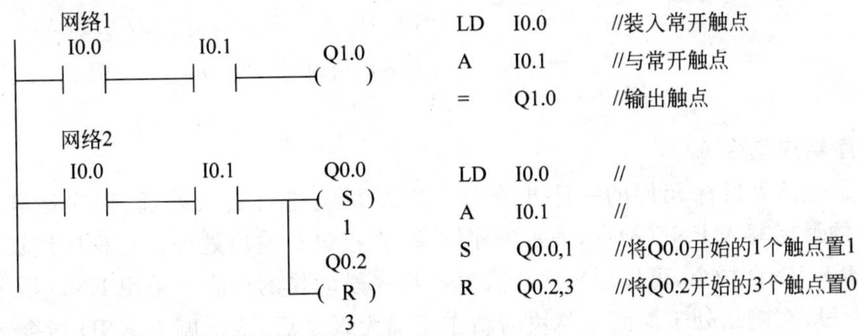


图5-18　置位与复位

**7. 跳变触点EU,ED**

正跳变触点检测到一次正跳变(触点的输入信号由0到1)时，或负跳变触点检测到一次负跳变(触点的输入信号由1到0)时，触点接通到一个扫描周期。正、负跳变的符号为EU和ED，它们没有操作数，触点符号中间的"P"和"N"分别表示正跳变和负跳变。

(1) 正跳变触点检测到脉冲的每一次正跳变后，产生一个微分脉冲。

指令格式：EU (无操作数)

(2) 负跳变触点检测到脉冲的每一次负跳变后，产生一个微分脉冲。

指令格式：ED (无操作数)

(3) 实例，如图5-19所示。

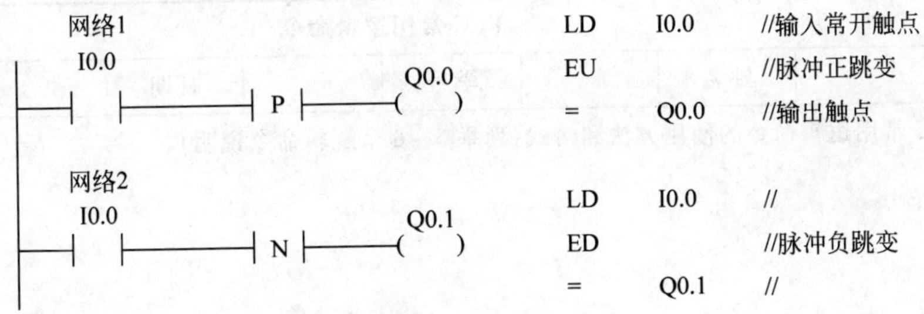


图5-19　跳变应用

**8. 空操作指令NOP**

NOP指令是一条无动作、无目标元件的一个序步指令。空操作指令使该步序为空操作。用NOP指令可替代已写入的指令，可以改变电路。在程序中加入NOP指令，在改动或追加程序时可以减少步序号的改变。

使能输入有效时，执行空操作指令。空操作指令不影响用户程序的执行，操作数N是标号,是一个 0~255 的常数。

(1) 指令格式:NOP N。

样例:NOP 30

(2) 实例,如图 5-20 所示。

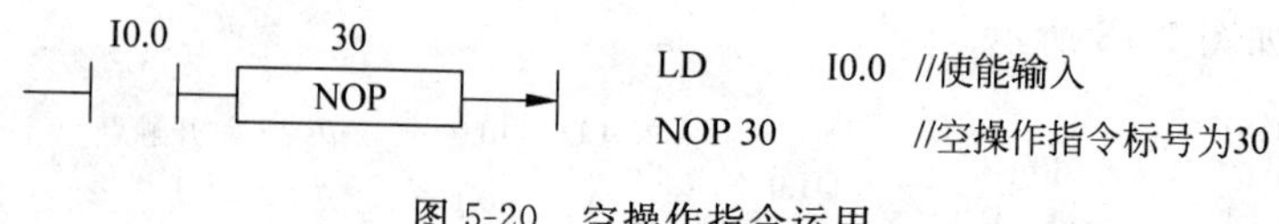


图 5-20 空操作指令运用

**9. 程序结束指令 END**

END 是一条无目标元件的一序步指令。PLC 反复进行输入处理、程序运算、输出处理,在程序的最后写入 END 指令,表示程序结束,直接进行输出处理。在程序调试过程中,可以按段插入 END 指令,可以按顺序扩大对各程序段动作的检查。采用 END 指令将程序划分为若干段,在确认处于前面电路块的动作正确无误之后,依次删去 END 指令。要注意的是在执行 END 指令时,也刷新监视时钟。

结束指令有两条,即 END 和 MEND。两条指令在梯形图中以线圈形式编程,如图 5-21 所示。

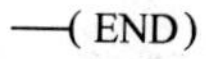

—( END)

图 5-21 结束指令

(1) END,条件结束指令。使能输入有效时,终止用户主程序。

(2) MEND,无条件结束指令。无条件终止用户程序的执行,返回主程序的第一条指令。

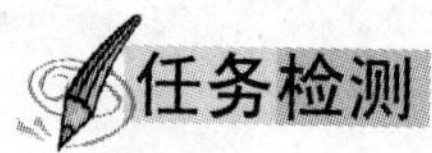


按表 5-9 所示完成检测任务。

**表 5-9 PLC 常用逻辑命令检测表**

| 课题 | PLC 常用逻辑命令 | | | | | | |
|---|---|---|---|---|---|---|---|
| 班级 | | 姓名 | | 学号 | | 日期 | |
| 简述 PLC 常用逻辑命令的使用方法和格式(列举 5~6 个逻辑命令说明)。 | | | | | | | |
| 备注 | | | | 教师签名 | | 年 月 日 | |

# 任务 5.5　PLC 其他逻辑命令

## 任务目标

(1) 了解 PLC 的其他逻辑命令。

(2) 掌握 PLC 其他逻辑命令的使用方法和格式。

## 任务过程

**1. 暂停指令**

STOP,暂停指令。使能输入有效时,该指令使主机 CPU 的工作方式由 RUN 切换到 STOP 方式,从而立即终止用户程序的执行。

STOP 指令在梯形图中以线圈形式编程。指令不含操作数。指令的执行不考虑对特殊标志寄存器位和能流的影响。

指令格式：STOP (无操作数)

样例如图 5-22 所示。

—(STOP)

图 5-22　暂停指令

**2. 看门狗**

WDR,看门狗复位指令。当使能输入有效时,执行 WDR 指令,每执行一次,看门狗定时器就被复位一次。用本指令可以延长扫描周期,从而可以有效避免看门狗超时错误。

指令格式：WDR (无操作数)

指令 STOP、END、WDR 的应用如图 5-23 所示。

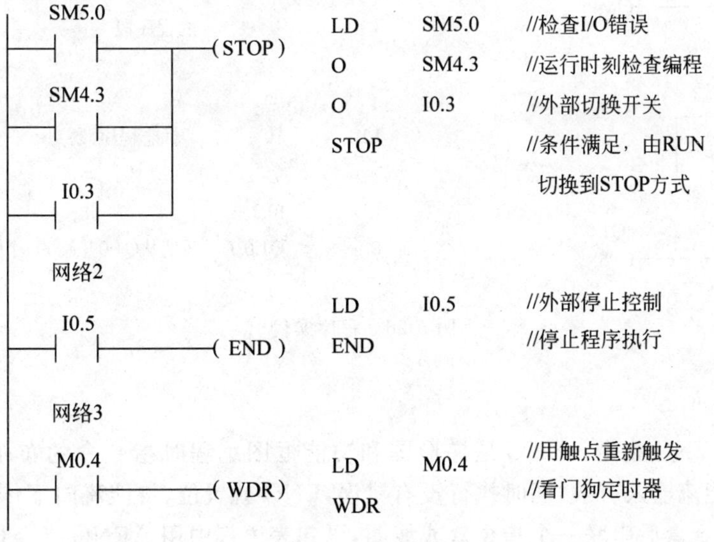
SM5.0
(STOP)
SM4.3
I0.3
LD SM5.0 //检查I/O错误
O SM4.3 //运行时刻检查编程
O I0.3 //外部切换开关
STOP //条件满足，由RUN切换到STOP方式
网络2
I0.5
(END)
LD I0.5 //外部停止控制
END //停止程序执行
网络3
M0.4
(WDR)
//用触点重新触发
LD M0.4 //看门狗定时器
WDR

图 5-23　停止、结束、看门狗指令

### 3. 跳转指令

与跳转相关的指令有下面两条。

(1) 跳转指令

JMP,跳转指令。使能输入有效时,使程序流程跳到同一程序中的指定标号 n 处执行。执行跳转指令时,逻辑堆栈的栈顶值总是 1,如图 5-24 所示。

(2) 标号指令

LBL,标号指令。标记程序段,作为跳转指令执行时跳转到的目的位置。操作数 n 为 0～255 的字形数据,如图 5-25 所示。

图 5-24 跳转指令　　　　图 5-25 标号指令

程序实例:如图 5-26 所示,用增减计数器进行计数,如果当前值小于 500,则程序按原顺序执行,若当前值超过 500,则跳转到从标号 10 开始的程序执行。

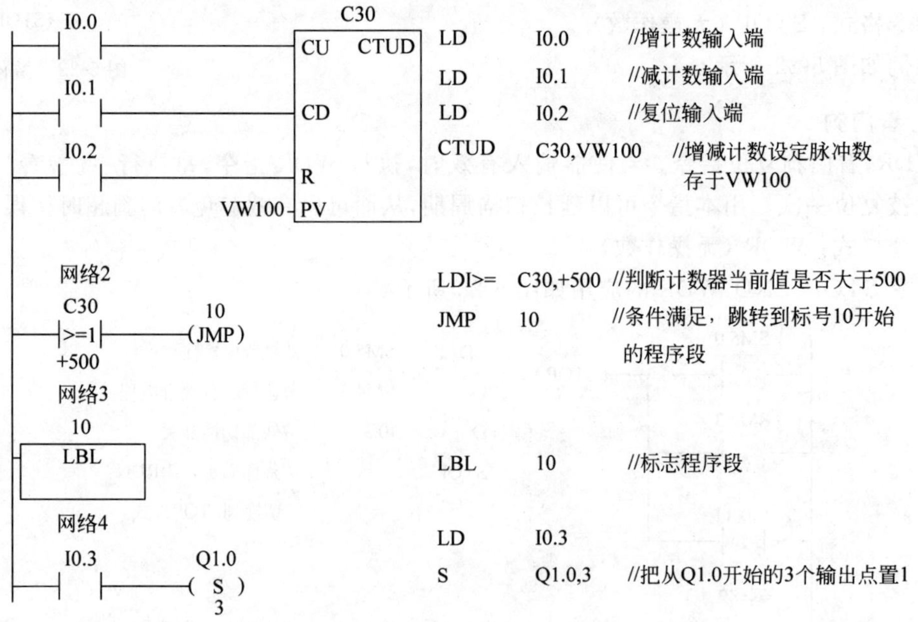


图 5-26 程序实例

### 4. 与 ENO 指令

AENO,与 ENO 指令。ENO 是梯形图和功能框图编程时指令盒的布尔能流输出端。如果指令盒的能流输入有效,同时执行没有错误,ENO 就置位,将能流向下传递。当用梯形图编程时,且指令盒后串联一个指令盒或线圈,语句表语言中用 AENO 指令描述。

指令格式:AENO(无操作数)

AENO 指令只能在语句表中使用，将栈顶值和 ENO 位的逻辑与运算，运算结果保存到栈顶。程序如图 5-27 所示。

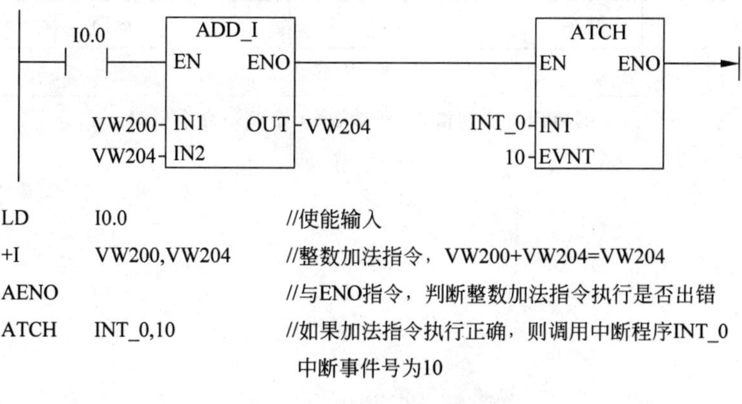


图 5-27　与 ENO 指令

**5. 时钟指令**

（1）读实时时钟

TODR，读实时时钟指令。当使能输入有效时，系统读当前时间和日期，并把它装入一个 8B 的缓冲区。

（2）写实时时钟

TODW，写实时时钟指令。用来设定实时时钟。当使能输入有效时，系统将包含当前时间和日期，一个 8B 的缓冲区将装入时钟。

程序如图 5-28 所示。

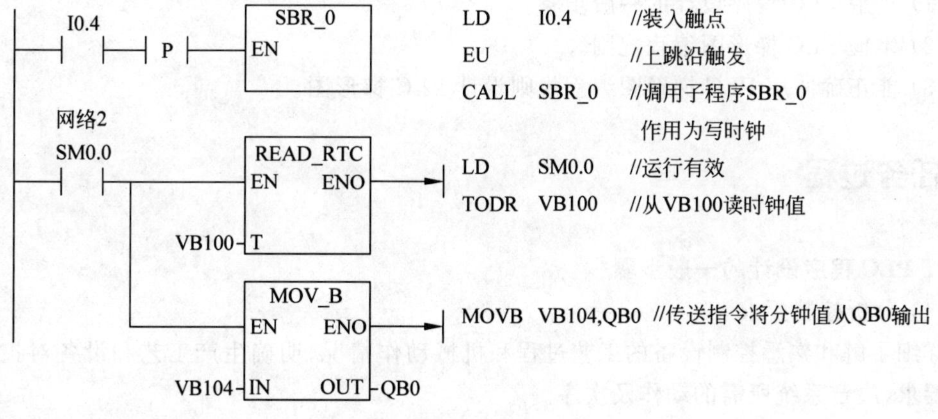


图 5-28　读写时钟

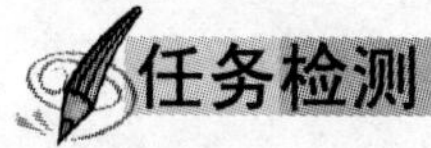


按表 5-10 所示完成检测任务。

表 5-10 PLC 其他逻辑命令检测表

<table>
<tr><td>课题</td><td colspan="7">PLC 其他逻辑命令</td></tr>
<tr><td>班级</td><td></td><td>姓名</td><td></td><td>学号</td><td></td><td>日期</td><td></td></tr>
<tr><td colspan="8">主 要 内 容</td></tr>
<tr><td colspan="8">简述 PLC 其他逻辑命令的使用方法和格式(列举 3～4 个逻辑命令说明)。</td></tr>
<tr><td colspan="2">备注</td><td colspan="3"></td><td>教师签名</td><td colspan="2">年 月 日</td></tr>
</table>

# 任务 5.6 可编程序控制器梯形图编程规则

## 任务目标

(1) 了解 PLC 程序设计的一般步骤。

(2) 掌握 PLC 梯形图编程规则。

(3) 能正确使用 PLC 梯形图编程规则设计 PLC 梯形图。

## 任务过程

**1. PLC 程序设计的一般步骤**

(1) 分析控制要求

详细了解和熟悉控制设备的工艺过程和机械动作情况，明确生产工艺和设备对控制系统的要求，决定系统所需的动作及次序。

当使用可编程序控制器时，最重要的一环是决定系统所需的输入及输出，这主要取决于系统所需的输入及输出接口的分立元件。

① 设定系统输入及输出数目，可由系统的输入及输出分立元件数目直接取得。

② 决定控制先后、各器件相应关系及作出何种反应。

(2) 编制对照表

确定 PLC 的输入信号(按钮、行程开关、热继电器等)和输出信号(接触器、信号灯、电磁阀等)，按 PLC 内部软继电器的编号范围，给每个信号分配一个确定的地址编号，编制现场信号与 PLC 地址对照表，画出 PLC 外部接线图。将输入及输出器件编号每一输入和输出，包括定时器、计数器、内置寄存器等都有一个唯一的对应编号，不能混用。

(3) 画出梯形图

根据控制要求，将继电接触器控制电路图改画成梯形图。梯形图设计规则如下。

① 触点应画在水平线上，不能画在垂直分支上。应根据自左至右、自上而下的原则和对输出线圈的几种可能控制路径来画。

② 不包含触点的分支应放在垂直方向，不可放在水平位置，以便于识别触点的组合和对输出线圈的控制路径。

③ 在由几个串联回路相并联时，应将触点多的那个串联回路放在梯形图的最上面。在由几个并联回路相串联时，应将触点最多的并联回路放在梯形图的最左面。这种安排所编制的程序简洁明了，语句较少。

④ 不能将触点画在线圈的右边。

(4) 编写程序

按梯形图上的逻辑行和逻辑元件的编排顺序由上到下、从左到右写出指令语句，编写程序清单。把继电器梯形图转变为可编程序控制器的程序语言。当完成梯形图以后，下一步是把它编译成可编程序控制器能识别的程序。

这种程序语言是由地址、控制语句、数据组成。地址是控制语句及数据所存储或摆放的位置，控制语句告诉可编程序控制器怎样利用数据作出相应的动作。

① 在编程方式下用键盘输入程序。

② 编程及设计控制程序。

③ 测试控制程序的错误并修改。

④ 保存完整的控制程序。

**2. PLC 梯形图的特点**

梯形图是 PLC 的主要编程语言，与继电接触器控制电路在电路的结构形式、元件符号及逻辑控制功能等方面是相同的，但它们又有很多不同之处。在掌握了常用的梯形图编程语言和 PLC 指令系统后，可根据控制要求进行编程。PLC 梯形图具有以下特点。

(1) 梯形图按自上而下、从左到右的顺序排列。每个继电器线圈为一个逻辑行，即一层阶梯。梯形图两侧的垂直公共线称为公共母线，梯形图每一行起于左母线，然后是触点的各种连接，终止于右母线。继电器线圈与右母线直接连接，且右母线与线圈之间不能连接其他元素，整个图形呈阶梯形。

(2) 梯形图中的继电器不是继电接触器控制电路中的物理继电器，而是存储器中的每一位触发器(单元)，称为“软继电器”。梯形图中继电器的线圈是广义的，除了输入继电器、输出继电器、辅助继电器线圈外，还包括计时器、移位寄位器及各种算术运算的结果。相应位的触发器为“1”态，表示继电器线圈接通，常开触点闭合，常闭触点断开。

(3) 梯形图中，一般情况下(除有跳转指令和步进指令的程序段外)某个编号的继电器线圈只能出现一次，而继电器的触点可以无限使用，既可以是常开触点，也可以是常闭触点。

(4) 输入继电器用于接收 PLC 的外部输入信号，而不能由内部其他继电器的触点驱动，因此，梯形图中只出现输入继电器的触点而不出现输入继电器的线圈。输入继电器的触点表示相应的外部输入信号的状态。

(5) 在梯形图中，每行串联的串联触点数和每组并联的并联触点数，理论上没有限制。但如果使用图形编程器受屏幕尺寸的限制，则每行的串联触点数不应超过 11 个。

**3. PLC 梯形图的编程技巧**

(1) 梯形图(语言)

梯形图是一种从继电接触控制电路图演变而来的图形语言。它是借助类似于继电器的动合、动断触点、线圈以及串、并联等术语和符号，根据控制要求连接而成的表示 PLC 输入和输出之间逻辑关系的图形，直观易懂。

梯形图中常用┤├、┤/├图形符号分别表示 PLC 编程元件的动合和动断触点；用( )或◯表示它们的线圈。梯形图中编程元件的种类用图形符号及标注的字母或数字加以区别。触点和线圈等组成的独立电路称为网络，用编程软件生成的梯形图和语句表程序中有网络编号，允许以网络为单位给梯形图加注释。

(2) 适当安排编程顺序

适当安排编程顺序，可以减少程序步数。将串联触点数最多的并联支路编排在上方，可以省去一条指令，如图 5-29 所示。

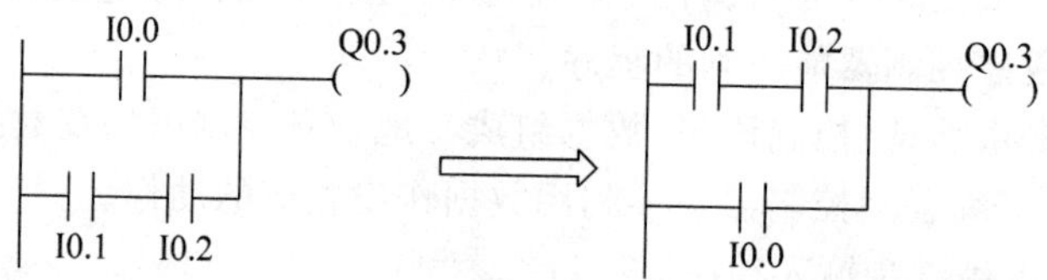


图 5-29 将串联触点数最多的并联支路编排在上方

将并联触点最多的串联支路靠近左母线，可以省去一条指令，如图 5-30 所示。

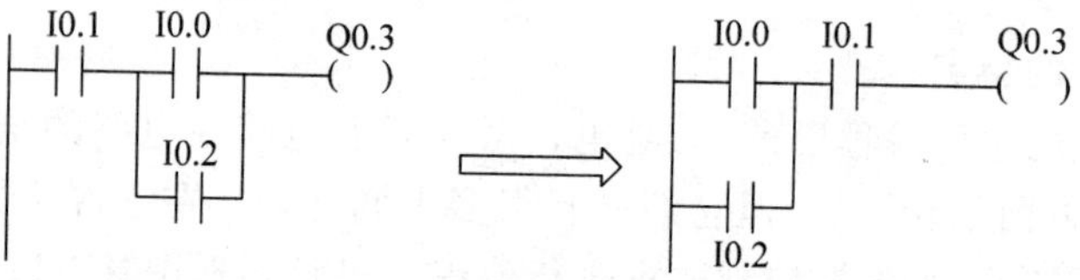

图 5-30 将并联触点最多的串联支路靠近左母线

(3) 重新安排不能编程的电路

调整串并联电路顺序，将线圈接在梯形图最左边，如图 5-31 所示。

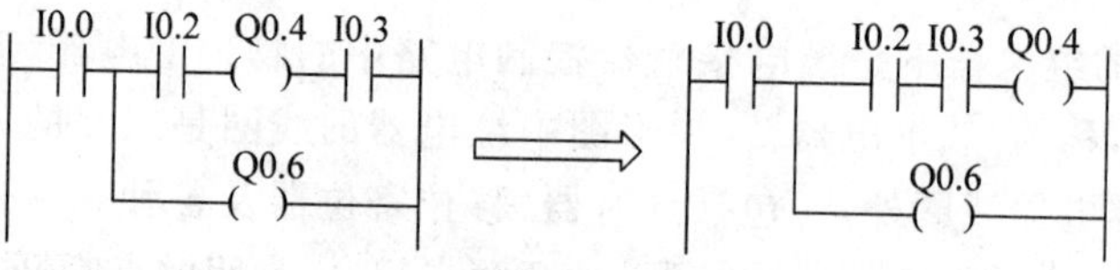

图 5-31 调整串并联电路顺序

将桥式电路变换成等效电路，成为可编程电路，如图 5-32 所示。

(4) 梯形图的设计应注意的事项

① 梯形图按从左到右、自上而下的顺序排列。每一逻辑行(或称梯级)起始于左母线，

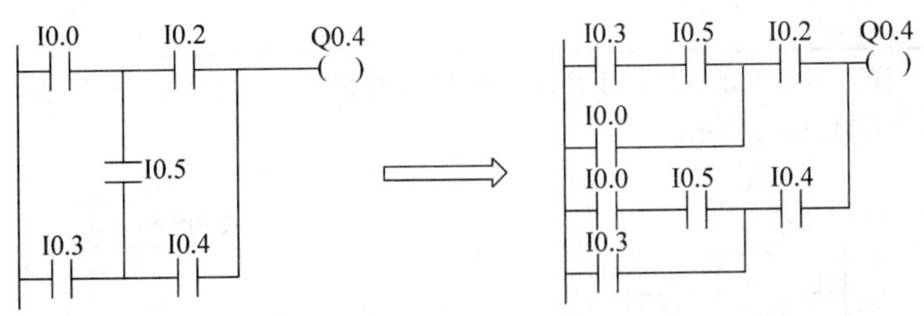


图 5-32 将桥式电路变换成等效电路

然后是触点的串、并联连接，最后是线圈。

② 梯形图中每个梯级流过的不是物理电流，而是“概念电流”，从左流向右，其两端没有电源。这个“概念电流”只是用来形象地描述用户程序执行中应满足线圈接通的条件。

③ 输入寄存器用于接收外部输入信号，而不能由 PLC 内部其他继电器的触点来驱动，因此，梯形图中只出现输入寄存器的触点，而不出现其线圈。输出寄存器则输出程序执行结果给外部输出设备，当梯形图中的输出寄存器线圈得电时，就有信号输出，但不是直接驱动输出设备，而要通过输出接口的继电器、晶体管或晶闸管才能实现。输出寄存器的触点也可供内部编程使用。

④ 处理常闭触点输入信号。如果外部输入为常开触点，则梯形图的触点与继电接触器控制原理一致。如果外部输入是常闭触点，则梯形图的触点与继电接触器控制原理正好相反，即常开触点变为常闭触点，常闭触点变为常开触点。因此，建议 PLC 的输入尽可能用常开触点，如停止按钮、热继电器的常闭触点，尽可能用其常开触点来代替作为 PLC 的输入信号。如果某些信号只能用常闭触点输入，则梯形图中其对应触点应做相应的改动。

## 任务检测

按表 5-11 所示完成检测任务。

**表 5-11 可编程序控制器梯形图编程规则检测表**

| 课题 | 可编程序控制器梯形图编程规则 | | | | | |
|---|---|---|---|---|---|---|
| 班级 | | 姓名 | | 学号 | | 日期 |

(1) 简述 PLC 梯形图编程规则。

续表

(2) 使用 PLC 梯形图编程规则设计下图所示的 PLC 梯形图。要求 $KM_1$ 先启动,$KM_1$ 启动后才能启动 $KM_2$,且 $KM_1$、$KM_2$ 同时停止。

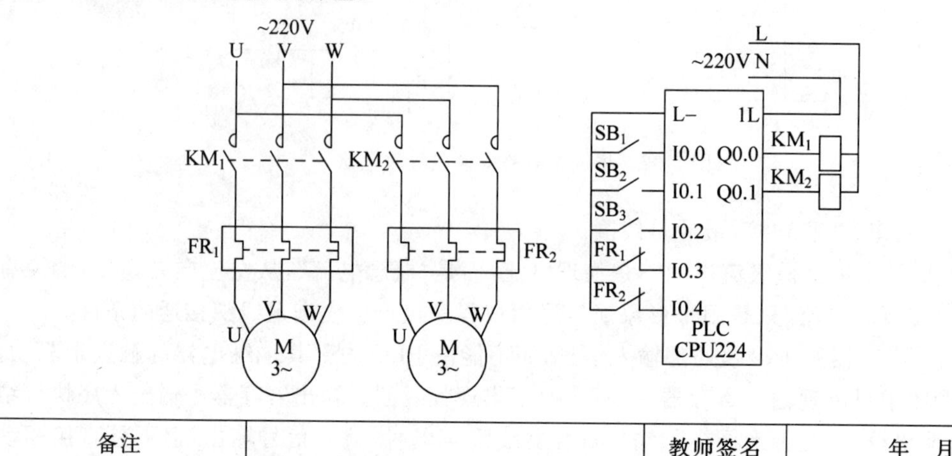


| 备注 | | 教师签名 | 年 月 日 |
|---|---|---|---|

# 任务 5.7 PLC 控制线路设计

## 分任务 5.7.1 电动机自锁控制线路设计

### 任务目标

(1) 能将电动机自锁控制线路的电气控制转换为 PLC 控制。

(2) 能绘制电动机自锁控制线路的控制梯形图并编写指令语句表。

### 任务过程

**1. 电动机自锁控制线路接触器控制电气原理图**

电动机自锁控制线路接触器控制电气原理图如图 5-33 所示。

**2. PLC 连接**

如果用 PLC 来控制这台三相异步电动机,组成一个 PLC 控制系统,根据上述分析可知,系统主电路不变,只要将输入设备 $SB_1$、$SB_2$、FR 的触点与 PLC 的输入端连接,输出设备 KM 线圈与 PLC 的输出端连接,就构成 PLC 控制系统的输入、输出硬件线路,如图 5-34 所示。由输入设备 $SB_1$、$SB_2$、FR 的触点构成系统的输入部分,由输出设备 KM 构成系统的输出部分。

**3. I/O 分配**

根据图 5-33 所示,将各输入、输出作如表 5-12 所示的分配。

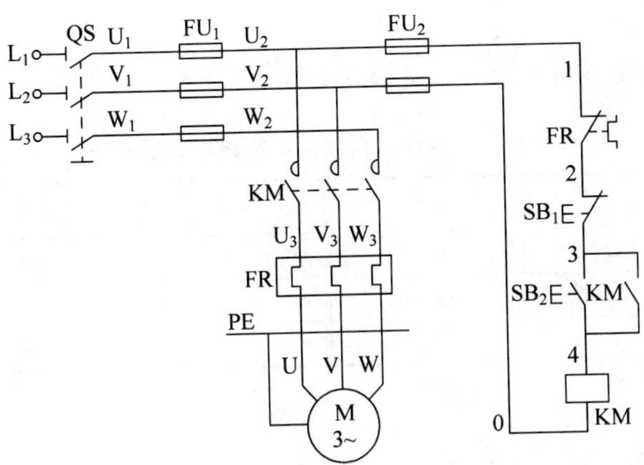


图 5-33 电动机自锁控制线路接触器控制电气原理图

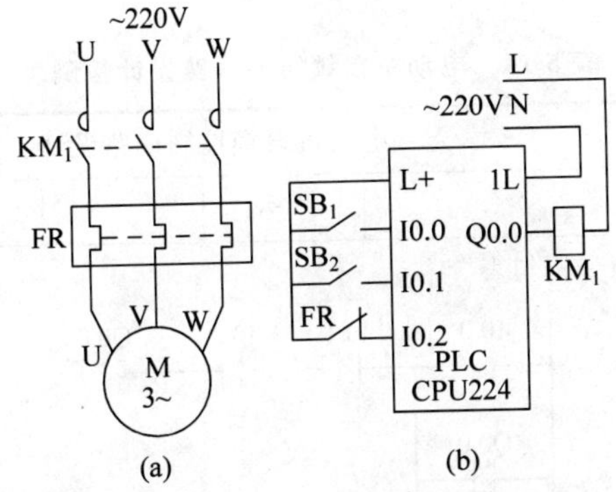


图 5-34 主电路与控制电路 PLC 接线图

(a) 主电路接线；(b) 控制电路接线

**表 5-12 输入、输出分配**

| 器件 | 输入、输出分配 | 功能说明 | 器件 | 输入、输出分配 | 功能说明 |
|---|---|---|---|---|---|
| $SB_1$ | I0.0 | 启动按钮 | FR | I0.1 | 热保护 |
| $SB_2$ | I0.2 | 停止按钮 | KM | Q0.0 | 电动机 |

**4. 画梯形图**

控制部分的功能则由 PLC 的用户程序来实现，PLC 用户程序要实现的是：如何用输入继电器 I0.0、I0.1、I0.2 来控制输出继电器 Q0.0，其控制梯形图如图 5-35 所示。

根据表 5-11 所示的 I/O 分配，得到 PLC 梯形图如图 5-36 所示。

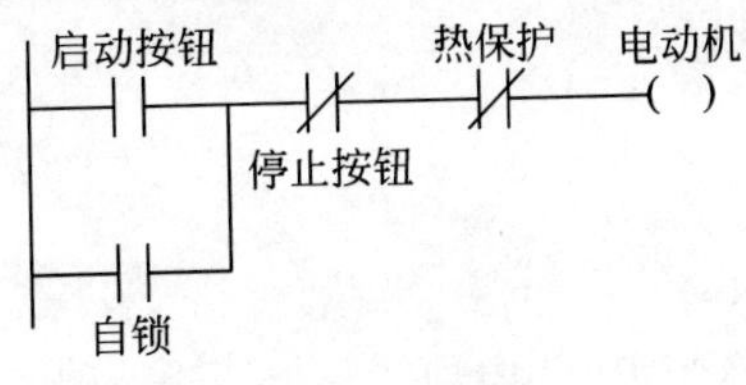


图 5-35 控制梯形图

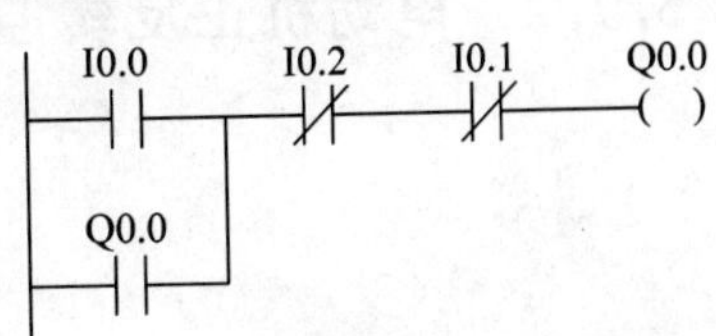


图 5-36 PLC 梯形图

**5. 指令语句表**

电动机自锁控制线路指令语句表见表 5-13。

**表 5-13 电动机自锁控制线路指令语句表**

| 步序 | 指令 | 器件 | 步序 | 指令 | 器件 |
|---|---|---|---|---|---|
| 1 | LD | I0.0 | 4 | AN | I0.1 |
| 2 | O | Q0.0 | 5 | = | Q0.0 |
| 3 | A | I0.2 | | | |

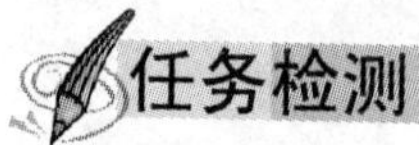

## 任务检测

按表 5-14 所示完成检测任务。

**表 5-14 电动机自锁控制线路设计检测表**

| 课题 | 电动机自锁控制线路设计 | | | | | | |
|---|---|---|---|---|---|---|---|
| 班级 | | 姓名 | | 学号 | | 日期 | |

写出下图所示梯形图的指令语句表。

I0.0 I0.1 I0.2 Q0.0

Q0.0

| 步序 | 指令 | 器件 | 步序 | 指令 | 器件 |
|---|---|---|---|---|---|
| | | | | | |
| | | | | | |
| | | | | | |
| | | | | | |
| | | | | | |
| | | | | | |

| 备注 | | 教师签名 | 年 月 日 |
|---|---|---|---|

## 分任务 5.7.2 电动机正反转控制线路设计

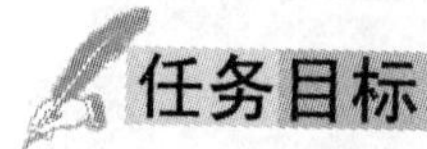

## 任务目标

(1) 能将电动机正反转控制线路的电气控制转换为 PLC 控制。

(2) 能绘制电动机正反转控制线路的控制梯形图并编写指令语句表。

## 任务过程

### 1. 电动机正反转控制线路电气原理图

电动机正反转控制线路电气原理图如图 5-37 所示。

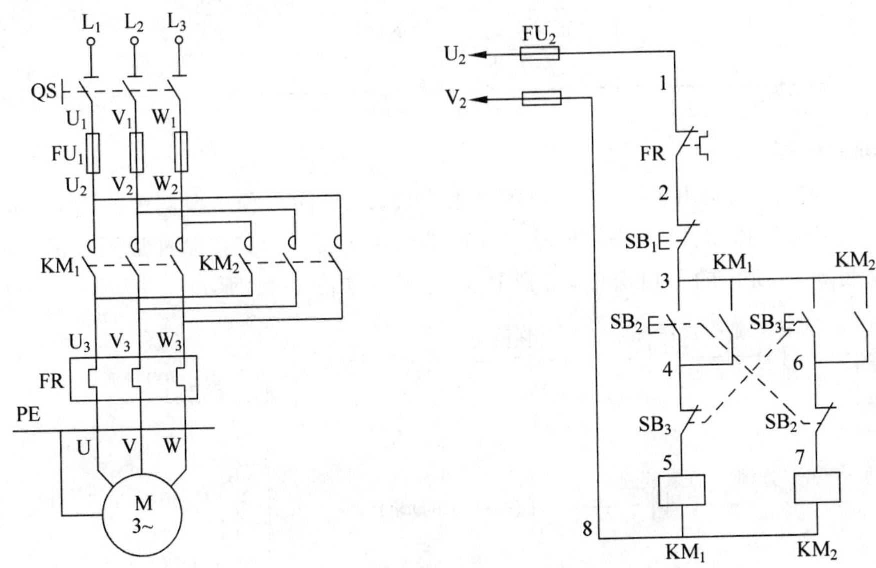


图 5-37 电动机正反转控制线路电气原理图

### 2. PLC 连接

如果用 PLC 来控制这台三相异步电动机的正反转，组成一个 PLC 控制系统，根据上述分析可知，系统主电路不变，只要将输入设备 $SB_1$、$SB_2$、$SB_3$、FR 的触点与 PLC 的输入端连接，输出设备 $KM_1$、$KM_2$ 线圈与 PLC 的输出端连接，就构成 PLC 控制系统的输入、输出硬件线路，如图 5-38 所示。由输入设备 $SB_1$、$SB_2$、$SB_3$、FR 的触点构成系统的输入部分，由输出设备 $KM_1$、$KM_2$ 构成系统的输出部分。

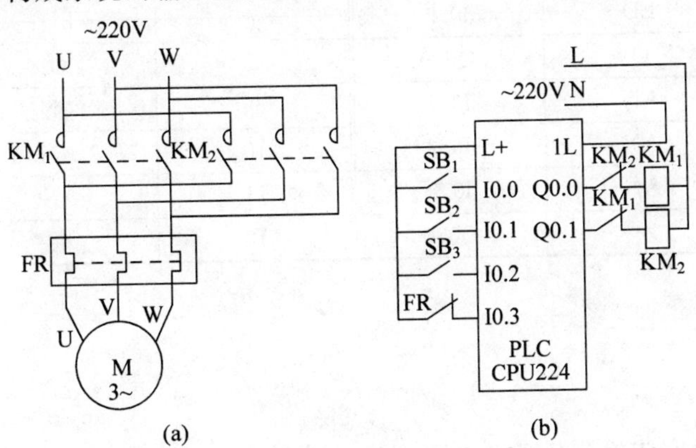


图 5-38 主电路与控制电路 PLC 接线图

(a) 主电路接线；(b) 控制电路接线

### 3. I/O 分配

根据图 5-36 所示，将各输入、输出作如表 5-15 所示的分配。

**表 5-15 输入、输出分配**

| 器件 | 输入、输出分配 | 功能说明 | 器件 | 输入、输出分配 | 功能说明 |
|---|---|---|---|---|---|
| $SB_1$ | I0.2 | 停止按钮 | FR | I0.3 | 热保护 |
| $SB_2$ | I0.0 | 正转启动 | $KM_1$ | Q0.0 | 正转 |
| $SB_3$ | I0.1 | 反转启动 | $KM_2$ | Q0.1 | 反转 |

### 4. 画梯形图

控制部分的功能则由 PLC 的用户程序来实现，PLC 用户程序要实现的是：如何用输入继电器 I0.0、I0.1、I0.2、I0.3 来控制输出继电器 Q0.0、Q0.1，其控制梯形图如图 5-39 所示。

根据表 5-15 所示的 I/O 分配，得到 PLC 梯形图如图 5-40 所示。

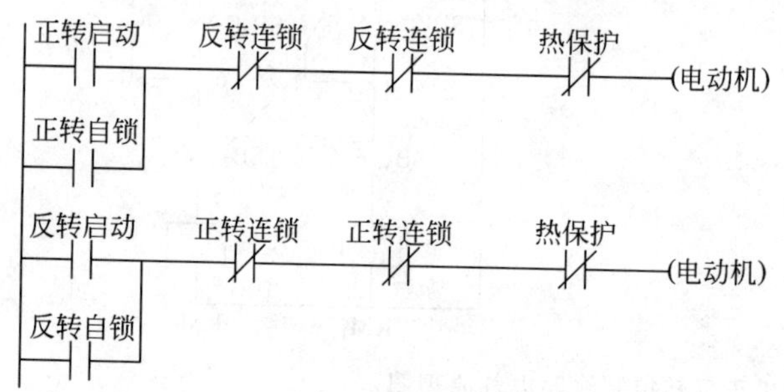


图 5-39 控制梯形图

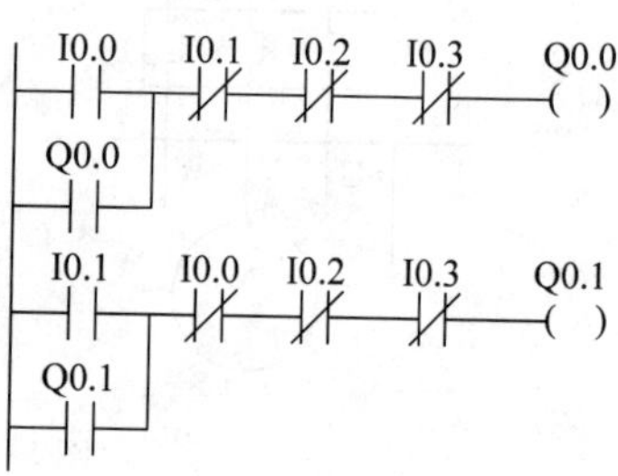


图 5-40 PLC 梯形图

### 5. 指令语句表

电动机正反转控制线路指令语句表见表 5-16。

**表 5-16 电动机正反转控制线路指令语句表**

| 步序 | 指令 | 器件 | 步序 | 指令 | 器件 |
|---|---|---|---|---|---|
| 1 | LD | I0.0 | 7 | LD | I0.1 |
| 2 | O | Q0.0 | 8 | O | Q0.1 |
| 3 | AN | I0.1 | 9 | AN | I0.0 |
| 4 | AN | I0.2 | 10 | AN | I0.2 |
| 5 | AN | I0.3 | 11 | AN | I0.3 |
| 6 | = | Q0.0 | 12 | = | Q0.1 |

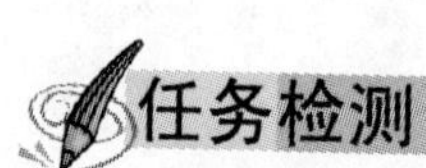

## 任务检测

按表 5-17 所示完成检测任务。

**表 5-17　电动机正反转控制线路设计检测表**

| 课题 | 电动机正反转控制线路设计 | | | | | | |
|---|---|---|---|---|---|---|---|
| 班级 | | 姓名 | | 学号 | | 日期 | |

写出下图所示梯形图的指令语句表。

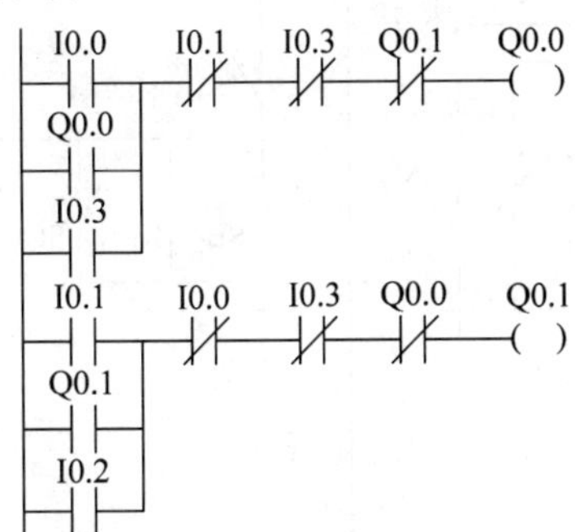


| 步序 | 指令 | 器件 | 步序 | 指令 | 器件 |
|---|---|---|---|---|---|
| | | | | | |
| | | | | | |
| | | | | | |
| | | | | | |
| | | | | | |
| | | | | | |

| 备注 | | 教师签名 | 年　月　日 |
|---|---|---|---|

## 分任务 5.7.3　电动机自动往返控制线路设计

### 任务目标

（1）能将电动机自动往返控制线路的电气控制转换为 PLC 控制。

（2）能绘制电动机自动往返控制线路的控制梯形图并编写指令语句表。

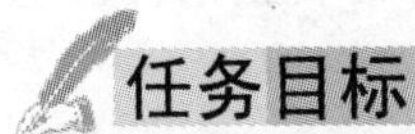

### 任务过程

**1. 接触器控制的电气原理图**

电动机自动往返运动接触器控制的电气原理图如图 5-41 所示。

有电动机的正反转控制的基础，可以进一步用 PLC 实现电动机往返的自动控制。控制过程为：按下启动按钮，电动机从左边往右边（右边往左边运动），当运动到右边（左边）碰到右边（左边）的行程开关后电动机自动做返回运动，当碰到另一边的行程开关后又做返回运动。如此地往返运动，直到按下停车按钮后电动机停止运动。

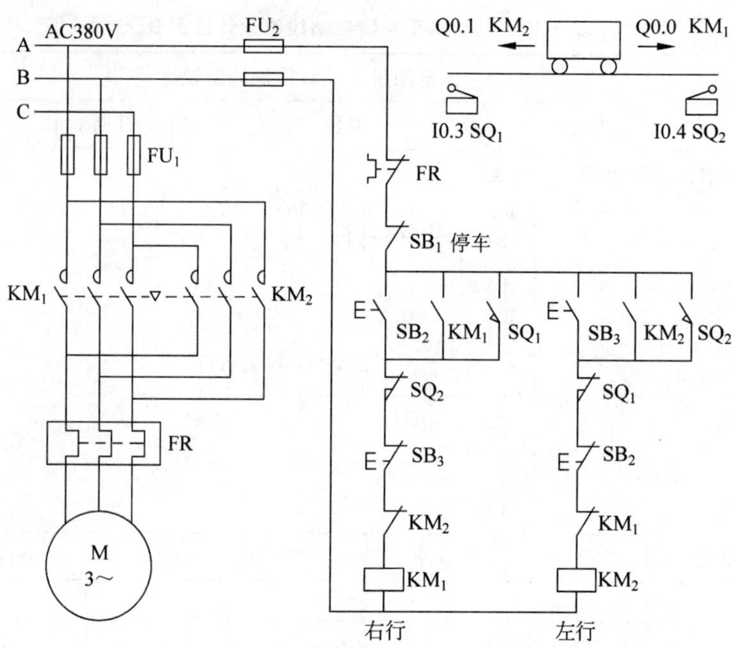


图 5-41 电动机自动往返运动接触器控制的电气原理图

**2. PLC 连接**

如果用 PLC 来控制，组成一个 PLC 控制系统，根据上述分析可知，系统主电路不变，只要将输入设备 $SB_1$、$SB_2$、$SQ_1$、$SQ_2$、FR 的触点与 PLC 的输入端连接，输出设备 $KM_1$、$KM_2$ 线圈与 PLC 的输出端连接，就构成 PLC 控制系统的输入、输出硬件线路。由输入设备 $SB_1$、$SB_2$、$SQ_1$、$SQ_2$、FR 的触点构成系统的输入部分，由输出设备 $KM_1$、$KM_2$ 构成系统的输出部分。

设计思路：可以按照电气接线图中的思路来编写程序，即可以利用下一个状态来封闭前一个状态，使其两个线圈不会同时动作。同时把行程开关作为一个状态的转换条件。电气接线图如图 5-42 所示。

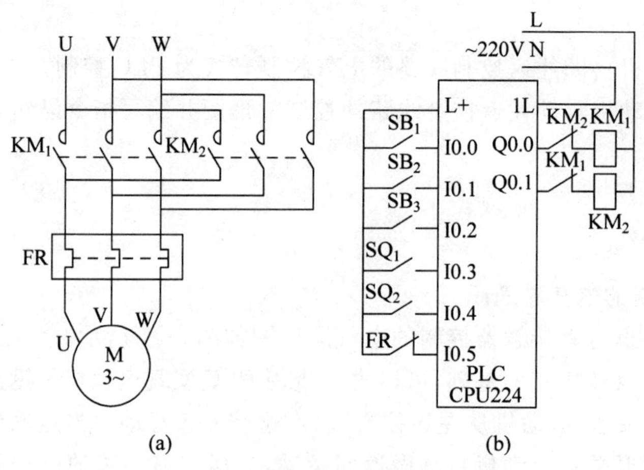


图 5-42 主电路与控制电路 PLC 接线图

(a) 主电路接线；(b) 控制电路接线

### 3. I/O 分配

根据图 5-40 所示，将各输入、输出作如表 5-18 所示的分配。

表 5-18 输入、输出分配

| 器件 | 输入、输出分配 | 功能说明 | 器件 | 输入、输出分配 | 功能说明 |
|---|---|---|---|---|---|
| $SB_1$ | I0.0 | 右行启动按钮 | $SQ_2$ | I0.4 | 左限位 |
| $SB_2$ | I0.1 | 左行启动按钮 | FR | I0.5 | 热保护 |
| $SB_3$ | I0.2 | 停止按钮 | $KM_1$ | Q0.0 | 右行 |
| $SQ_1$ | I0.3 | 右限位 | $KM_2$ | Q0.1 | 左行 |

### 4. 画梯形图

控制部分的功能则由 PLC 的用户程序来实现，PLC 用户程序要实现的是：如何用输入继电器 I0.0、I0.1、I0.2、I0.3、I0.4、I0.5 来控制输出继电器 Q0.0、Q0.1，其控制梯形图如图 5-43 所示。

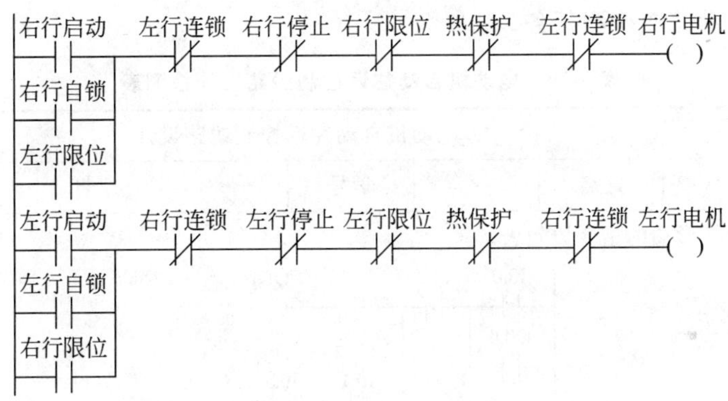


图 5-43 控制梯形图

根据表 5-17 所示的 I/O 分配，得到 PLC 梯形图如图 5-44 所示。

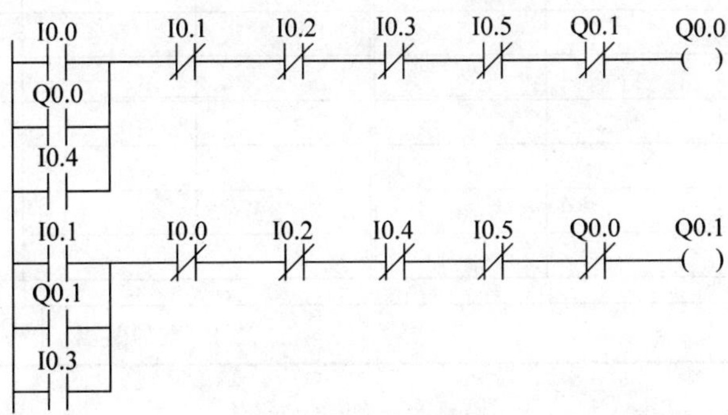


图 5-44 PLC 梯形图

### 5. 指令语句表

电动机自动往返控制线路指令语句表见表 5-19。

**表 5-19　电动机自动往返控制线路指令语句表**

| 步序 | 指令 | 器件 | 步序 | 指令 | 器件 |
|---|---|---|---|---|---|
| 1 | LD | I0.0 | 10 | LD | I0.1 |
| 2 | O | Q0.0 | 11 | O | Q0.1 |
| 3 | O | I0.4 | 12 | O | I0.3 |
| 4 | AN | I0.1 | 13 | AN | I0.0 |
| 5 | AN | I0.2 | 14 | AN | I0.2 |
| 6 | AN | I0.3 | 15 | AN | I0.4 |
| 7 | AN | I0.5 | 16 | AN | I0.5 |
| 8 | AN | Q0.1 | 17 | AN | Q0.0 |
| 9 | = | Q0.0 | 18 | = | Q0.1 |

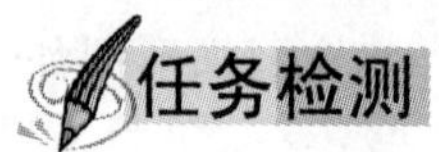


按表 5-20 所示完成检测任务。

**表 5-20　电动机自动往返控制线路设计检测表**

| 课题 | 电动机自动往返控制线路设计 | | | | | | |
|---|---|---|---|---|---|---|---|
| 班级 | | 姓名 | | 学号 | | 日期 | |

写出下图所示梯形图的指令语句表。

I0.0　I0.2　I0.3　Q0.0
Q0.0
I0.1　I0.4　Q0.1
Q0.1

| 步序 | 指令 | 器件 | 步序 | 指令 | 器件 |
|---|---|---|---|---|---|
| | | | | | |
| | | | | | |
| | | | | | |
| | | | | | |
| | | | | | |
| | | | | | |

| 备注 | | 教师签名 | 年　月　日 |
|---|---|---|---|

# 附录

# 维修电工技术等级标准——中级维修电工

**1. 职业定义**

使用电工工具和仪器仪表，对设备电气部分(含机电一体化)进行安装、调试、维修。

**2. 适用范围**

各种机床、工艺设备和电气设备的维修、安装；各种交直流电动机、变压器和各种电器的大、中、小修。

**3. 技术等级**

中级。

## 中级维修电工

**1. 知识要求**

(1) 相、线电流与相、线电压和功率的概念及计算方法，直流电流表扩大量程的计算方法。

(2) 电桥和示波器、光点检流计的使用和保养知识。

(3) 常用模拟电路和功率晶体管电路的工作原理和应用知识。

(4) 三相旋转磁场产生的条件和三相绕组的分布原则。

(5) 高低压电器、电动机、变压器的耐压试验目的、方法及耐压标准的规范，试验中绝缘击穿的原因。

(6) 绘制中、小型单、双速异步电动机定子绕组接线图和用电流箭头方向判别接线错误的方法。

(7) 多速异步电动机的接线方式。

(8) 常用测速发电机的种类、构造和工作原理。

(9) 常用伺服电动机的构造、接线和故障检查知识。

(10) 电磁调整电动机的构造，控制器的工作原理，接线、检查和排除故障的方法。

(11) 同步电动机和直流电动机的种类、构造、一般工作原理和各种绕组的作用及连接方法，故障排除方法。

(12) 交、直流电焊机的构造、工作原理和故障排除方法。

(13) 电流互感器、电压互感器及电抗器的工作原理、构造和接线方法。

(14) 中、小型变压器的构造、主要技术指标和检修方法。

(15) 常用低压电器交、直流灭弧装置的原理、作用和构造。

(16) 机床电气连锁装置(动作的先后次序、相互的连锁)准确停止(电气制动、机电定位器制动等)速度调节系统的主要类型、调整方法和作用原理。

(17) 根据实物绘制4～10只继电器或接触器的机床设备电气控制原理图的方法。

(18) 交、直流电动机的启动、制动、调速的原理和方法。

(19) 交磁电机扩大机的基本原理和应用知识。

(20) 数显、程控装置的一般应用知识。

(21) 焊接的应用知识。

(22) 常用电气设备装置的检修工艺和质量标准。

(23) 节约用电和提高用电设备功率因数的方法。

**2. 技能要求**

(1) 使用电桥、示波器测量精度较高的电参数。

(2) 计算常用电动机、电器、汇流排、电缆等导线截面,并核算其安全电流。

(3) 按图装接、调整一般的移相触发和调节器放大电路、晶闸管调速器电路。

(4) 检修、调整各种继电器装置。

(5) 拆装、修理55kW以上异步电动机(包括绕线式和防爆式电动机)、60kW以下直流电动机(包括直流电焊机),修理后接线及一般试验。

(6) 检修和排除直流电动机故障及其控制电路的故障。

(7) 拆装修理中、小型多速异步电动机和电磁调速电动机,并接线试车。

(8) 检查、排除交磁电机扩大机及其控制线路的故障。

(9) 修理同步电动机(阻尼环、集电环接触不良,定子接线处开焊、定子绕组损坏)。

(10) 检查和处理交流电动机三相电流不平衡的故障。

(11) 修理10kW以下的电流互感器和电压互感器。

(12) 保养1000kVA以下电力变压器,并排除一般故障。

(13) 按图装接、检查较复杂电气设备和线路(包括机床)并排除故障。

(14) 检修、调整桥式起重机的制动器、控制器及各种保护装置。

(15) 检修低压电缆终端头和中间接线盒。

(16) 无纬玻璃丝带、合成云母带等的使用工艺和保管方法。

(17) 电气事故的分析和现场处理。

**3. 工作实例**

(1) 对电动机零部件进行测绘制图。

(2) 大修75kW以上异步电动机,修理后接线并进行一般试验。

(3) 修理22kW四速异步电动机并接线和试车。

(4) 拆装中修22kW以上直流电焊机或60kW以下直流电动机,修理后接线试车。

(5) 检修、调整电磁调速电动机控制器或各种稳压电源设备。

(6) 检查直流电动机励磁绕组、电枢绕组的故障和电刷冒火、不能启动、发热及噪声大的原因。

(7) 检查、修理交磁电机扩大机的故障(如电压过低、匝间短路等)。

(8) 装接、调整 KTZ-20 晶闸管调速器触发电路,并排除故障。

(9) 按图装接、调整 30/5t 桥式起重机、T610 镗床、Z37 摇臂钻床、X62 万能铣床、M7475B 磨床等电气装置,并排除故障。

(10) 修理电压互感器和电流互感器。

(11) 10/0.4kW、1000kVA 电力变压器吊心检查和换油。

(12) 调整电动机与机械传动部分的连接。

(13) 完成相应复杂程度的工作项目。

# 参 考 文 献

[1] 沙振舜.电工实用技术手册.南京：江苏科学技术出版社，2002.
[2] 徐崴.维修电工基本技术.北京：金盾出版社，2002.
[3] 马效先.维修电工技术.北京：电子工业出版社，2002.
[4] 李正吾.新电工手册.合肥：安徽科学技术出版社，2002.